普通高等院校"十二五"规划教材

大学计算机

（第二版）

主　编　冯博琴

副主编　贾应智　顾　刚　姚普选

U0301312

中国水利水电出版社
www.waterpub.com.cn

内 容 提 要

本书是在 2005 年 7 月编写的《大学计算机》第一版基础上进行的修订和充实，按照教育部高等学校计算机基础课程教学指导委员会编制的《高等学校计算机基础教学发展战略研究报告暨计算机基础课程教学基本要求》中有关"大学计算机基础"课程的教学要求编写。

全书由 9 章组成，分别是：计算机发展与信息表示、微机硬件、操作系统、网络基础和 Internet 应用、办公软件、多媒体信息处理、程序设计基础、数据库应用基础、信息安全。

该版对第一版进行了较大的改动，包括内容的更新、操作平台的升级、实验数量的增加，有些章节重新进行了编写。

本书遵循教学大纲要求，编写结构合理，语言清晰简明，难点分散，充分考虑了目前大学计算机基础教育的实际和计算机技术本身发展的状况。本书可以作为学校及其他培训班的教学用书或作为计算机等级考试一级 MS Office 自学的参考书。

本书配有免费电子教案，读者可以从中国水利水电出版社网站以及万水书苑下载，网址为：http://www.waterpub.com.cn/softdown/或 http://www.wsbookshow.com。

图书在版编目（CIP）数据

大学计算机 / 冯博琴主编. -- 2版. -- 北京：中
国水利水电出版社，2012.7
普通高等院校"十二五"规划教材
ISBN 978-7-5084-9891-1

Ⅰ．①大… Ⅱ．①冯… Ⅲ．①电子计算机－高等学校
－教材 Ⅳ．①TP3

中国版本图书馆CIP数据核字(2012)第133326号

策划编辑：杨庆川　责任编辑：宋俊娥　加工编辑：宋 杨　封面设计：李 佳

书　　名	普通高等院校"十二五"规划教材 大学计算机（第二版）
作　　者	主　编　冯博琴 副主编　贾应智　顾　刚　姚普选
出版发行	中国水利水电出版社 （北京市海淀区玉渊潭南路 1 号 D 座　100038） 网址：www.waterpub.com.cn E-mail：mchannel@263.net（万水） 　　　　sales@waterpub.com.cn 电话：（010）68367658（发行部）、82562819（万水）
经　　售	北京科水图书销售中心（零售） 电话：（010）88383994、63202643、68545874 全国各地新华书店和相关出版物销售网点
排　　版	北京万水电子信息有限公司
印　　刷	北京蓝空印刷厂
规　　格	184mm×260mm　16 开本　20.25 印张　509 千字
版　　次	2005 年 7 月第 1 版　2005 年 7 月第 1 次印刷 2012 年 7 月第 2 版　2012 年 7 月第 1 次印刷
印　　数	0001—4000 册
定　　价	34.00 元

第二版前言

"大学计算机基础"是教育部高等学校计算机基础课程教学指导委员会提出的核心课程之一,一般作为大学的第一门计算机基础课程。要求学习者同时掌握计算机基础知识和实践操作能力。

在 2005 年 7 月出版的《大学计算机》第一版中,把计算机系统平台的基础知识作为重点,同时介绍了办公软件、计算机网络、数据库、程序设计和多媒体等应用方面的基本内容,这样安排的目的是让学生提高对计算机的认识层次,拓展学生的知识视野,为今后的计算机应用打下必要的基础。

2009 年,教育部高等学校计算机基础课程教学指导委员会编制了《高等学校计算机基础教学发展战略研究报告暨计算机基础课程教学基本要求》(ISBN 978-7-04-013976-1),其中包含有关"大学计算机基础"课程的教学要求。

2010 年开始,许多学校开始了对大学计算机教学新一轮的改革,提出了基于"计算思维"能力培养的各种教学方案和教学体系。

《大学计算机》(第二版)就是在这两个背景下对本书第一版进行的修订。

全书保留了第一版中的 9 章,分别是:计算机发展与信息表示、微机硬件、操作系统、 网络基础和 Internet 应用、办公软件、多媒体信息处理、程序设计基础、数据库应用基础、信息安全。

该版对第一版进行了以下几个方面的修订:

(1)第 1 章中重点突出了不同类型信息的编码方案。

(2)操作系统平台升级为 Windows XP,办公软件和数据库均升级为 Office 2003,相应的第 3 章操作系统、第 5 章办公软件和第 8 章数据库应用基础在新的平台上重新进行了编写。

(3)原来第 9 章中的信息检索内容修改后合并到第 4 章,第 9 章仅保留信息安全的内容。

(4)每章的组成结构变为:本章目标→正文→实验→小结→习题。

(5)对每章的实验内容进行了修订,实验数量由 19 个增加到 29 个。

(6)更新了原版中陈旧的内容和习题,末尾的附录中给出了全书的习题答案。

西安交通大学的"大学计算机基础"课程是国家级精品课程,该课程网站的网址是:http://computer.xjtu.edu.cn/,网站上有十分丰富的教学资源,例如课件、课程实验、网上答疑、知识百问等,学习者可以方便地在网上下载所需的资料。

本书由西安交通大学冯博琴教授担任主编,由贾应智、顾刚、姚普选担任副主编。第二版的修订和编写由西安交通大学贾应智负责。

诚恳欢迎各位读者对本书提出宝贵意见,有了读者的支持和帮助,本书可以得到进一步的充实和完善,来信请发送到:ying.zhi.jia@stu.xjtu.edu.cn。

编 者

2012 年 3 月于西安交通大学

第一版前言

大学的第一门计算机课程改革越来越引起人们的注意。教育部非计算机专业计算机基础课程教学指导分委员会早在 2003 年就提出了改革的设想,并把课程名定为"大学计算机基础"。随后在《关于进一步加强高等学校计算机基础教学的意见》和《高等学校非计算机专业计算机基础课程教学基本要求》(征求意见稿)中对这门课的性质、教学内容与要求、实施建议都作了比较详细的阐述。这些文件是本届教指委广泛征求第一线教师和资深的教育专家几易其稿的结果,对于推动和引导大学第一门计算机基础课起到了重要作用。

西安交通大学在 2004 年即根据教指委的改革精神,编写了两套不同难度与风格的"大学计算机基础"的教材和实验指导书,分别在高等教育出版社和清华大学出版社出版,并在不同专业大类中分别采用试行,经过一个学期的试用,使我们对这门课的定位、教学内容和组织、教材都有了实实在在的感性认识。以下结合我们对 3156 份学生的问卷调查谈一下看法。

把现在的"计算机文化基础"升级到"大学计算机基础"是势在必行,估计在 2006 年大部分的学校都会对"计算机文化基础"升级;"大学计算机基础"将在一段时间内是一门"变化的"课程,不同学校会选取不同内容,随新生入学水平提高,每一年的内容也需更新。

教指委在教学基本要求中提出的"大学计算机基础"课程的基本内容是合适的。我们把计算机系统平台的基础知识作为重点,同时介绍计算机网络、数据库、多媒体等应用方面的基础性内容。结果表明,这样安排提升了学生对计算机的认识层次,也拓宽了学生的视野,为今后的应用打下基础。

这门课程的教学要注意以下四个方面:一是不能把它讲成科普讲座;二是必须要有合适的实验,以调动学生的兴趣;三是要有考查学生实践动手能力的制度和办法,课程应把实践能力计入成绩中,期末考试最好亦能上机测试动手能力;四是本课程内容繁杂,出现的概念很多,深入浅出地介绍基础内容是一个难点。

应中国水利水电出版社之邀,按新世纪电子信息与自动化系列课程改革教材编审委员会的策划思路,我们编写了这部教材,它已基本上吸取了本课程在 2004 年的教学经验及教训。当然,由于一次教学实践体会尚浅,许多规律有待总结。愿与广大同行为建设高校高质量的第一门计算机课程共同努力。

冯博琴
2005 年 6 月

目　　录

第 1 章　计算机发展与信息表示

 本章目标

- 了解计算机的发展历程
- 理解存储程序的概念
- 了解计算机的分类
- 理解计算机的性能指标
- 了解基于计算机的信息处理过程
- 掌握计算机中进制的概念和进制之间的转换
- 理解西文字符和汉字在计算机中的编码

计算机是人类在 20 世纪最伟大的发明之一，计算机技术是发展最快的技术。从它诞生之日起，就以迅猛的速度渗入到了社会的各行各业，在不同的领域印证着它的辉煌。现在，计算机已成为人类工作和生活中不可缺少的助手，它已由最初的"计算"工具，逐步演变为适用于许许多多领域的信息处理设备。

本章介绍计算机系统的发展历程及未来可能的发展趋势、计算机的硬件组成、计算机信息的概念和信息处理过程、进制和编码的概念。

1.1　计算机的发展和应用

社会需求是推动计算工具不断开发和升级的最重要原因。20 世纪社会的发展及科学技术的进步，对新计算工具提出了强烈的需求，军事和战争的需要成为计算机快速发展的重要因素。

1.1.1　计算机的发展历程

世界上第一台通用数字电子计算机 ENIAC 的诞生，宣告了人类从此进入电子计算机时代。从那一天到现在的半个多世纪里，伴随着电子器件的发展，计算机技术有了突飞猛进的进步。

1. 电子计算机的诞生

随着第二次世界大战爆发，各国科学研究的主要精力都转向为军事服务。为了设计更先进的武器，不论是机械制造业还是电气、电子技术都开始快速发展，这当然也推动了更先进计算工具的进步。提高计算工具的计算速度和精度已成为人们开发新型计算工具的突破口。1943年，英国科学家研制成功的"巨人"计算机，专门用于破译德军密码。"巨人"虽算不上真正的数字电子计算机，但在继电器计算机与现代电子计算机之间起到了桥梁作用。随后在 1944年，美国科学家艾肯（H.Aiken）在 IBM 支持下，也研制成功了机电式计算机 MARK-I。这是世界上最早的通用型自动机电式计算机之一，它取消了齿轮传动装置，以穿孔纸带传送指令。

真正具有现代意义的计算机是在 1946 年 2 月 15 日问世的。为了更精确地、更快地计算

弹道轨迹和火力表，美国费城大学"莫尔小组"的四位科学家和工程师研制出了世界上第一台通用数字电子计算机 ENIAC。

ENIAC 计算机是一个划时代的计算工具。它共使用了 18800 个真空管，重达 30 吨，占地面积 1500 平方英尺，每次这个庞然大物工作时都至少需要 200kW 电力。ENIAC 的主频约为 100Hz，但这对于完成它的主要任务——计算弹道轨迹，已是绰绰有余了。为了指示和控制计算过程，ENIAC 用了 6000 多个开关和配线盘。当进行不同的计算时，科学家就要切换开关和改变配线，这使当时从事计算的科学家看上去更像在干体力活。

ENIAC 不仅具有记忆（存储）功能，而且运算速度显著提高，一次加法运算仅需约 32 微秒，一次乘法运算仅需约 1 毫秒。

在 ENIAC 研制成功后，又相继出现了一批主要用于科学计算的电子管计算机。如 1950 年问世的首次实现美国数学家冯·诺依曼（J.Von Neumann）提出的"存储程序方式"和采用二进制思想的并行计算机 EDVAC，在 1951 年首次走出实验室投入批量生产的计算机 UNIVAC，以及最终击败竞争对手 UNIVAC 的 IBM701 等。

2. 电子计算机的发展——从电子管到超大规模集成电路

计算机发展至今总体上经历了五次更新换代。

从 1946 年到 1953 年的第一代计算机采用电子真空管及继电器作为逻辑元件，构成处理器和存储器，并用绝缘导线将它们互连在一起。

虽然电子管计算机相比之前的机电式计算机来讲，无论是运算能力、运算速度还是体积等都有很大改观，但电子管元件也存在许多明显的缺点。如在工作时产生的热量太大、可靠性较差、工作速度低、价格昂贵、体积庞大、功耗大等。第一代计算机的使用也很不方便，输入计算机的程序必须是由"0"和"1"组成的二进制码表示的机器语言，且只能进行定点数运算。

晶体三极管的发明，标志着人类科技史进入了一个新的电子时代。与电子管相比，晶体管具有体积小、重量轻、寿命长、发热少、功耗低、速度高等优点。晶体管的发明及对其实用性的研究为计算机的小型化和高速化奠定了基础,采用晶体管元件代替电子管成为第二代计算机（1954～1964 年）的标志。1955 年，美国贝尔实验室研制出了世界上第一台全晶体管计算机 TRADIC，它装有 800 只晶体管，功率仅为 100 瓦，占地 3 立方英尺。

晶体管作为产品进入市场之后的第三年,IBM 公司推出了晶体管化的 IBM7090 型计算机，它不仅在体积上比电子管计算机小很多，而且运算速度也提高了两个数量级，成为第二代电子计算机的典型代表。

第二代计算机的成功，除了采用晶体管外，另一个很重要的原因是进行了存储器的革命。1951 年，中国移民王安发明了磁芯存储器，该技术彻底改变了继电器存储器的工作方式和与处理器的连接方法，也大大缩小了存储器的体积，为第二代计算机的发展奠定了基础。此项专利技术于 1956 年转让给了 IBM 公司。

世界上首张硬盘是后来被誉为"硬盘之父"的 IBM 公司工程师约翰逊（R.Johnson）领导的小组设计完成的。他将磁性材料碾磨成粉末，使其均匀扩散到 24 英寸铝圆盘表面，再将 50 张这样的磁盘安装在一起，构成一台前所未有的超级存储装置硬盘，容量大约 500 万字节，造价超过 100 万美元。硬磁盘读取数据的速度，比过去常用磁带机快 200 倍。而世界上第一片以塑料为基础的 5 英寸软磁盘则是由该小组一位叫艾伦·舒加特（A.Shugart）的青年工程师在 1971 年率先研制出的。

由于第二代计算机采用晶体管逻辑元件及快速磁芯存储器，计算速度从第一代每秒几千次提高到每秒几十万次，主存储器的存储容量从几千字节提高到 10 万字节以上，同时有了专门用于外部数据输入/输出的设备。在软件方面，除了机器语言外，开始采用有编译程序的汇编语言和高级语言，建立了批处理监控程序，使程序的编写效率和运行效率大大提高。从 1958 到 1964 年，晶体管电子计算机经历了大范围的发展过程。从印刷电路板到单元电路和随机存储器，从运算理论到程序设计语言，不断的革新使晶体管电子计算机日臻完善。更重要的是计算机开始被用于企业商务。

1958 年，美国物理学家基尔比（J.Kilby）和诺伊斯（N.Noyce）同时发明集成电路。集成电路的问世催生了微电子产业，采用集成电路作为逻辑元件成为第三代计算机（1964～1974 年）的最重要特征，此外，系列兼容、流水线技术、高速缓存和先行处理机等也是第三代计算机的重要特点。第三代计算机的杰出代表有 IBM 公司 1964 年研制出的 IBM S/360，DEC 公司的 VAX 系列计算机及 CRAY 公司的超级电脑 CRAY-1 等。其中，CRAY-1 的运算速度达到每秒 1 亿次，共安装了约 35 万块集成电路，占地不到 7 平方米，重量约 5 吨，它也是第三代巨型计算机的代表。

随着集成电路技术的迅速发展，采用大规模和超大规模集成电路及半导体存储器的第四代计算机（1974～1991 年）开始进入社会的各个角落，计算机逐渐开始分化为通用大型机、巨型机、小型机和微型机。出现了共享存储器、分布存储器及不同结构的并行计算机，并相应产生了用于并行处理和分布处理的软件工具和环境。第四代计算机的代表机型 Cray-2 和 Cray-3 巨型机，因采用并行结构而使运算速度分别达到每秒 12 亿次和每秒 160 亿次。

从 1991 年至今的计算机系统，都可以认为是第五代计算机。超大规模集成电路工艺的日趋完善，使生产更高密度、高速度的处理器和存储器芯片成为可能。这一代计算机系统的主要特点是大规模并行数据处理及系统结构的可扩展性，这使系统不仅在构成上具有一定的灵活性，而且大大提高了运算速度和整体性能。

3. 软件的发展

现代的计算机系统包括硬件和软件两个组成部分。硬件是所有软件运行的物质基础；软件能充分发挥硬件潜能和扩充硬件功能，完成各种系统及应用任务。两者互相促进、相辅相成、缺一不可。

在所有的软件中，最重要的是操作系统，它是整个计算机的灵魂。简单地说，操作系统是为计算机系统配置的一个管理程序，它包括许多功能模块，用于合理地组织计算机系统工作流程，提高系统资源的利用率。

电子管时代的计算机没有操作系统，用户在计算机上的操作和编程，完全由手工进行，以绝对的机器语言形式（二进制代码）编程，采用接插板或开关板控制计算机操作，没有显示设备，由少量的氖灯或数码管显示。在这一阶段，几乎没有程序设计语言，用户面对的也是一个很不方便的操作环境。直到 20 世纪 50 年代初期，卡片穿孔成为程序编制和记录的方法，才形成一种可"阅读"的程序。

程序员使用机器语言编程，并将事先准备好的程序和数据穿孔在纸带或卡片上，使用纸带或卡片输入机将程序和数据输入计算机。然后，启动计算机运行，运行完毕，取走计算的结果，才轮到下一个用户上机。在这类早期的计算机系统中，有了程序，但没有操作系统，属于人工操作。

人工操作方式存在严重缺点，用户需要一个个、一道道的串行算题，当一个用户上机时，他独占了全机资源，造成计算机资源利用率不高，计算机系统效率低下，由于许多操作要求程序员人工干预，例如，装纸带或卡片、按开关等。手工操作多了，不但浪费处理机时间，而且也极易发生差错。此外由于数据的输入，程序的执行、结果的输出均是联机进行的，因此，每个用户从上机到下机需要占用很多时间。

这种人工操作方式在慢速的计算机上还能容忍，随着计算机速度不断提高，其缺点就更加暴露出来了。譬如，一个运算作业在每秒 1 万次的计算机上，需运行 1 个小时，作业的建立和人工干预花了 3 分钟，那么，手工操作时间占总运行时间的 5%；当计算机速度提高到每秒 10 万次，此时，作业运行时间仅需 6 分钟，而手工操作不会有多大变化，仍为 3 分钟，这时手工操作时间占了总运行时间的 50%。由此看出缩短手工操作时间，才能提高计算机整体运算速度。此外，随着处理器速度迅速提高而外部设备速度却提高不多，导致两者之间的速度不匹配，矛盾越来越突出，需要妥善解决这些问题。

随着时间的推移，编程语言也在不断发展，首先产生了汇编语言。在汇编语言系统中，二进制形式的操作码被类似于英语单词的便于记忆的助记符所取代，程序按固定格式的汇编语言书写。汇编语言编写的"源程序"由汇编程序"翻译"成计算机能直接执行的机器语言格式的目标程序。稍后，又出现了一些更接近于人类自然语言的高级程序设计语言，如 FORTRAN、ALGOL 和 COBOL 语言等，它们分别于 1956 年、1958 年和 1959 年设计完成并投入使用，高级语言的出现更进一步方便了编程。程序员可以运用高级语言较快地编写更为复杂的运算或处理程序，从而涌现了一批完成各种不同类型任务的应用程序。

由于有了计算机语言和应用程序，就产生了对用户所提交的程序进行管理的程序，这就是监控程序（Monitor）的雏形。虽然此时的监控程序仅仅是处理用户的批量作业和简单的命令解释，但它毕竟建立了用程序来控制和管理用户提交程序的方式。这就是早期操作系统所完成的主要功能。

操作系统随着硬件发展而不断完善，产生了各种类型的操作系统，如用于并行计算机的并行操作系统（Parallel Operating System）。自 20 世纪 80 年代中期以来，计算机的互连成为高潮，形成了大规模的计算机网络，在网络互连和多机资源管理的基础上，形成了网络上不同的体系结构，从而出现了网络操作系统（Network Operating System）和分布式操作系统（Distributed Operating System）。目前大多数流行的操作系统都具有网络操作系统特性。

随着操作系统的发展，数据库管理系统和编程语言等系统软件也在不断发展。在经历了人工处理、文件系统处理后，数据库管理系统在 20 世纪 60 年代末诞生，如 IBM 公司的 IMS 数据库管理系统。目前商品化的数据库系统大多有面向对象、多媒体、分布式等特点，其主要代表有 IBM 的 DB2、Microsoft 的 SQL Server 及 Oracle、Informix、Sybase 等公司的产品。

编程语言自汇编语言诞生后，发展速度及其迅猛，开发企业级应用和网络应用所必需的集成开发环境、分布式、跨平台等特性已经成为目前编程开发工具所具有的共性，其典型代表包括 Microsoft 的 .NET 开发环境（含 C#、C++、Visual Basic 等语言）和 SUN 的 ONE（Sun Open Net Environment）开发环境（含 Java 语言）等。

4. 微型计算机

在计算机发展历程中一个重要转折点是微型计算机的问世。从第一台计算机 ENIAC 诞生到 20 世纪 70 年代初，计算机一直向巨型化方向发展。所谓巨型化主要指计算速度和存储容量不断提高。从 70 年代初期计算机又在向微型化方向发展。所谓微型化主要指计算机的体积和价格大幅度降低。个人计算机（Personal Computer，PC）的出现就是计算机微型化的典型产物。

适合个人使用的 PC 机的发展，归功于超大规模集成电路的迅猛发展。PC 机所具有的强大的处理信息的功能，来源于它有一个称为微处理器的大规模集成电路芯片，微处理器包含运算器和控制器。世界上第一个通用微处理器 Intel 4004 在 1971 年问世，我们称它为第一代微处理器。按今天的标准衡量，它处理信息的能力低得可怜，但正是这个看起来非常原始的芯片，改变了人类的生活。4004 微处理器（图 1-1）包含 2300 个晶体管，支持 45 条指令，工作频率 1MHz，尺寸规格为 3mm×4mm。尽管它体积小，但计算性能远远超过当年的 ENIAC，最初售价为 200 美元。微处理器至今发展到"奔腾（Pentium）"微处理器，它于 2000 年 11 月发布，起步频率为 1.5GHz，随后陆续推出了 1.4GHz～3.2GHz 的 P4 处理器（图 1-2），发展到今天的双核或多核微处理器。

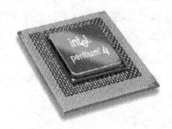

图 1-1　Intel 4004 微处理器芯片　　　　图 1-2　Pentium 4 微处理器芯片

世界上第一台微型计算机 Altair 8800 是 1975 年 4 月由一家名为 Altair 的公司推出的，它采用 Zilog 公司的 Z80 芯片做微处理器。虽说它是 PC 机真正的祖先，但其在外形上与今天的 PC 机有着天壤之别，如图 1-3 所示。它没有显示器，没有键盘，面板上有指示灯和开关，给人的感觉是更像一台仪器箱。

PC 机真正的雏形应该是后来的苹果机，它是由苹果（Apple）公司的创始人——乔布斯（S.Jobs）和他的同伴在一个车库里组装出来的。这两个普通的年轻人坚信电子计算机能够大众化、平民化，他们的理想是制造普通人都买得起的 PC 机。车库中诞生的苹果机在美国高科技史上留下了神话般的光彩。

IBM 公司在 1981 年推出了首台个人计算机 IBM PC，1984 年又推出了更先进的 IBM PC/AT（图 1-4），它支持多任务、多用户，并增加了网络能力，可联网 1000 台 PC。

图 1-3　Altair 8800 计算机　　　　图 1-4　IBM PC/AT 计算机

微型计算机在诞生之初就配置了操作系统，其后操作系统也在不断发展中。在 70 年代中期到 80 年代早期，微型计算机上运行的一般是单用户单任务操作系统，如 CP/M、CDOS（Cromemco 磁盘操作系统）、MDOS（Motorola 磁盘操作系统）和早期的 MS-DOS（Microsoft 磁盘操作系统）。80 年代以后到 90 年代初，微机操作系统开始支持单用户多任务和分时操作，以 CP/M、XENIX 和后期 MS-DOS 为代表。近年来，微机操作系统得到了进一步发展，以

Windows、UNIX（包括 Linux）、Solaris 和 MacOS 等为代表的新一代微机操作系统都已具有多用户和多任务、虚拟存储管理、网络通信支持、数据库支持、多媒体支持、应用编程接口（API）支持和图形用户界面（GUI）等功能。

1.1.2   计算机与现代社会

计算机应用的发展极为迅速，已深入到各个领域，并渗透到生活的各个方面，计算机的最早应用是在数值计算上，而现在的计算机应用在非数值计算领域要远比应用在数值计算的领域广泛得多。

1.   数值计算

数值计算是指计算机应用于完成科学研究和工程技术中的科学计算，科学计算是计算机最早的应用领域，第一台电子计算机研制的目的就是用于军事计算，计算机发展的初期也主要用于科学计算。今天，虽然计算机在其他方面的应用不断加强，但仍然是科学研究和科学计算的最佳工具。在这个领域要求计算机速度快、精度高、存储容量大。

科学计算在气象、地震、核能技术、石油勘探、航天工程、密码解译等领域，已成为不可或缺的工具。

2.   信息处理

信息处理主要是指非数值形式的数据处理，是计算机应用最广泛的领域，处理的信息有文字、图形、声音、图像等各种信息形式，信息处理主要是指对信息的收集、存储、加工、分类、排序、检索和发布等一系列工作，信息处理的领域包括办公自动化（OA）、企业管理、情报检索、报刊编排处理等，特点是要处理的原始数据量大，算术运算较简单，有大量的逻辑运算与判断，对于处理结果，要求以表格或文件形式存储、输出，信息处理的应用要和数据库技术密切结合。

信息处理领域所产生的应用系统很多，其中最广泛的系统就是管理信息系统（Management Information System，MIS）。MIS 是对一个组织（单位、企业或部门）进行全面管理的人和计算机相结合的系统，它综合运用计算机技术、信息技术、管理技术和决策技术，是与现代化的管理思想、方法和手段结合起来，辅助管理人员进行管理和决策的人机系统。

3.   过程控制

计算机用于科学技术、军事、工业、农业等各个领域的过程控制，用计算机采集检测数据，按一定的算法进行处理，用处理的结果对控制对象进行自动控制或自动调节。利用计算机进行过程控制，不仅提高了控制的自动化水平，而且大大提高了控制的及时性和准确性，从而改善劳动条件，提高质量，节约能源，降低成本。

过程控制一般都是实时控制，因此，要求计算机可靠性高、响应及时。

4.   计算机辅助系统

计算机辅助系统包括计算机辅助设计（Computer Aided Design，CAD）、计算机辅助制造（Computer Aided Manufacturing，CAM）、计算机辅助测试（Computer Aided Test，CAT）和以计算机为基础的教育（Computer Based Education，CBE）等系统。

计算机辅助设计是利用计算机的计算、逻辑判断等功能，帮助人们进行产品设计和工程技术设计。在设计中可通过人－机交互方式更改设计和布局，反复迭代设计直至满意为止。它能使设计过程逐步趋向自动化，大大缩短设计周期，增强产品在市场上的竞争力，同时也可节省人力和物力，降低成本，提高产品质量。

计算机辅助设计和辅助制造结合起来可直接把计算机辅助设计的产品加工出来。

将计算机辅助设计、计算机辅助制造和数据库技术结合起来，形成计算机集成制造系统（Computer Integrated Manufacturing System，CIMS），它是集工程设计、生产过程控制、生产经营管理为一体的高度计算机化、自动化和智能化的现代化生产大系统，是未来制造业的发展方向。

以计算机为基础的教育是计算机在教育领域中的应用，包括计算机辅助教学（Computer Aided Instruction，CAI）和计算机管理教学（Computer Managed Instruction，CMI）。计算机辅助教学的最大特点是交互式教学和进行个别的指导，它改变了传统的教师在讲台上讲课而学生在课堂内听课的教学方式。计算机管理教学是用计算机实现各种教学管理，如制定教学计划、课程安排、计算机评分、日常的教务管理等。近年来迅速发展起来的远程教育更是在教学的各个环节大量使用了各种计算机系统。

5. 人工智能

人工智能（Artificial Intelligence，AI）是指利用计算机模拟人的智能方面的应用，主要包括模拟人脑的推理和决策的思维过程。

人工智能主要的应用领域有专家系统、机器学习、模式识别、定理证明、博弈、人工神经网络等。

6. 多媒体技术应用

多媒体技术把数字、文字、声音、图形、图像和动画等多种媒体有机组合起来，利用计算机、通信和广播电视技术，使它们建立起逻辑联系，并能进行加工处理，这些处理包括对媒体信息的录入、压缩和解压缩、存储、显示和传输等技术。

目前多媒体计算机技术的应用领域正在不断拓宽，除了知识学习、电子图书、商业及家庭应用外，在远程医疗、视频会议中都得到了极大的推广。

7. 电子商务

现代计算机技术为信息的传输和处理提供了强大的工具，特别是 Internet 在世界范围的普及和扩展，改变了产品的生产过程和服务过程，商业空间拓展到全球性的规模，传统意义上的服务、商品流通、产品生产等概念和内涵发生了理念上的变化。

面对全球激烈的市场竞争，企业的产品目录查询、收受订单、送货通知、网络营销、账务管理、库存管理、股票及期货的分析、交易等，从多方位给企业提供了更多商机，企业必须作出实时反应，充分利用现有技术和资源，对内部进行必要的改造和重组，以谋求更为广阔的市场。

电子商务则将计算机技术，特别是 WWW 技术广泛应用于企业的业务流程，形成崭新的业务构架和交易模式。

总体而言，人们对电子商务的认识大致归为广义和狭义之分。狭义的电子商务也称为电子贸易（E-Commerce），主要是指借助计算机网络进行网上的交易活动。广义的电子商务（E-Business）包括电子交易在内的、通过 Internet 进行的各种商务活动，这些商务活动不仅仅局限于企业之间，也包含在企业内部、个人和企业之间发生的一切商务活动。

1.1.3　电子计算机的发展方向

今天的电子计算机技术正在向巨型化、微型化、网络化和智能化这四个方向发展。

巨型化并不是指计算机的体积大，而是指具有运算速度高、存储容量大、功能更加庞大完善的计算机系统。其运算速度通常在每秒 1 亿次以上，存储容量超过百万兆字节。巨型机的应用范围如今已日渐广泛，在航空航天、军事工业、气象、通信、人工智能等几十个学科领域发挥着巨大的作用，特别是在复杂的大型科学计算领域，其他的机种难以与之抗衡。

计算机的微型化将随着大规模和超大规模集成电路的飞速发展而发展。事实上，微处理器自 1971 年问世以来，发展非常迅速，几乎每隔二三年或更短的时间就会更新换代一次。微处理器的集成度和性能指标的升级换代必然导致以微处理器为核心的微型计算机的性能不断跃升。现在，除了放在办公桌上的台式微型机外，还有可随身携带的笔记本计算机，以及可以握在手上的掌上电脑等。

网络技术在 20 世纪后期得到快速发展，由于 Internet 网络的成功发展，众多计算机通过相互连接，形成了一个规模庞大、功能多样的全球性网络系统，从而实现信息的相互传递和资源共享。如今网络技术已经从计算机技术的配角地位上升到与计算机技术紧密结合、不可分割的地位，产生了"网络电脑"的概念，它与"电脑联网"不仅仅是前后次序的颠倒，而是反映了计算机技术与网络技术真正的有机结合。新一代的 PC 机已经将网络接口集成到主机的主板上，电脑进网络已经如同电话机进入地区电话交换网一样方便。如今正在兴起的所谓智能化大厦，其电脑网络布线与电话网络布线、电力网络布线在大楼兴建装修过程中同时施工；而在先进国家和地区，传送信息的"光纤"差不多铺到了"家门口"。所有这些足以说明计算机技术必将随着网络技术的发展而发展。

计算机的智能化就是要求计算机具有人的智能，即让计算机能够进行图像识别、定理证明、研究学习、探索、联想、启发和理解人的语言等，它是新一代计算机要实现的目标。目前正在研究的智能计算机是一种具有类似人的思维能力，能"说"、"看"、"听"、"想"、"做"，能替代人的一些体力劳动和脑力劳动的机器，俗称为"机器人"。机器人技术近几年发展的非常快，并越来越广泛地应用于人们的工作、生活和学习中。

1.2　计算机系统概述

如今的计算机其准确的称谓应是电子数字计算机系统，简称计算机，它不仅包含了计算机主机，还包括多种与主机相连的必不可少的外部设备，如键盘、鼠标、显示器等。同时，也必须有完成各项操作的程序及运行这些程序的平台，这就是软件系统。

因此，一个实际使用的计算机系统必须由硬件系统和软件系统两大部分构成，关于硬件系统将在下一章介绍。

1.2.1　存储程序原理

目前计算机种类繁多，在性能规模、处理能力、价格、复杂程度、服务对象以及设计技术等方面都有很大差别，但各种计算机工作的基本原理都是一样的。

在 1946 年，美国科学家冯·诺依曼和他的同事们曾提出了一个完整的现代计算机运行及其结构的雏型，概括起来主要有两点：

（1）采用二进制形式表示数据和指令。数在计算机中是以元器件的物理状态，如晶体管的"通"和"断"等来表示的，这种具有两种状态的器件只能表示二进制数。因此，计算机中要处理的所有数据都要用二进制数字来表示。指令是计算机可以识别和执行的命令，计算机的所有动作都是按照一条条指令的规定来进行的。指令也是用二进制编码来表示的。

（2）存储程序原理。程序是为解决一个信息处理任务而预先编制的工作执行方案，是由一串 CPU 能够执行的基本指令组成的序列，每一条指令规定了计算机应进行什么操作（如加、减、乘、判断等）及操作需要的有关数据。例如，从存储器读一个数送到运算器就是一条指令，从存储器读出一个数并和运算器中原有的数相加也是一条指令。当要求计算机执行某项任务时，就设法把这项任务的解决方法分解成一个一个的步骤，用这种计算机能够执行的指令编写出程序送入计算机，以二进制代码的形式存放在存储器中。一旦程序被"启动"，计算机严格地一条条分析执行程序中的指令，便可以逐步地自动完成这项任务。

存储程序的最主要优点是使计算机变成了一种自动执行的机器，一旦程序被存入计算机，被启动，计算机就可以独立地工作。虽然每一条指令能够完成的工作很简单，但通过成千成万条指令组成不同的程序，计算机就能够完成非常复杂的工作。

冯·诺依曼的上述要点奠定了现代计算机设计的基础，后来人们将采用这种设计思想的计算机称为冯·诺依曼计算机，从 1946 年第一台计算机问世至今，虽然计算机的设计和制造技术都有了极大的发展，但都没有脱离冯·诺依曼提出的存储程序控制的基本原理。

1.2.2　计算机的主要性能指标

计算机的性能指标用来标志计算机的工作性能、存储能力等，常用的有字长、存储器的容量、主频等。

1. 字长

计算机字长是指计算机的运算部件能一次处理的二进制数据的位数，显然，字长越长，计算机的运算速度和运算精度相应地也就越高。

最早的微处理器字长是 4 位，接下来是 8 位、16 位、32 位，发展到今天的 64 位，可见，字长总是成倍递增的。

2. 主频

主频也称为时钟频率，是决定计算机的运算速度的重要指标，主频越高，计算机的运算速度越快，主频使用的单位有 Hz、MHz 和 GHz。

3. 核数

现在越来越多的微处理器芯片中同时具有两个或两个以上的微处理器内核，例如有双核、四核或八核等，称为多核处理器，多核处理器比单核处理器速度快，Windows XP、Windows Vista、Windows 7 等操作系统都支持多核处理器。

4. 运算速度

计算机的运算速度通常表示为每秒钟执行的加法指令数目，用每秒百万次指令（Million Instructions Per Second，MIPS）表示。

5. 存储容量

存储容量表示存储设备存储信息的能力，通常使用以下的单位。

（1）比特。1 位二进制数所表示的信息量称为 1 个比特（bit），它只能表示 0 或 1 两个信息，这是最小的信息单位。

（2）字节。1 个字节 B（Byte）由 8 位二进制位组成，即 1 Byte=8 bits，字节是在计算机内表示信息的常用单位。

（3）其他单位。由于现在的计算机存储容量较大，除了字节以外，实际使用的容量单位还有千字节（KB）、兆字节（MB）、吉字节（GB）、太字节（TB），它们之间的换算关系如下：

$$1KB=2^{10}Byte=1024Byte$$

$$1MB=2^{10}KB=2^{20}Byte$$
$$1GB=2^{10}MB=2^{30}Byte$$
$$1TB=2^{10}GB=2^{40}Byte$$

以上所用的单位可以表示存储设备的存储能力，例如，目前的微机中配置的内存其容量可以是 1GB 或 2GB 或更高，硬盘的容量可以是 80GB、120GB、250GB、500GB 甚至更高，作为移动存储设备优盘或存储卡其容量可以是 4GB、8GB、16GB 甚至 32GB 等。

在操作系统的文件系统中，这些单位也可以用来表示文件所占空间的大小，例如某个图像文件的大小为 112MB。

1.2.3 计算机软件

硬件是指计算机系统中的各种物理装置，它是计算机系统的物质基础。对于软件，从狭义的角度上讲，是指计算机运行所需的各种程序；从广义的角度上讲，还包括手册、说明书和有关的资料。

通常把计算机软件分为"系统软件"和"应用软件"两大类。

系统软件是指管理、控制和维护计算机及其外部设备、提供用户与计算机之间界面等方面的软件。相对于应用软件而言，系统软件离计算机系统的硬件比较近，而离用户关心的问题则远一些，它们并不专门针对具体的应用问题。

应用软件一般是指那些能直接帮助个人或单位完成具体工作的各种各样的软件，如文字处理软件、计算机辅助设计软件、企业事业单位的信息管理软件、游戏软件等。应用软件一般不能独立地在计算机上运行而必须有系统软件的支持,支持应用软件运行的最为基础的一种系统软件就是操作系统。

1. 系统软件

具有代表性的系统软件有：操作系统、数据库管理系统以及各种程序设计语言的编译系统等。

（1）操作系统（Operating System，OS）。操作系统是最基本的系统软件，其主要任务是管理计算机硬件资源并且管理其上的信息资源（程序和数据），此外还要支持计算机上各种硬软件之间的运行和相互通信。

操作系统在计算机系统中占有重要的地位。计算机系统的硬件是在操作系统软件的控制下工作的，所有其他的软件，包括系统软件和大量的应用软件，都是建立在操作系统基础之上，并得到它的支持和取得它的服务。如果没有操作系统的功能支持，就无法有效地操作计算机。

操作系统本身又由许多程序组成。其中有的管理磁盘，有的管理输入输出，有的管理CPU、内存等。当计算机配置了操作系统后，用户不再直接对计算机硬件进行操作，而是利用操作系统所提供的命令和其他方面的服务去操作计算机，因此，操作系统是用户与计算机之间的接口。

目前在微机上常用的操作系统有 Windows XP、Windows 2007、UNIX 和 Linux。

（2）语言处理系统。计算机在执行程序时，首先要将存储在存储器中的程序指令逐条地取出来，并经过译码后向计算机的各部件发出控制信号，使其执行规定的操作。计算机的控制装置能够直接识别的指令是用机器语言编写的，而用机器语言编写一个程序并不是一件容易的事。实际上，绝大多数用户都使用某种程序设计语言，如 Visual Basic、C++、Delphi 等来编写程序。但是用这些语言编写的程序 CPU 是不认识的，必须要经过翻译变成机器指令后才能被计算机执行。而负责这种翻译的程序根据翻译方式不同有编译程序或解释程序。为了在计算机上执行由某种程序设计语言编写的程序，就必须配置有该种语言的语言处理系统。

（3）数据库管理系统。数据处理是当前计算机应用的一个重要领域，有组织地、动态地存储大量的数据信息，而且又要使用户能方便、高效地使用这些数据信息，是数据库管理系统的主要功能。应用较多的数据库管理系统软件有 Oracle、Informix、Sybase、SQL Server、Access 等。

2. 应用软件

应用软件是指专门为解决某个应用领域内的具体问题而编制的软件或实用程序，如工资管理、统计、仓库管理等程序。计算机的应用几乎已渗透到了各个领域，所以应用程序也是多种多样的。以下列出的仅仅是其中一少部分应用软件。

（1）文字处理软件。文字处理软件用于输入、存储、修改、编辑、打印文字资料（文件、稿件等）。常用的文字处理软件有 Word、WPS 等。

（2）信息管理软件。信息管理软件用于输入、存储、修改、检索各种信息。如工资管理软件、人事管理软件、仓库管理软件、计划管理软件等。这种软件发展到一定水平后，可以将各个单项软件联接起来，构成一个完整的、高效的管理信息系统，简称 MIS。

（3）计算机辅助设计软件。计算机辅助设计软件用于高效地绘制、修改工程图纸，进行常规的设计计算，帮助用户寻求较优的设计方案。常用的有 AutoCAD 等软件。

（4）实时控制软件。实时控制软件用于随时收集生产装置、飞行器等的运行状态信息，并以此为根据按预定的方案实施自动或半自动控制，从而安全、准确地完成任务或实现预定目标。

从总体上来说，无论是系统软件还是应用软件，都朝着外延进一步"傻瓜化"，内涵进一步"智能化"的方向发展，即软件本身越来越复杂，功能越来越强，但用户的使用越来越简单，操作越来越方便。软件的应用也不仅仅局限于计算机本身，家用电器、通信设备、汽车以及其他电子产品都成了软件应用的对象。

3. 硬件与软件的关系

硬件和软件是一个完整的计算机系统互相依存的两大部分，它们的关系主要体现在以下几个方面。

（1）硬件和软件互相依存。硬件是软件赖以工作的物质基础，软件的正常工作是硬件发挥作用的唯一途径。计算机系统必须要配备完善的软件系统才能正常工作，且充分发挥其硬件的各种功能。

（2）硬件和软件互为替代。这两者之间有时没有严格界线，随着计算机技术的发展，在许多情况下，计算机的某些功能既可以由硬件实现，也可以由软件来实现。比如"软件固化"技术，将完成某个功能的程序存入只读存储器芯片中，永不改变程序内容。因此，硬件与软件在一定意义上说没有绝对严格的界面。

（3）硬件和软件协同发展，计算机软件随硬件技术的迅速发展而发展，而软件的不断发展与完善又促进硬件的更新，两者密切地交织发展，缺一不可。

1.2.4　计算机的分类

计算机种类繁多，分类的方法也很多。例如，可以按功能分为通用机、专用机两大类；也可以按一次所能传输和处理的二进制位数分为 16 位机、32 位机、64 位机等各种类型；也可以按其功能和规模或其他方法进行分类。

1. 按功能和规模分类

传统上，经常按照计算机系统的功能和规模把它们分为以下四大类：

（1）通用机（大中型机）。通用机是计算机技术的先导，广泛地应用于科学和工程计算、信息的加工处理、企事业单位的事务处理等方面。目前通用机已由千万次运算向数亿次发展，而且正在不断地扩充功能。

（2）巨型机。巨型机是当代运算速度最高，存储容量最大，通道速率最快，处理能力最强，工艺技术性能最先进的通用超级计算机。主要用于复杂的科学和工程计算，如天气预报、飞行器的设计以及科学研究等特殊领域。巨型机代表了一个国家的科学技术发展水平。

（3）小型机。与上两种机型相比较，小型机规模小，结构简单，而且通用性强，维修使用方便。适合工业、商业和事务处理应用。计算机技术发展很快，当今小型机的性能已经超过了传统意义上的大中型机，而且，小型机和大中型机之间已经没有严格的界线了。

（4）微机。微机是当今最为普及的机型。微机体积小、功耗低、成本低、灵活性大，其性能价格比明显地优于其他类型的计算机，因而得到了广泛地应用。

2. 微机分类

微机可以按其性能、结构、技术特点等分为单片机、单板机、便携式微机、工作站等类型。

（1）单片机。将微处理器（CPU）、一定容量的存储器以及 I/O 接口电路等集成在一个芯片上，就构成了单片机。可见单片机仅是具有计算机功能的集成电路芯片。单片机体积小、功耗低、使用方便，但存储器容量较小，一般用作专用机或控制仪表、家用电器等。

（2）单板机。将微处理器、存储器、I/O 接口电路安装在一块印刷电路板上，就成为单板机。一般在这块板上还有简易键盘、液晶或数码管显示器，以及外存储器接口等，只要再外加上电源便可直接使用。单板机价格低廉且易于扩展，广泛应用于工业控制、微机教学和实验，或作为计算机控制网络的前端执行机。

（3）个人计算机（Personal Computer，PC）。供单个用户使用的微机一般称为 PC，是目前用得最多的一种微机。PC 配置有显示器、键盘、硬磁盘、打印机、光盘驱动器，以及一个紧凑的机箱和一些可以插接各种接口板卡的扩展插槽。

（4）便携式微机。便携式微机大体包括笔记本计算机、袖珍型计算机，以及个人数字助理（Personal Digital Assistant，PDA）等。便携式微机将主机和主要的外部设备集成为一个整体，可以用电池直接供电。目前，市面上的笔记本计算机已具备了台式机的功能。

（5）工作站。工作站常被看作是高档的微机。工作站采用高分辨图形显示器以显示复杂资料，且具有便于应用的联网技术。典型工作站的特点包括：用户透明的联网；高分辨率图形显示；可利用网络资源；多窗口形用户接口等。例如有名的 SUN 工作站，就有非常强的图形处理能力。

1.3 计算机与信息处理

计算机最初的发明是为了进行军事方面的数值计算，随着人类进入信息社会，计算机的功能已经远远超出了"计算的机器"这样狭义的概念。计算机的应用深入到社会实践的各个领域，诸如生物工程、船舶工程、地质勘探、海洋工程、气象气候、地震预报、城市建设、核爆模拟、石油物探、航空航天、材料工程、环境科学等。从信息论的观点出发，所有这些应用都可以归为信息处理，因此，计算机也可以称作信息处理机。

1.3.1　信息和信息技术

1. 信息的概念

信息是一种宝贵的资源，信息、物质和能源是组成社会物质文明的三大要素。

信息是现代生活中一个非常流行的词汇，但至今对信息这个概念没有一个严格的定义。到目前为止，关于信息的种种不同定义已超过百种。

最早对信息的科学解释源于通信技术的发展需要，为了解决诸如如何从噪声干扰中接收正确的信号等信息理论问题，促使科学家们对信息问题进行认真的研究。1928 年，哈特莱（Ralph V.L. Hartley）发表在《贝尔系统技术杂志》上的《信息传输》一文中，首先提出"信息"这一概念，他把信息理解为选择通信符号的方式，并用选择的自由度来计量这种信息量的大小。控制论创始人之一，美国科学家维纳（N.Wiener）指出：信息就是信息，既不是物质也不是能量，专门指出了信息是区别于物质与能量的第三类资源。

《辞源》中将信息定义为"信息就是收信者事先所不知道的报道"。《简明社会科学词典》中对信息的定义为"作为日常用语，指音信，消息。作为科学术语，可以简单地理解为消息接受者预先不知道的报道"。

相对于通信范围内的信息论（狭义信息论），广义信息论以各种系统、各门科学中的信息为对象，以信息过程的运动规律作为主要研究内容，广泛地研究信息的本质和特点，以及信息的取得、计量、传输、储存、处理、控制和利用的一般规律，使得人类对信息现象的认识与揭示不断丰富和完善。所以，广义信息论也被称为信息科学。

与信息密切联系的概念还有数据和信号，从信息科学的角度看，它们是不能等同的。在应用现代科技采集、处理信息时，必须要将现实生活中的各类信息转换成机器能识别的符号，再加工处理成新的信息，转换过程称为符号化，其结果就是通过数据表现信息。

数据可以是文字、数字、声音或图像，是信息的具体表示形式，是信息的载体。而信号则是数据的电磁或光脉冲编码，是各种实际通信系统中，适合信道传输的物理量。

2. 信息技术

信息技术的发展历史源远流长，两千多年前中国历史上著名的周幽王烽火戏诸侯的故事，讲的就是当时的烽火通信。至今人类历史上已经发生了四次信息技术革命。

第一次信息革命是文字的使用。文字既帮助了人们的记忆，又促进了人类智慧的交流，成为人类意识交流和信息传播的第二载体。文字的出现还使人类信息的保存与传播超越了时间和地域的局限。

第二次信息革命是印刷术的发明。大约在 11 世纪（北宋时期），中国人毕昇最早发明了活字印刷技术，这是中国人引以为豪的四大发明之一。印刷术的使用导致了信息和知识的大量生产、复制和更广泛的传播。这些信息和知识经过择优流传和系统化，经过历史的取舍，形成了一门门科学知识，并且代代相传。在这期间，报刊和书籍成为重要的信息存储和传播媒介，极大地推动了人类文明进步。

第三次信息革命是电话、广播和电视的使用。电报、电话、无线电通信等一系列技术发明的广泛应用使人类进入了利用电磁波传播信息的时代。这时信息的交流和传播更为快捷，地域更加广大。传播的信息从文字扩展到声音、图像，先进的科学技术更快地成为了人类共有的财富。

从 20 世纪中叶开始，第四次信息革命已经到来。这就是当代的电子计算机与通信相结合的信息技术。现代信息技术将信息的传递、处理和存储融为一体，人们可以通过计算机和计算机网络与其他地方的计算机用户交换信息，或者调用其他机器上的信息资源。

现代信息技术是应用信息科学的原理和方法，有效地使用信息资源的技术体系，它以计算机技术、微电子技术和通信技术为特征。计算机是信息技术的核心，随着硬件和软件技术的不断发展，计算机的信息处理能力在不断增强，离开了计算机，现代信息技术就无从谈起；微电子技术是信息技术的基础，芯片是微电子技术的结晶，是计算机的核心。通信技术的发展加快了信息传递的速度和广度，从传统的电报、无线电广播、电视到移动电话、卫星通信都离不开通信技术，计算机网络也与通信技术密不可分。

1.3.2　基于计算机的信息处理

基于计算机的信息处理涉及计算机硬件、软件、多媒体、网络、通信等各种技术，下面介绍计算机信息处理的一般过程及其所涉及的主要技术，这些技术在后续章节中会有进一步的阐述。

信息的处理包括信息的表示、采集、存储、组织、传输及检索等过程。

1. 信息的表示及采集

对于数值和西文字符，可以从键盘直接输入。

对于汉字首先是如何将每个汉字变成可以直接从键盘输入的代码即汉字的输入码，这样就可以利用西文键盘输入汉字，然后再将输入码转换为汉字机内码，之后才能对其处理和存储。为了将汉字输出，则必须进行相反的过程，即将机内码转换为汉字的字型码。

随着技术的发展，从使用键盘输入数值和文字信息基本的输入方法，到现在语音输入、手写输入、扫描加模式识别等输入方法都非常普及。

2. 信息的组织

信息采集到计算机中以后可以存储在各种外存储器中。对于巨大数量的信息如何组织才能使用户快速查到需要的信息，这需要用到文件和数据库的技术。

计算机系统以层次结构组织数据，该层次结构从比特（bit）、字节（Byte）开始，进而形成域、记录、文件和数据库。

- 比特是计算机数据处理的最小单位，一组比特（8 比特）称为一个字节，可以表达一个字符（字母、数字或标点符号）；
- 一组字符可以表达一个单词（两个字节可表示一个汉字）；
- 一组单词、数值或汉语的单词（如商品名称）可以形成一个域；
- 一组相关的域，例如商品的名称、规格、生产厂家、价格等，可以形成一条记录；
- 一组同类的记录可以形成一个文件；
- 一组相关的文件可以形成数据库。

数据库技术是将数据集中管理并将数据冗余降至最低，使得有组织的数据可以有效地为更多的应用程序服务，一个数据库可以为许多应用程序提供服务。数据库管理系统（Database Management System，DBMS）是数据库技术的核心，它提供了对大量数据进行有效管理的手段，例如对数据的增加、删除、修改，对记录进行排序，按不同要求对数据进行查询等。

3. 信息的传输

为了使全球各地的用户都能获取位于某个主机中的信息，就需要利用网络技术，远程用户通过网络可以在自己的计算机上直接访问网上的各种信息。

　　计算机网络源于计算机与通信技术的结合，它利用各种通信手段，例如电话线、同轴电缆、无线电线路、卫星线路、微波中继线路、光纤等，把地理上分散的计算机有机地连在一起，相互通信而且共享软件、硬件和数据等资源。网络技术始于 20 世纪 50 年代，近 60 年来得到迅猛发展，由主机与终端之间远程通信，到今天世界上成千上万台计算机互联，形成了遍布全球的互联网（Internet）。

4. 信息的检索

　　网上信息数量巨大，在使用这些信息时，除了为用户提供目录式查看方式外，还应当有全文检索功能，以方便用户从海量数据中查找所需信息，这就涉及信息检索技术。目前，信息检索已经发展到网络化和智能化的阶段。

　　信息检索的对象从相对封闭、稳定一致、由独立数据库集中管理的信息内容，扩展到开放、动态、更新快、分布广泛、管理松散的 Web 内容。

　　随着 Web 信息的迅速增加，用户要在浩瀚的信息海洋里寻找信息，变得非常困难，搜索引擎（Search Engine）正是为了解决这个"迷航"问题而出现的技术。

　　搜索引擎在互联网中搜集、发现信息，对信息进行理解、提取、组织和处理，并为用户提供检索服务，从而起到信息导航的目的。

　　综上所述，在信息处理系统中，计算机是核心要素，计算机硬件（第 2 章）和操作系统（第 3 章）是其他技术应用的基础；而要进行信息传输则离不开计算机网络（第 4 章）；各种不同类型信息的处理（第 5 章、第 6 章）；信息的组织（第 8 章）；有些处理功能如果没有商品化软件，就需要用计算机程序设计语言（第 7 章）进行开发；为保证系统的正常运行和实现电子支付等功能，需要运用防火墙、数字签名等信息安全技术（第 9 章）。

1.4　数制和数制转换

　　计算机中处理的数据可以分为两大类，分别是数值数据和非数值数据，非数值数据包括西文字母、标点符号、汉字、图形、声音。

　　不论什么类型的数据，在计算机内都使用二进制进行表示和处理，对于数值型的数据，可以将其转换成二进制数，而对于非数值型的数据，则采用二进制编码的形式。

　　本节介绍计算机学科中常用的数制、不同数制之间的转换。

1.4.1　数制的概念

　　数制是指数的表示规则，主要有进位原则和采用的基本数码，为便于理解数制的概念，这里先从日常使用较多的十进制说起。

1. 十进制数制

　　平时使用的十进制数用十个数码 0～9 组成的数码串来表示数字，其加法的规则是"逢十进一"。

　　在一个数中，处在不同位置的数码代表不同的数值，数值的大小与采用的进制和处在的位置有关。

　　例如，对于十进制数 732.67，整数部分的第一个数码 7 处在百位，表示七百，第二个数码 3 处在十位，表示三十，第三个数码 2 处在个位，表示二，小数点后第一个数码 6 处在十分位表示十分之六，小数点后第二个数码 7 处在百分位，表示百分之七，这样，十进制的数 732.67

可以写成下列的形式：

$$732.67=7\times100+3\times10+2\times1+6\times0.1+7\times0.01$$
$$=7\times10^2+3\times10^1+2\times10^0+6\times10^{-1}+7\times10^{-2}$$

最后一个等式称为十进制数的按权数展开式，其中 10^i 称为权数。

一个数制中包含的数码个数称为该数制的基数，因此，十进制数的基数就是 10。

推广到一般情况，使用不同的基数，就可以得到不同的进位计数制，设 "R" 表示基数，则称为 R 进制，使用 R 个基本的数码，其加法运算规则就是 "逢 R 进一"。

在 R 进制中，一个数码所表示数的大小不仅与基数有关，而且与其所在的位置 i 有关，R^i 就是权数。

在计算机科学中，常用的还有二进制、八进制和十六进制。

2. 二进制数

如果基数 R 的值取 2，就可以得到二进制，它有两个数码，分别是 0 和 1，加法的运算规则是 "逢二进一"。

二进制是计算机内部使用的进制，它有如下特点。

（1）实现容易。由于二进制中只有两个数码 "0" 和 "1"，可以用两种不同的稳定状态来表示，而使用具有两个稳定状态的电子元件很容易实现，例如开关的 "开" 和 "关"。

（2）运算规则简单。使用二进制时，计算规则比较简单，例如，对于二进制加法，只需定义以下四条规则：

$$0+0=0\qquad 0+1=1\qquad 1+0=1\qquad 1+1=10$$

而对于二进制乘法，同样也只需要定义以下四条规则：

$$0\times0=0\qquad 0\times1=0\qquad 1\times0=0\qquad 1\times1=1$$

如果使用十进制，其加法和乘法规则就要分别定义 100 条。

因为运算规则简单，实现这些规则的电路也就比较简单。

（3）适合逻辑运算。二进制中的 0 和 1 恰好分别与逻辑运算中的假值（False）和真值（True）相对应，因此很容易实现逻辑运算，常用的逻辑运算有与、或、非、异或等。

正因为二进制具有上述特点，在计算机中，所有的数字和符号都用二进制的 "1" 和 "0" 进行编码，所有的指令也用二进制代码表示。

3. 八进制和十六进制

由于二进制数制中只有两个数码，用来表示数字时使用的位数较多，书写形式较长，不便阅读而且容易出错，所以在计算机技术中也常使用十六进制或八进制数制。

八进制数中采用八个数码 0～7，进位规则是 "逢八进一"。

十六进制数中采用十六个数码，分别是 0～9、A～F，进位规则是 "逢十六进一"。

十进制、二进制、八进制和十六进制这四种进制之间的对应关系见表 1-1。

表 1-1　4 种数制之间的对应关系

十进制	二进制	八进制	十六进制
0	0000	0	0
1	0001	1	1
2	0010	2	2
3	0011	3	3

续表

十进制	二进制	八进制	十六进制
4	0100	4	4
5	0101	5	5
6	0110	6	6
7	0111	7	7
8	1000	10	8
9	1001	11	9
10	1010	12	A
11	1011	13	B
12	1100	14	C
13	1101	15	D
14	1110	16	E
15	1111	17	F

为了区分不同进制的数，在书写时可以使用两种不同的方法。

一种方法是将数字用括号括起来，在括号的右下角写上基数来表示不同的进制，例如，$(1011)_2$、$(56)_8$、$(987)_{10}$、$(1A3)_{16}$。

另一种方法是在一个数的后面加上不同的字母来区分不同的进制，其中 D 表示十进制、B表示二进制、O 表示八进制、H 表示十六进制，这是在程序设计中主要使用的一种方法。

例如，上面四个数也可以表示成 1011B、56O、987D、1A3H。

1.4.2　不同进制数据之间的转换

下面介绍这四种进制数据之间的转换方法。

1．十进制数转换成 N 进制数

这里的 N 表示任何一种进制，并不仅仅是本节中的二进制、八进制或十六进制，转换时整数部分和小数部分分别进行。

对于整数部分，采用"除以 N 取余"的方法，将整数部分除以 N，取其余数，然后不断地将其商再除以 N，得到新的余数，直到商为 0 为止，最后将得到的各个余数按相反的方向排列，这样得到的余数序列就是转换后的 N 进制数。

【例 1.1】将十进制整数 25 转换为二进制数。

十进制整数转换为二进制数时，采用"除以 2 取余"的方法，具体过程是将十进制整数除以 2，得到一个商数和一个余数；接下来将所得的商数再除以 2，又得到一个商数和一个余数，这样不断地用商数除以 2 直到商为 0 时为止。每次相除所得的余数就是对应的二进制数的各位数字，其中第一次得到的余数作为最低位，最后一次得到的余数作为最高位，转换过程如图 1-5 所示。

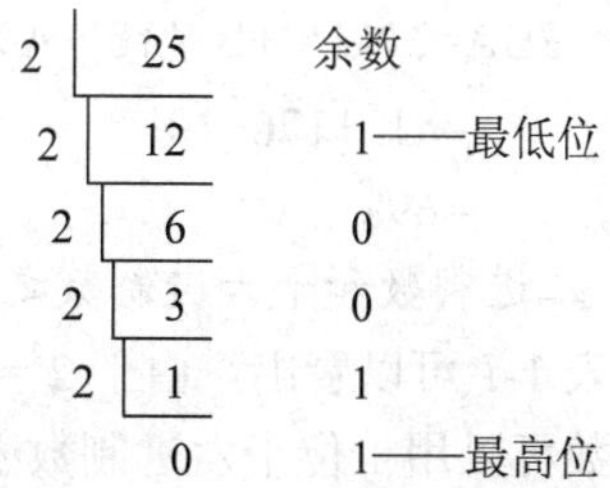

```
2 | 25        余数
2 | 12        1——最低位
2 |  6        0
2 |  3        0
2 |  1        1
     0        1——最高位
```

图 1-5　十进制整数转换成二进制

所以：25D=11001B

小数部分采用"乘以 2 取整"的方法，即对小数部分不断地乘以 2 后取其整数，将所得

到的各个整数按先后顺序依次排列就是转换后的 N 进制小数。

【例 1.2】将十进制小数 0.3125 转换为二进制数。

十进制小数转换为二进制数时，采用"乘以 2 取整"的方法，具体过程是将十进制小数乘以 2，对结果取出整数部分，接下来将小数部分再乘以 2，又得到一个结果，这样不断地将小数部分乘以 2 直到小数部分为 0 时为止，每次取出的整数部分按先后顺序排列就是转换后的二进制数。

转换过程如图 1-6 所示。

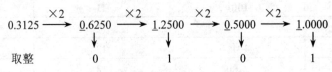

图 1-6　十进制小数转换成二进制的过程

所以：0.3125D=0.0101B

上面的转换经过了四次对小数部分乘以 2 后，小数部分变为零。但是，并不是任何一个十进制的小数都可以经过有限次的乘以 2 后使小数部分变为零。例如，小数 0.3512 就不可能通过反复乘以 2 使小数部分变为零的，这时，要根据题目要求转换到相应的精度。

如果一个十进制数整数部分和小数部分都有，则分别进行转换后将结果合在一起即可。

【例 1.3】将十进制整数 193 转换为十六进制数。

转换时采用除以"十六取余"的方法。

193 除以 16 结果商为 12，余数为 1，将第一次的商数 12 再除以 16，商为 0，余数为 12，即十六进制的 C，两次的余数分别是 1 和 C。

因此，193D=C1H

2．N 进制数转换成十进制数

N 进制数转换成十进制数，整数部分和小数部分统一进行，先将 N 进制数按权展开，然后将展开的算式按十进制规则进行计算，计算结果就是转换后的十进制数。

【例 1.4】将二进制数 100110.101 转换成十进制数。

$$100110.101B=1\times2^5+0\times2^4+0\times2^3+1\times2^2+1\times2^1+0\times2^0+1\times2^{-1}+0\times2^{-2}+1\times2^{-3}$$
$$=32+0+0+4+2+0+0.5+0+0.125$$
$$=38.625D$$

【例 1.5】将十六进制数 2BA 转换成十进制数。

$$2BA=2\times16^2+B\times16^1+A\times16^0$$
$$=512+176+10$$
$$=698$$

3．二进制数和十六进制数之间的转换

从表 1-1 可以看出，由于 2^4=16，因此 1 位十六进制数可用 4 位二进制数表示，反之 4 位二进制数可以用 1 位十六进制数表示，即 1 位十六进制数和 4 位二进制数之间存在着一一对应的关系，可利用这种对应关系对两者进行转换。

将一个二进制的数转换成十六进制，可以按以下两个步骤进行：

（1）分组。

● 整数部分，从个位数开始从右向左每四位二进制数一组，最后一组不足四位时，在左边补零；

● 小数部分，从小数点后第一位开始从左向右每四位一组，最后一组不足四位时，在右边补零。

（2）替换。将每一组的四位二进制数用一位十六进制数代替。

【例 1.6】将二进制数 1111101011011.001101 转换成十六进制数。

首先分组，整数部分分为四组：*000*1 1111 0101 1011，其中左边一组不足四位在左边补了 3 个零，小数部分分为两组：0011 01*00*，其中右边一组不足四位在右边补了 2 个零，接下来对每一组分别用一位十六进制数代替。

所以：1111101011011.001101B=1F5B.34H

反之，如果要将一个十六进制的数转换成二进制，只要将每一个十六进制的数分别用四位二进制数代替即可。

4．二进制数和八进制数之间的转换

由于 $2^3=8$，因此 1 位八进制数可用 3 位二进制数表示，反之 3 位二进制数可以用 1 位八进制数表示，可利用这种对应关系对两者进行转换。

一个二进制数和八进制数之间的转换过程与二进制数和十六进制数之间的转换过程是相同的，只是分组的位数不同。

【例 1.7】将二进制数 10100101.01011101 转换成八进制数。

整数部分分组为：010 100 101

小数部分分组为：010 111 010

将每一组分别用一位八进制数代替，所以：10100101.01011101B=245.272O

5．八进制数和十六进制数之间的转换

由于八、十六进制与二进制之间的转换非常方便，因此，八进制和十六进制之间的转换可以借助二进制进行，即先将八进制数转换成二进制数，然后再将二进制数转换成十六进制数，反之亦然，这里就不再重复了。

【例 1.8】使用 Windows 附件中的"计算器"进行整数的进制转换。

上面各个例题采用手工方法进行进制的转换，对于整数之间的转换，也可以使用 Windows 附件中的"计算器"进行，"计算器"有标准型和科学型两种方式，进制转换使用科学型。

执行"开始"｜"程序"｜"附件"｜"计算器"命令，启动"计算器"程序，然后执行"查看"｜"科学型"命令，切换到科学型，如图 1-7 所示。

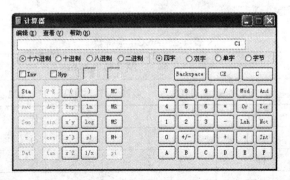

图 1-7 "科学型"计算器

单击窗口中的"十六进制"单选按钮，然后向文本框中输入 C1，再单击窗口中的"十进制"单选按钮，这里，文本框中显示为 193，这就是十六进制数 C1 转换为十进制数后的结果。

以上讨论了进制之间的转换，对任何进制的数值，其绝对值都可以转换成二进制数，这样，其他进制的数据就可以在计算机中表示了。

数值数据在计算机内保存时，除了进制转换，还有两个问题需要解决，这就是数字的正负号和带小数的数值其小数点位置的处理。

正负号也是采用编码的方法，可以将一个二进制数的最高位定义为符号位，用 0 表示正号，1 表示负号。例如，"-1011001"可以表示为"11011001"，而"+1011001"可以表示为"01011001"，这样一种表示方法称为原码表示，在对数值进行二进制编码时，除了原码，还有反码和补码等表示方法。

对于小数点的位置，处理时可以采用定点数和浮点数的表示，这些内容可以查阅相关的参考书籍。

1.5　字符编码

编码的概念在日常生活中是经常遇到的，例如，每个人身份证上的编号就是一个编码，每个学生的学号也是一个编码，只不过这里编码是用十进制数表示的。每一本正式出版的书籍其 ISBN 号也是一个编码，这个编码则是由十进制数和英文字母组成的。

本节介绍西文字符和汉字在计算机中采用二进制进行编码的方法，对于声音和图像等多媒体信息的表示也是基于二进制的，其具体的编码见第 6 章。

1.5.1　西文字符编码

计算机在处理字符时，要为每个字符指定一个确定的编码，这样，在计算机中就用这个确定的二进制编码表示特定的字符。

在微型机中对字符进行编码，通常采用的是 ASCII 编码，它的全称是美国国家信息交换标准代码（American National Standard Code for Information Interchange），该标准已被国际标准化组织（ISO）指定为国际标准。

1.　ASCII 码的编码规则

ASCII 码通常用 7 位二进制编码表示一个字符，其编码范围是 0000000B～1111111B，对应十进制的 0～127，因此，编码总数为 2^7 共 128 个，相应地有 128 个不同的字符，如表 1-2 所示 7 位 ASCII 码表示的所有字符。

表 1-2　ASCII 字符集

低 4 位	高 3 位 $b_6b_5b_4$							
$b_3b_2b_1b_0$	000	001	010	011	100	101	110	111
0000	NUL	DLE	SP	0	@	P	`	p
0001	SOH	DC1	!	1	A	Q	a	q
0010	STX	DC2	"	2	B	R	b	r
0011	ETX	DC3	#	3	C	S	c	s

续表

低 4 位	高 3 位 $b_6b_5b_4$							
$b_3b_2b_1b_0$	000	001	010	011	100	101	110	111
0100	EOT	DC4	$	4	D	T	d	t
0101	ENQ	NAK	%	5	E	U	e	u
0110	ACK	SYN	&	6	F	V	f	v
0111	BEL	ETB	'	7	G	W	g	w
1000	BS	CAN	(	8	H	X	h	x
1001	HT	EM	)	9	I	Y	i	y
1010	LF	SUB	*	:	J	Z	j	z
1011	VT	ESC	+	;	K	[	k	{
1100	FF	FS	,	<	L	\	l	|
1101	CR	GS	-	=	M	]	m	}
1110	SO	RS	.	>	N	^	n	~
1111	SI	US	/	?	O	_	o	DEL

在表中根据字符所在的列确定 ASCII 的高 3 位（$b_6b_5b_4$）、根据所在的行确定其低 4 位（$b_3b_2b_1b_0$），高位与低位合在一起就是该字符的 ASCII 码，例如字母"A"的高 3 位是 100、低 4 位是 0001，因此它的 ASCII 编码就是"1000001"。

表中每个字符对应一个二进制编码，每个编码的数值称为 ASCII 码的值，例如，字母 A 的编码为 1000001B，即 65D 或 41H，字母 a 的编码是 1100001B，即 97D 或 61H，字符数字 0 的编码是 0110000B，即 48D 或 30H。

由于 ASCII 码只有 7 位，在用一个字节保存一个字符的 ASCII 编码时，占用该字节的低 7 位，因此最高位补 0。

2. ASCII 码中包含的字符

从表 1-2 可以看出，ASCII 编码中包含的字符可以分为以下四类。

（1）控制字符。控制字符是指编码值为 0H～20H 和 7FH 的字符，共 34 个，其中 0H～1FH 的字符用于计算机通信中的通信控制或对计算机设备的控制，编码值为 20H 的是空格字符，用 SP 表示，编码值是 7FH 的是删除控制字符，用 DEL 表示。

（2）字母。在 ASCII 码中，除了控制字符以外，其余的字符编码范围为 21H～7EH，共有字符 94 个，这些字符称为可显示的字符，其中包括字母、数字和特殊字符。

52 个大小写字母中，大写字母的 ASCII 码范围是 1000001～1011010，小写字母的 ASCII 码范围是 1100001～1111010，其顺序与字母表中顺序是一样的，并且同一字母的大小写 ASCII 码区别在 b_5 位上，对于大写字母该位为 0，小写字母该位为 1，如果从码值上看，同一字母的大小写之间相差值为 32，在程序设计中，可以利用这一特点方便地进行大小写字母的转换。

（3）数字。0～9 这 10 个数字字符的高 3 位是 011，低 4 位是 0000～1001，低 4 位正好是 0～9 这十个数字对应的二进制形式。

（4）特殊符号。除了以上 3 类符号以外，其余的符号还有标点符号、运算符号等。

1.5.2　汉字编码

计算机中对汉字的处理要远比西文字符复杂得多，主要体现在汉字数量繁多、字形复杂和字音的多变上。

在对汉字进行处理时，不同的处理环节要用到多种不同的编码，这些编码包括输入码、内码、汉字字形码、汉字地址码等，从编码角度上看，汉字信息处理的过程包括了各种汉字编码之间的转换。

1. 汉字字符集

由于汉字的数量巨大，不可能对所有的汉字都进行编码，因此，可以在计算机中处理的汉字是指包含在国家或国际组织制订的汉字字符集中的汉字，常用的汉字字符集标准有以下几种。

（1）GB 2312－80 编码。GB 2312－80 编码是我国国家标准总局于 1981 年颁布的，其全称是"国家标准信息交换用汉字编码字符集——基本集"，简称交换码，也称为国标码，这个标准中共收集了 6763 个汉字，682 个非汉字符号，非汉字符号包括希腊字母、俄文字母、日文假名、汉语拼音符号、汉语注音字母、标点符号、数学符号等。

（2）GBK 编码。GBK 编码全称是"汉字内码扩展规范"，是中华人民共和国全国信息技术标准化技术委员会 1995 年 12 月 1 日制订的，GBK 向下与 GB 2312－80 编码兼容，向上支持 ISO 10646.1 国际标准。

GBK 编码共收录汉字 21003 个、符号 883 个，并提供 1894 个造字的码位，简体、繁体字融于一库。

（3）UCS 中的 CJK。UCS 的全称是"通用编码字符集"（Universal Coded Character Set），它是国际标准化组织 ISO 公布的编码标准，编号是 ISO 10646。

在 UCS 中，每个字符用 4 个字节表示，每个字节分别表示字符所在的组号、平面号、行号和列号，称为 UCS-4，可以提供 13 亿个字符编码，这样的编码空间可以容纳世界上的各种文字。其中的 0 组 0 面称为基本多文种平面，这个平面上的字符编码可以省略组号和平面号，这样，0 组 0 面的字符只需用两个字节表示，这个字符集称为 UCS-2，它是 UCS 的子集，又称为统一码 Unicode。

在 Unicode 字符集中通常包括以下字符：

● 世界各国和各地区使用的拉丁字母、音节文字；

● 各类标点符号、数学符号、技术符号、几何形状、箭头和其他符号；

● 中、日、韩（CJK）统一的象形文字。

上面 3 类编码，为世界各国和地区使用的每个字符提供了唯一的编码，其中的 CJK 编码称为中日韩统一汉字编码字符集，字符集中以汉字字形为编码标准，按部首笔画排序。

（4）GB 18030－2000 编码。GB 18030－2000 编码是我国信息产业部和国家质量技术监督局在 2000 年联合发布的，全称是"信息技术 信息交换用汉字编码字符集 基本集的扩充"，它是在 GB 2312－80 和 GBK 编码基础上扩展而成的。

GB 18030－2000 编码采用单字节、双字节和四字节混合编码，编码空间 160 多万个，基本平面内的汉字数 27000 多个。

GB 18030－2000 编码支持全部 CJK 统一汉字字符。

（5）BIG-5 码。BIG-5 码俗称"大五码"，是通行于中国台湾、香港地区的繁体字编码方案，它用双字节编码，收录 13060 个汉字和 441 个符号总共 13501 个。

很多程序同时支持多种汉字编码，例如 Internet Explorer 浏览器就支持多种汉字编码，其中有 GB 2312、GB 18030、BIG-5 等，在 Internet Explorer 浏览器中，如果打开的某个网页显示的是乱码，选择其他合适的编码后通常就可以正常地显示。

2. 汉字的输入码

为了将汉字输入到计算机中而对汉字进行的编码称为汉字输入码，目前主要是利用西文键盘输入汉字，因此，输入码是由键盘上的字母、数字或符号组成的。

汉字输入码的编码方法有 4 类，分别是数字编码、音码、形码和音形码。

数字编码是用一串数字代表一个汉字，常用的有区位码、电报码等，数字编码的优点是没有重码，输入码和内码之间的转换比较方便，缺点是编码的记忆比较困难。

音码是以汉字的汉语拼音为基础的输入编码，常用的有全拼输入法、双拼输入法、智能 ABC 输入法等，由于汉字的同音字较多，拼音编码中重码字很多，因此输入拼音后往往还要在同音字中进行二次选择。

形码是以汉字的字形特征为基础的编码，例如五笔字型、表形码，其中的五笔字型是形码中最有影响的编码方法。

音形码是将汉字的拼音和形状结合起来，并以其中某一种为主的编码方法，例如自然码输入法是以拼音为主，以字形为辅进行编码。

对于同一个汉字，在不同的输入法中就对应了不同的输入码。例如，汉字"啊"的区位码是"1601"，全拼输入时是"a"，用五笔字型法输入时是"kbsk"，不同的输入码通过输入字典转换为标准的机内码。

3. 区位码、国标码和机内码

汉字的机内码用于在计算机内对汉字进行存储、处理和传输，和机内码密切相关的有区位码和国标码。

（1）区位码。在 GB 2312－80 字符集中，共收录了 6763 个汉字，682 个非汉字符号，共计 7445 个字符，6763 个汉字中，按使用的频繁程度分为一级汉字和二级汉字，其中一级常用字有 3755 个，按汉语拼音字母的顺序排列；二级次常用字有 3008 个，按部首的顺序排列。

将 7445 个汉字和符号排列在一个 94 行×94 列的方阵中，方阵的每一行称为汉字的一个"区"，区号范围是 1～94，方阵中的每一列称为汉字的"位"，位号范围也是 1～94，也可以理解成这些字符被分成了 94 个组，每个组内有 94 个字符。

各区是这样安排字符的：

- 1～15 区是非汉字符号区；
- 16～55 区是一级常用汉字区；
- 56～87 区是二级次常用汉字区；
- 88～94 区是保留区，用来存储自定义的代码。

这样，一个汉字在方阵中的位置可以用它的区号和位号来唯一地确定，将区号和位号组合起来就得到该汉字的区位码。

区位码使用四位数字编码，前两位是区号，后两位是位号，显然，区位码和每个汉字之间具有一一对应的关系。

例如，汉字"中"在 54 区 48 位，其区位码就是 5448，汉字"啊"在 16 区 1 位，其区位码就是 1601。

（2）国标码。国标码中用两个字节对汉字进行编码，每个字节只用 7 位，这样，总共可以表示 2^{14} 即 16384 个不同的字符，这对于 GB 2312－80 中的 7445 个字符已经足够使用。

GB 2312－80 中规定，对于所有的汉字和符号，其国标码的每个字节编码范围与 ASCII 码中的 94 个可显示字符（编码范围是 21H～7EH）相一致。

国标码可以用区位码进行转换得到，由于每个字符的区号和位号范围都是 1～94（即 01H～5EH），所以转换方法是先将汉字的十进制区号和十进制位号分别转换成十六进制数，然后再分别加上 20H，就成为该字的国标码，也就是分别将区号和位号向后平移 20H。

计算时也可以先将十进制的区号和位号分别加上 32，然后再分别转换成十六进制。

【例 1.9】汉字"中"的区位码是 5448，计算汉字"中"的国标码。

汉字"中"的区号：54D=36H，位号：48D=30H，即 3630H；

两个字节分别加上 20H，即 3630H+2020H=5650H；

所以，这样，汉字"中"的国标码为 5650H。

（3）机内码。汉字"中"的国标码为 5650H，这两个字节分别用二进制表示就是 01010110 和 01010000，查找 ASCII 码表可以知道，英文字母"V"和"P"的 ASCII 码恰好也分别是 01010110 和 01010000，这样，如果在计算机中有两个字节的内容分别是 01010110 和 01010000，就无法确定这两个字节究竟是表示一个汉字"中"，还是分别表示两个英文字母"V"和"P"。

显然，在计算机内是不能直接使用国标码保存汉字的，为解决这一问题，通常是将汉字国标码两个字节的最高位都设置为 1，计算方法是对国标码的两个字节都加上 10000000B 即 80H，计算的结果就是该汉字的机内码，简称内码。

计算机在处理字符时，如果遇到最高位为 0 的字节，将其看作是一个 ASCII 码的西文字符，如果遇到最高位为 1 的字节，就将该字节连同后续的最高位也为 1 的另一个字节一起作为一个汉字的机内码，这样，就实现了中西文字符的混合使用和区分。

【例 1.10】计算汉字"中"的机内码。

汉字"中"的国标码为 5650H，则 5650H+8080H=D6D0H，因此，汉字"中"的机内码为 D6D0H。

综上所述，区位码、国标码和机内码之间具有下面的关系：

国标码=区位码（十六进制）+2020H

机内码=国标码+8080H

4. 汉字字形码和地址码

（1）汉字的字形码。汉字的字形码供显示和打印汉字使用。字形码和输入码都称为外码。

每个汉字的字形信息事先保存在计算机中，称为汉字库，每个汉字的字形和机内码一一对应，在输出汉字时，首先根据机内码在汉字库中查找其相应的字形信息，然后利用字形信息进行显示或打印。

描述汉字字形的方法主要有点阵字形和轮廓字形两种。

点阵字形可以用排列成方阵的点进行描述，下面以 16×16 点阵（共有 16 行，每行有 16 个点）为例，说明汉字"中"的点阵字形和字形码。

在 16×16 点阵中，凡是汉字笔画所经过的格子为黑点，没有经过的格子为白点，这样，汉字"中"的字形点阵如图 1-8 所示。对于黑点用二进制数"1"表示，白点用"0"表示，这样，一个汉字的字形就可以用一串二进制数表示了，这就是字形码，汉字"中"的字形编码如

图 1-9 所示，显然它是对汉字的点阵信息进行的编码。

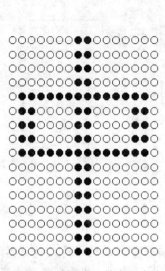
0000000110000000
0000000110000000
0000000110000000
0000000110000000
0111111111111110
0110000110000110
0110000110000110
0110000110000110
0111111111111110
0000000110000000
0000000110000000
0000000110000000
0000000110000000
0000000110000000
0000000110000000
0000000110000000

图 1-8　汉字"中"的字形点阵　　　　图 1-9　汉字"中"的字形编码

　　从图中可以看出，16×16 点阵中共有 256 个点，共需要 256 位二进制位来表示，这样，一个 16×16 点阵的汉字就需要 16×16/8 即 32 个字节的空间，其中一个字节表示 8 位二进制数，汉字库中保存的就是每个汉字的字形信息编码，类似地，保存一个 24×24 点阵汉字的字形信息就需要 72 字节的空间。

　　显然，方阵中点的行数、列数越多，显示的字形质量就越好，相应地，存储一个汉字所占的空间也就越大，按点阵中行数和列数的不同，可以将汉字字形分为 16×16、24×24、32×32 或更高的点阵。

　　除了点阵大小不同，还有针对不同字体使用的字库，如宋体字库、楷体字库、仿宋体字库、繁体字库等。

　　轮廓字形的构造比较复杂，一个汉字中的笔画用一组曲线来勾画，每条曲线采用数学方法来描述，中文版 Windows 中的 TrueType 字形就是采用轮廓字形的方法。

　　与点阵字形相比，轮廓字形方法的优点是字形精度高，可以任意放大而不产生锯齿现象，缺点是输出之前必须经过复杂的运算。

　　（2）汉字地址码。指汉字字形信息存储在点阵字库中的逻辑地址，由于在汉字库中字形信息大多数是按标准汉字交换码中汉字的顺序连续存放，地址码和汉字的机内码之间有简单的对应关系，通过机内码可以方便地计算出地址码。

　　以上所说的这些不同的汉字编码反映了汉字的输入、处理和输出的不同过程，这一过程也反映了编码之间的转换，它们之间的转换关系如图 1-10 所示。

　　汉字输入码向内码的转换是通过输入字典实现的，输入字典中保存有输入码和内码之间的对照表，每一种汉字输入方法都有各自的对照表，在计算机内部进行汉字的存储和处理加工、向不同存储介质传送等都是以汉字的内码形式进行的，在汉字显示和打印输出时，根据内码计算地址码，然后按地址码从字库中取出字形码，进行显示和打印输出。

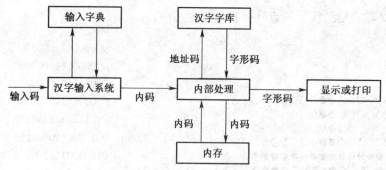

图 1-10   各种汉字编码之间的关系

本章介绍了计算机中最为基本的概念，包含软件方面和硬件方面，其中最重要的就是进制转换和字符编码。

对于进制转换部分，在学习时要亲手进行练习，然后将计算的结果通过计算器进行验证，就算是教材上的例题，也应自己独立地拿笔做一下，对于字符编码，要理解各种编码的含义和具体的编码规则。

一、单选题

1. 存储一个 24×24 点阵汉字字形需要的字节数为（   ）。

   A. 24   B. 48   C. 72   D. 96

2. 制造第三代计算机所使用的主要元器件是（   ）。

   A. 晶体管   B. 集成电路

   C. 大规模集成电路   D. 超大规模集成电路

3. 汉字在计算机系统中存储所使用的编码是（   ）。

   A. 输入码   B. 内码   C. ASCII 码   D. 地址码

4. 微型计算机中普遍使用的西文字符编码是（   ）。

   A. BCD 码   B. 拼音码   C. 补码   D. ASCII 码

5. 将十进制数 196.0625 转换成二进制数，应该是（   ）。

   A. 11000100.0001   B. 11100100.00011

   C. 11001000.0001   D. 11000100.00011

6. 将十六进制数 4A69F.83E 转换成二进制数，应该是（   ）。

   A. 1001010011010011011.100010111110

   B. 1001011011010011111.1100000111110

   C. 1001010011010011110.100000111111

   D. 1001010011010011111.100000111110

7. 下列字符中，ASCII 码值最大的是（   ）。

A. k   B. a   C. Q   D. M

二、填空题

1．如今电子计算机正在向四个方向发展，这四个方向分别是：＿＿＿＿＿、＿＿＿＿＿、＿＿＿＿＿以及＿＿＿＿＿。

2．国标 GB 2312－80 信息交换用汉字编码字符集《基本集》中，使用频度最高的一级汉字，是按＿＿＿＿＿顺序排列的，而二级汉字则是按＿＿＿＿＿顺序排列的。

3．常见汉字的外码有：＿＿＿＿＿和＿＿＿＿＿。

4．在计算机中使用的信息容量单位中，1KB＝＿＿＿＿＿字节，1MB＝＿＿＿＿＿字节。

5．以国标码为基础的汉字机内码是两个字节的编码，每个字节的最高位恒为＿＿＿＿＿。

6．为了将汉字输入计算机而编制的代码，称为汉字＿＿＿＿＿码。

三、简答题

1．计算机的发展经历了哪些阶段？

2．试举亲身经历的两个日常生活中计算机在电子商务方面的应用实例。

3．试举亲身经历的两个日常生活、学习中计算机在信息管理方面的应用实例。

四、计算题

1．将十进制数 247.025 分别转换为二进制数、八进制数和十六进制数。

2．将八进制数 16537.326 分别转换为二进制数和十六进制数。

3．将二进制数 1101110110011001.010110010101100 分别转换为八进制数、十进制数和十六进制数。

4．假设某国家语言采用拼音文字，共有 56 个拼音符号，它们分别是#0～#19、*0～*19、%0～%15，若采用二进制编码来表示，则最少需要使用多少位二进制码？列出对每个拼音符号编码的一种方案。

5．假设有 32 进制数，每个数码（即 0～31）分别采用 0～9 和 A～V 表示，逢 32 进 1。试将(32FHP)$_{32}$ 分别转换成八进制、十进制和十六进制数。

6．已知汉字"啊"在 GB 2312－80 字符集中的第 16 区第 1 位，计算该汉字的区位码、国标码和机内码。

第 2 章　微机硬件

本章目标

- 掌握计算机的硬件系统组成
- 了解微型计算机的组成
- 掌握中央处理器的功能
- 理解内存储器的存储原理
- 了解高速缓冲存储器的作用
- 熟悉外存储器的分类和性能
- 了解总线和接口的分类和作用
- 熟悉常用的外部设备

计算机硬件是由各种电子器件、印刷电路板、导线等构成的复杂系统，可按功能将组成计算机的各个部件分为中央处理器、内存储器、外存储器，以及 I/O 设备等。硬件是计算机工作的物质基础，硬件的性能从根本上决定了整个计算机系统的性能。因此，学习和使用计算机技术，首先要对计算机硬件的组成、连接、各部件的基本性能，以及整个计算机硬件系统的性能有一个基本的了解。

2.1　计算机硬件组成

按照冯·诺依曼原理设置的计算机，其硬件是由运算器、控制器、存储器、输入设备和输出设备五大部件组成的，如图 2-1 所示，每一部件分别按要求执行特定的基本功能。

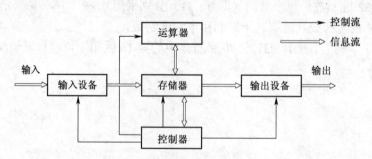

图 2-1　计算机硬件组成原理图

图中的双线表示信息流，代表数据或指令，在计算机内用二进制的形式表示，图中的单线表示控制流，代表控制信号。

1. 运算器或称算术逻辑单元（Arithmetical and Logical Unit）

运算器的主要功能是对数据进行各种运算。这些运算除了常规的加、减、乘、除等基本的算术运算之外，还包括能进行"逻辑判断"的逻辑处理，即与、或、非这样的基本逻辑运算以

及数据的比较、移位等操作。

2. 存储器（Memory Unit）

存储器的主要功能是存储程序和各种数据信息，并能在计算机运行过程中高速、自动地完成程序或数据的存取。存储器是具有"记忆"功能的设备，它用具有两种稳定状态的物理器件来存储信息。这些器件也称为记忆元件。由于记忆元件只有两种稳定状态，因此在计算机中采用只有两个数码"0"和"1"的二进制来表示数据。记忆元件的两种稳定状态分别表示为"0"和"1"。日常使用的十进制数必须转换成等值的二进制数才能存入存储器中。计算机中处理的各种字符，例如英文字母、运算符号等，也要转换成二进制代码才能存储和操作。

存储器是由成千上万个"存储单元"构成的，"存储单元"是基本的存储单位，每个存储单元存放一定位数的二进制数，微机上为 8 位的二进制数，每个存储单元都有唯一的编号，称为存储单元的地址，不同的存储单元是用不同的地址来区分的。

计算机中采用按地址访问的方式到存储器中存数据和取数据，即在计算机程序中，每当需要访问数据时，要向存储器送去一个地址指出数据的位置，同时发出一个"存放"命令或"取出"命令。

3. 控制器（Control Unit）

控制器是整个计算机系统的控制中心，它指挥计算机各部分协调地工作，保证计算机按照预先规定的目标和步骤有条不紊地进行操作及处理。

控制器从存储器中逐条取出指令，分析每条指令规定的是什么操作以及所需数据的存放位置等，然后根据分析的结果向计算机其他部分发出控制信号，统一指挥整个计算机完成指令所规定的操作。

因此，计算机自动工作的过程，实际上是自动执行程序的过程，而程序中的每条指令都是由控制器来分析执行的，它是计算机实现"程序控制"的主要部件。

通常把控制器与运算器合称为中央处理器（Central Processing Unit，CPU）。工业生产中总是采用最先进的超大规模集成电路技术来制造中央处理器，即 CPU 芯片。它是计算机的核心部件。它的性能指标主要是工作速度和计算精度，对机器的整体性能有全面的影响。

4. 输入设备（Input Device）

用来向计算机输入各种原始数据和程序的设备叫输入设备。输入设备把各种形式的信息，如数字、文字、图像等转换为数字形式的"编码"，即计算机能够识别的用 1 和 0 表示的二进制代码（实际上是电信号），并把它们"输入"到计算机内存储起来。键盘和鼠标器是必备的输入设备，常用的输入设备还有图形输入板、视频摄像机等。

5. 输出设备（Output Device）

从计算机输出各类数据的设备叫做输出设备。输出设备把计算机加工处理的结果（仍然是数字形式的编码）变换为人或其他设备所能接收和识别的信息形式，如文字、数字、图形、声音、电压等。常用的输出设备有显示器、打印机、绘图仪等。

通常把输入设备和输出设备合称为 I/O 设备（输入/输出设备）。

目前普及使用的计算机称为微型电子数字计算机，简称微机，在微型计算机中，将运算器和处理器制造在一个集成电路上，即 CPU，而将存储器分为内存储器和外存储器两类。CPU 可以直接访问内存储器，它和内存储器构成了计算机的主机，而输入设备、输出设备和外存储器统称为外部设备（简称外设）。

本章的以后各节将详细介绍微机中常见硬件的分类和功能。

2.2　主机与总线

微机中的各个部件，包括 CPU、内存、外存和 I/O 设备的接口都是通过总线连接起来的，如图 2-2 所示。系统中不同来源和去向的信息在总线上分时传送，内存可直接通过总线与 CPU 交换数据，而主机与外设（外存、I/O 设备）还要通过接口才能交换数据。

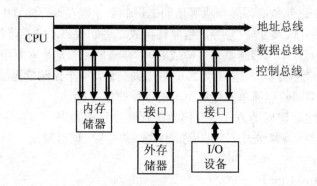

图 2-2　微机的总线结构

计算机主机包括 CPU 和内存储器两部分。内存中存放数据和程序，CPU 负责取出程序中的指令、分析指令的功能并执行指令。CPU 芯片是计算机中最重要的器件，其性能决定了计算机的"档次"。内存是由多个存储器芯片组成的插件板，将其插入主机板的插槽中，就与 CPU 一起构成了计算机的主机。

2.2.1　中央处理器

中央处理器 CPU 是将运算器和控制器集成在一块集成电路芯片中，也称为微处理器 MPU，如 Pentium Ⅲ、Pentium 4、Pentium 酷睿 2 等，如图 2-3 所示。它是微型机的核心部件，完成指令的读出、解释和执行，完成各种算术及逻辑运算，并控制微型计算机各部件协调地工作。

目前生产 CPU 的厂家主要有 Intel 公司和 AMD 公司。市场上流行的 x86 CPU 包括 Intel 的 Pentium 4（奔腾 4）、Celeron（赛扬）和 Core 2 duo（酷睿 2），AMD 公司的 Athlon（速龙）、Sempron（闪龙）等。

CPU 的基本组成包括 3 个部分，如图 2-4 所示。

图 2-3　微处理器芯片

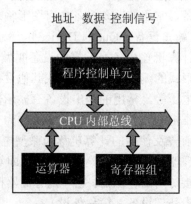

图 2-4　CPU 基本结构

1. 程序控制单元

程序控制单元是 CPU 的控制中心，当一条指令进入 CPU 后，它分析检查该指令的内容，确定指令要求完成的动作以及指令的有关参数。例如，如果是一条加法指令，指明被加数在内存的某个地方。程序控制单元要指挥内存把数据送到 CPU 来。当计算所需要的数据准备好后，算术逻辑部件就可以执行指令所要求的计算。计算完成后，程序控制单元还要按照指令要求把计算结果存入数据寄存器，或者存入内存储器中。

2. 算术逻辑单元（ALU）

CPU 中的算术逻辑单元，用来完成算术运算和逻辑运算。许多 CPU 中还设置了两个运算单元，一个用来执行整数运算和逻辑运算，另一个用于浮点数计算。浮点数计算是 CPU 比较复杂的一部分，早期的计算机中需要用专门的程序，即软件方法实现浮点数计算，完成一次浮点数加法要执行许多指令，浮点数乘除法的指令更多，因而计算时间很长。后来 Intel 公司为 Intel 8088、Intel 8086 芯片设计制造了配套的专用浮点计算芯片，称为"协处理器"或"浮点处理器"。这种芯片可以安装在微机里，与 CPU 连接。当 CPU 发现要执行的是浮点数指令时，就把工作递交给协处理器完成。

3. 寄存器组

CPU 内部有一组寄存器，其中包括：
- 存放指令地址的程序计数器（Program Counter，PC）；
- 存放指令的指令寄存器（Instruction Register，IR）；
- 若干个临时存放数据用的数据寄存器；
- 若干个 CPU 工作时要用到的控制寄存器。

指令在被执行前都存放在内存储器中，控制器根据 PC 指定的地址，从内存单元中取出指令，放到 IR 中，然后才译码并执行。

通用寄存器个数、字长等对于 CPU 的性能有很大影响。目前 CPU 一般设置十几个到几十个寄存器，有些 CPU，如采用 RISC 技术制造的 CPU，设置了更多的寄存器。

计算机中所有的操作都受 CPU 的控制，因此，CPU 的性能指标直接决定的微型计算机的性能指标，CPU 的性能指标主要是字长、高速缓存、核心数量和时钟主频，目前流行的 CPU 字长已经达到 64 位，主频可以达到 3GHz 以上。

2.2.2　CPU 的性能

CPU 性能主要是由以下几个主要因素决定的。

1. CPU 的主频

早期用电子管元件制作的 CPU，每秒钟大约能执行数千条基本指令。目前 Pentium 4 CPU 芯片每秒执行的指令数可达数亿条之多。CPU 执行指令的速度与"主频"有直接的关系，也与芯片内部的体系结构以及 CPU 和外围电路的配合等有密切的关系。

CPU 以系统时钟发出的时钟信号作为工作基准，系统时钟是 CPU 芯片之外的一个独立的部件，在计算机工作过程中，系统时钟每隔一定的时间间隔发出脉冲式的电信号，这种信号控制着各种系统部件的动作速度，使它们能够协调同步。

在一个计算机中，系统时钟的频率是根据部件的性能决定的。如果系统时钟的频率太慢，则不能发挥 CPU 等部件的能力，太快而工作部件跟不上它，又会出现数据传输和处理发生错误的现象。因此，CPU 能够适应的时钟频率，或者说 CPU 作为产品的标准工作频率，就是一个很重要的性能指标。CPU 的标准工作频率俗称"主频"。显然，在其他因素相同的情况下，主频越快的 CPU 速度越快。20 世纪 80 年代初，IBM PC 机上采用的 Intel 8088 芯片的主频是 4.78MHz，而目前的 Pentium CPU 的主频已达到了 3GHz 以上。

2. CPU 的字长

如果一个 CPU 的字长为 8 位，它每执行一条指令可以处理 8 位二进制数据。如果要处理更多位数的数据，就需要执行多条指令。显然，可同时处理的数据位数越多，CPU 的工作速度越快，从而它的功能就越强，其内部结构也就越复杂。因此，按 CPU 字长可将微机分为 8 位、16 位、32 位和 64 位等类型，目前流行的主要是 64 位机。

3. 指令本身的处理能力

CPU 有一组它能够执行的基本指令，例如完成两个整数的加减乘除的四则运算指令，比较两个数的大小、相等或不相等的判断指令，把数据从一个地方移到另一个地方的移动指令等。

一种 CPU 所能执行的基本指令有几十种到几百种，这些指令的全体构成 CPU 的指令系统，不同 CPU 的指令系统一般是不同的。

早期 CPU 只包含一些功能比较弱的基本指令，例如，从算术指令看，可能只包含最基本的整数加减法和乘法指令，而整数除法运算就要由许多条指令组成的程序来完成，对浮点数的计算需要执行由更多基本指令组成的程序。随着制造技术的进步，后来的 CPU 在基本指令集里提供了很多复杂运算的指令，这样一条指令能够完成的工作增加了，指令的种类增加了，CPU 的处理能力也就增强了。

增加指令功能和种类的做法只是一种提高性能的途径，在 CPU 芯片设计技术方面还有另一种重要的方向，叫做 RISC（Reduced Instruction Set Computer），即"精减指令系统"芯片技术，这种技术把过去复杂的指令系统最大限度地简化成基本指令集，使指令系统非常简洁，指令的执行速度大大加快，也能够提高 CPU 芯片的速度。

2.2.3　内存储器

存储器分为两大类，一类是内存储器（简称内存），也称为主存储器，主要用于临时存放当前运行的程序和程序所用的数据，内存储器与 CPU 一起构成计算机的主机部分。另一类是外存储器，简称外存，也称为辅助存储器（简称辅存），外存用来永久存放暂时不使用的程序和数据，外存属于外部设备。外存有联机外存和脱机外存两类，都是大容量的存储器，联机外存主要指硬磁盘，脱机外存指软盘、光盘、磁带、存储卡等。

程序和数据在外存中以文件的形式存储，一个程序要运行时，首先从外存调入内存，然后在内存中运行。

1. 内存的组成

内存储器使用的都是半导体存储器，半导体存储器是由包含成千上万个存储元件的集成电路构成的。

内存储器的工作速度和存储容量对系统的整体性能、所能解决的问题的规模和效率都有很大的影响。

从逻辑结构上看，内存储器由若干个存储单元组成，现在计算机每个存储单元存储一个字节（8 位二进制数）的数据，这样，一个存储系统中存储单元的总数也就确定了内存的容量。

内存单元采用顺序的线性方式组织，所有单元排成一队，每个存储单元从 0 开始编号，这个编号称为存储单元的地址，每个单元保存的具体数据称为存储单元的内容，CPU 对内存单元的读操作或写操作都是通过内存单元的地址进行的，如图
2-5 所示。

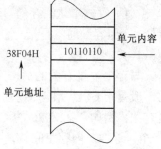

图 2-5　单元地址和单元内容

2. 内存的分类

内存储器分为随机访问存储器（Random Access Memory，RAM）和只读存储器（Read-Only Memory，ROM）两类。

RAM 也叫读写存储器，可以随机地读写任何指定的存储单元的内容，根据存储元件的结构不同，RAM 又可以分为静态 RAM（Static RAM，SRAM）和动态 RAM（Dynamic RAM，DRAM）。

静态 RAM 利用触发器的两个稳态来表示存储的"0"和
"1"，这类存储器集成度低、价格高，但存取速度快，常用作高速缓冲存储器（Cache）。

动态 RAM 中用半导体器件中分布电容上有无电荷来表示"1"和"0"，由于保存在分布电容上的电荷会因漏电而消失，所以需要周期性地给电容进行充电，这个过程称为刷新，这类存储器集成度高、价格低，但由于要进行刷新，所以存取速度较 SRAM 慢。

RAM 中存储当前使用的程序、数据和中间的运算结果，它在存储数据时有两个特点，一是其中的信息随时可以读出或写入。读出时，原来的信息不丢失，写入时，原有信息被写入的信息替代；二是一旦断电，RAM 中保存的数据就会消失而且无法恢复，所以 RAM 称为临时存储器。

只读存储器只能进行读出其内容而不能进行写入内容的操作。ROM 主要用来存放固定不变的控制计算机的系统程序和数据，例如监控程序、基本 I/O 系统等，ROM 中的信息是在制造 ROM 集成电路时用专门设备一次写入的，即使关机或掉电其保存的信息也不会发生丢失。

3. 内存条

内存主要是以芯片的形式出现，通常将若干个内存芯片固定在一个电路板上，这个电路板一般是条状的，因此称为"内存条"，不同规格的内存条其尺寸、引脚线数量和总容量是不同的，如图 2-6 显示的是内存条的一种。内存条需要插在主板上的内存槽中才能工作，一台计算机的主板上有多个内存槽可以插入多个内存条。

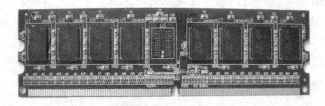

图 2-6　内存条

内存条在主板上的插接有如下两种标准。

- 单面直插式内存组件（Single In-Line Memory Module，SIMM）：电路板上只有单面有引脚线，有 30 线和 72 线两种，现在这种形式的内存条已经很少使用。
- 双面直插式内存组件（Dual In-Line Memory Module，DIMM）：电路板双面都有引脚，主要有 168 线、184 线和 240 线。

4. 内存的主要技术指标

内存的主要技术指标有存储容量和存取速度。

（1）存储容量。存储容量表示内存中所含的存储单元数量，每个存储单元一般以字节为单位。存储容量通常是指一台微机实际配置的存储器的量，它和一根内存条的容量与内存条的数量有关。

与存储容量有关的另一个重要术语是计算机的存储空间，也称为内存空间或地址空间，它一般是指 CPU 所能访问的存储单元的个数（即地址总线的位数），它与 CPU 的地址总线宽度有关，例如，在 8086 的 CPU 中，有 20 根地址线，所以，该 CPU 可以访问的内存单元有 2^{20} 个，这样，内存空间就是 2^{20} 字节，即 1MB。通常，一台计算机的实际存储容量总是小于它能访问的存储空间。

（2）存取速度。存取速度可用"存取时间"和"存取周期"这两个时间参数来衡量。存取时间是从 CPU 送出存储器地址到存储器的读写操作完成所经历的时间。存取时间越短，存取速度就越快。存取周期是指连续启动两次独立的存储器操作所需的最小时间间隔。

2.2.4 总线

在计算机中，硬件的各部件之间用来有效高速地传输各种信息的通道称为总线（Bus），各个组成部件之间通过总线连接，总线的主要作用就是连接各个部件和传递数据信号和控制信号。

采用总线连接的方式使得各部件之间的连接简便，同时也使得添加设备更加方便。

1. 总线

CPU 芯片外部有许多输入、输出引脚，CPU 就是通过这些引脚来与内存、外存及 I/O 设备之间互相传送信息的。因此，总线应该提供 CPU 与其他部件之间交换信息所需的通路，包括传递数据的通路、传递存放数据的地址信息的通路，以及传递各种控制信号的通路。

按照传递的信息类型不同，总线可分为三种，即数据总线 DB（Data Bus）、地址总线 AB（Address Bus）和控制总线 CB（Control Bus）。

（1）数据总线用于在各部件之间传递数据（包括指令、数据等）。数据的传送是双向的，因而数据总线为双向总线。

（2）地址总线指示欲传数据的来源地址或目的地址。

（3）控制总线用于在各部件之间传递各种控制信号。有的是 CPU 到存储器或外设接口的，如复位、存储器请求、I/O 请求、读信号、写信号等，有的是外设到 CPU 的，如等待信号、中断请求信号等。

2. 读写操作过程

（1）CPU 和内存之间的信息交换。这是通过数据总线和地址总线进行的，当 CPU 需要信息时，先要知道该信息的存放位置，即存放信息的内存起始地址。CPU 读取信息时，将内存起始地址送入地址总线并通过控制总线发出"读"信号，由起始地址开始的一串单元中所存储的信息被"读出"并送上数据总线。这样，CPU 就可以由数据总线得到数据了。

将信息写入内存的动作与此相似，CPU 将要写入的数据和写入位置的起始地址分别送入数据总线和地址总线，并由控制总线发出"写"信号，数据即被写入指定单元。

从读写操作的过程可以看出内存访问速度的作用，例如内存的读取操作，当 CPU 送出地址后，多长时间能从数据总线得到所需要的数据，这是由内存访问速度决定的。如果内存访问速度很慢，则 CPU 要花费较长时间等待数据，这样，系统的效率就降低了。

（2）CPU 和外存、I/O 设备之间。它们之间不能直接交换数据，必须通过"接口"来转接。设备"接口"中有一组称之为 I/O 端口的寄存器，包括存放数据的数据端口、存放地址的地址端口和存放设备状态的状态端口。

CPU 对设备（外存、I/O 设备）的访问是通过 I/O 端口进行的。I/O 端口也有编号，称为 I/O 地址。CPU 读取信息时，将 I/O 地址（端口号）送入地址总线并通过控制总线发出"读"信号。这些信号分别送到接口中的各个端口，由端口再发出信号启动相应设备，设备中的信息经过"读出"被送到数据总线。CPU 即可从数据总线得到数据了。对设备写入的动作与此类似，CPU 将要写入的数据及写入位置的 I/O 地址分别送入数据总线和地址总线，并在控制总线发一个"写"信号，数据即被写到指定设备上。

3. 总线宽度

总线宽度也称为总线位宽，是指总线一次操作能传输的二进制数据的位数，单位为 bit（位）。我们常说的 32 位总线、64 位总线就是指总线宽度，这是总线的一个重要的性能指标。

对于数据总线，位宽越宽则每次传递的位数越多，因而，数据总线的宽度决定了在内存和 CPU 之间数据交换的效率。虽然内存是按字节编址的，但可由内存一次传递多个连续单元里存储的信息，即可一次同时传递几个字节的数据。对于 CPU 来说，最合适的数据总线宽度是与 CPU 的字长一致。这样，通过一次内存访问就可以传递足够的信息供计算处理使用。

对于地址总线，其宽度是由 CPU 芯片决定的。CPU 能够送出的地址宽度决定了它能直接访问的内存单元的个数。假定地址总线是 20 位，则能够访问 2^{20}=1MB 的内存空间。20 世纪 80 年代中期以后开发的微处理器，地址总线达到了 32 位，可直接访问的内存地址达到 2^{32} 个存储单元，即存储空间 4GB。

对于各种外部设备的访问也要通过地址总线。由于设备的种类不可能像存储单元的个数那么多，故对 I/O 端口寻址是通过地址总线的低位进行的。例如，早期的 IBM PC 机使用 20 位地址线的低 16 位来寻址 I/O 端口，可寻址 2^{16}=64K 个端口。

由于采用了总线结构，各功能部件都挂接在总线上，因而存储器和外设的数量可按需要扩充，使微机的配置非常灵活。

2.3　主板

在微机中，大多数部件都安装在机箱内的主板（主机板）上，主板几乎集中了系统的主要核心部件，如图 2-7 所示为其中一种主板。

2.3.1　主板上的主要部件

主板上的部件主要包括 CPU、控制芯片组、内存储器插槽、I/O 接口、总线扩展槽、键盘及鼠标接口、外存储器（磁盘、光驱）接口、可充电电池以及各种开关和跳线等。一体化主板还集成了显示卡、声效卡、网络卡等部件。

（1）CPU 及 CPU 插座。CPU 插接在专门的 CPU 插座上。由于 CPU 集成了越来越多的功能，使管脚数

图 2-7　微机主板

量不断增加，插座尺寸也越来越大。

（2）芯片组。芯片组是主板上的一组（有时为 2 片）关键部件，用于控制和协调计算机系统各部件的运行。系统的芯片组一旦确定，整个系统的定型和选件变化范围也就随之确定。即芯片组决定了计算机系统中各个部件的选型，它不能像 CPU、内存等其他部件那样进行简单的升级。

（3）内存储器插槽。主机带有若干个内存插槽，插入相应的内存条即可构成一定容量的内存储器。内存插槽的数量和类型对系统内存的扩展能力和扩展方式有一定影响。其插槽的线数常见的有 72 线、168 线和 184 线等。

（4）CMOS。在 Intel 80286 及以后的微机主板上，都有一片称为 RT/CMOS RAM（简称 CMOS）的集成电路芯片，这是一种存储器芯片，由专门的电池供电，使其内部的信息在计算机关机后不会丢失。CMOS 芯片用来存储系统运行所必需的配置信息，如系统的存储器、显示器、磁盘驱动器等参数。

（5）系统 BIOS。系统 BIOS 实际上是一组固化在只读存储器（EPROM 或 E^{2}PROM）中的软件，只读存储器 ROM 的一个重要特性是机器关机后，其上存储的信息不会丢失。所以 ROM 中存储的软件是非常稳定的，它和被固化的 BIOS 合称为固件（Firmware）。系统 BIOS 程序包含以下几个模块：

- 上电自检（Power-On Self Test，POST）：打开计算机电源开关后，CPU 从地址为 0FFFF0H 处读取和执行指令，进入加电自检程序，测试整个计算机系统是否工作正常。
- 初始化：包括可编程接口芯片的初始化；设置中断向量表；设置 BIOS 中包含的中断服务程序的中断向量；通过 BIOS 中的自举程序将操作系统中的初始引导程序装入内存，从而启动操作系统。
- 系统设置（Setup）：装入或更新 CMOS RAM 保存的信息。在系统加电后尚未进入操作系统时，按<Del>键（或其他键）可进入该程序，修改各种配置参数或选择默认参数。

（6）总线扩展槽。主板上的扩展插槽是 CPU 通过系统总线与外部设备联系的通道，系统的各种扩展接口卡，如显示卡、声卡、解压卡、调制解调器卡等，都插在扩展插槽上。总线扩展槽类型有 ISA、VESA 和 PCI 等。

（7）对外接口。对外接口有以下这些：

- 硬盘接口：可分为 IDE 接口和SATA 接口，在新型主板上，IDE 接口大多缩减，甚至没有，代之以 SATA 接口。
- 软驱接口：连接软驱所用，多位于 IDE 接口旁。
- COM 接口（串口）：目前大多数主板都提供了两个 COM 接口，分别为 COM1 和 COM2，作用是连接串行鼠标和外置 Modem 等设备，目前在市面上基于该接口的产品比较少见。
- PS/2 接口：PS/2 接口的功能比较单一，仅能用于连接键盘和鼠标。一般情况下，鼠标的接口为绿色、键盘的接口为紫色。
- USB 接口：USB 接口是现在最为流行的接口，最大可以支持 127 个外设，并且可以独立供电，其应用非常广泛。支持热拔插，真正做到了即插即用。
- LPT 接口（并口）：一般用来连接打印机或扫描仪。现在使用 LPT 接口的打印机与扫描仪已经基本很少了，多为使用 USB 接口的打印机与扫描仪。

- MIDI 接口：声卡的 MIDI 接口和游戏杆接口是共用的。接口中的两个针脚用来传送 MIDI 信号，可连接各种 MIDI 设备。
- SATA 接口：SATA 的全称是 Serial Advanced Technology Attachment（串行高级技术附件），是一种基于行业标准的串行硬件驱动器接口，是由 Intel、IBM、Dell、APT、Maxtor 和 Seagate 公司共同提出的硬盘接口规范。

2.3.2 主板上的总线结构

实际的总线由一组导线和相关的控制、驱动电路组成。在计算机系统中，总线被视为一个独立部件。总线一般分为三个层次，分别是微处理器级总线、系统总线和外设总线。

（1）微处理器级总线。也称为 CPU 总线，包括地址总线、数据总线和控制总线，从 CPU 引脚上引出，实现 CPU 与外围控制芯片（包括内存）之间的连接，其中地址总线宽度一般为 32 位。Pentium 4 CPU 的数据总线宽度为 64 位。

（2）系统级总线。也称为 I/O 通道总线，同样包括地址线、数据线和控制线，用于 CPU 与接口卡连接。为了实现接口卡的"即插即用"，系统总线的设计要求与具体的 CPU 型号无关，而有自己统一的标准，以便按照这种标准设计各类适配卡。

常见的总线标准有下面几种：

- ISA（Industrial Standard Architecture）总线：是工业标准体系结构总线的简称，由美国 IBM 公司推出的 8/16 位标准总线、数据传输率为 8MB/s，主要用于早期的 IBM-PC/XT、AT 及其兼容机上。
- PCI（Peripheral Component Interconnect）总线：是外设互连总线的简称，由美国 Intel 公司推出的 32/64 位标准总线。PCI 总线是一种与 CPU 隔离的总线结构，并能与 CPU 同时工作。这种总线适应性强、速度快、数据传输率为 133MB/s，适用于 Pentium 以上的微型计算机。
- AGP（Accelerated Graphics Port）总线：是加速图形端口总线。是一种专为提高视频带宽而设计的总线规范。
- PCIE（PCI Express）总线：简称 PCIE 或 PCI-E，是近年来出现在微机系统中的一种用来代替 PCI 和 AGP 接口规范的新型系统总线标准。与传统 PCI 或 AGP 总线的共享并行传输结构相比，PCIE 采用设备间的点对点串行连接。这样就能够允许每个设备建立自己独占的专用数据通道，不需要与其他设备争用带宽，从而极大地加快了设备之间的数据传送速度。

（3）外设总线。指主机与外设接口的总线，实际上是一种外设的接口标准。当前在微机上常用的接口标准有：IDE、EIDE、SCSI、USB 和 IEEE 1394。前两种主要用作硬盘、光驱等 IDE 设备接口，后两种可连接多种外部设备。

2.4 外存储器和存储系统

外存储器的特点是存储容量大、价格较低，而且在断电的情况下也可以长期保存，目前常用的外存有硬盘、光盘和可移动外存等，以前还曾经使用过软盘，如图 2-8 所示，外存容量也是以字节作为基本单位。

硬盘　　　　　　　　　软盘　　　　　　　　　光盘

图 2-8　常用的外存储器

各种各样的存储卡也属于外存储器，如图 2-9 所示。

图 2-9　各种不同的存储卡

此外，目前广泛使用的各种数码产品如数码相机、MP3、MP4 等，通常都具有存储功能，它们也可以作为计算机的外存储器。

2.4.1　磁盘存储器

磁盘存储器由磁盘驱动器、磁盘控制器和磁盘片三部分组成。

（1）磁盘存储器的存储原理。磁盘片是在塑料或铝合金基片上涂上磁性材料制成的，通过是否磁化来记录二进制信息，因此，这样的存储器也称为磁表面存储器。

磁盘驱动器由主轴与主轴电机、读写磁头、磁头移动和控制电路等组成，磁头上绕有读/写线圈，磁层相对磁头作高速转动，转动时磁头与盘片表面保持微小的间隙，在写入信息时，根据写入的是"1"还是"0"由写入电路在磁头的写入线圈中产生不同方向的脉冲电流，脉冲电流使磁头周围产生磁场，并使磁头下面的微小区域的磁层向不同方向磁化，磁化区域的剩磁状态就记录了一位二进制信息。

在读取信息时，被磁化的磁层区域在磁头缝隙下通过，磁头切割磁力线使磁头的读出线圈内产生感应电势，此电势经过处理可以得到原来写入的信息。

（2）磁盘上信息的组织。磁盘分为软磁盘和硬磁盘两类，分别简称为软盘和硬盘，软盘只有一个盘片，硬盘通常由一组重叠的盘片组成，每个盘片的上下两面各有一个读写磁头，如图 2-10 所示，硬盘的盘片和驱动器密封成一个整体，安装在主机箱内。

不论硬盘还是软盘，每个盘片都按下面的方法分配区域保存信息。

首先在每个盘片的表面划分半径不同的同心圆，每个同心圆都称为磁道，每个磁道按径向由外向内从 0 开始编号，每个盘片上划分的磁道数目相同，对硬盘来说，盘片组中相同编号的磁道形成了一个假想的圆柱称为硬盘的柱面。

接下来将每个磁道等分成若干个弧段，每个弧段称为一个扇区，如图 2-11 所示，对扇区同样要进行编号。划分磁道和扇区是在对磁盘格式化时完成的。磁盘和主机交换信息时是以扇区为单位进行的，每个扇区可以通过磁头号、柱面号（磁道号）和扇区号来确定。

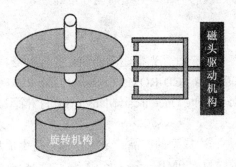

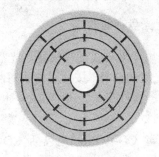

图 2-10 磁盘的结构　　　　　　　　　　图 2-11 盘面的划分

　　硬盘和内存的读写访问方式是完全不同的。对内存的访问是以存储单元为单位进行的，一般一个存储单元就是一个字节。对磁盘等设备的访问则采用成组数据传送的方式，是以存储块（扇区）为单位进行的，一个存储块可以包含几百到几千个字节，Windows 操作系统中在对磁盘格式化时可以指定这个块的大小，例如 512 字节。

　　（3）磁盘容量的计算。一个扇区的容量通常是 512 字节，因此，一个硬盘的容量可以按下面的公式计算：

　　　　　　硬盘容量=512 字节/扇区×扇区数/磁道×磁道数/面×面数（磁头数）

　　【例 2.1】某个硬盘有 15 个磁头，8894 个柱面，每道 63 个扇区，每个扇区 512 字节，计算该硬盘的容量。

　　由上面的计算公式，该硬盘的容量为：

　　　　　　容量=512 字节/扇区×63 扇区/磁道×8894 磁道/面×15 面

　　　　　　　　=4303272960 字节

　　　　　　　　=4GB

　　（4）硬盘分区与格式化。分区和格式化的目的是为了能够方便地存储和管理硬盘上的数据，新的硬盘一般要进行分区和格式化才能使用，硬盘的格式化要经过 3 个主要步骤。

　　① 低级格式化：即硬盘的初始化，一般由生产厂家在硬盘出厂前完成。低级格式化完成对一个新硬盘划分磁道和扇区，标注地址信息、标记/修复物理坏道等低层操作。

　　② 分区：分成主引导扇区、操作系统引导扇区、文件分配表 FAT、目录区和数据区 5 部分。目前常用的硬盘分区格式有 FAT32 和 NTFS 两种。

　　③ 高级格式化：一般由用户完成。高级格式化将清除硬盘上的数据，重新生成引导信息，初始化文件分配表 FAT，标注逻辑坏道等。

　　（5）硬盘的主要性能指标。一个硬盘最主要的性能指标是容量、速度和接口类型。

　　随着硬盘技术的发展，目前硬盘的容量在 80 GB～1024 GB（即 1TB）之间。

　　硬盘的速度一般用"转速"来衡量，转速决定了硬盘内部的传输率。转速越快，盘面与磁头之间的相对速度就越大，单位时间内读写的数据就越多，因此硬盘读写速度越高。目前硬盘的转速为 7200 r/min、10 000 r/min 和 15 000 r/min 等。

　　硬盘的接口主要有 IDE、PATA、SATA 和 SCSI。SATA 接口即串行 ATA 接口（Serial ATA），它采用串行方式传送数据，其数据传输速度是普通 IDE 硬盘的几倍。目前主流主板都支持这种接口的硬盘。SCSI 硬盘的 CPU 占用率较低，数据传输速度快，但价格较高，一般用于服务器等高档计算机系统中。

除此之外，硬盘的其他指标有内部持续传输率、缓存容量、寻道时间和可靠性。

2.4.2 光盘存储器

光盘是用光学方式读写信息，光盘存储器主要包括光盘、光盘驱动器和光盘控制器。

（1）光盘的分类。按读写方式可将光盘分为只读光盘 CD-ROM（Compact Disc Read Only Memory）、一次性写入光盘 CD-R，也称为 WORM（Write Once Read Many）和可擦除型光盘 CD-RW。

只读光盘 CD-ROM（也包括 CD、VCD）均是一次成型的产品，最大特点是盘上信息一次制成，可以反复读取而不能再写入，其存储容量约为 650MB。

一次性写入光盘 CD-R 只能写入一次信息，它需要用专门的光盘刻录机将信息写入，刻录好的光盘不允许再作更改。

可擦写的光盘 CD-RW 与 CD-R 光盘本质的区别是可以重复读写，也就是说，对于存储在光盘上的信息，可以像保存在硬盘上一样根据用户的需要自由更改、读出、删除。

光盘具有以下特点：

- 存储容量大，一张光盘容量达 650MB；
- 不受电磁干扰，可靠性高；
- 存取速度快。

（2）光驱的技术指标。光驱的技术指标通常有数据传输率和读取时间。

在光驱中将 150KB/s 的数据传输率称为单倍速，记为"1X"，数据传输率为 300KB/s 的 CD-ROM 驱动器称为 2 倍速光驱，记为"2X"，依次类推。常见的光驱速度有"36X"、"40X"、"50X"等。

目前，CD-ROM 驱动器的最大数据传输率为 52X。

读取时间是指 CD-ROM 驱动器接收到命令后，移动光头到指定位置，并把第一个数据读入 CD-ROM 驱动器的缓冲存储器这个过程所花费的时间。目前，CD-ROM 驱动器的读取时间一般在 200ms～400ms。

（3）DVD 数字视盘。DVD（Digital Video Disc 或 Digital Versatile Disk）是 1996 年底推出的新一代光盘标准，主要用于存储视频图像，DVD 光盘与 CD 光盘大小相同，但 DVD 容量更大，单个 DVD 盘片上能存放 4.7GB～17.7GB 的数据。

DVD 盘有以下几种格式：

- DVD-ROM 格式中存储有厂商刻在光盘上的数据，并且盘上的数据不能改变。
- DVD+R 或 DVD-R，存储数据的特点与 CD-R 相似，但具有 DVD 的存储容量。
- DVD+RW 或 DVD-RW，采用和 CD-RW 类似的可擦写技术存储数据。

2.4.3 可移动外存储器

可移动的存储设备包括可移动硬盘和优盘，如图 2-12 所示，前者是将笔记本电脑的磁盘封装起来，通过 USB 接口连接到计算机上。后者是将类似于内存储器芯片的器件封装起来，通过 USB 接口连接到计算机上。

优盘又称为闪存盘，它采用一种可读写非易失的半导体存储器——闪速存储器（Flash Memory）作为存储媒介，可以像使用软、硬盘一样在该盘上读写、传送文件。目前的 Flash

Memory 产品可擦写次数都在 100 万次以上，数据至少可保存 10 年。

优盘（Flash Disk）的容量有多种选择，通常在 1GB～32GB 之间。

优盘在工作时不需要外接电源，可以热拔插，体积较小，很适于携带。同时还有很好的抗震防潮、耐高低温等特点。

如果优盘中因数据出错而不能正常工作，则重新格式化后就可恢复使用。

对于需要存储的数据量更大时，优盘的存储容量就不能满足要求。这时可以使用另一种容量更大的可移动存储设备，这就是可移动硬盘，又称为 USB 硬盘，目前 USB 硬盘容量通常在 10GB～1024GB 之间。

移动存储设备使用时可以直接插到主机的 USB 接口上，在移除存储设备前，要单击 Windows 通知栏中的"安全删除硬件"图标，当出现系统显示信息（图 2-13）后方可取出，这样，可以防止在数据传输尚未结束前，意外拔出设备造成数据丢失和存储器的损坏。

图 2-12　优盘和可移动硬盘　　　　图 2-13　移除存储设备前的系统提示信息

2.4.4　高速缓冲存储器和虚拟存储技术

1. 高速缓冲存储器

随着 CPU 主频的不断提高，对内存的存取速度更快了，而内存的响应速度达不到 CPU 的速度，这样，它们之间就存在速度上的不匹配，为了协调两者之间的速度差别，在这两者之间采用了高速缓冲存储器（Cache）技术。

高速缓冲存储器的工作原理是这样的，当 CPU 要读取一个数据时，首先从缓存中查找，如果找到就立即读取并送给 CPU；如果没有找到，就用相对慢的速度从内存中读取并送给 CPU，同时把包含这个数据的数据块调入缓存中，可以使得以后对整块数据的读取都从缓存中进行，不必再读取内存，由于 CPU 下一次要读取的数据 90%都在缓存中，只有大约 10%需要从内存读取，这样就大大节省了 CPU 直接读取内存的时间。

Cache 存储器采用双极型静态 RAM，它的访问速度是 DRAM 的 10 倍左右，但容量相对内存要小得多，一般是 128KB、256KB 或 512KB。

Cache 分为两种，在 CPU 内部的 Cache（L1 Cache）和 CPU 外部的 Cache（L2 Cache），L1 Cache 称为一级 Cache，是集成在 CPU 内部的，一般容量较小；L2 Cache 称为二级 Cache，是系统板上的 Cache，在 Pentium 芯片中 L2Cache 是和 CPU 封装在一起的。

2. 虚拟存储技术

在早期的微机中，磁盘等外存储器作为外部设备的一部分，只用于需要长期保存的信息。由于内存容量很小，程序员要先把大程序预先分成若干块，然后确定好这些程序块在外存设备中的位置和装入主存的地址，并且在运行中还要预先安排好各块如何和何时调入调出。

现代虚拟存储技术在操作系统的支持下，将主存储器和硬磁盘存储器的一部分作为一个整体，用软硬件相结合的方法进行管理，使得程序员能够对主存、辅存统一编址，从而形成一个比实际主存储器的存储容量大得多的地址空间，这个空间称为虚拟地址空间。虚拟存储系统的访问速度接近主存储器。

2.4.5　微机中的存储系统

由于 CPU 内的寄存器中也可以保存数据，它和内存、外存等构成了微机中完整的存储系统，如图 2-14 所示。

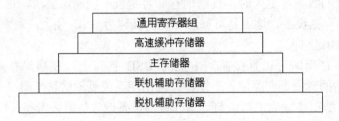

图 2-14　微机的存储系统

整个系统可分为五个层次，最上一层是位于微处理器内部的通用寄存器组，用于暂存中间运算结果及特征信息。严格地讲应该不属于存储器的范畴。

第二层是高速缓冲存储器 Cache。在目前的微机系统中，Cache 通常有两级，都集成在微处理器芯片内部。

第三层的主存储器就是通常说的内存。在 IBM 公司 1955 年推出第一台大型机 IBM 704 时，主存和 CPU 的工作周期均为 12μs，两者在速度上正好匹配。但在今天，CPU 的工作速度提高了 4 个数量级以上，而主存的速度仅提高了两个数量级，从而使两者无法匹配工作。这一问题由系统结构设计者利用硬件或软硬件结合的方式解决。

第四层联机外存和第五层的脱机外存是大容量的存储器，属于外部设备的范畴，它们与 CPU 的通信需要经过专门的接口。联机外存主要指硬磁盘，脱机外存指软磁盘、光盘、磁带等。

图 2-14 所示的存储器系统中，由上到下容量越来越大，速度越来越慢。

可以将存储系统分为两类，一类是 Cache 存储系统，由内存与高速缓冲存储器（Cache）构成，着眼于提高存储系统的速度，另一种是虚拟存储系统，由内存与外存构成，着眼于增加存储系统的容量。

2.5　输入输出系统

计算机主机运行时所需要的程序和数据由外设输入，处理的结果要输出到外设中去。主机与外设之间的数据传送通过 I/O 系统完成。由于外设的多样性和复杂性，同时也因为大量的信息传送是在主机与外设之间进行的，I/O 系统在计算机系统中占据了十分重要的地位。

1. 输入输出系统的特点

I/O 系统提供了 CPU 与外部世界信息交换的各种手段。在这里，外部世界可以是提供数据输入输出的设备、操作控制台、外存储器或其他处理器，也可以是各种通信设备以及使用系统的用户。此外，信息的交换还必须有相应的软件控制以及实现各种设备与 CPU 连接的接口电路。所以，计算机 I/O 系统由三个部分构成：I/O 接口、I/O 软件和 I/O 设备。

I/O 设备种类繁多，特性各异，从而决定了 I/O 系统的特点：复杂性、异步性、实时性、与设备无关性。

（1）复杂性。I/O 设备可能会很复杂，但它们是由操作系统统一管理的，所以，用户不必了解 I/O 设备的工作细节。另一方面，计算机系统本身有可能产生交由 I/O 系统处理的许多随机事件，这是需要程序设计人员编写相应的控制软件来解决的。

（2）异步性。CPU 有自己的操作时序，不同的外设也各有不同的定时与控制逻辑，且大都与 CPU 时序不一致，故它们与 CPU 的工作通常是异步进行的。从系统角度讲，希望外设在需要时才与 CPU "对接"，不需要时则各自并行工作，这要由 I/O 系统协调和控制。

（3）实时性。CPU 对每个相连的外设的输入输出请求，以及可能出现的异常（如电源故障、运算结果溢出、非法指令等）事件，都要给予及时的处理。外设种类多，信息传送速率也有很大差别，如有的是单字符（如键盘）传送，有的是单字节（如打印机）传送，有的则是按数据块（如磁盘）或按文件传送，因此，I/O 系统必须保证 CPU 对不同设备提出的请求都能提供及时的服务。

（4）设备无关性。由于 I/O 设备在信号电平、信号形式、信息格式及时序等方面的差异，使得它们与 CPU 之间不能够直接连接，而必须通过 I/O 接口来转接。为了适应与不同外设的连接，规定了一些独立于具体设备的标准接口，如串行接口、并行接口等。不同型号的外设可根据自己的特点和要求，选择某种标准接口与系统相连。对连接到同种接口上的外设，它们之间的差异由设备本身的控制器通过软件和硬件来填补。这样，CPU 就能够通过统一的软件和硬件来管理各种各样的外部设备。

2. 基本输入输出方法

在计算机系统中，针对不同工作速度、工作方式及工作性质的外部设备，可以采用不同的输入输出方式。常见的有：程序控制方式、中断控制方式、直接存储器存取（DMA）方式及通道控制方式。

（1）程序控制方式。就是通过执行程序的方式，一次性的或周期性的与外设进行数据交换。这种方式的特点是控制系统简单，但速度较慢、实时性差、CPU 效率低（不能与外设并行工作），因此，这种方式只能用于对一些简单外设的控制。

（2）中断控制方式。所谓"中断"，是指因某种意外或随机事件，迫使 CPU 暂停正在执行的程序而转去处理这个事件，并在处理过后回到原来被打断的地方继续执行原来的程序。

外设与 CPU 之间的信息交换常使用中断控制方式进行。在这种方式下，CPU 不主动介入外设的数据传输，而是由外设在需要进行数据传送时向 CPU 发出请求；CPU 接到请求后，如果条件允许，则暂停（中断）正在进行的工作而转去为外设"服务"，并在"服务"结束后回到被中断的地方继续原来的工作。这种方式既能使 CPU 与外设并行工作，提高了 CPU 利用率；也能实时响应外设的请求。特别是在外设出现故障，不立即处理就可能造成严重后果的情况下，可避免不必要的损失。

（3）DMA（Direct Memory Access，直接存储器存取）方式。在程序控制和中断控制方式中，外设与主机间的数据传送都是在 CPU 统一控制下、通过软件或软硬件结合的方式进行的，总体上讲速度比较低，只适合低速或中速外设。对要求高速输入输出及成组数据交换的设备，如磁盘与内存间的数据传送等，可以采用 DMA 方式进行。这种方式由专门的 DMA 控制器来控制外设与内存直接进行数据传送，不需要 CPU 的干预。

（4）通道技术。"通道"是指具有专门的指令系统、能独立进行操作并控制完成整个输入输出过程的硬件装置。在有些系统中，通道实际上就是一个通用计算机，可基本独立于主机工作，完成 I/O 控制及码制转换、错误校验、格式处理等。在大型计算机系统中，引入通道技术可提高系统整体效率及管理外设的能力。

3．I/O 接口

外部设备的种类多种多样，它们与微处理器或内存之间交换信息时会遇到下面的若干问题。

- 速度匹配：CPU 的速度很高，不同外设的速度差异甚大。
- 信号电平和驱动能力：CPU 的信号一般在 0～5V，提供的功率很小，而外设需要的电平要比这个范围宽得多，需要的驱动功率也较大。
- 信号形式匹配：CPU 只能处理数字信号，而外设的信号形式多种多样，有数字量、开关量、模拟量（电流、电压、频率、相位），甚至还有非电量，如压力、流量、温度、速度等。
- 信息格式问题：CPU 在系统总线传送的是 8 位、16 位或 32 位并行二进制数据，而外设使用的信息格式各不相同。有些信息是以位流形式传输，有些则以字节形式或数据块形式传输；有些外设采用并行数据传送，而有些又采用串行数据传送。
- 时序匹配问题：CPU 的各种操作都是在统一的时钟信号作用下完成的，各种操作都有自己的总线周期，而各种外设也有自己的定时与控制逻辑，且大都与 CPU 时序不一致。

因为这些因素，外部设备不能直接和 CPU 的系统总线相连，两者之间必须有一个数据通信的"桥梁"，这个"桥梁"就是输入/输出接口，也称为 I/O 接口，如图 2-15 所示。

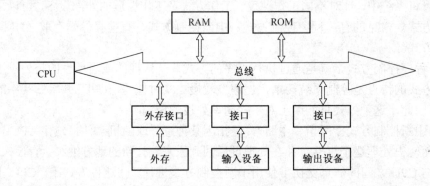

图 2-15   总线和接口

I/O 接口可以有多种分类方式。

（1）按传送信息方式分为并行接口和串行接口。并行接口一次可传送多位数据（通常是 8 位），用于连接近距离的外设，如打印机等；串行接口一次只传送一位数据，常用于远距离的数据传输。目前常见串行口有异步串行口、USB 口、红外线接口等。

（2）按其在系统中扮演的角色分为输入接口和输出接口。输入接口用于连接输入设备，负责将数据送入主机；输出接口则负责将数据输出到输出设备。

（3）按传送信息的类型分为数字接口与模拟接口。数字接口传送数字量（二进制码）信息，模拟接口通常用于实现模拟量与数字量的相互转换，使得产生连续变化的模拟信号的设备能够与只能识别离散数字信号的计算机连接。

2.6　常用的外部设备

外部设备包括输入设备和输出设备，输入设备是把数字、文字、符号、图形、图像、声音等形式的信息转换成二进制代码，然后输入给计算机的设备，基本的输入设备有键盘、鼠标器等。

输出设备用来把主机内的二进制信息转换成数字、文字、符号、图形、图像或者声音进行输出，常用的输出设备有显示器、打印机等。

这些设备中有电子式的，也有电动式甚至机械式的；传输的信息既可以是数字信号，也可以是模拟信号。它们都是通过 I/O 接口与主机交换信息的。

2.6.1　输入设备

1. 键盘

键盘是计算机中最基本的输入设备，通过键盘可以输入用户的各种命令、程序和数据。

键盘是由一组按键开关组成，每按下一个键，则产生一个相应的扫描码，不同位置的按键对应了不同的扫描码，键盘中的控制电路将扫描码输入到主机，再由主机将扫描码转换成 ASCII 码。

PC 机上的键盘接口有三种，一是比较老式的直径 13mm 的 PC 键盘接口，现已基本淘汰；二是直径 8mm 的 PS/2 键盘接口；三是 USB 接口，USB 接口的键盘现在很常用。

微机上常用的键盘有 101 键和 104 键，而 Windows 标准键盘在最下面一行又多了"开始菜单"按键和"快捷菜单"按键，如图 2-16 所示。

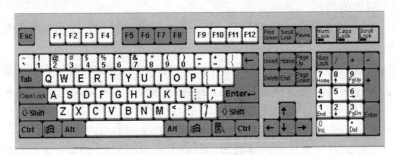

图 2-16　Windows 标准键盘图

除了按键外，键盘的右上角还有 3 个指示灯，分别是 Num Lock、Caps Lock 和 Scroll Lock，用来表示不同的状态。

2. 鼠标

鼠标也称为鼠标器，也是目前最基本的输入设备，其上有两个按键或三个按键，有些鼠标上还有滚动轮，如图 2-17 所示，通过移动鼠标可以快速定位屏幕上的对象，通过拖动鼠标可以移动屏幕上选中的某个对象，从而实现执行命令、设置参数和选择菜单等操作。

图 2-17　鼠标

鼠标可以通过微型机中的 RS232C 串行接口、PS/2 鼠标插口或 USB 接口与主机连接，目前，绝大多数鼠标是通过 USB 接口和主机连接的。

目前使用的键盘和鼠标也有使用无线接口的，通过无线电信号与计算机进行数据传输。

鼠标的操作包括两种：一种是平面上的移动，另一种就是按键的按下和释放。当鼠标器在平面上移动时，通过机械或光学的方法把鼠标器移动的距离和方向转换成脉冲信号传送给计算机，计算机中的鼠标驱动程序将脉冲个数转换成鼠标器的水平方向和垂直方向的位移量，从而控制显示屏上光标箭头随鼠标的移动而移动。

如果鼠标器上带有滚动轮，则滑动滚动轮时可以快速地显示程序窗口中的内容。

按照不同的工作原理，鼠标可以分为机械式、光电式和光机式，机械式鼠标是最常见的鼠标，其结构简单、价格便宜、操作方便，但准确度、灵敏度都较差；光电式鼠标需要一个专用的平板与之配合使用；光机式鼠标为光学和机械混合结构，不须专用的平板。

3．扫描仪

扫描仪（图 2-18）是用于计算机图像输入的设备，是一种光机电一体化的输入设备，可以将图片、照片、以及各类文稿资料用扫描仪输入到计算机中，进而实现对这些图像形式的信息的处理。

扫描仪主要由光学成像部分、机械传动部分和转换电路部分组成。扫描仪的核心是完成光电转换的光电转换部件。目前，大多数扫描仪采用的光电转换部件是电荷耦合器件（CCD），它可以将照射在其上的光信号转换为对应的电信号。

图 2-18　台式扫描仪

扫描仪工作时，首先由光源将光线照在欲输入的图稿上，产生表示图像特征的反射光（反射稿）或透射光（透射稿）。光学系统采集这些光线，将其聚焦在 CCD 上，由 CCD 将光信号转换为电信号，电信号再转换成数字信号传送给计算机。当机械传动机构带动装有光学系统和 CCD 的扫描臂将图稿全部扫描一遍后，一幅完整的图像就输入到计算机中去了。

扫描仪的主要性能指标如下：

（1）色彩。又称色彩深度或色彩位数，表示扫描仪所能捕捉和识别的颜色范围。单位是每个像素点的数据位数。

（2）灰度。灰度指扫描仪在扫描图像时，所能识别的图像亮暗的层次级别范围。灰度级越高的扫描仪，所扫描图像的层次就越丰富，图像越清晰真实，效果也就越好。大多数扫描仪的灰度级为 256 级（8 位）、1 024 级（10 位）或 4 096 级（12 位）。

（3）分辨率。分辨率是表示扫描仪对所扫描的图像细节具有的分辨能力，单位为 dpi。分辨率越高，对图像细节的表达能力就越强，同时所生成的图像文件也越大。常见的分辨率为 600×1200dpi、1200×2400dpi 和 2400×4800dpi。

（4）接口。主要有 3 种类型分别是并行接口、SCSI 接口和 USB 接口。

（5）扫描幅面。指扫描仪能够扫描图像的最大面积。一般扫描仪的扫描幅面为 A4（21cm×29.7cm），某些专业扫描仪可以达到 A3（29.7cm×42cm）甚至更大。

（6）扫描方式。有反射和透射两种。反射方式用于扫描不透明的稿件，如一般的文件、书籍等。透射方式用于扫描透明的稿件，如照相底片、幻灯片等。

4．其他输入设备

除了键盘和鼠标以外，还有其他一些输入设备，例如条形码阅读器、光学字符阅读器（OCR）、触摸屏、手写笔、麦克风（输入声音）、数码相机（输入图像）等。

条形码阅读器是专门用来扫描条形码的装置，当扫描器从左向右扫描条形码时，可以将不同宽度的黑白条纹转换成对应的编码输入到计算机中，条形码阅读器广泛用在超市的结账、图书馆的图书借阅和归还系统中。

光学字符阅读器是一种快速字符阅读装置，用来扫描输入一行或一页的文字。

2.6.2 输出设备

1. 显示器

显示器的作用是将主机输出的电信号经过处理后转换成光信号，并最终将文字、图形显示出来，显示器要和相应的显示电路即显示卡配合使用。

（1）显示器的分类。常用的显示器有阴极射线管显示器（CRT）和液晶显示器（LCD）两种。

CRT 显示器的特点是显示分辨率高、价格便宜、使用寿命较长，但体积大，显示器的屏幕形状主要有球面、平面直角和纯平。

LCD 显示器特点是外尺寸相同时可视面积更大、体积小（薄）、图形清晰、不存在刷新频率和画面闪烁的问题。

（2）显示器的主要技术指标。

- 显示器的尺寸：是用显示屏幕的对角线来度量的，常用的有 15 英寸、17 英寸和 19 英寸等，目前也有更大尺寸的。
- 像素（Pixel）：是指屏幕上独立显示的点。
- 点距：点距是屏幕上相邻两个像素之间的距离，点距越小，显示出来的图像越细腻，分辨率越高。目前微机显示器的点距有 0.25mm、0.28mm 和 0.31mm，常用的是 0.28mm。
- 纵横比：是指屏幕长度和宽度的比例，CRT 显示器通常都是 4:3 的，对于 LCD 显示器，以前使用 4:3 的比较多，最近这些年来 16:9 或 16:10 的所谓"宽屏"屏幕使用得越来越多。
- 分辨率：指整个屏幕上水平方向和垂直方向上最大的像素个数，一般用水平方向像素数×垂直方向像素数来表示，例如对于 4:3 的屏幕，其分辨率有 640×480、800×600、1024×768 和 1280×1024 等，而对于 16:10 的屏幕，其分辨率有 960×600、1280×800 等。

（3）显示卡。显示卡又称为显示器接口，通过显示卡将显示器和主机相连，显示卡由显示控制器、显示存储器和接口电路组成，目前的许多显示卡在显示内存、分辨率和颜色种类上都有了较大的提高，有的显示卡还加上了专门处理三维图形的芯片组，用来提高三维图形的显示效果和速度。

2. 打印机

打印机也是计算机系统的标准输出设备之一，它与主机之间的数据传送方式有并行的，也有串行的。打印机可以通过并行接口与主机连接，目前的打印机大部分都可以通过 USB 接口和主机连接。

（1）打印机的分类。打印机的种类很多，按照打印原理，可分为击打式打印机和非击打式打印机。

击打式打印机有针式打印机（也称为点阵打印机）和字符式打印机，非击打式打印机有静电打印机、喷墨打印机、激光打印机和热敏打印机，目前使用较多的是针式打印机、激光打印机和喷墨打印机，如图 2-19 所示。

图 2-19　针式打印机、激光打印机和喷墨打印机

- 针式打印机：针式打印机主要由打印头、运载打印头的小车机构、色带机构、传纸机构和控制电路构成，其中打印头的主要部分是打印针，有 9 针和 24 针打印机，使用较多的是 24 针打印机。针式打印机是在脉冲电流信号控制下，使打印针通过色带击打打印纸实现印字，该类打印机最大优点是耗材便宜，缺点是打印速度慢、噪声大、打印质量不如激光打印机和喷墨打印机，因其穿透力强，主要用于银行、税务等部门的票据类打印。
- 激光打印机：激光打印机综合了复印机和激光技术，它将计算机的数据转换成光，射向旋转的硒鼓上，硒鼓被照射部分带上负电并吸引带电墨粉，墨粉被印在打印纸上，然后由定影器加热打印纸，使墨粉熔化并固定在打印纸上。激光打印机的优点是无噪声、打印速度快、打印质量最好，缺点是设备价格高、耗材贵、打印成本最高。
- 喷墨打印机：喷墨打印机用非常细的喷墨管将墨水喷射到打印纸上，其优点是设备初期购置价格较低、打印质量高于针式打印机、可彩色打印，缺点是打印速度慢，打印成本高。

（2）打印机的主要性能指标。打印机主要的性能指标包括以下几个方面：

- 分辨率。分辨率用 dpi 表示，即每英寸打印的点数，它是衡量打印质量的重要指标。不同类型的打印机其打印质量也不同，针式打印机的分辨率较低，一般为 180～360dpi，喷墨打印机分辨率一般为 300～1440dpi，激光打印机的分辨率为 300～2880dpi。
- 打印速度。针式打印机的速度用每秒打印字符数（CPS）表示，针式打印机的打印速度由于受机械运动的影响，在印刷体方式下一般不超过 100CPS，在草稿方式下可以达到 200CPS。喷墨打印机和激光打印机都属于页式打印机，打印速度以每分钟打印页数（PPM）表示，打印速度一般在几个 PPM 到几十 PPM 之间。
- 打印幅面。对针式打印机，幅面规格有两种：80 列和 132 列，即每行可打印 80 个或 132 个字符，对非击式打印机，幅面一般为 A4、A3 和 B4。
- 打印缓冲存储器。为了进行高速打印或打印大型文件，打印机设置了较大的缓冲存储器，针式打印机的缓冲存储器一般为 16KB。喷墨打印机和激光打印机的缓冲存储器因在图形方式下要存储大量的图形点阵信息，且为整页装入，其缓冲存储器容量可达 4～16MB。
- 接口类型。打印机接口类型主要有三种：并行接口、串行接口和 USB 接口。

2.6.3　设备驱动程序

设备驱动程序是对连接到计算机系统的设备进行控制驱动，以使其正常工作的一种软件。

在当前流行的几乎所有的操作系统中，设备驱动程序都是最核心的一类部件，处于操作系统最深层。

驱动程序是通过一组预先定义好的软件接口来为操作系统或应用程序提供控制硬件的能力。这样做有两个优点：一是有了专门的驱动程序之后，操作系统或应用程序就不必考虑设备的具体操作细节；二是增强了软件的兼容性，例如，在更换设备时，更换相应的驱动程序即可，不必将整个操作系统或应用程序都换掉。

计算机中所有的硬件都需要驱动程序，例如声卡、显示卡、解压卡、网卡、MODEM、激光或喷墨打印机以及可移动硬盘等。有些设备（如键盘、显示器）的驱动程序已固化在 BIOS 中，作为标准的驱动程序供操作系统或应用程序使用。

不同的操作系统对硬件的管理、控制、使用方式都存在一定的差异，所以，同一个设备在不同的操作系统中使用时，也需要不同的设备驱动程序来支持。

目前的操作系统中已包括了大多数外部设备的驱动程序，无需用户再进行安装，对于操作系统无法识别的新设备，需要进行驱动程序的安装，驱动程序通常就在设备的安装光盘上。

一个完整的微型计算机系统的综合软件系统和硬件组成情况如图 2-20 所示。

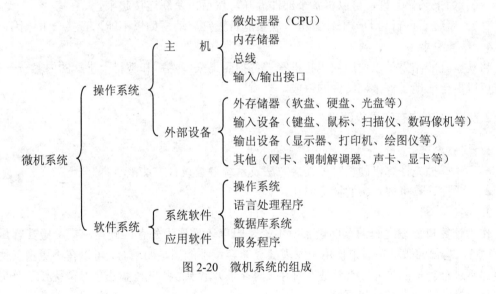

图 2-20　微机系统的组成

2.7　实验

2.7.1　认识计算机硬件的各个组成

1. 实验内容
- 了解计算机各个组成部件的外在形式；
- 了解计算机各个组成部件之间的连接方式；
- 了解计算机的各种接口的位置和形状；
- 掌握显示器与计算机、键盘与计算机的连接方法。

2. 实验分析

计算机硬件的很多部分通常都安装在主机箱中，用户只能直接接触到输入设备键盘和鼠标，输出设备显示器、打印机、扫描仪等，对于机箱内部的属于主机部分的部件了解得就不那么多了，对有些部件甚至还感觉有些神秘，因此，有必要通过亲自动手实践，打开主机箱，观察主机内部的各个组成部件，消除这种神秘感。

3. 操作步骤

实验时要准备一台组装完整的计算机，包含的核心硬件有主板、总线、电源、CPU、内存条、硬盘、网络接口卡、显示卡及鼠标、键盘、显示器、数据线、电源线等。

按下面的步骤进行操作：

（1）打开计算机机箱，观察并找出计算机以下的各个组成部件：主板、各种插槽、电源、CPU、内存条、硬盘、BIOS、网络接口卡、显示卡。

（2）观察并找出以下各种计算机的接口：串口、并口、USB 口、外接显示器接口、网络接口。

（3）熟悉各个组成部件之间的连接关系。

（4）观察 CPU 的型号、形状以及怎样插入主板的 CPU 插座中。

（5）观察 RAM 区有几片 RAM 芯片以及怎样插入 RAM 插座中。

（6）如果条件允许，可以将各个部件拆开，然后再重新连接起来。

（7）组装后重新启动一下计算机，观察能否正常启动，如果不能，查找一下原因。

4. 结果要求

将观察到的结果可以通过数码相机等设备拍照下来，然后和教材上讲解的内容一一对比，这样可以更全面地了解微机硬件的组成。

2.7.2　扩充内存和更换硬盘

1. 实验内容
- 掌握扩充计算机硬盘时的连接方法及系统参数设置方法；
- 掌握计算机内存条的插接方法。

2. 实验分析

作为计算机外设之一的存储设备，不论是内存还是作为外存的硬盘，都希望其容量越大越好，当初购置的微机在后来使用中发现其存储容量不能满足要求时，可以在不更换其他部件的前提下进行容量的扩充，或者是当内存（内存条）出现故障或硬盘出现故障无法工作时，需要进行更换，这就是扩充和更换。

如果一台计算机上连接有多个硬盘，则有主、从硬盘之分。主、从硬盘的设置通过硬盘的跳线实现，硬盘跳线多位于硬盘后面，在数据线接口和电源线接口之间，是白色的键帽。硬盘表面都有关于主、从硬盘跳线设置的说明，根据说明操作即可。

微机常用的硬盘接口有 IDE 和 SATA 两种，IDE 是比较传统的硬盘接口，传输效率低，需要 80pin 的数据线，占用比较大的机箱空间。SATA 应用了较新的技术，传输效率高，数据线细，占用空间小。早期的主板上没有 SATA 接口，新型的主板上同时支持 IDE 和 SATA。新硬盘必须能与主板接口兼容才能替换成功。

内存条的数量和容量有一定的限制，现在微机的主板上多数具有 2~4 个内存插槽，所以最多扩充到 4 条内存，但是，在 Vista 之前的 Windows 操作系统一般不能识别 4GB 的内存。

3. 操作过程

实验时要准备一块新的硬盘和一根内存条，该内存条与机内已有的内存条的尺寸、引脚和容量要求相同，在内存和硬盘都正常的情况下，进行容量的扩充操作。

按下面的步骤进行操作：

（1）打开计算机机箱，在计算机中连接一块新的硬盘；

（2）设置系统参数，将新的硬盘设置为从盘；

（3）启动计算机系统，观察系统对硬盘的自检过程，查看是否检测到新连接的硬盘；

（4）先关机，然后将一条新的内存条插入主板的内存插槽中；

（5）启动计算机系统，观察系统在自检过程中内存的容量是否比以前增加了。

4. 结果要求

每次更换后重新启动计算机，观察能否正常工作并且检查是否达到更新的效果，在实验报告中写出遇到的问题及解决方法。

2.7.3 键盘的使用

1. 实验内容
- 了解键盘上按键的各个分布区域。
- 掌握常用按键的作用。
- 熟练使用键盘的指法操作。

2. 实验分析

目前，很多用户对鼠标的使用较多，然而对另一个基本输入设备键盘，尤其是键盘上的一些特殊按钮功能并不十分熟悉，并且不能很熟练地操作键盘，严重影响今后的文字输入工作，因此，有必要专门用一些时间了解键盘上按键的分布和指法操作。

3. 操作过程

（1）熟悉键盘。按照功能不同，可以将键盘上的按钮分为四个区域，分别是主键盘区、数字键区、功能键区和编辑键区。

1）主键盘区。主键盘区包括字母、数字、常用符号和控制键，按键的分布与标准的英文打字机的键位是一样的，字母、数字、常用符号等与按键上标明的符号是一样的，其他控制键的作用如下：

- 回车键 Enter：主要用于确认，例如在输入一条命令后按回车键，表示执行刚才键入的命令；
- 退格符：按键上标有←或 Backspace，每按一次该键，光标向左移动一个字符，同时删除该位置上的字符；
- Caps Lock：该键是大写锁定键，这是一个开关键，如果键盘右上方的 Caps Lock 指示灯是熄灭的，表示按下字母键时输入的是小写字母，当按下 Caps Lock 键后，Caps Lock 指示灯是亮的，这时按下字母键时输入的是大写字母，因此，该键是将字母键在大小写之间进行切换；
- 制表键 Tab：每按一次该键，光标向右跳过若干列，跳过的列数可以事先设定；
- Ctrl 和 Alt：在键盘最下面一行，这两个键通常左右各有一个，功能是一样的，这两个键要和其他的按键配合起来使用，例如，在 Windows XP 操作系统中，Alt+F4 表示先按住 Alt 键不松开，然后再按 F4 键，再同时松开，由 Ctrl、Alt 键与其他键组合构成了快捷键；

- Shift：该键在键盘上也是左右各有一个，而且也是和其他键配合使用，它的作用主要有两个，一个作用是配合双符号键，在键盘上数字键和有些符号键上标有两个符号，例如数字"9"和左圆括号"（"在一个按键上，数字"0"和右圆括号"）"在一个按键上，直接按该键输入的是下面的符号，当按住 Shift 键不松开，再按双符号键，然后再松开，这时输入的是双符号键中上面的符号，例如 Shift+9 表示输入的是"（"；该键的另一个作用是在大小写输入上，当键盘处于小写状态时，直接按字母键，输入的是小写字母，按住 Shift 键后按字母键，输入的则是大写字母，如果键盘处于大写状态时，直接按字母键，输入的是大写字母，而按住 Shift 键后按字母键，输入的则是小写字母了。

2）功能键区。功能键区是键盘上最上面一行按钮，各键的功能如下：

- Esc：在具体的软件中通常用于退出某种环境或状态，例如在 Windows XP 中，按该键可以取消某个菜单或关闭某个对话框；
- F1～F12：这 12 个键称为功能键，在具体的软件中，通常是将某个具体的命令和某个功能键联系起来，按下功能键就相当于输入了这条命令，这样可以简化操作。在 Windows XP 及其大多数应用程序中，通常将 F1 定义为打开帮助信息，而 F10 用来激活菜单栏；
- Print Screen：该键称为打印屏幕键，在某些软件中，按该键可以将屏幕上正显示的内容送到打印机中打印，在 Windows XP 中，按此键可以将整个屏幕的内容作为图形送到剪贴板中，这个操作称为截屏，而快捷键 Alt+PrintScreen 可以将当前激活的窗口复制到剪贴板上。

3）编辑键区。编辑键区的按键主要用于控制光标的移动，各键的功能如下：

- Insert：这是一个开关键，每按一次该键，可以在"插入"和"改写"这两个编辑状态之间进行切换；
- Delete：在具体的软件中，每按一次该键，可将光标所在位置或光标右边的一个字符删除，同时被删除字符右侧的所有字符都向左移动；
- Home：按一次该键，光标跳到该行的首部；
- End：按一次该键，光标跳到该行的尾部；
- Page Up：该键为向上翻页键，每按一次该键，屏幕或窗口中的内容向下移动，可以显示当前内容前面的内容；
- Page Down：该键为向下翻页键，每按一次该键，屏幕或窗口中的内容向上移动，可以显示当前内容后面的内容；
- 光标移动键↑↓←→：在具体的软件中，每按一次方向键，光标按不同的方向上下移动一行或左右移动一个字符。

4）数字键区。数字键区也称为小键盘区，位于键盘的右边，这一组按键有两套功能，该区域中左上角的 Num Lock 称为数字锁定键，在这两套功能之间切换，按下此键后，如果键盘右上角的指示灯 Num Lock 亮，表示这是一组数字键，如果指示灯不亮，表示这是一组编辑键，此时就和编辑键区的按键作用一样。

（2）指法练习。现在有很多的指法训练软件，例如金山打字通，可以使用这些软件进行指法的强化练习，熟练后再进行汉字输入的练习，为以后的快速输入打下一个良好的基础。

4．思考问题

（1）键盘上有几个开关键，起什么作用？

（2）键盘上有哪些是成对出现的按键，为什么要这样设计？

 小　结

本章介绍了计算机中硬件的基本常识，初学时最大的感觉就是名词术语比较多，这些术语之间的关系复杂，不易理解和掌握。

在学习中应和目前微机的现状联系起来学习，如果有机会，可以在实验室中找一些打开机壳的计算机，观察机箱内各部分的组成、形状、外观，以及它们之前的连接方式等，通过对比实物的方法可以直观地认识这些组成部分，在此基础上，可以到电脑商城之类的地方收集一些销售电脑的宣传单，通过对比的方法掌握各个性能指标的含义，然后比较出不同型号计算机性能的差异程度，做到学以致用，这样才能较好地掌握本章的内容。

 习题2

一、单选题

1．CPU 主要由运算器与控制器组成，下列说法中正确的是（　　）。

　　A．运算器主要负责分析指令，并根据指令要求作相应的运算

　　B．运算器主要完成对数据的运算，包括算术运算和逻辑运算

　　C．控制器主要负责分析指令，并根据指令要求作相应的运算

　　D．控制器直接控制计算机系统的输入与输出操作

2．下列存储器中，访问速度最慢的是（　　）。

　　A．Cache　　　　　　B．硬盘　　　　　　C．ROM　　　　　　D．RAM

3．以下各项中，不属于微型计算机主机性能指标的是（　　）。

　　A．字长　　　　　　B．CPU 主频　　　　C．硬盘容量　　　　D．内存容量

4．Pentium 4 3.2 微机型号中的 3.2 与（　　）有关。

　　A．显示器的类型　　　　　　　　　B．CPU 的速度

　　C．内存容量　　　　　　　　　　　D．磁盘容量

5．目前微型计算机中采用的逻辑元件是（　　）。

　　A．小规模集成电路　　　　　　　　B．中规模集成电路

　　C．大规模和超大规模集成电路　　　D．分立元件

6．微型计算机中，运算器的主要功能是进行（　　）。

　　A．逻辑运算　　　　　　　　　　　B．算术运算

　　C．算术运算和逻辑运算　　　　　　D．复杂方程的求解

7．下列存储器中，存取速度最快的是（　　）。

　　A．软磁盘存储器　　　　　　　　　B．硬磁盘存储器

　　C．光盘存储器　　　　　　　　　　D．内存储器

8．下列打印机中，打印效果最佳的一种是（　　）。

  A. 针式打印机   B. 激光打印机

  C. 热敏打印机   D. 喷墨打印机

9. 微型计算机中，属于控制器功能的是（ ）。

  A. 存储各种控制信息   B. 传输各种控制信号

  C. 产生各种控制信息   D. 输出各种信息

10. 微型计算机配置高速缓冲存储器是为了解决（ ）。

  A. 主机与外设之间速度不匹配问题

  B. CPU 与辅助存储器之间速度不匹配问题

  C. 内存储器与辅助存储器之间速度不匹配问题

  D. CPU 与内存储器之间速度不匹配问题

11. 下列四条叙述中，属于 RAM 特点的是（ ）。

  A. 可随机读写数据，且断电后数据不会丢失

  B. 可随机读写数据，断电后数据将全部丢失

  C. 只能顺序读写数据，断电后数据将部分丢失

  D. 只能顺序读写数据，且断电后数据将全部丢失

12. 下列设备中，属于输入设备的是（ ）。

  A. 声音合成器   B. 激光打印机

  C. 光笔   D. 显示器

13. 下列设备中，既能向主机输入数据又能接受主机输出数据的是（ ）。

  A. 显示器 B. 扫描仪 C. 磁盘存储器 D. 音响设备

14. 运算器又称为（ ）。

  A. 算术运算部件   B. 逻辑运算部件

  C. 算术逻辑部件   D. 加法器

二、填空题

1. 没有软件的计算机称为_____。

2. 某微型机的运算速度为 2MIPS，则该微型机每秒执行_____条指令。

3. CPU 是_____的简称，由_____和_____组成。

4. 一个完整的计算机系统由_____和_____组成。

5. 在断电后其中信息会丢失的内存储器是_____。

6. 内存读写信息是按_____为单位进行的，磁盘读写信息是按_____为单位进行的。

7. 如果一个 CPU 有 20 根地址总线，那么，它可以访问的最大内存容量为_____MB。

三、判断正误题

1. 英文缩写 RAM 的中文含义是随机访问存储器。

2. 微型计算机的主频是衡量计算机性能的重要指标，它指的是数据传输速度。

3. 硬盘、优盘和 CD-ROM 都是计算机的外存储器。

4. 微机中一个存储单元只能存放一个二进制位。

5. 随着制造技术的进步，CPU 的基本指令集将越来越庞大。

四、问答题

1．简述冯·诺依曼的"存储程序"的基本思想。

2．简述计算机的工作原理。

3．微机中完整的存储系统由哪些部分组成？

4．按读写方式可将光盘分为哪些类型？

5．常用的外存储器有哪些，各有什么特点？

6．衡量计算机性能的主要技术指标有哪些？

7．计算机的主要应用有哪些方面？

8．某个硬盘有 15 个磁头，8894 个柱面，每道 63 个扇区，每个扇区 512 字节，计算该硬盘的容量。

9．除了键盘、鼠标、显示器外，列出其他一些常用的输入、输出设备。

10．光驱上的性能指标"36X"表示什么意思？

五、实验操作题

1．如果自己要组装一台台式电脑，必须选购的组件有哪些？

2．在当地的电脑销售商处收集一些不同品牌不同配置电脑的宣传单，对收集到的资料的电脑配置信息进行分析，将配置中所列的指标和教材中介绍的各个硬件进行对比，了解这些硬件的型号、指标、规格等情况。

3．在当地的电脑销售商处收集一些不同品牌不同配置电脑的宣传单，对收集到的资料做下面的分析：

（1）配置相同的不同品牌电脑之间价格的差异；

（2）同一品牌不同配置电脑之间的差异。

4．在 Internet 上通过百度搜索一下，目前微机中使用的内存条都有哪些规格的，常用的品牌有哪些，价格在什么范围。

5．在 Internet 上通过百度搜索一下，目前使用的优盘从容量上都有哪些规格的，不同容量的优盘价格分别在什么范围，除了容量外，优盘的其他性能指标还有哪些。

第 3 章　操作系统

- 理解操作系统的资源管理功能
- 熟悉 Windows XP 的主要图形元素，例如菜单、窗口、对话框等的操作
- 理解进程和线程的概念
- 理解 Windows XP 的文件系统
- 掌握使用"资源管理器"进行资源管理

操作系统是管理、控制和监督计算机硬件、软件资源，协调程序运行的系统软件，是系统软件中的核心软件，是在裸机之上的最基本的系统软件，由一系列具有不同管理和控制功能的程序组成。

3.1　操作系统基础

操作系统是计算机系统正常工作的必备软件，操作系统的主要作用体现在两个方面。

（1）管理计算机。操作系统要合理地组织计算机的工作流程，使软件和硬件之间、用户和计算机之间、系统软件和应用软件之间的信息传输和处理流程准确畅通；要有效地管理和分配计算机系统的硬件和软件资源，使有限的系统资源能够发挥较大的作用。

（2）使用计算机。操作系统要通过内部极其复杂的综合处理，为用户提供友好、便捷的操作界面，以便用户无需了解计算机硬件或系统软件的有关细节就能方便地使用计算机。

3.1.1　操作系统的发展和特征

操作系统是在人们不断地寻求改善计算机系统性能和提高资源利用率的过程中，逐步形成和发展起来的。操作系统直接运行在裸机之上，控制和管理硬件和所有的软件，可以为计算机用户提供良好的操作环境，也为各种应用系统提供基本的支持环境。因此，安装了操作系统的计算机是一种用户及其应用系统的工作"平台"。

1. 操作系统的发展

操作系统是随着计算机技术及应用的发展而发展的，在操作系统的发展历程中，大体上经历了以下几个阶段：

（1）手工操作阶段。第 1 代计算机是电子管计算机，速度慢、存储量小、外部设备也很少。仅有机器语言和少量的标准子程序。使用的人也仅限于少数专门的程序设计人员和从事复杂计算的人员。使用者通过控制台来操作机器。这个阶段没有操作系统。

（2）管理程序阶段。到了 20 世纪 50 年代末，计算机发展到了第 2 代的晶体管计算机。计算机不仅速度提高了、容量增大了，也有了磁带等外存储器，而且软件也得到了发展。高级程序设计语言 FORTRAN、ALGOL-58、ALGOL-60 相继出现，并在计算机上实现了编译程序。更为重要的是，出现了用于管理和调度计算机硬件和软件的管理程序，用户不必再用手拨动控制台上的开关来操作计算机，通过显示灯来观察机器运行，而是在控制台上打入命令指挥机器工作，从控制台打字机上输出的信息了解机器的工作情况。这期间有了在管理程序控制下的简单批处理作业。

（3）操作系统阶段。当第 3 代集成电路计算机出现之后，计算机内存容量增大、高速缓存出现。有了磁盘这样的容量大、存取速度快、可以直接存取的外存储器，同时分时、通道等技术在计算机中开始应用，使其并行处理能力大大增强。

计算机硬件的发展给软件的发展准备了物质条件。各种通用或专用的程序设计语言大量涌现，数据库管理程序、事务处理程序也发展起来。这时管理程序逐渐地发展成为操作系统。在操作系统控制下，系统的管理水平有了很大的提高。多道程序设计技术、预处理和缓输出功能的提供，使计算机系统的效率进一步提高。

分时系统和网络通信系统在计算机上使用之后，用户就可以更加方便灵活地使用计算机了，也为扩大计算机的使用范围提供了条件。

2. 操作系统的特征

操作系统具有以下几个基本特征：

（1）并发性：在具有多道程序环境的计算机中可以同时执行多个程序。

（2）共享性：多个并发执行的程序可共同使用系统资源。由于资源的属性不同，程序对资源共享的方式也不同。互斥共享方式限于具有"独享"属性的设备资源（如打印机、显示器），只能以互斥方式使用；同时访问方式适用于具有"共享"属性的设备资源（如磁盘、服务器），允许在一段时间内由多个程序同时使用。

（3）虚拟性：是将逻辑部件和物理实体有机结合为一体的处理技术。通过虚拟技术可将一个物理实体对应于多个逻辑对应物。物理实体是实际存在的，而逻辑对应物是虚拟的（无实物）。通过虚拟技术，可以实现虚拟处理器、虚拟存储器、虚拟设备等。

（4）不确定性：在多道程序系统中，由于系统共享资源有限（如只有一台打印机），并发程序的执行受到一定的制约和影响。因此，程序运行顺序、完成时间以及运行结果都是不确定的。

3.1.2　操作系统的功能

操作系统是一个大型的管理控制软件，由许多具有控制和管理功能的子程序组成，这些子程序互相配合，共同完成对计算机硬件、软件资源的管理，使得它们分配合理，使用效率高。操作系统也为用户提供了灵活、方便的使用条件，可以减少操作上的失误。

操作系统把 CPU 的计算能力、内存及外存的存储空间、I/O 设备的信息通信能力、存储器中所存储的文件（数据和程序）等都看成是计算机系统的"资源"。它负责管理这些资源，并确定各种资源在任何一个时刻应该分配给哪一个计算任务使用。

操作系统的功能主要体现在两个方面，一是统一管理计算机系统的所有资源，二是为方便用户使用计算机而在用户和计算机之间提供接口，如图 3-1 所示。

1. 资源管理

从资源管理的角度上看，操作系统的管理功能主要体现在以下四个方面。

（1）处理器管理。处理器管理的主要工作是进行处理器（即 CPU）的分配调度，主要是解决同时运行多个程序时处理器的时间分配。

图 3-1　操作系统的管理功能

（2）存储器管理。存储器管理主要是指内存管理，目的是为各个程序分配存储空间，并保证各个程序之间互不干扰，保证存储在内存中的程序和数据不被破坏。

（3）设备管理。设备管理负责对各类外围设备的管理，根据用户提出使用设备的请求进行设备分配，目的是提高设备的使用效率。

（4）文件管理。文件管理负责保存在外存中的文件的存储、检索、共享和保护，对用户实现按名存取，为用户提供方便的诸如文件的存储、检索、共享、保护等操作。

不同的操作系统结构和内容差异较大，但从管理功能上应具有上面的四个方面的功能。

2. 用户接口

操作系统是用户与计算机之间的接口，用户通过接口命令向操作系统提出请求，要求操作系统提供特定的服务；而操作系统执行命令之后，则将服务结果返回给用户。

现在的操作系统为用户提供了三类接口，分别是命令接口、图形用户接口和程序接口。

（1）命令接口。在命令接口方式下，用户通过使用键盘直接输入操作命令来组织和控制作业的执行，使用操作命令进行作业控制的主要方式有两种，分别是脱机控制方式和联机控制方式。

脱机控制方式是指用户将对作业的控制要求以作业控制说明书的方式提交给系统，由系统按照作业说明书的规定控制作业的执行。在作业执行过程中，用户无法干涉作业，只能等待作业执行结束之后才能根据结果信息了解作业的执行情况。

联机控制方式是指用户利用系统提供的一组键盘命令或其他操作命令与系统进行会话，交互式地控制程序的执行。其工作过程是用户在系统给出的提示符下键入特定命令，系统在执行完该命令后向用户报告执行结果，然后用户决定下一步的操作，如此反复执行，直到作业执行结束。

（2）图形用户接口。图形用户接口的目标是通过对出现在屏幕上的对象如窗口、菜单、图标等直接进行操作，以控制和操纵程序的运行。例如，对菜单中的各种操作进行选择，使命令程序执行用户选定的操作。

图形接口就是命令接口的图形化，图形用户接口大大减少了用户的记忆工作量，目前图形用户接口是最为常见的人机接口形式。

（3）程序接口。程序接口由一组系统调用命令组成，用户在程序中可以直接使用这组系统调用命令向系统提出各种服务要求，如使用各种外部设备，进行有关磁盘文件的操作等。

较早的操作系统（如 MS-DOS）只提供操纵计算机的命令方式，目前的操作系统大多数都同时有这三种接口方式，例如，Windows 操作系统提供的是图形用户界面，但也提供了操作命令。

3.1.3 操作系统的分类

理想情况下，最好各种各样的计算机硬件系统上都运行同一种操作系统，或者说，一套操作系统软件能够适应多个计算机厂商生产的不同种类的计算机。但到目前为止，世界上存在的几种主要的操作系统能够适应的计算机类型还是各不相同的。其主要原因是由于操作系统与计算机硬件的关系密切，很多管理和控制工作都依赖于硬件的具体特性，以致于每种操作系统都只能在特定的计算机硬件系统上运行。这样，不同计算机之间或不同操作系统之间一般都没有"兼容性"，即没有一种可互相替代的关系。另外，操作系统是非常庞大、复杂的软件，修改、更新比较困难，因而常常跟不上计算机硬件制造技术的发展速度。近年来，由于计算机网络的普及，特别是因特网的普及，需要不同厂商的操作系统能够分工合作，协同地处理信息，并且在相互通信和协同计算方面能够共享信息资源，上述情况才逐步地得到改善。

计算机种类繁多，不同类型的计算机在规模、体系结构，以及所面向的应用环境等方面各不相同，适用于不同类型的计算机的操作系统也会有差别。

从对计算机体系结构的适应性来说，可将操作系统分为批处理系统、分时系统、实时系统、桌面型操作系统，以及网络操作系统等几种类型。

1. 批处理系统

这是最早发展起来的使计算机管理自动化的系统。用户将要执行的程序和数据，用"作业控制语言"写出说明书，交给操作员。操作员将几个用户作业说明书连同程序和数据一起送到计算机中。操作系统调度各个作业运行。运行结束后，操作系统的 I/O 管理程序将结果用打印输出设备输出。

批处理系统将提高系统处理能力作为主要设计目标。其主要特点是：用户脱机使用计算机；成批处理，提高了 CPU 利用率。其缺点是无交互性，即用户一旦将程序提交给系统，就失去了对它的控制能力。

2. 分时系统

分时系统是指多用户通过终端共享一台主机（CPU）的工作方式。为使一个 CPU 为多道程序服务，将 CPU 划分为很小的时间片，采用循环轮作方式将这些 CPU 时间片分配给排队队列中等待处理的每个程序。由于时间片划分得很短，循环执行得很快，使得每个程序都能得到 CPU 的响应，好像在独享 CPU。

分时操作系统的主要特点是：允许多个用户同时运行多个程序；每个程序都是独立操作、独立运行、互不干涉的。现代通用操作系统都采用了分时处理技术。例如，UNIX 就是一种典型的分时操作系统。

3. 实时操作系统

所谓实时，就是要求系统及时响应外部请求，在规定时间内完成处理，并控制所有实时设备和实时任务协调一致地运行。实时操作系统通常是具有特殊用途的专用系统。根据控制对象不同，实时操作系统又分为实时控制系统和实时处理系统。实时控制系统实质上是过程控制系统。例如，通过计算机对飞行器、导弹发射过程的自动控制，计算机应及时将测量系统测得的数据进行加工，并输出结果，对目标进行跟踪或者向操作人员显示运行情况。实时处理系统指可对信息进行及时处理的系统，例如，预订飞机票、火车票的系统等。

4. 个人计算机操作系统

随着微机硬件技术的发展而发展，例如 Microsoft 公司最早开发的 DOS 是一个单用户单任务系统，后来的 Windows 操作系统经过十几年的发展，已从 Windows 3.1 发展到目前的 Windows NT、Windows 2000、Windows XP、Windows Vista 和 Windows 7，它是当前微机中广泛使用的操作系统之一。

5. 网络操作系统

网络操作系统是基于计算机网络的操作系统，其功能包括网络管理、通信、安全、资源共享和各种网络应用。网络操作系统的目标是用户可以突破地理条件的限制，方便地使用远程计算机资源，实现网络环境下计算机之间的通信和资源共享。目前，大部分操作系统，如 UNIX、Linux、Windows 等，都具有网络管理和操作的功能，因而都可以算作是网络操作系统。也有专用于网络管理和操作的操作系统，如 Novell Netware 等，这种产品要在其他操作系统的基础上运行。

6. 分布式操作系统

分布式操作系统是适用于分布式系统的操作系统。分布式系统由多个处理单元构成，其中，每个处理单元都有独立的处理能力，能够独立承担系统分配给它们的任务。各个处理单元通过网络连接在一起，在统一的分布式操作系统的控制和管理下，实现各处理单元间的通信、资源共享，动态地分配任务，并对任务进行并行处理。

现在的分布式系统多为分布式计算机系统，这种系统的优点是：

（1）分布性。集多个分散节点计算机资源为一体，以较低成本获取较高处理性能。

（2）可靠性。由于在整个系统中有多个计算机（CPU）系统，故当某个发生故障时，整个系统仍能工作。

7. 嵌入式操作系统

嵌入式操作系统是指运行在嵌入式系统环境中，对嵌入式系统以及它所操作、控制的各种装置进行统一协调、调度、指挥和控制的操作系统。嵌入式操作系统具有通用操作系统的基本特点，能够有效管理复杂的系统资源。与通用操作系统相比较，嵌入式操作系统在系统的实时高效性、硬件的相关依赖性、软件固态化以及应用的专用性等方面具有突出的特点。在制造业、过程控制、通信、仪器、仪表、汽车、船舶、航空、航天、军事装备、消费类产品等方面均是嵌入式操作系统的应用领域。例如，家用电气产品中的智能功能，就是嵌入式系统的应用。

3.1.4 常见的操作系统

目前常见的操作系统有 MS-DOS、Windows、UNIX 和 Linux 等。

1. MS-DOS 操作系统

MS-DOS 操作系统是美国微软（Microsoft）公司在 1981 年为 IBM-PC 微型机开发的操作系统。最初命名为 PC-DOS，到 PC-DOS 3.3 版以后，便出现了与同版本 PC-DOS 3.3 功能相当的 MS-DOS。它是一种单个用户独占式使用，并且仅限于运行单个计算任务的操作系统。在运行时，单个用户的唯一一个任务占用计算机上的资源，包括所有的硬件和软件资源。

MS-DOS 有很明显的弱点：一是它作为单任务操作系统已不能满足需要。另外，由于最初是为 16 位微处理器开发的，因而所能访问的主存地址空间太小，限制了微型机的性能。而现有 64 位微处理器，留给应用程序的寻址空间非常大，当内存的实际容量不能满足要求时，操作系统要能够用分段和分页的虚拟存储技术将存储容量扩大到整个外存储器空间。在这一点上，MS-DOS 原有的技术就无能为力了。

2. Windows 操作系统

Windows 是微软公司开发的具有图形用户界面（Graphical User Interface，GUI）的操作系统。在 Windows 下可以同时运行多个应用程序。例如，在使用 Word 字处理软件编写一篇文章时，如果想在其中插入一幅图画，可以不退出 Word 而启动 Windows 中附带的应用软件"画笔"来画，然后插入正在用 Word 编写的文章中去。这时，两个应用程序实际上都已调入主存储器中，处于工作状态。

Windows 3.1 是第一个较为成功的 Windows 版本。它只能在 DOS 系统之上运行，不是独立的操作系统，因此有人说它是在 DOS 系统之上提供给用户的一个图形界面。但 Windows 并不只是一个简单的界面外壳，而是对 DOS 系统的根本性扩充。主要的扩充包括支持多作业、大内存管理、统一的图形用户界面等。

1995 年推出的 Windows 95 是一个真正的个人用 32 位操作系统，它在功能上比 Windows 3.1 增强了许多，图形界面上也有改进。此后，Windows 98、Windows 2000、Windows XP、Windows 7 等各个版本陆续推出。

3. UNIX 操作系统

UNIX 是在操作系统发展历史上具有重要地位的一种多用户多任务操作系统，它是 20 世纪 70 年代初期由美国贝尔实验室用 C 语言开发的，首先在许多美国大学中推广，而后在教育科研领域中得到了广泛应用。80 年代以后，UNIX 作为一个成熟的多任务分时操作系统，以及非常丰富的工具软件平台，被许多计算机厂家如 SUN、SGI、DIGITAL、IBM、HP 等公司采用。这些公司推出的中档以上计算机都配备基于 UNIX 但是换了一种名称的操作系统，如 SUN 公司的 SOLARIES，IBM 公司的 AIX 操作系统等。今天，在所有比微型机性能更好的工作站型计算机上，使用的都是 UNIX 操作系统。

UNIX 是为开发程序的专家使用的操作系统和工具平台，因为所涉及的概念比较多，学习和使用都比 DOS 或 Windows 要难一些。

4. Linux 操作系统

Linux 是任何人都可以免费使用和自由传播的类 UNIX 的操作系统。是诞生于网络、成长且成熟于网络，由世界各地成千上万程序员通过网络来共同设计和实现的。

Linux 由芬兰人 Linus Torvalds 创立，最初用于基于 Intel 386、486 或 Pentium 处理器的个人计算机上。Linux 的开发是通过互联网，由世界各地自愿加入的公司和计算机爱好者共同进行的。Linux 版本号分为两部分：内核版本和发行套件（Distribution）版本。

Linux 内核版本是由 Linus Torvalds 作为总体协调人的 Linux 开发小组（分布在各个国家的近百位高手）开发出的系统内核的版本号。Linux 的发行版是由一些组织或生产厂商将 Linux 系统内核、应用程序和文档包装起来，并提供一些安装界面和系统设置管理工具的软件包的集合。发行版整体集成版权归相应的发行商所有。Linux 发行版的发行商一般并不拥有其发行版中各软件模块的版权，它们关注的应该只是发行版的品牌价值，以包含其中的集成版的质量和相关的特色服务进行市场竞争。Linux 发行商的经营活动是 Linux 在世界范围内的传播的主要途径之一。

大约在 1.3 版之后，Linux 开始向其他硬件平台上移植，时至今日，Linux 已经从低端应用发展到了高端应用。

1999 年起，多种 Linux 的简体中文发行版相继问世。国内自主创建的有红旗 Linux、中软 Linux 等，美国有 Red Hat（红帽）Linux、Turbo Linux 等。

3.2　Windows 的基本图形元素

Microsoft 公司从 1983 年 11 月宣布 Windows 的诞生，发展到今天的 Windows XP、Windows 7 已经成为全球流行的微机操作系统，其中 Windows XP 是目前仍然广泛使用的操作系统之一。

Windows XP 具有以下主要技术特点：

（1）采用 Windows NT 和 Windows 2000 的核心技术，运行稳定、可靠；

（2）新的图形化界面，具有较强的多媒体支持功能，例如图片缩略和幻灯片播放；

（3）加强了网络功能，支持无线网络的检测和连接；

（4）改造了多媒体播放器；

（5）增加了系统还原功能；

（6）内置的防火墙功能保证数据的安全性；

（7）具有更高的安全性和容错功能。

本节介绍的 Windows XP 的主要图形元素，包括任务栏、窗口、菜单、对话框、工具栏等通用的操作，它是使用 Windows XP 的基础，这些操作同样也适合于 Windows XP 环境下的各个应用程序。

3.2.1　窗口的组成和操作

在 Windows 中，每运行一个程序，都会打开一个窗口，所有与程序有关的操作都在窗口中进行，这个窗口称为应用程序窗口。如果程序中用到了文档，则文档也会以窗口的形式显示，这个窗口称为文档窗口，文档窗口属于应用程序窗口中的一部分。

这样，在 Windows 中窗口可以分为两类，即应用程序窗口和文档窗口，一个应用程序窗口中可以包含多个文档窗口。

一个窗口，可以处在三种状态之一，即最大化、最小化和正常状态，最大化是指一个窗口占据了整个屏幕，也称为全屏模式，最小化是指将该程序窗口缩小为只在工具栏上显示的图标，正常状态是指介于最大化和最小化之间。

1. 窗口的组成

虽然每次运行的程序不同，但其打开的窗口基本组成是一样的，图 3-2 中以 Windows XP 的"资源管理器"程序为例，显示了一个窗口的基本组成。

图 3-2　Windows 窗口的组成

（1）标题栏。是窗口中的第一行，从左到右由三部分组成，最左边的图标是控制菜单框，单击此处可以打开"控制菜单"，第二部分显示与应用程序有关的信息，如程序名称、打开的文档名称等，第三部分在标题栏右侧，由 3 个按钮组成，分别是最小化、最大化和关闭。

如果同时打开了多个窗口，则当前正在操作的那个窗口称为活动窗口、当前窗口、前台窗口或激活窗口，其标题栏的颜色要比其他窗口的标题栏颜色要醒目一些。

（2）菜单栏。菜单栏列出了该应用程序可以进行操作的所有命令。

（3）工具栏。工具栏由多个按钮组成，每个按钮以图形化的方式显示了菜单中常用的命令，可以代替菜单中的命令，单击工具栏上的按钮可以执行相应的命令，不需要打开具体的菜单来选择命令，因此，使用工具栏时，用户的操作更加方便、快捷。

如果将鼠标停留在工具栏的某个按钮上，鼠标尾部就会出现一个提示信息，简要说明该按钮的作用。

工具栏的位置不是固定不变的，拖动工具栏左侧的竖杠，可以将工具栏移动到窗口内的其他位置。

（4）地址栏。用来输入地址信息，在图 3-2 所示的地址栏内可以输入盘符或路径等，也可以单击其右侧的下拉箭头，在打开的列表框中进行地址的选择。

（5）工作区域。工作区域由两部分窗格组成，左窗格内部显示文件夹的树形结构，右窗格内部显示当前文件夹中的内容。

（6）滚动条。如果窗口中的内容较多无法在窗口内全部显示时，在窗口的右侧或底端可以分别出现垂直滚动条和水平滚动条，这两个滚动条不一定是同时出现，它们的显示是根据窗口的大小和内容的多少自动出现的。

滚动条的两端分别有两个箭头，中间有一个矩形滑块，单击箭头或拖动滑块都可以滚动显示当前窗口中尚未显示出来的内容，滑块的大小与窗口中内容的多少是成反比的，即矩形滑块越小则窗口的内容越多。

（7）状态栏。位于窗口的下方，显示与当前操作、当前系统状态有关的信息，例如，图 3-2 中的状态栏显示工作区域中有 24 个对象，状态栏最右侧有一个由三条斜线组成的标志，表示这个窗口不是处在最大化状态。

（8）边框和拐角。用来改变窗口的大小。

2. 窗口的操作

窗口的操作包括移动位置、改变大小、最大化、最小化、当前窗口的切换等，对窗口进行操作时，既可以使用鼠标，也可以使用键盘，但使用鼠标更为方便一些。

（1）移动窗口。拖动窗口的标题栏即可将窗口从一个位置移动到另一个位置。

（2）改变大小。对于一个没有处在最大化状态的窗口，将鼠标移动到窗口的边框上，这时鼠标的形状变成一个双向的箭头，拖动鼠标时可以移动边框的位置，从而改变窗口的大小。

如果将鼠标移动到窗口的拐角上，鼠标的形状同样也变成一个双向的箭头，拖动鼠标时，可以移动相邻两个边框的位置，也可以改变窗口的大小。

（3）最小化、最大化、还原。单击窗口标题栏右侧的"最小化"按钮，可将窗口缩小为只在任务栏上显示的图标，这时，如果单击任务栏上的程序图标，又可以将窗口恢复为最小化之前的大小。

单击标题栏右侧的"最大化"按钮，可将窗口最大化，将一个窗口最大化后，"最大化"按钮的位置变成了"还原"按钮，单击该按钮时，可将窗口还原为最大化之前的大小。

- 对于应用程序窗口，最大化是将窗口扩大到整个桌面；
- 对于文档窗口，最大化是将其扩大到整个应用程序窗口的工作区。

（4）关闭窗口。关闭窗口表示结束程序的运行，并且在任务栏上相应的程序图标也消失，关闭窗口可以使用以下的任意一种方法：

- 单击窗口标题栏右边的"关闭"按钮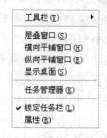；
- 双击窗口左上角的控制菜单框；
- 单击窗口左上角的控制菜单框，在打开的控制菜单中单击"关闭"命令；
- 使用快捷键 Alt+F4。

应注意区分关闭窗口和最小化窗口的操作，将一个窗口最小化，只是将窗口缩小为任务栏上的图标，该程序仍然在内存中运行，而关闭窗口时，该程序将从内存中退出。

（5）当前窗口的切换。由于 Windows XP 是多任务的系统，可以同时运行多个程序，因此在桌面上可以同时有多个窗口，其中当前正在使用的窗口称为当前窗口，该窗口位于其他窗口之前，同时窗口的标题栏默认显示的是深蓝色，其他的窗口称为非活动窗口或后台窗口。

用户可以随时将某个窗口切换为当前窗口，这一过程也称为激活某个窗口，切换时可以使用以下任意一种方法：

- 单击要激活的窗口内的任意位置；
- 在任务栏上单击要激活的窗口的程序图标；
- 反复按快捷键 Alt+Tab 或 Alt+Esc 可以在应用程序窗口之间切换；
- 反复按快捷键 Ctrl+F6 可以在一个程序的多个文档窗口之间进行切换。

（6）窗口的排列方式。打开的多个窗口在桌面上的排列方式有层叠、横向平铺和纵向平铺 3 种。设置排列方式时，用鼠标在任务栏的空白处右击，将在屏幕上弹出一个快捷菜单，如图 3-3 所示，使用这个菜单可以设置窗口的排列方式。

图 3-3　排列窗口的快捷菜单

3.2.2　菜单

一个菜单中包含了若干条命令，用户可以从菜单上直接单击选择所需要的命令完成相应的操作。

1. 菜单的分类

根据菜单打开方法的不同，在 Windows 中可以将菜单分成 4 类，分别是开始菜单、菜单栏上的下拉菜单、控制菜单和快捷菜单，如图 3-4 所示。

（1）开始菜单。这是单击任务栏上的"开始"按钮后出现的菜单，该菜单包含以下的菜单项：

- 所有程序：鼠标指向该菜单时，会自动打开下一级级联菜单，级联菜单中包含许多程序名和再下一级的级联菜单，单击程序名时可以运行该程序。
- 我的文档：该菜单项可以打开"我的文档"程序。
- 我最近的文档：该菜单项的级联菜单中显示了最近打开过的若干个文档名，单击某个文档名时就可以启动与该文档相关联的应用程序，并在应用程序中打开该文档。

(a) 开始菜单　　　(b) 菜单栏菜单　　　(c) 控制菜单　　　(d) 快捷菜单

图 3-4　Windows 中的 4 类菜单

- 图片收藏：打开"图片收藏"文件夹，该文件夹可以用来保存图片、照片和其他的图形文件。
- 我的音乐：打开"我的音乐"文件夹，该文件夹可以保存音乐和其他音频文件。
- 我的电脑：打开"我的电脑"程序。
- 控制面板：打开"控制面板"窗口，该窗口中可以定义计算机的外观和功能、添加或删除程序、设置网络连接和用户账户等。
- 设定程序访问和默认值：该命令可以选择执行某些任务的默认程序，例如浏览 Web 和发送电子邮件。
- 打印机和传真：显示安装的打印机和传真机，并且可以添加新的打印机和传真机。
- 帮助和支持：该菜单项可以启动联机的帮助系统。
- 搜索：菜单项的级联菜单可以查找文件、文件夹、网络中的计算机等。
- 运行：执行该菜单项时，可以在对话框中输入 DOS 命令、运行应用程序，打开一个程序、文件夹、文档或网站。
- 注销：用来注销已登录的某个用户。
- 关闭计算机：用来设置待机、关机、重新启动计算机。

（2）菜单栏菜单。菜单栏菜单是指显示在应用程序窗口菜单栏上的部分，该菜单包含应用程序中的所有命令，因此，不同的应用程序，其菜单栏菜单中的内容是不完全一样的。

菜单栏上由若干个菜单名组成，常用的有"文件"、"编辑"、"视图"、"帮助"等，每个菜单名下包含了一组菜单命令。

直接单击菜单名，或者按住 Alt 键后再按菜单名后的括号内带有下划线的字母都可以打开下拉菜单，例如单击"文件"或使用快捷键 Alt+F 都可以打开"文件"下拉菜单。

（3）控制菜单。单击每个程序窗口左上角的控制菜单框，可以打开"控制菜单"，从图 3-4 可以看出，菜单中的每一条命令都和窗口的操作有关，例如大小、最大化、最小化等。

（4）快捷菜单。快捷菜单是右击屏幕上的某个对象后弹出的菜单，菜单中包含了操作该对象的常用命令，因此，在不同的对象上或桌面上不同位置右击，通常弹出的快捷菜单内容是不完全相同的。

2．菜单上的特殊标记

在菜单上，除了显示各个命令外，每条命令上还有一些不同的特殊标记，如图 3-5 所示，这些标记代表了不同的含义。

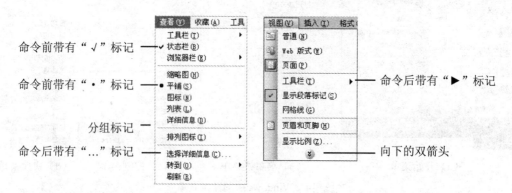

图 3-5　菜单上的特殊标记

（1）灰色显示的菜单命令。正常的菜单命令是黑色显示的，单击就可以执行该命令，灰色显示的命令表示在目前条件下无法使用。例如，图 3-4（c）的控制菜单中的"还原"命令就是目前无法使用的，原因是窗口并没有最大化，当窗口最大化后，"还原"命令变得可以使用，而"最大化"命令又变成灰色显示成为不可使用的命令了，因此，命令是否呈灰色显示是动态变化的。

（2）命令后带有省略号"…"。命令后面带有省略号"…"，表示执行该命令后，屏幕上会弹出一个对话框，在对话框中可以进一步输入其他的信息。

（3）命令前带有选中符号"√"。在命令前的符号"√"是一个选择标记，命令前有此符号时，表示该命令有效，没有此符号时，命令不起作用，每执行一次该菜单命令，将在选中和没有选中之间进行切换，例如，图 3-5 中的菜单项"状态栏"，其前面有符号"√"，表示在窗口中显示状态栏，如果单击该菜单项取消符号"√"，则在窗口中不显示状态栏。

（4）菜单上的分组线。在菜单的有些菜单项之间用横的线条将菜单项分成了若干组，每一组由若干条相关的命令组成。例如，图 3-5 中，将"工具栏"、"状态栏"和"浏览器栏"3 项分为一组，"缩略图"、"平铺"、"图标"、"列表"和"详细资料"5 项为一组。

（5）命令前带有符号"●"。在一组菜单项中，只能有一个菜单项前面带有符号"●"，表示在这一组菜单项中该项被选中，例如图 3-5 中的菜单项"平铺"前有符号"●"表示选中此项，如果此时选中菜单项"图标"，则原先的选项失效。

（6）菜单项后带有组合键。菜单项后带有组合键的命令中，组合键代表该命令的快捷键，表示不需要打开菜单，直接使用组合键就可以执行该菜单命令。例如，图 3-4（c）中菜单项"关闭"后面的 Alt+F4 就是关闭窗口的快捷键。

（7）命令后带有符号"▶"。命令后带有符号"▶"的菜单项，表示如果选中该菜单项，可以打开下一级菜单，表示这是级联菜单。例如，图 3-5 中的菜单项"工具栏"有下级菜单。

如果下一级菜单中的某个菜单命令后还带有符号"▶"，表示该菜单项中同样也有下一级菜单。

（8）菜单项是向下的双箭头 ⯆。如果某个菜单的最后一个菜单项显示的是向下的双箭头，表示该菜单中还有其他的菜单项，当鼠标指向该箭头时，会显示出完整的菜单。

3.2.3 对话框

对话框是 Windows 和用户交换信息的界面，一方面，用户可以通过对话框回答系统的提问，例如执行"文件"菜单的"打开"命令后，屏幕上会出现对话框，用户应在对话框中选择要打开的文件所在的位置并输入文件名，才能打开指定的文件，这样的对话框通常是执行了带有省略号的某个菜单项而产生的；另一方面，Windows 也使用对话框显示诸如出错、警告、确认或提示的信息，例如在打印文件时当打印机缺纸时的提示，在删除一个文件时的确认提示，这样的对话框通常是系统自动产生的。

对话框的外形与窗口类似，有些书上将其称为对话框窗口，与窗口不同的是，对话框的大小是固定不变的，对话框中没有菜单栏，而且对话框中的组成元素要比窗口复杂的多，这些组成元素见图 3-6。

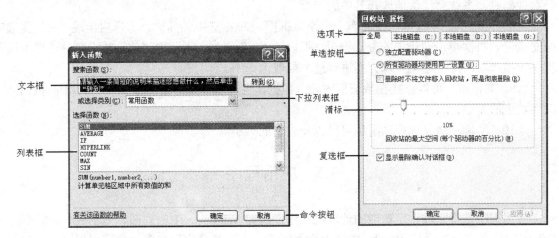

图 3-6 对话框的组成元素

下面结合对话框中的组成元素分别说明对话框的各种操作。

（1）标题栏。标题栏左边显示的是对话框的名称，右侧通常有两个按钮，分别是"帮助"按钮 ? 和"关闭"按钮 × 。

对话框在屏幕上的位置可以移动，移动对话框时，直接拖动标题栏即可。但对话框的大小不能改变。

单击帮助按钮后，鼠标指针变成 ? ，这时，如果单击对话框中的某个部分，在屏幕上就会出现关于该部分的解释信息。

（2）命令按钮。单击命令按钮可以立即执行一个命令，命令按钮通常以矩形的形式出现，常用的有"确定"、"取消"和"应用"，这几个按钮的作用是：

● 确定：单击该按钮时，所作的设置生效，然后关闭对话框；
● 取消：单击该按钮时，所作的设置无效，然后关闭对话框，它的作用与单击右上角的关闭按钮或按 Esc 键是一样的；
● 应用：单击该按钮时，所作的设置生效，但并不关闭对话框。

命令按钮上也有一些特殊的标记，这些标记的作用和菜单上的标记一样，例如，灰色显示的按钮表示目前是不可执行的，命令按钮的名称后面有省略号"…"，表示单击该按钮时会打开一个新的对话框。

（3）选项卡。选项卡也称为标签，一个选项卡中包含了一组选项，如果对话框中要设置的内容较多，可以分别放置在不同的选项卡中，单击选项卡上的名称可以在选项卡之间进行切换。

（4）文本框。文本框是用来输入文本信息的矩形区域。例如，在"另存为"对话框的文件名框内用于输入保存文档的文件名，而图 3-6 中的文本框用来输入要搜索的函数名称。

（5）列表框。列表框中列出了多个选项，供用户单击进行选择，如果选项较多，列表框内不能全部显示时，会自动出现滚动条。

（6）下拉列表框。单击下拉列表框右侧的下拉箭头 ，可以打开列表框，在列表框中显示若干条目供用户单击选择。

（7）单选按钮。单选按钮由一组相互排斥的选项组成，每个选项前有一个小圆圈○，这一组选项中，用户只能选择其中的一项，被选中的选项前面圆圈中有一个小的绿点◉，在打开对话框时，系统会默认地选择其中的一个。

（8）复选框。复选框的前面有一个小方框□，单击选中该项时，方框内出现"✔"复选框变成☑，再次单击被选中的复选框时，框内的"✔"消失，表示取消该选项，在对话框中通常是一组选项，每个选项可以分别进行选中或取消选中。

（9）数值框。可以直接在数值框内输入数据，也可以分别单击数值框右侧的增/减按钮 改变数值的大小。

（10）滑标。用鼠标拖动滑标可以改变数值的大小。

3.3   应用程序

应用程序是指完成特定功能的计算机程序，例如 Windows 中的画图、写字板、计算器，Office 中的文字处理系统 Word、电子表格程序 Excel 等都是应用程序，由应用程序创建和使用的文件称为文档。

3.3.1   应用程序的运行

要完成某个具体的应用，先要运行相应的应用程序，运行一个应用程序可以使用以下各种方法。

1. 使用"开始"菜单的"所有程序"命令

使用"开始"菜单的"所有程序"命令运行应用程序的方法如下：

（1）单击"开始"按钮，打开"开始"菜单；

（2）将鼠标指向"所有程序"菜单项，屏幕显示该菜单项的级联菜单；

（3）在下一级菜单中查找要运行的应用程序，找到后单击程序名，该程序被执行，屏幕上出现相应的应用程序窗口，并且在任务栏上出现该程序的图标。

2. 使用"开始"菜单的"运行"命令

如果知道应用程序所在的位置即盘符、文件夹和文件名，可以使用"开始"菜单的"运行"命令启动应用程序，这里以运行 Windows 附件中的"记录本"程序为例，说明运行方法，假设"记录本"程序在 C:盘的 windows\system32\文件夹下，程序文件名为 notepad.exe，操作过程如下：

（1）单击"开始"按钮，打开"开始"菜单；

（2）单击菜单中的"运行"菜单项，屏幕显示如图 3-7 所示的对话框；

图 3-7 "运行"对话框

（3）向对话框的"打开"文本框中输入程序文件的完整说明，包括盘符、路径和文件名："c:\windows\system32\notepad.exe"；如果不知道程序文件所在的盘或文件夹，可以单击"浏览"按钮，因为这个按钮右侧显示有省略号"…"，单击后可以打开新的对话框，这样，在新打开的对话框中找到程序所在的位置后单击"打开"按钮，回到"运行"对话框；

（4）单击"确定"按钮，该程序被执行。

3．使用快捷方式图标

在桌面上或文件夹中有应用程序的快捷方式图标，双击时可以运行应用程序，为应用程序建立快捷方式的方法在后面介绍。

3.3.2 应用程序之间的切换

应用程序间的切换也就是应用程序窗口之间的切换，在窗口操作部分已介绍过，这里就不再重复了。

3.3.3 应用程序的退出

退出应用程序就是结束应用程序的运行。

1．正常退出

由于每个应用程序的运行都是在窗口中进行的，因此，退出应用程序的方法与关闭窗口的方法是同一回事，可以使用下列方法之一：

- 单击窗口标题栏右边的关闭按钮⊠；
- 双击窗口左上角的控制菜单框；
- 单击窗口左上角的控制菜单框，在打开的控制菜单中单击"关闭"命令；
- 使用快捷键 Alt+F4；
- 执行"文件"菜单的"退出"命令。

2．强制退出应用程序

如果程序运行出现了异常，用上述的方法无法退出时，可以采用强制退出的方法，操作过程如下：

（1）按组合键 Ctrl+Alt+Del，屏幕出现"Windows 任务管理器"窗口；

（2）单击"应用程序"选项卡，该选项卡的内容如图 3-8 所示；

图 3-8 "Windows 任务管理器"窗口

（3）在应用程序列表框中，单击选中要强行结束的应用程序名；

（4）单击"结束任务"按钮，就可以将选中的程序强行退出。

3.3.4 应用程序之间的信息共享——剪贴板

剪贴板是 Windows 中的一个非常有用的工具，它是 Windows 的各个程序之间传递信息的临时区域，可以向剪贴板上传递文本、图像、声音或文件等信息，保存在剪贴板上的信息可以被多个程序使用，从而实现信息的共享。

使用剪贴板在不同程序之间传递信息时，先向剪贴板中传递信息，方法是剪切或复制，然后在其他程序中将剪贴板上的信息粘贴过来。

1. 向剪贴板传递信息

（1）将选定的信息传递到剪贴板。先选定要传递的文本、图像或声音等信息，然后执行"编辑"菜单的"剪切"或"复制"命令，这样，选定的信息被送到剪贴板上。

其中的"剪切"命令是将选定信息复制到剪贴板上，同时原位置上选定的信息被删除，而使用"复制"命令是将选定信息复制到剪贴板上，同时原位置上选定的信息保持不变。

剪切和复制操作可以使用以下的方法之一：

● "编辑"菜单上的"剪切"和"复制"命令；
● 选定内容后右单击，在弹出的快捷菜单中也有"剪切"和"复制"命令；
● 单击"常用"工具栏上的"剪切"按钮 或"复制"按钮 ；
● 使用快捷键：复制（Ctrl+C）或剪切（Ctrl+X）。

（2）复制整个屏幕到剪贴板。按键盘上的 PrintScreen 键可以将整个屏幕画面作为图形复制到剪贴板上。

（3）复制当前窗口到剪贴板。使用快捷键 Alt+PrintScreen，可以将当前窗口或对话框复制到剪贴板上。

在向剪贴板上多次进行剪切或复制后，保存在剪贴板上的信息是最后一次传递的内容。

2. 从剪贴板粘贴信息

从剪贴板上粘贴信息的方法如下：

（1）切换到要粘贴信息的应用程序的窗口；
（2）将光标定位到要粘贴信息的位置；
（3）执行"编辑"菜单的"粘贴"命令。

粘贴操作同样可以使用以下方法之一：

● "编辑"菜单上的"粘贴"命令；
● 选定内容后右单击，在弹出的快捷菜单中单击"粘贴"命令；
● 单击"常用"工具栏上的"粘贴"按钮 ；
● 使用快捷键 Ctrl+V。

将信息粘贴后，剪贴板上原有的内容保持不变，因此，保存在剪贴板上的信息可以多次被多个程序粘贴在多个位置。

3.3.5 应用程序和进程

为了提高处理机的运行效率，操作系统的处理机管理中引入了进程和线程的管理机制。

1. 进程和线程的概念

在计算机系统中每次运行一个软件，系统便会创建（加载）一个相应的进程，进程是一个程序在某个数据集上的一次动态执行过程，引入进程的目的是实现程序的并发执行和系统资源的共享利用。

对于一个程序，可以分成若干个独立的执行流，每个执行流称为一个线程，每个线程可以并行地运行在同一进程中，线程是比进程更小的能独立运行的基本单位，是进程内的一个可调度实体，通常一个进程可以拥有一个或多个线程，属于不同进程的线程可以并发运行，属于同一进程的线程也可以并发运行，引入线程的目的是更有效地实现并发执行，最终都是为了提高处理机的运行效率。

2. 在 Windows XP 中操作进程

在 Windows XP 中的任务管理器可以实现对进程的查看、关闭和新建等管理操作，使用组合键 Ctrl+Alt+Del，屏幕出现"Windows 任务管理器"窗口，其中的"应用程序"选项卡如图 3-9 所示，"进程"选项卡如图 3-10 所示。

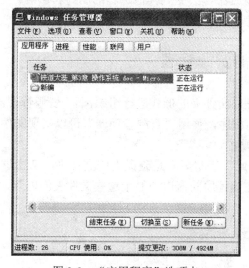

图 3-9 "应用程序"选项卡

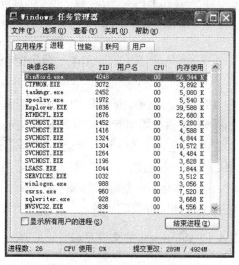

图 3-10 "进程"选项卡

（1）显示进程。"应用程序"选项卡中显示了用户运行的应用程序，图中有两个应用程序，一个是 Word 程序，一个是"新编"文件夹，"进程"选项卡中显示了程序对应的进程，例如列表框中的 Word 程序对应的是 WinWord.exe 程序，其 PID（进程标识）是 4048，列表框中有 26 个进程，其中有两个是与"应用程序"选项卡中的两个应用程序对应，其他的进程是系统启动后自动运行的系统程序。

（2）结束某个程序或进程。关闭程序简单地单击该程序窗口右上角的"关闭"按钮即可，如果因为某种原因，程序运行出现了异常，单击"关闭"按钮时窗口没有反应，这时可以在"Windows 任务管理器"窗口中采用强制退出的方法结束某个用户程序，方法是在"应用程序"选项卡的列表框中，单击要结束的应用程序名，然后单击"结束任务"按钮，就可以将选中的程序强行退出。

如果在"应用程序"选项卡中用上面的方法也无法结束该程序的运行，这时可以在"进程"选项卡的列表框中单击选中该程序对应的进程名，然后单击"结束进程"按钮即可结束该程序的运行。

（3）新建进程。在"Windows 任务管理器"窗口中也可以创建新的进程，方法是执行"Windows 任务管理器"窗口中的"文件" | "新建任务（运行...）"命令，这时，可以打开

"创建新任务"对话框，在对话框中输入程序的名称后单击"确定"按钮就可以创建新的进程，如果不知道程序文件所在的具体位置，可以单击对话框中的"浏览"按钮进行查找。

3. 进程与程序的区别

程序和进程的主要差异体现在以下几个方面。

（1）程序是"静止"的，描述的是静态的指令集合及相关的数据结构。进程是"活动"的，描述程序执行时的动态行为。进程由程序执行而产生，随程序执行过程结束而消亡，所以进程是有生命周期的。

（2）程序可脱离机器长期保存，即使不执行的程序也是存在的。进程是执行着的程序，当程序执行完毕，进程也就不存在了。进程的生命是暂时的。

（3）程序不具有并发特征，不受其他程序的制约和影响。进程具有并发性，在并发执行时，由于需要使用 CPU、存储器、I/O 设备等系统资源，会受到其他进程的制约和影响。

（4）一个程序多次执行可产生多个不同的进程。

3.4　Windows 的资源管理

在 Windows XP 中，计算机中的所有资源都是以文件夹的形式进行组织，而"资源管理器"是 Windows 提供的用来管理文件和文件夹的应用程序，使用"资源管理器"可以实现文件的浏览、复制、移动、重命名、新建、删除等多种功能。

桌面图标"我的电脑"、"我的文档"、"回收站"等实际上是磁盘上的文件夹，双击这些图标时，系统先运行"资源管理器"程序，然后在该程序的窗口中显示这些文件夹的内容，就可以进行文件和文件夹的管理。

3.4.1　Windows 的文件系统

在使用资源管理器之前，先介绍文件和文件夹的概念。

1. 文件和文件名

在操作系统中，文件是指一组相关信息的集合，例如一篇文章、一幅图形、一首歌曲等都是以文件的形式存放在存储设备中，在如今普遍使用的数码产品中，这个概念就更加清楚了，例如，某个用户的 MP4 产品上有 20 张照片，实际上就是在他的机器上有 20 个图形文件。

为了区别每个文件，每个文件都有一个文件名，在操作系统中用户通过文件名对文件进行存取。

一个文件名通常由文件主名和扩展名两部分构成，扩展名用来表示文件的类型，文件的类型是根据它所包含的信息的不同进行划分的。在具体的应用程序中，对文件进行保存时，通常不需要用户指明扩展名，程序会自动添加默认的扩展名。例如，在文字处理软件 Word 中，默认的扩展名为.doc，在电子表格系统中，默认的扩展名为.xls，因此，扩展名的使用有一定的约定，表 3-1 中列出了 Windows XP 中常用的扩展名及其代表的文件类型。

文件的扩展名大多数是 3 个字符，但 C 语言源程序的扩展名为.c 是一个字符，网页文件中可以使用的一个扩展名是.html，它是 4 个字符。

在 Windows 的资源管理程序如"我的电脑"中，不同的文件使用不同的图标来显示。因此，根据显示的图标也可以区分文件的类型，例如，图标▤表示文本文件，图标▥表示压缩程序 Winrar 产生的压缩文件，图标▨表示网页文件等。

表 3-1　常用的扩展名及其对应的文件类型

扩展名	类型	扩展名	类型
.com	命令文件	.hlp	帮助文件
.exe	可执行文件	.ico	图标文件
.bmp	位图文件	.ini	初始化文件
.dat	数据文件	.mid	MIDI 文件
.dll	动态链接库文件	.tmp	临时文件
.drv	设备驱动程序文件	.txt	文本文件
.wav	声音文件	.sys	系统文件
.wri	用写字板编辑的文档	.swp	交换文件

在 Windows XP 中对文件进行命名时，要遵守以下规则：

（1）文件名包括盘符和路径在内最长不能超过 255 个字符。

（2）文件名中可以使用字母、数字和其他字符。

（3）可以使用的其他字符包括空格、加号"+"、逗号","、分号";"、左方括号"["、右方括号"]"和等号"="。

（4）文件名中不可以包含斜杠"\"、星号"*"、问号"?"、冒号":"、尖括号"<"和">"等字符。

（5）文件名中不区分大小写字母，例如 ABC 和 abc 代表同一个文件。

（6）在查找和显示文件时，可以使用通配符"?"和"*"，其中"?"代表任意一个有效字符，而"*"代表多个有效字符。

2. 驱动器和硬盘分区

驱动器是读出、写入信息的硬件，现在常用的有硬盘驱动器和光盘驱动器，每个驱动器由一个字母和冒号进行标识，称为盘符。

通常，软盘驱动器的盘符是 A:和 B:，如果有多个硬盘或者将一个硬盘分成多个分区，则每个盘符分别是 C:、D:、E:等。

如果向计算机中插入优盘后，则这个优盘也会有一个盘符。

将一个硬盘安装到计算机后，通常要将这个硬盘划分为几个分区，每个分区作为独立的一个驱动器，对硬盘进行分区通常有两个目的，一是对于容量较大的硬盘，分区后便于管理，另一个目的是方便在不同的分区中安装不同的操作系统，例如 C 盘上安装 Windows XP，在 D 盘上安装 Linux 等。

分区后的硬盘再经过格式化后就可以使用了，格式化的目的是将磁盘划分为一个一个的扇区并且创建磁盘的结构。

3. Windows 的文件系统格式

在对磁盘进行格式化时，可以在"格式化"对话框中选择文件系统的格式，Windows 支持三种文件系统：FAT、FAT32 和 NTFS。

（1）FAT。这是由 DOS 保留下来的文件系统，最大只能管理 2GB 的磁盘或分区空间，这是一种标准的格式，几乎所有的操作系统都支持该格式，例如 Linux 和 UNIX 都可以读写用该格式存储的文件，主要缺点就是受 2GB 分区的限制。

（2）FAT32。FAT32 格式可以支持的最大分区为 32GB，最大文件为 4GB，但兼容性不如 FAT 格式，只能在 Windows 9x 以上的版本中进行访问。

（3）NTFS。这种格式兼顾了磁盘空间的使用和访问效率，其支持的文件大小只受卷的容量限制，但性能、安全性、可靠性都比 FAT 和 FAT32 格式要高，而且还有前两者不具备的功能，例如文件和文件夹的权限、加密、压缩等功能。

4. 文件夹

文件夹是组织磁盘文件的一种方式，用户可以通过文件夹将文件进行分组、归类管理，文件夹中可以包含程序文件、文档文件等，也可以包含下一级文件夹。因此，在一个磁盘上，所有的文件夹构成了一个树形的结构，称为文件夹树。

为便于管理，Windows XP 中将打印机等设备也看作是文件，称为设备文件，因此，文件夹中也可以包含设备文件。

在 Windows XP 中，文件夹树的根是桌面，其下一级有"我的电脑"、"回收站"、"我的文档"等文件夹，而"我的电脑"文件夹的下一级则是每个驱动器和打印机等，用户所建立的文件和文件夹则在各个不同的驱动器上。

在文件夹树中，正在使用的文件夹称为当前文件夹。

5. 路径

在对文件进行操作时，除了指明文件名外，还要指出文件所在的驱动器（即盘符）和所在的文件夹（即在文件夹树中的具体位置），文件在文件夹树中位置的完整描述构成了文件的路径。

文件的路径有两种，分别是绝对路径和相对路径，绝对路径是指从文件所在磁盘的根文件夹开始直到文件所在的子文件夹为止所经过的所有文件夹名，各文件夹名之间用反斜杠隔开。

相对路径是指从文件所在磁盘的当前文件夹开始直到文件所在的子文件夹为止所经过的所有文件夹名。

3.4.2　资源管理器

使用"资源管理器"可以方便地浏览和管理本机的硬件资源和软件资源。

执行"开始"｜"开始菜单"｜"所有程序"｜"附件"｜"Windows 资源管理器"命令，可以打开资源管理器，其窗口就是图 3-2 所示的"资源管理器"窗口，使用"资源管理器"的"文件"菜单可以新建、打开、删除重命名文件，使用"编辑"菜单可以复制、移动文件或文件夹。

1. 显示文件和文件夹

"资源管理器"窗口的工作区域有两个窗格，左窗格显示系统的文件夹树，右窗格显示当前文件夹中包含的子文件夹或文件，每个文件均以图标和文件名来表示。

（1）打开文件夹。打开一个文件夹是指在右窗格中显示该文件夹的内容，被打开的文件夹成为当前文件夹，当前文件夹的名称显示在标题栏和地址栏中。

打开一个文件夹可以使用以下两种最为简单的方法：

● 在左窗格的"文件夹树"中，单击要打开的文件夹图标或文件夹名称；

● 在右窗格的"文件夹内容"中，双击要打开的文件夹图标或文件夹名称。

（2）文件夹的展开和折叠。在文件夹树的窗格中，有的文件夹图标左边有一个标记⊞，有的文件夹图标左边有一个标记⊟。

有标记⊞，表示该文件夹中包含有子文件夹，没有此标记的表示文件夹下没有子文件夹。同时，有此标记的表示只显示该文件夹的名称而不显示其下的子文件夹，即该文件夹处在折叠状态，单击此标记时，可以展开该文件夹，即在左窗格中显示该文件夹的子文件夹，同时，标记也由⊞变成⊟。

有标记⊟的文件夹处在展开状态，单击此标记时，可以折叠文件夹，同时，标记也由⊟变成⊞。

展开文件夹和打开文件夹是两个不同的操作，打开文件夹是将某个文件夹切换为当前文件夹并在右窗格中显示文件夹的内容，而展开文件夹只是在左窗格中显示某个文件夹及其下的子文件夹的名称。

如果要返回上一级文件夹，可以单击工具栏上的"向上"按钮。要返回前面访问过的磁盘或文件夹时，可以单击工具栏上的"后退"按钮。在单击"后退"按钮后，还可以单击"前进"按钮返回最近访问过的磁盘或文件夹。

（3）文件夹内容的显示方式。使用"查看"菜单中的命令，可以改变右窗格中文件夹内容的显示方式，从图 3-11 所示的"查看"菜单可以看出，显示方式共有以下 5 种："缩略图"、"平铺"、"图标"、"列表"和"详细信息"。

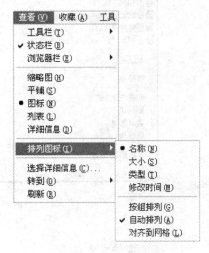

- "缩略图"方式通常用于快速浏览多个图像的微缩版本；
- "平铺"和"图标"这两种方式主要是显示对象时所用的图标大小的不同；
- "列表"方式显示对象的图标和名称；
- "详细信息"方式不仅显示对象的图标和名称，还显示对象的类型、大小和修改日期等详细信息。

图 3-11　"查看"菜单

（4）图标的排列方式。右窗格中的文件或文件夹可以按某种顺序排序，以便快速地查找。排序时，执行"查看"菜单中的"排列图标"命令，从其级联菜单中可以选择按"名称"、按"大小"、按"类型"、按"修改时间"、"按组排列"或"自动排列"等命令。

- 名称：按文件名和文件夹名的字典次序排列图标；
- 大小：按文件所占空间大小排列图标；
- 类型：按扩展名的字典次序排列图标；
- 修改时间：按修改日期排列；
- 自动排列：系统按默认值排列图标，自动排列后无法移动。

（5）"刷新"命令。"查看"菜单中的"刷新"命令也是较常用的，当对磁盘上文件或文件夹进行移动、删除等操作时，执行此命令可以显示最新的内容。

2. "我的电脑"、"我的文档"或"回收站"

桌面上有几个图标"我的电脑"、"我的文档"或"回收站"，双击这些图标时，系统会打开"资源管理器"窗口，然后在"资源管理器"窗口中显示该文件夹的内容，不同的是程序启动时窗口显示的当前文件夹不一样。

单击窗口"地址栏"右边的下拉箭头，在打开的下拉列表框中选择"我的电脑"、"我的文档"或"回收站"，也可以将窗口在这几个文件夹之间进行切换。

3.4.3 文件和文件夹的操作

对文件和文件夹的基本操作主要有新建、选定、重命名、搜索文件或文件夹等，这些操作可以用资源管理器的"文件"菜单和"编辑"菜单中的命令，也可以在选定文件或文件夹后右击，使用弹出的快捷菜单中的命令，如图 3-12 所示。

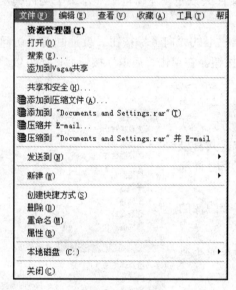
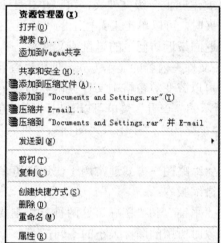

"文件"菜单   快捷菜单

图 3-12 "文件"菜单和快捷菜单

1. 选定文件或文件夹

在对文件或文件夹进行操作之前，首先对要操作的文件或文件夹进行选定。

（1）选定单个文件夹或单个文件。单击文件夹或单个文件，选中后的文件或文件夹呈反相显示。

（2）选定相邻的文件夹或多个文件。先单击第一个文件或文件夹的图标，按住 Shift 键后，再单击最后一个文件或文件夹图标。这时，它们中间的文件或文件夹也会被选定。

（3）选定不相邻的文件夹或多个文件。先单击第一个文件或文件夹的图标，按住 Ctrl 键，再依次单击要选定的其他文件或文件夹。

（4）选定全部文件和文件夹。在"资源管理器"窗口中，执行"编辑"菜单的"全部选定"命令，即可选定右窗格中的所有文件和文件夹，此外，使用快捷键 Ctrl+A 也可以选定所有的文件和文件夹。

（5）取消选定。为了在选定的多个文件中取消对个别文件的选定，先按住 Ctrl 键，然后再单击要取消选定的文件即可。

如果要取消对所有文件的选定，只需单击窗口的空白位置即可。

2. 创建文件夹

创建新的文件夹的方法如下：

（1）选定需要创建新的文件夹的位置，即驱动器、文件夹或桌面，然后右击，这时弹出快捷菜单；

（2）执行"新建"｜"文件夹"命令，即可生成一个名为"新建文件夹"的文件夹；

（3）在新文件夹图标下方的文本框中输入新文件夹的名称，然后按 Enter 键，完成创建文件夹的操作。

3. 打开文件或文件夹

打开一个文件或一个文件夹，具体的含义是不同的。

● 打开一个文件夹，是指在资源管理器右窗格中显示该文件夹的内容；

● 打开一个应用程序文件，表示运行该程序文件；

● 打开一个文档文件，表示先运行与该文档相关联的应用程序，然后在应用程序中将该文档打开。

例如，如果要打开名为 file.doc 的文档文件，该文件的扩展名为.doc，这是文字处理程序 Word 的默认文档文件，这时先运行 Word 程序，然后在 Word 中打开文档 file.doc。

打开文件或文件夹，可以先选定该文件或文件夹，然后再执行"文件"菜单中的"打开"命令，或直接双击该文件或文件夹即可。

4. 文件或文件夹的重命名

对文件或文件夹进行更名，可以按照下面的方法进行操作：

（1）在"资源管理器"窗口中选定要改名的文件或文件夹；

（2）执行"文件"｜"重命名"命令，此时，选定对象的名称被加上了方框；

（3）向方框中输入一个新名称，然后按 Enter 键确定。

5. 移动文件和文件夹

将文件或文件夹从一个文件夹移动到另一个文件夹中，或者从一个驱动器转移到另一个驱动器中，可以使用剪贴板或鼠标拖动的方法。

（1）使用剪贴板。操作过程如下：

① 选定要移动的文件或文件夹；

② 执行"编辑"｜"剪切"命令；

③ 打开目标驱动器或文件夹；

④ 执行"编辑"｜"粘贴"命令。

（2）用鼠标拖动。如果是在同一个驱动器中的不同文件夹之间进行移动，直接将选定的文件或文件夹拖动到目标文件夹即可。

如果是在不同的驱动器之间进行移动，按住 Shift 键后将选定的文件或文件夹拖动到目标文件夹即可。

6. 复制文件或文件夹

文件或文件夹的备份可以通过复制文件和文件夹来完成。复制就是创建一个文件或文件夹的副本，而原来的文件或文件夹不变。复制文件或文件夹同样可以使用剪贴板或鼠标拖动的方法。

（1）使用剪贴板。操作过程如下：

① 选定要复制的文件或文件夹；

② 执行"编辑"｜"复制"命令；

③ 打开目标驱动器或文件夹；

④ 执行"编辑"｜"粘贴"命令。

（2）使用鼠标拖动。如果是在同一个驱动器中的不同文件夹之间进行复制，先按住 Ctrl 键，然后将选定的文件或文件夹拖动到目标文件夹即可。

如果是在不同的驱动器之间进行复制，直接将选定的文件或文件夹拖动到目标文件夹中即可。

在进行移动或复制文件及文件夹时要注意：如果目标文件夹和源文件夹是同一个文件夹，则复制的文件的副本文件名前会自动加上"复件"两字；如果目标文件夹中已经存在与要复制或移动的文件同名的文件，在复制或移动时系统会提示用户是否用选定的文件替换目标文件夹中的原有文件。

7. 删除文件或文件夹

删除文件或文件夹，可以按照下面的方法进行操作：

（1）选定要删除的文件或文件夹；

（2）执行下列操作之一：

● 按键盘上的 Del 键；

● 执行"文件"菜单中的"删除"命令；

● 右击要删除的对象，从弹出的快捷菜单中选择"删除"命令；

● 单击工具栏上的"删除"按钮。

不论用上面哪一种方法，屏幕上都会出现确认删除的对话框，如图 3-13 所示。

图 3-13　"确认文件删除"对话框

（3）在"确认文件删除"对话框中单击"是"按钮，删除所选的文件或文件夹。

在删除文件或文件夹时要注意下面的问题：

● 如果删除硬盘上的文件或文件夹，那么删除后对象被送入"回收站"中暂存起来；

● 如果要直接删除硬盘上的对象而不放入"回收站"，在选定对象后按组合键 Shift+Del；

● 如果删除软盘或优盘上的对象，那么被删除的对象不送入"回收站"。

8. 搜索文件或文件夹

对于具体位置不清楚或名称不清楚的文件或文件夹，可以使用 Windows XP 的搜索功能进行定位，搜索时使用相关的信息，例如根据文件名、文件类型、文件大小或文件创建的日期，还可以根据文件中的内容进行搜索。

在查找文件和文件夹时，可以使用全名查找某个文件或文件夹，也可以在文件名中使用通配符来查找某些文件或文件夹。

Windows XP 中有两个通配符，分别是"？"和"*"，用在文件名中分别代替一个或多个有效的字符。

例如，在某个盘上要查找所有以 a 开头的位图文件，则文件名可以表示为 a*.bmp。查找所有以 a 开头主名由 4 个字符组成的位图文件，则文件名可以表示为 a???.bmp。查找文件主名为 file1～file20，扩展名为.doc 的文件，可以表示为 file*.doc。

搜索操作的过程如下：

（1）在"资源管理器"窗口中，单击工具栏上的"搜索"
图标，打开"搜索"窗口。

（2）单击搜索窗口左侧的"所有文件和文件夹"按钮，这
时，窗口左边显示搜索条件的设置，如图 3-14 所示。

（3）可以设置以下搜索方法：

- 在"全部或部分文件名"文本框中输入要查找的文件
  或文件夹名，名称中可以使用通配符"?"代替任何一
  个字符，用"*"代替任意多个字符；
- 在"文件中的一个字或词组"文本框中可以输入文件
  中包含的文字内容；
- 在"在这里寻找"下拉列表框中单击要查找的驱动器
  或文件夹；
- 如果要设置更多的搜索选项，可以单击"更多高级选
  项"按钮，这时，窗口左下方会出现更多的设置，提
  示可以作进一步的设置。

图 3-14　设置搜索条件

（4）单击"搜索"按钮，就可以开始搜索，搜索的结果将显示在右窗格的列表框中，对
搜索到的结果可以进行各种操作，例如重命名、移动、复制或删除等。

在搜索过程中，随时可以单击"停止"按钮来终止搜索。

3.4.4　回收站的操作

在 Windows 中，从硬盘上删除的文件或文件夹被暂存在回收站中，对于存放在回收站中
的文件或文件夹，可以进行还原或进一步做彻底的删除。

1. 从回收站还原被删除的对象

从回收站还原文件或文件夹，是指将其恢复到删除之前的位置，操作方法如下：

（1）双击桌面上的"回收站"图标，打开"回收站"窗口；

（2）选定要还原的文件或文件夹；

（3）执行"文件"｜"还原"命令，这时，被删除文件或文件夹还原到原来的位置。

2. 删除回收站中的文件或文件夹

如果要永久地删除回收站中的文件，操作方法如下：

（1）双击桌面上的"回收站"图标，打开"回收站"窗口；

（2）选定要永久删除的文件或文件夹；

（3）执行"文件"｜"删除"命令，这时屏幕出现确认删除的对话框；

（4）在对话框中单击"是"按钮，所选的文件或文件夹从"回收站"窗口中被删除，也
就是不可还原的删除。

3. 删除回收站中的所有文件和文件夹

（1）打开"回收站"窗口；

（2）执行"文件"｜"清空回收站"命令，这时，会出现一个"确认删除多个文件"对
话框；

（3）在对话框中，单击"是"按钮，将彻底删除回收站中的所有文件。

3.5　控制面板

控制面板是 Windows XP 中进行系统环境设置的一个程序，该程序窗口中包含了一系列的图标，这些图标都是控制工具，使用这些工具可以对显示器、鼠标、键盘、输入法等进行设置。

启动控制面板程序可以使用以下任意一种方法：

- 在"资源管理器"窗口的左窗格中单击"控制面板"图标；
- 在"我的电脑"窗口中，双击"控制面板"图标；
- 单击"开始"按钮，打开"开始"菜单，在"开始"菜单中单击"控制面板"。

启动后，屏幕上显示"控制面板"窗口，如图 3-15 所示。

图 3-15　"控制面板"窗口

3.5.1　设置显示器

设置显示器，是指根据个人的喜好设置桌面的特性，例如改变背景颜色、改变窗口菜单的字体、字号、设置屏幕保护程序等。

用下面两种方法都可以进入显示属性的设置：

- 在控制面板中双击"显示"对象图标；
- 右击桌面的空白处，然后在快捷菜单中执行"属性"命令。

这两种方法都可以打开"显示属性"对话框，对话框中有 5 个选项卡。

（1）"主题"选项卡。该选项卡用来设置不同的主题，这里的主题是桌面的背景图案和声音的组合。

单击"图案"按钮，可以选择要用于桌面的图案或创建新图案，该图案是桌面的最底层背景。

（2）"桌面"选项卡。通过"桌面"选项卡设置背景图案，背景是任意一幅图像，可以从列表框中选择，也可以将 BMP、GIF、JPEG 等图片文件作为背景。

选择的背景可以有三种显示方法，分别是居中、平铺和拉伸，可以通过单击"位置"中的下拉箭头进行选择。

（3）"屏幕保护程序"选项卡。屏幕保护程序是当用户在一段指定的时间内没有操作计算机，例如没有使用键盘或鼠标，这时在屏幕上出现移动的图案，目的是减少屏幕的损耗并且防止无关人员看到屏幕上的内容。

该选项卡中主要有两个设置，一是选择屏幕保护程序；二是设置等待时间，即在这个时间内没有操作计算机时，屏幕保护程序就可以显示。

（4）"外观"选项卡。该选项卡用来设置桌面对象的颜色、大小，如果是文字对象，还可以设置字体。

（5）"设置"选项卡。设置显示器的参数，包括颜色、分辨率等。

3.5.2　设置鼠标属性

在控制面板中双击"鼠标"图标，可以打开"鼠标属性"对话框，对话框中有 5 个选项卡，常用的是前 2 个。

（1）"鼠标键"选项卡。该选项卡中有 3 个设置：

- "鼠标键配置"：切换主要和次要的按钮，实际上是交换了鼠标两个按钮的功能。
- "双击速度"：用来调整双击的速度，调整后可以在测试区中实际测试。
- "单击锁定"：设置是否启用单击锁定功能。

（2）"指针"选项卡。该选项卡用来改变鼠标指针的大小和不同状态下的形状。

（3）"指针选项"选项卡。该选项卡调整鼠标指针的移动速度。

（4）"轮"选项卡。该选项卡设置滚动滑轮一次滚动的行数。

（5）"硬件"选项卡。该选项卡用来设置鼠标器本身的工作属性，例如采样速度。

3.5.3　添加和删除应用程序

使用计算机时，经常要向计算机中安装新的应用程序，也会将不使用的程序从计算机中删除，或对已安装的程序添加一些新的组件，这些操作不能简单地使用复制或删除的方法。在控制面板中有一个"添加和删除程序"的工具，该工具可以对安装或删除过程进行控制，不会因为误操作而造成对系统的破坏。

在控制面板中，双击"添加/删除程序"图标，打开"添加/删除程序"窗口，如图 3-16 所示，在这个对话框中，可以添加程序、删除程序、添加/删除 Windows 组件。

1. 安装应用程序

安装新程序的过程如下：

（1）单击窗口中的"添加新程序"按钮，则"添加/删除程序"窗口右边发生了变化。

（2）如果要从光盘或软盘添加程序，则单击"CD 或软盘"按钮，Windows XP 会自动搜索软盘或 CD-ROM 上的安装程序，安装程序的名称通常是 SETUP.EXE 或 INSTALL.EXE；如果要从 Microsoft 添加程序，则单击 Windows Update 按钮，安装程序将自动检测这个驱动器。

2. 删除应用程序

在"添加/删除程序"窗口中，列表框中列出了已安装的所有应用程序，选择某个要删除的程序，然后单击"更改或删除程序"按钮，就可以将该程序删除。

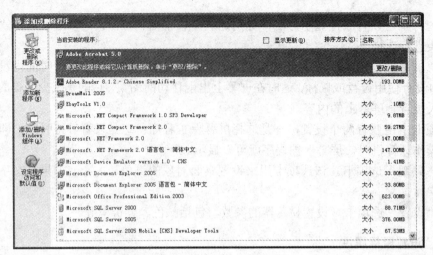

图 3-16　"添加/删除程序"对话框之一

有的应用程序在安装后也自动安装了卸载程序，这样，也可以通过运行卸载程序来删除应用程序，这两种方法都可以，不要通过直接删除应用程序所有的文件和文件夹的方法，那样做可能删除得不彻底或将不该删除的文件也删除了，会引起某些其他程序不能正常地运行。

3. 添加/删除 Windows 组件

Windows XP 操作系统中提供了许多的组件，在使用典型安装时，只安装了最常用的一些组件，如果再要安装其他的组件，或将目前不使用的组件删除，可以使用下面的方法：

（1）在"添加/删除程序"窗口中，单击"添加/删除 Windows 组件"按钮，进入"Windows 组件"向导对话框。

（2）在组件列表框中，选定要安装的组件名称前面的复选框，或消除要删除组件名称前面的复选框。

每个组件本身也是由一个或多个程序组成，如果要添加或删除一个组件中的部分程序，选定该组件后，单击"详细信息"按钮，在新的对话框中进行选定或取消，设定后单击"确定"按钮返回到向导对话框。

（3）单击"下一步"按钮，根据向导完成 Windows XP 组件的添加或删除。

如果 Windows XP 最初是从 CD-ROM 安装的，该程序会提示用户将 Windows XP 安装盘放到光驱中。

为了以后添加组件的方便，可以将 Windows XP 安装盘上的程序复制到硬盘上，这样以后就可以从硬盘上安装。

3.6　实验

3.6.1　文件和文件夹的操作

1. 实验内容

（1）在 E 盘（或 D 盘）的根目录上，创建名为 student 的文件夹。

（2）在本机上搜索名为 notepad.exe 的文件。

（3）将搜索到的文件复制到创建的 student 文件夹中。

（4）将复制的文件重命名为 note.exe。

（5）查看 note.exe 文件和 student 文件夹的属性。

（6）使用不同程序记事本、写字板和 Word 创建文档。

（7）文件的删除和恢复。

2. 实验分析

在 Windows XP 中，计算机中的所有资源都是以文件夹的形式组织和管理的，使用"资源管理器"可以实现文件的浏览、复制、移动、重命名、新建、删除等多种功能。

对文件或文件夹进行操作时要先选择操作对象，选定后就可以进行移动、复制等操作，对文件进行的操作可以使用"文件"菜单或快捷菜单。

在 Windows 中，硬盘上被删除的文件或文件夹暂存在回收站中，对于存放在回收站中的文件或文件夹，可以进行还原或进一步做彻底的删除。

3. 操作过程

（1）创建文件夹。

在 E 盘（或 D 盘）的根目录上，创建名为 student 的文件夹。

1）启动资源管理器，双击窗口中的"本地磁盘（E:）"图标。

2）执行"文件"|"新建"|"文件夹"命令，建立新的文件夹，文件夹名称为 Student。

（2）文件搜索。

搜索名为 notepad.exe 的文件，notepad.exe 是 Windows 中的一个记事本程序，主要用来输入纯文本信息。

1）执行"开始"|"搜索"命令，打开对话框。

2）在打开的对话框中，向文件名的框中输入 notepad.exe。

3）单击"立即搜索"按钮。

4）将找到后的窗口画面通过截屏粘贴到实验报告中。

（3）文件复制。

将查找到的 notepad.exe 文件复制到第 1 步创建的文件夹 student 中，操作时使用剪贴板，复制完成后，将显示文件夹 student 内容的画面粘贴到实验报告中。

（4）文件重命名。

将上面复制的文件 notepad.exe 名称改为 note.exe。

（5）文件和文件夹的属性。

1）右击上面创建的文件夹 student。

2）在快捷菜单中单击"属性"命令，观察新的对话框中显示的该文件夹的属性，并将该对话框的画面粘贴到实验报告中。

3）右击上面重命名后的文件 note.exe。

4）在快捷菜单击"属性"命令，观察新的对话框中显示的该文件的属性，并将该对话框的画面粘贴到实验报告中。

（6）使用不同的程序创建文档。

分别在以下不同的程序中输入相同的内容，观察这些文档的不同之处。

1）双击运行重命名后的文件 note.exe，打开记事本。

2）在记事本中输入 10 个字母和 5 个汉字。

3）执行"文件"｜"另存为"，将该文件保存到文件夹 student 中，并命名为"12345"。

4）运行"附件"中的"写字板"程序，输入相同的 10 个字母和 5 个汉字。

5）将该文件也保存在文件夹 student 中，并命名为"12345"，请注意是否和上面的操作重名。

6）启动 Word 程序，也输入同样的 10 个字母和 5 个汉字。

7）将该文件也保存在文件夹 student 中，并命名为"12345"。

8）分别观察上面这 3 个文件的大小，将大小值及单位记录下来。

（7）文件的删除和恢复。

1）将创建的 12345.txt 文件删除。

2）在回收站中恢复刚删除的文件。

3）将创建的 12345.doc 文件永久删除。

4）将此时文件夹 student 的画面粘贴到实验报告中。

5）删除文件夹 student。

4．思考问题

（1）实验中分别用记事本、写字板和 Word 输入同样的内容，保存时的文件主名都是"12345"，请写出它们分别对应的扩展名是什么？

（2）用记事本、写字板和 Word 输入同样的内容创建的文档文件，大小都不一样，哪个程序创建的文件最小？请说出是什么原因。

3.6.2　用户和组的创建与删除

1．实验内容

（1）创建用户名为 student 的账户并将其密码设置为"123456"。

（2）删除名为 student 的账户。

（3）创建一个名为 group 的组。

（4）删除 group 组。

2．实验分析

Windows XP 中可以创建两类账户："计算机管理员"和"受限"用户，不同用户拥有不同的操作权限。

一个组中可以包括若干个成员。

3．操作过程

（1）创建用户名为 student 的新账户：

1）单击"开始"｜"控制面板"命令，打开"控制面板"窗口。

2）在"控制面板"窗口中，双击"用户账户"图标，打开"用户账户"窗口。

3）在对话框中，单击"创建一个新账户"按钮，显示"下一步"的窗口。

4）窗口中提示输入新账户的用户名，这里输入 student，然后，单击"下一步"按钮，打开新的窗口。

5）窗口中要求选择新账户的类型，可以创建两类账户："计算机管理员"和"受限"用户，当鼠标在不同类型账户名称前移动时，下方会显示出该类用户拥有的权限。

单击"受限"，然后单击"创建账户"按钮，该账户创建完毕。

6）单击新建的用户时，可以打开新的"用户账户"窗口，在这个窗口中可以对该账户进行更改名称、创建密码、更改图片、更改账户、删除账户等操作。

单击"创建密码",打开新的窗口输入密码,在这个窗口中,要输入三项内容:

● 输入新密码;

● 输入新密码的确认;

● 输入作为密码提示的单词或短语。

7)单击"创建密码"按钮,密码创建完毕,关闭按钮将该窗口关闭。

(2)删除创建的 student 账户。

1)双击"控制面板"窗口中的"用户账户"图标,打开"用户账户"窗口。

2)在"用户账户"窗口中,单击 student 用户,打开新的窗口。

3)单击窗口中的"删除账户"按钮,屏幕出现提示窗口,提示在删除该账户之前,可以创建一个与账户名相同的文件夹,用来保存该账户的桌面和"我的文档"的内容,可以根据实际情况选择"保留文件"或"删除文件",这里单击"保留文件"按钮,屏幕出现确认删除的窗口。

4)单击对话框中的"删除账户"按钮,就可以删除 Student 用户账户。

(3)创建一个名为 group 的组。

1)双击"控制面板"窗口中的"计算机管理"图标,打开"计算机管理"窗口。

2)单击窗口中的"本地用户和组"中的"组"。

3)执行"操作"|"新建组"命令,打开"新建组"对话框。

4)向对话框的"组名"文本框中输入 group,"描述"文本框中的信息可以省略,然后单击"添加"按钮。

5)在"选择用户或组"对话框上方的列表框中选择要添加的用户或组,然后单击"添加"按钮,即可向组中添加成员。

6)单击"创建"按钮,就创建了一个组,返回到"计算机管理"窗口,可以看到,窗口中多了一个新建的组。

(4)删除 group 组。

1)双击"控制面板"窗口中的"计算机管理"图标,打开计算机管理器。

2)在"计算机管理"窗口中,右击要删除的组 group,弹出快捷菜单。

3)从快捷菜单中选择"删除"命令,屏幕出现确认删除对话框。

4)单击对话框中的"是"按钮,该组被删除。

4. 思考问题

(1)简述创建新用户的主要步骤。

(2)如果删除本地组,作为该组成员的用户账户是否也被删除了?

(3)Windows XP 在安装后自动创建的账户的用户名是什么?

小 结

本章介绍了操作系统的基本概念、Windows XP 的基本操作,由于操作系统是运行其他程序的基础平台,熟练掌握 Windows XP 的操作将会对于以后使用某个具体的应用软件打下良好的基础,而且这也是其他运行在 Windows XP 的应用程序中共同的操作。

一、选择题

1. Windows XP 的"桌面"指的是（　　）。
   A．整个屏幕　　　　　B．全部窗口　　　　C．某个窗口　　　　　D．活动窗口

2. 在 Windows 操作系统中，不同文档之间互相复制信息需要借助于（　　）。
   A．剪贴板　　　　　　B．记事本　　　　　C．写字板　　　　　　D．磁盘缓冲区

3. 在 Windows 操作系统中（　　）。
   A．同一时刻可以有多个活动窗口
   B．同一时刻可以有多个应用程序在运行，但只有一个活动窗口
   C．同一时刻只能有一个打开的窗口
   D．DOS 应用程序窗口与 Windows 应用程序窗口不能同时打开着

4. 在 Windows 环境下，若要将桌面内容存入剪贴板，可以按（　　）键。
   A．Ctrl+PrintScreen　　　　　　　　B．Alt+PrintScreen
   C．Shift+PrintScreen　　　　　　　 D．PrintScreen

5. 在 Windows XP 中，当一个应用程序窗口被最小化后，该应用程序将（　　）。
   A．终止执行　　　　　　　　　　　B．继续在前台执行
   C．暂停执行　　　　　　　　　　　D．被转入后台执行

6. 进程（　　）。
   A．与程序是一一对应的
   B．是一个程序及其数据，在处理机上顺序执行时所发生的活动
   C．是不能独立运行的
   D．是为了提高计算机系统的可靠性而引入的

7. Windows 程序窗口的菜单上都有一些特殊的标记，这些标记代表了不同的含义，其中呈灰色显示的菜单表示（　　）。
   A．该菜单项当前不能使用　　　　B．选中该菜单后将出现对话框
   C．选中该菜单后将出现级联菜单　D．该菜单正在使用

8. 在 Windows XP 中，对"剪贴板"的描述中，错误的是（　　）。
   A．只有经过"剪切"或"复制"操作后，才能将选定的内容存入"剪贴板"
   B．"剪贴板"提供了文件内部或文件之间进行信息交换的手段
   C．"剪贴板"的大小是动态改变的
   D．一旦断电，"剪贴板"中的内容将不复存在

9. 下列关于回收站的叙述中，错误的是（　　）。
   A．回收站可以存放硬盘上被删除的文件或文件夹
   B．放在回收站中的信息可以恢复
   C．回收站占据的空间是可以调整的
   D．回收站可以存放优盘上被删除的文件或文件夹

10. 在 Windows 中，当一个窗口最大化之后，下列叙述中错误的是（　　）。

A．该窗口可以被关闭　　　　　　B．该窗口可以被移动

C．该窗口可以最小化　　　　　　D．该窗口可以还原

11．在 Windows XP 的"资源管理器"窗口中，如果要一次选择多个连续排列的文件，应进行的操作是（　　）。

A．依次单击各个文件

B．按住 Ctrl 键，然后依次单击第一个和最后一个文件

C．按住 Shift 键，然后依次单击第一个和最后一个文件

D．单击第一个文件，然后右击最后一个文件

12．一个文件夹中不可以存放（　　）。

A．一个文件　　　　　　　　　　B．多个文件

C．一个文件夹　　　　　　　　　D．一个符号

13．在搜索文件时，如果输入的搜索条件是*.*，则将搜索的是（　　）。

A．所有文件　　　　　　　　　　B．扩展名为"*"的文件

C．文件名中包含"*"的文件　　　D．主名为"*"的文件

14．在 Windows 中，下列关于文件夹的描述不正确的是（　　）。

A．文件夹是用来组织和管理文件的

B．"我的电脑"是一个文件夹

C．文件夹中可以存放子文件夹

D．文件夹中不可以存放设备文件

15．关于 Windows 窗口的概念，以下叙述正确的是（　　）。

A．屏幕上只能出现一个窗口，这就是活动窗口

B．屏幕上可以出现多个窗口，但只有一个是活动窗口

C．屏幕上可以出现多个窗口，但不止一个是活动窗口

D．屏幕上可以出现多个活动窗口

二、填空题

1．在 Windows XP 中，"回收站"是_____中的一块区域。

2．在 Windows XP 中，要想将当前窗口的内容存入剪贴板中，可以按_____键。

3．在 Windows XP 的"资源管理器"窗口中，双击窗口右部的文档文件图标，该文档将被_____。

4．在 Windows XP 中，在不同的驱动器之间拖动对象时，系统默认的操作是_____。

5．Windows XP 中，要弹出某个文件的快捷菜单，将鼠标指向该文件，然后单击_____键。

6．在 Windows XP 的菜单中，末尾带有省略号（…）的命令意味着_____。

7．打开"Windows 任务管理器"，使用的组合键是_____。

8．为了查找所有第一个字符为"A"并且扩展名为".jpg"的文件，在打开的搜索窗口中应输入的查找条件是_____。

9．在资源管理器中，要选择多个不连续文件，方法是选中第一个后，按住_____键再单击其他的文件。

10．配置操作系统主要有两个目的：管理_____和提供_____。

三、简答题

1. Windows XP 桌面上有哪些基本元素，它们各有什么作用？
2. 剪贴板的功能是什么？
3. 绝对路径和相对路径有什么区别？
4. 简要说明控制面板的功能和使用方法。
5. 要想在机器的 D 盘上查找以 jiangzhuo 开头的网页文件，该如何操作？
6. Windows XP 可以同时运行多个程序，如何在这些应用程序之间进行切换？
7. 简述操作系统的主要功能。

第4章　网络基础和 Internet 应用

- 了解网络的形成与发展
- 了解网络的基本分类方法
- 了解常见的网络拓扑结构
- 理解网络协议的基本概念
- 了解局域网的特点与功能
- 熟练掌握 Internet Explorer 的基本操作
- 熟练掌握信息搜索的基本方法和常用搜索引擎的使用
- 掌握在 Internet Explorer 浏览器中访问 FTP 站点的基本操作
- 掌握电子邮件的收发方法

计算机网络是电子计算机技术与通信技术逐步发展、日益结合的产物，是计算机应用的一个重要的领域，也是目前发展非常迅猛的领域，特别是 Internet 的迅速发展，使得计算机网络的应用已经渗透到社会生活的方方面面，并且正在影响着人们的工作方式和生活方式。本章介绍 Internet 的基本应用，包括 WWW、电子邮件和 FTP 等。

4.1　计算机网络的概念

本节介绍计算机网络的基本概念，包括网络的定义、发展、组成、体系结构、连接设备等，为 Internet 的应用作好准备。

4.1.1　网络的发展历史

计算机网络的发展过程可以大致划分为：以一台主机为中心具有通信功能的远程联机系统、具有通信功能的多机互联系统、标准化计算机网络以及以下一代互联网为中心的新一代网络。

1. 以单机为中心的联机终端网络

20 世纪 60 年代中期以前，计算机主机昂贵，而通信线路和通信设备的价格相对便宜，为了共享主机的处理能力、进行信息的采集和综合处理，联机终端网络是一种主要的系统结构形式。这种系统由两部分组成，一部分是没有处理能力的终端设备如键盘和显示器构成的终端机，只能发出操作请求，另一部分是具有处理能力的主机，可以同时处理多个终端发来的请求，如图 4-1（a）所示。

在联机终端网络中，主机既要完成全部数据处理工作，又要承担通信工作，负荷较重，从而影响了系统的效率，也降低了系统的可靠性。而且，由于每个终端独占一条通信线路，每个终端都是单个用户操作的，通信线路绝大部分时间处于空闲状态，也造成了资源的浪费，尤其是当距离较远时更是如此。为了解决这个问题，常在终端聚集的地方设置远程线路集中器以降低通信费用，如图4-1（b）所示。

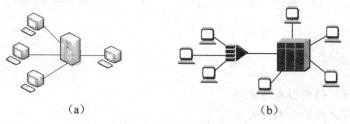

(a)   (b)

图 4-1   主机-终端网络

2. 计算机-计算机网络

随着计算机技术和通信技术的进步，从 20 世纪 60 年代中期开始，出现了将多个独立的计算机连接起来，以共享资源为目的的计算机网络。

在这种系统中，可以直接利用通信线路将几个计算机主机互相连接，主机既承担数据处理又承担通信工作，所有的主机都面向全体用户提供服务。为了减轻主机的负担，也可设置专门的 CCP（Communication Control Processor，通信控制处理机），承担主机之间的通信任务，如图 4-2 所示。

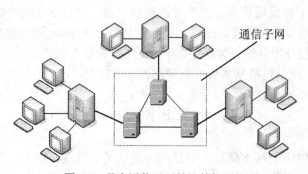

图 4-2   具有通信子网的计算机网络

从逻辑功能上可以将计算机网络分为资源子网和通信子网两个部分，在这种系统中，CCP负责网上各主机间的通信控制和通信处理，它们组成了通信子网，是网络的内层。网上主机负责数据处理，是计算机网络资源的拥有者，它们组成了网络的资源子网，是网络的外层。通信子网为资源子网提供信息传输服务，资源子网上用户间的通信是建立在通信子网的基础上。没有通信子网，网络不能工作，而没有资源子网，通信子网的传输也失去了意义，两者合起来组成了统一的资源共享的两层网络。

资源子网由主计算机系统、终端控制设备和终端设备组成，负责网络中的数据信息处理，使用户可通过终端设备访问资源子网中的所有共享资源。

通信子网包括通信控制和通信处理，主要任务是连接网络上的各种计算机，进行数据的传输、交换和通信，通信子网主要包括通信线路，即传输介质、网络连接设备、网络协议和通信软件等。

这一时期网络的典型代表是美国国防部高级研究计划署开发的 ARPANET，ARPANET 被认为是今天广为使用的 Internet 的前身，它的成功标志着计算机网络的发展进行了一个新的阶段。

将通信子网的规模扩大，使之变为社会公有的数据通信网，或者利用现有的电话网、广播网、无线通信网等，可以进一步扩大网络的规模、提高网络性能。同时，允许不同规模、不同种类的计算机甚至已有的网络接入，可以进一步丰富网络上流通的信息、扩大网络的使用范围。实际上，这已经成为现代计算机网络的基本形态。

3．体系结构标准化网络

这一阶段主要解决计算机网络之间互联的标准化问题，要求各个计算机网络具有统一的网络体系结构，目的是实现网络与网络之间的互相联接，包括异型网络的互联。

经过 20 世纪 60 年代及 70 年代前期的发展，几个大的计算机公司制定了自己的网络技术标准，最终促成了国际标准的制定。

20 世纪 70 年代末，国际标准化组织（International Organization for Standardization，ISO）成立了专门的工作组来研究计算机网络的标准，在吸收不同厂家网络体系结构标准化经验的基础上，制定了方便异种计算机互连组网的开放式系统互连参考模型（Open System Interconnection/Reference Model，OSI/RM）。

OSI/RM 成为全球网络体系的工业标准，这一标准促进了计算机网络技术的发展。

从 20 世纪 80 年代，局域网络技术十分成熟，同时，也出现了以 TCP/IP 协议为基础的全球互联网因特网（Internet），随后，Internet 在世界范围内得到了广泛的应用。

Internet 是最大的国际性网络，遍布全世界的各个角落，与之相连的网络、网上运行的主机不计其数，而且还在飞快地增加。

4．以下一代互联网络为中心的新一代网络

以下一代互联网为中心的新一代网络成为新的技术热点，它是全球信息基础设施的具体实现，通过采用分层、分面和开放接口的方式，为网络运营商和业务提供商构建了一个平台，在这个平台上提供新的业务。

目前，基于 IP 的 IPv6（Internet Protocol version 6）技术的发展，为发展和构建高性能、可扩展、可管理、更安全的下一代网络提供了理论基础。

4.1.2　网络的概念

1．计算机网络的定义

目前，关于计算机网络并没有一个标准而统一的定义，一般说来，计算机网络是指利用通信设备和通信线路，将分布在不同地理位置上的、具有独立功能的多个计算机系统连接起来，在网络软件的管理下实现数据交换和资源共享的系统，这里的网络软件包括网络通信协议、信息的交换方式和网络操作系统等。

2．网络的功能

计算机网络的功能主要体现在三个方面，即信息交换、资源共享和分布式处理。

（1）信息交换。计算机网络为分布在不同位置的计算机用户提供信息交换和快速传送的手段，在不同计算机之间交换不同的信息，如文字、声音、图像、视频等。

（2）资源共享。这里的资源包括硬件、软件和数据等，资源共享是指在计算机网络中各计算机的资源可以被其他的计算机使用，这是网络的一个重要的功能，目的是可以提高资源的利用率。

（3）分布式处理。当网上某台计算中心的任务过重时，可以将其部分任务转交到其他空闲的计算机上处理，从而均衡计算机的负担。

4.1.3　网络的组成

网络上的资源包括硬件资源、软件资源和其他信息资源。计算机网络包括四个组成部分：主机、网络操作系统、网络通信设备和传输介质。

1. 主机

按 ARPANET 沿用下来的习惯，网络上连接的所有计算机，包括巨型机、大中型通用机、小型机或个人计算机等，都称为网络上的主机，也称为端系统。上网的主机一般都需要安装网络接口卡。

主机可按其在网络中的地位和作用分为服务器和站点机。

网络服务器（Server）是向网络提供服务的计算机，服务器内部拥有可以为网上计算机及其他设备共享的软件、硬件和数据资源，如各种应用软件、大容量数据库，以及其他信息资源。可以将服务器看成网络的核心。

根据服务器所提供的内容，还可进一步将其分为文件服务器、打印服务器、通信服务器、电子邮件服务器等。一般地说，文件服务器提供大容量的磁盘空间给网络上的工作站使用，打印服务器接受并完成来自网络工作站的打印任务，通信服务器负责网络中各工作站对主计算机之间的联系。

站点机（Workstation）就是用作网络工作站的计算机，又称为客户机（Client）。站点机本身也是计算机，具有脱网独立运行的能力，称为本地处理能力。将站点机接入网络即可共享网络上的软件和硬件资源。

2. 网络操作系统

计算机网络必须配置网络操作系统。网络操作系统承担整个网络的任务管理和资源的管理分配，使网络中各个计算机及其他设备遵守协议，协调一致，有条不紊地工作。网络操作系统帮助用户越过各主机界面访问网络上的设备，对整个网络中的资源进行有效利用和开发，并支持各服务器、站点机之间的相互通信。

目前大多数操作系统，如 Windows、UNIX、Linux 等，都具备网络管理和操作能力，因而都可认为是网络操作系统。但不同种类的操作系统，甚至同一操作系统的不同版本之间的网络管理和操作能力是有区别的。例如，Windows 操作系统的多种产品都有"服务器版"和"专业版"之分，组网时一般要选择服务器版。

3. 通信设备

通信设备的作用是为主机转发数据。主机和通信设备统称为网络结点。在规模大、结构复杂的广域网中，通信设备常称为交换机（如 X.25 包交换机、帧中继交换机、ATM 交换机）。主机插上网络接口卡即可连接到交换机端口，再将交换机与交换机互连即可组成网络。规模较小的局域网有多种形式，目前最流行的是以太网，以太网的通信设备是集线器（Hub）。

通信设备还包括用于局域网之间互连的网桥、用于局域网与广域网或广域网之间互连的路由器，以及对信号进行调制与解调，以使数字数据经由模拟传输介质（如电话线）进行传输的调制解调器（Modem）等。

4. 传输介质

主机和通信设备之间、以及通信设备和通信设备之间都要通过传输介质互连，传输介质可以是有形线路，如电话线、双绞线、同轴电缆、光缆缆线，也可以是无形线路，如红外线、微波中继线路、卫星通讯线路等。

4.1.4　传输介质

传输介质是连接网络上各个站点的物理通道。网络中所采用的传输介质分为有线介质和无线介质两大类。

1. 有线传输介质

有线介质主要有同轴电缆、双绞线、光纤。

（1）同轴电缆。同轴电缆的结构如图 4-3 所示，同轴电缆可分为两种基本类型，基带同轴电缆、宽带同轴电缆，在局域网中最常使用的是基带同轴电缆，它适用于数字信号传输，基带同轴电缆又可分为细缆和粗缆两种。

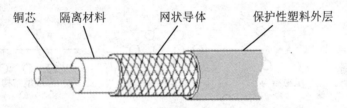

图 4-3　同轴电缆的结构

（2）双绞线。双绞线是最廉价而且使用最为广泛的传输介质。双绞线电缆分为屏蔽双绞线和非屏蔽双绞线两大类，非屏蔽双绞线的结构如图 4-4 所示。

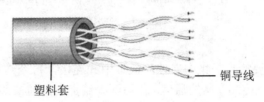

图 4-4　非屏蔽双绞线结构

按传输质量分为 1 类到 5 类，局域网中常用的为 3 类和 5 类双绞线，3 类双绞线最大带宽为 16Mb/s，5 类双绞线最大带宽为 155Mb/s。

双绞线电缆主要用于星状网络拓扑结构，即以集线器或网络交换机为中心，各计算机均用一根双绞线与之连接。这种拓扑结构非常适用于结构化综合布线系统，可靠性较高。任一连线发生故障时，故障不会影响到网络中的其他计算机。

（3）光纤。在大型网络系统的主干网或多媒体网络应用系统中，几乎都采用光导纤维（简称光纤）作为网络传输介质。相对于其他的传输介质，光纤的最主要优点是低损耗、高带宽和高抗干扰性。目前光纤的数据传输率已达 2.4Gb/s，更高速率的 5Gb/s、10Gb/s 甚至 20Gb/s 的系统也正在研制过程中。光纤的传输距离可达上百公里。

2. 无线传输介质

最常用的无线介质有微波、红外线、无线电、激光和卫星。

目前无线介质的带宽最多可以达到几十兆，如微波为 45Mb/s，卫星为 50Mb/s。无线介质传输的主要优点是受地理环境的限制较小以及适应远距离传输，其主要缺点是容易受到障碍物和天气的影响。

局域网范围小，传输介质一般是专门铺设的线路，如以太网一般采用双绞线或光纤作为传输介质，广域网则常利用公共通信线路，如电话网、公共数据通信网、无线电广播网、卫星等。

4.1.5　网络的拓扑结构

我们将计算机网络中的计算机等称为结点，将连接结点的线路称为链路，网络的拓扑结构就是指构成网络的结点与通信线路之间的几何连接关系，这种关系反映出了网络中各实体间的结构关系。

按连接方式的不同，网络拓扑结构一般分为星型、树型、总线型、环型和网型等，如图4-5所示。

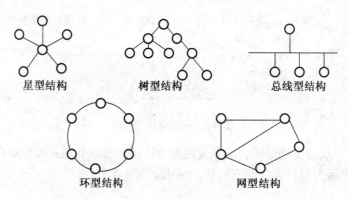

图 4-5　网络的拓扑结构

1．星型结构

星型结构的主要特点是集中式控制或集中式连接，每个结点通过点对点通信线路与中心结点连接，中心结点控制全网的通信，任何两个结点间的通信都要通过中心结点。星型结构的优点是建网容易，控制和维护相对简单，缺点是对中心结点依赖大。

2．树型结构

在树型结构中，结点之间按照层次进行连接，信息交换主要在上下层结点之间进行。结构形型像一棵倒置的树，顶端为根，从根向下分支，每个分支又可以延伸出多个子分支，一直到树叶。

树型结构的优点是易于扩展、故障也容易分离，缺点是整个网络对根结点的依赖性太大，如果网络的根结点发生故障，整个系统就不能正常工作。

当树型结构中只有根结点和一层子结点时，就变成了星型结构，因此，可以将星型结构看作是树型结构的特例，或将树型结构看成是星型结构的扩展。

3．总线型结构

总线型结构是局域网中最为常用的一种结构，在这种结构中，有一条公共的信息传输通道称为总线，所有结点都与公用总线相连接。总线型结构中没有中央控制结点，因此必须采取某种介质访问协议来控制结点对总线的访问，从而保证在一段时间内只允许一个结点传送信息以避免信息冲突。

总线型结构的结构简单灵活、可扩充性好、成本低、安装使用方便，但是实时性较差、不适宜大规模的网络。

4. 环型结构

环型结构用通信线路将各结点连接成一个闭合的环，信息从一个结点发出后，沿着通信链路在环上按一定方向一个结点接一个结点地传输。

环型网上各个结点的地位和作用是相同的，采用令牌协议进行介质访问控制，没有竞争现象，因此在负载较重时仍然能传送信息，缺点是网络上的响应时间会随着环上结点的增加而变慢，而且当环上某一结点有故障时，整个网络都会受到影响。

5. 网型结构

网型结构的控制功能分散在网络的各个结点上，网上的每个结点都有若干条路径与网络其他结点相连，这样即使一条线路出现故障，也能通过其他线路传输，网络仍能正常工作。这种结构可靠性高，但网络控制比较复杂。

以上的五种拓扑结构中，总线型、星型和环型结构在局域网中应用得较多，网型和树型结构在广域网中应用得较多。

4.1.6　网络的分类

可以从不同的角度按不同的方法对计算机网络进行分类，例如有按网络规模分类的、有按距离远近分类的、有按网络交换方式分类的，也有按网络连接方式分类的等。

1. 按网络的规模和距离分类

按照连网的计算机之间的距离和网络覆盖地域范围的不同，可以将网络分为局域网、城域网和广域网三类。

（1）局域网。局域网（Local Area Network，LAN）覆盖范围通常为几米到十几公里，用于将有限范围内例如一个实验室、一幢建筑物、一个单位的各种计算机、终端与外部设备互连成网。局域网是具有较高数据传输率（10Mb/s～10Gb/s）、低误码率的高质量数据传输服务。

局域网通常是为了使一个单位、企业或一个相对独立的范围内的计算机相互通信，共享某些外部设备如高容量硬盘、激光打印机、绘图机等互相共享数据信息而建立的。

（2）广域网。广域网（Wide Area Network，WAN）覆盖范围一般为几十到几千公里，跨省、跨国甚至跨洲。广域网可以将多个局域网连接起来，网络的互连形成了更大规模的互联网，可使不同网络上的用户能相互通信和交换信息，实现了局域资源共享与广域资源共享相结合，其中因特网就是典型的广域网。

（3）城域网。城域网（Metropolitan Area Network，MAN）的覆盖范围介于局域网与广域网之间，基本上是一种大型的局域网，通常使用与局域网相似的技术。

2. 按网络使用的传输介质分类

按传输介质不同，可以将计算机网络分为有线网和无线网两大类。

（1）有线网。有线网是指采用双绞线、同轴电缆和光纤等作为传输介质的网络，目前大多数的计算机网络都采用有线方式组网。

（2）无线网。无线网是指采用微波、红外线等作为传输介质的网络，目前的无线网络技术发展非常迅速，应用也日益普及。

3. 按网络控制方式分类

按计算机网络所采用的控制方式，可将其分为集中式和分布式两种。

（1）集中式计算机网络。这种网络的处理和控制功能高度集中于一个或少数几个结点上，所有数据流都必须经过这些结点中的某个或某些结点，因此，这些结点是网络的处理和控制中心，而其余大多数结点则功能较弱。星型结构网络和树型结构网络都是典型的集中式网络。

（2）分布式计算机网络。在这种网络中，不存在一个处理和控制中心，网络中的任一结点都至少和另外两个结点相连接，信息从一个结点到达另一结点时，可能有多条路径。同时，网络中的各个结点都平等地相互协调工作并交换信息，可共同完成一个较为复杂的任务。这种网络具有信息处理的分布性，且可靠性高、可扩充性及灵活性好。

4. 按通信传播方式划分

（1）广播式网络。所有联网计算机都共享一条公共通信信道，当一台计算机发送数据包时，所有其他计算机都会收到这个包。由于包中的地址字段指明这个包该由哪台主机接收，故当收到包时，各计算机都要检查地址字段，如果是发给自己的，就处理这个包，否则就丢弃。局域网大多数都是广播式网络。

（2）点到点网络。每条物理线路连接一对计算机。为了能从源结点到达目的结点，这种网络上的数据包必须通过一台或多台中间机器，由于线路结构的复杂性，从源结点到目的结点可能存在多条路径，故选择合理的路径十分重要。广域网大多数都是点到点网络。

4.1.7 数据通信的技术指标

描述数据通信的基本技术指标主要有数据传输速率、带宽和误码率。

1. 数据传输速率

数据传输速率是指每秒钟传输的二进制比特数，用来表示网络上的传输能力，单位为比特/秒，即每秒比特，记作 b/s（bit/second）或 bps（bit per second）。

b/s 的倒数表示发送一比特所需要的时间。

例如，如果数据的传输速率是 1000000b/s，那么传输 1 比特的信号所需要的时间是 0.001ms。

除了 b/s 之外，常用的数据传输速率单位还有 kb/s、Mb/s 和 Gb/s，它们之间的关系如下：

$$1 \text{ kb/s}=10^3\text{b/s}$$
$$1 \text{ Mb/s}=10^6\text{b/s}$$
$$1 \text{ Gb/s}=10^9\text{b/s}$$

2. 带宽

带宽是指传输信道所传输信号的最高频率与最低频率之差，即信号的频率范围，其单位为 Hz。

带宽和传输速率之间有密切的联系，它们之间的联系在不同的环境下可以分别用奈奎斯特准则和香农定理来描述。

奈奎斯特准则指出了在无噪声情况下，最高的传输速率 R_{max} 与带宽 B 之间存在如下的关系：

$$R_{max}=2B$$

香农定理则指出了在有噪声情况下，最高传输速率 R_{max} 与带宽 B 之间存在如下关系：

$$R_{max}=B\log_2(1+S/N)$$

其中 S/N 表示信噪比。

由于最大传输速率和带宽之间存在着上述明确的关系，带宽越宽，传输速率也就越高，所以在网络技术中常用带宽来表示数据传输速率，因此，带宽与速率几乎成为同义词，例如将网络的"高传输速率"可以用"高带宽"来描述，我们常说的宽带网也指的是传输速率较高的网络。

3. 误码率

误码率 Pe 是指数据传输过程中的出错率，它在数值上等于传输出错的二进制位数 Ne 与传输的总的二进制位数 N 之比，即误码率采用下面的公式计算：

$$Pe=Ne/N$$

传输速率或带宽用来表示传输信息的能力，而误码率用来表示通信系统的可靠性。

4.1.8　网络协议及体系结构

1. 网络协议

网络协议是网络上计算机通信时为进行数据交换而制定的规则、标准或约定，网络协议规定了通信双方互相交换数据或者控制信息的格式、所应给出的响应和所完成的动作以及它们之间的时序关系。

一个网络协议主要由三个要素组成。

（1）语法：描述数据与控制信息的结构或格式，即"怎么讲"；

（2）语义：控制信息的含义，需要做出的动作及响应，即"讲什么"；

（3）时序：规定了各种操作的执行顺序。

2. 网络体系结构

由于计算机网络涉及不同的计算机、软件、操作系统、传输介质等，要实现相互通信是非常复杂的。为了实现复杂的网络通信，在制定网络协议时采用了分层的概念，通过分层可以将庞大而复杂的问题转化为若干个简单的问题，以便处理和解决。

采用了分层，网络的每一层都具有相应的协议，相邻两层之间也有层间协议。我们将计算机网络的各层协议和层间协议的集合称为网络体系结构，典型的网络体系结构有 OSI 和 TCP/IP。

OSI 是国标标准化组织（ISO）于 1984 年制定的计算机网络标准，也称为 OSI/RM，即 OSI 参考模型，它将计算机网络的体系结构自上而下分为 7 层：应用层、表示层、会话层、传输层、网络层、数据链路层和物理层。

3. TCP/IP 协议族

OSI 所定义的网络体系结构虽然从理论上比较完整，是国际公认的标准，但是由于实现起来过分复杂，运行效率很低，而且 OSI 标准的制定周期太长，导致世界上几乎没有哪个厂家生产出符合 OSI 标准的商品化产品。

20 世纪 90 年代初期，OSI 还正在制订期间，因特网已逐渐流行开来，并得到了广泛的支持和应用。而因特网所采用的体系结构是 TCP/IP 模型，这使得 TCP/IP 成为事实上的工业标准。

TCP/IP 协议有以下特点：

● 开放的协议标准，独立于具体的计算机硬件、网络硬件和操作系统；

● 统一的网络地址分配方案，网络中的每台主机在网络中具有唯一的地址；

● 若干个标准化的高层协议，这些协议对应了多个具体的应用，从而为用户提供多种可靠的服务。

TCP/IP 实际上代表一个协议集合，其中包括传输控制协议（Transmission Control Protocol，TCP）和网间协议（Internet Protocol，IP）两个主要协议。TCP/IP 共有 5 个层次，比 OSI 少了

表示层和会话层，并且对数据链路层和物理层没有做出强制规定，因为其设计目标之一就是要做到与具体的物理传输介质无关。图 4-6 所示是 OSI 和 TCP/IP 的层次对比。

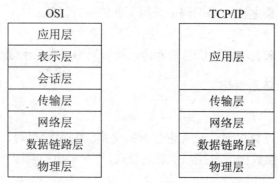

图 4-6　OSI 和 TCP/IP 参考模型的对比

TCP/IP 所定义的 5 个层次如下：

（1）应用层。TCP/IP 的最高层，对应于 OSI 的最高三层，包括很多面向应用的协议，如简单邮件传输协议（SMTP）、超文本传输协议（HTTP）、域名系统（DNS）等。

（2）传输层。对应于 OSI 的传输层，包括面向连接的传输控制协议 TCP 和无连接的用户数据报协议 UDP。TCP 提供了一种可靠的数据传输服务，具有流量控制、拥塞控制、按序递交等特点。而 UDP 的服务是不可靠的，但其协议开销小，在流媒体系统中使用得较多。

（3）网络层。对应于 OSI 的网络层，该层最主要的协议就是无连接的互联网协议 IP。

（4）数据链路层和物理层。在有些文献中将数据链路层和物理层统称为"网络接口层"，TCP/IP 没有规定这两层的协议。

4.2　局域网

局域网是在一个较小的范围内，如一个办公室、一幢楼、一个校园、一个公司等，利用通信线路将众多计算机（多为微机）及外围设备连接起来，进行数据通信、实现资源共享的网络。

局域网通常跨越一个较短的距离，但其数据传输速度比广域网（如电话网、X.25 网、帧中继网等）高得多，很多局域网也是因特网的重要组成部分。

局域网的研究始于 20 世纪 70 年代，以太网（Ethernet）是其典型代表。

4.2.1　局域网的特点与关键技术

局域网跨越的地域范围一般在 0.1～2.5km 以内。局域网的数据传输速度较高，一般在 10Mb/s～100Mb/s 之间，也有 1000Mb/s 带宽的千兆位局域网。局域网的误码率一般在 10^{-8}～10^{-11} 之间，几乎可以忽略不计。

局域网一般为一个单位自行建立，由单位或部门内部进行控制管理和使用，而广域网往往是面向一个行业或全社会提供服务。局域网一般采用同轴电缆、双绞线、光纤等传输介质建立单位内部的专用线路，而广域网则较多租用公用线路或专用线路，如公用电话网、公用数据网、卫星等。

决定局域网特征有三种主要技术：连接网络的拓扑结构、传输介质及介质访问控制方法。这三种技术在很大程度上决定了传输数据的类型、网络的响应时间、吞吐量和利用率以及网络的应用环境。

1. 拓扑结构

局域网具有几种典型的拓扑结构：星型、环型、总线型或树型。交换技术的发展使星型结构广泛使用。环型拓扑结构采用分布式控制，它控制简便，结构对称性好，负载特性好，实时性强；IBM 令牌环网（Token Ring）和光纤分布式数据接口（FDDI）网均为环型拓扑结构。总线拓扑的重要特征是可采用共享介质的广播式多路访问方法，其典型代表是著名的以太网。

2. 传输介质和传输形式

局域网常用的传输介质包括双绞线、同轴电缆、光纤、无线介质等。双绞线由于价格低廉、带宽较大，得到广泛应用。光纤主要用于架设企业或者校园的主干网。在某些特殊的应用场合中若不便采用有线介质，也可以利用微波、卫星等无线通信媒体来传输信号。

局域网的传输形式有两种：基带传输与宽带传输。基带传输是将数字脉冲信号直接在传输介质上传输，而宽带传输是将数字脉冲信号经调制后再在传输介质上传输。基带传输所使用的典型传输介质有双绞线、基带同轴电缆和光导纤维，宽带传输所使用的典型传输介质有宽带同轴电缆和无线电波等。局域网中主要的传输形式为基带传输，宽带传输主要使用在无线局域网中。

3. 介质访问控制协议

局域网大多为广播型网络，其中的信道（如总线网中的总线）是各站点的共享资源，所有站点都可以访问这个资源。为了防止多个站点同时访问造成的冲突或信道被某一站点长期占用，必须有一种所有站点都要遵守的规则，称为访问控制方法，以便使它们安全、公平地使用信道。CSMA/CD（Carry Sense Multiple Access/Carrier Detect，载波监听多路访问/冲击检测）就是一种在局域网中使用最广泛的介质访问控制方法。

CSMA/CD 主要解决两个问题：一是各站点如何访问共享介质，二是如何解决同时访问造成的冲突。CSMA/CD 的主要思想是减少冲突，提高信道利用率。

4.2.2　以太网及 MAC 地址

以太网是一种由美国 Xerox（施乐）公司、DEC 公司和 Intel 公司开发的局域网。建立该网的目的是把它视为分布式处理和办公室自动化应用方面的工业标准。它最初使用同轴电缆作为无源通信介质连接设置在本地业务现场的不同类型计算机、信息处理设备和办公设备，不需要交换逻辑电路或由中心计算机来控制。

以太网是应用最广泛、发展最成熟的一种局域网。以太网的标准化程度高、价格低廉，得到了业界几乎所有厂商的支持。以太网标准是由 IEEE（Institute of Electrical & Electronic Engineers，电气电子工程师学会）802.3 工作组制定的，该标准已被 ISO 接纳，成为国际标准，故也称为 802.3 局域网。以太网使用的是 CSMA/CD 介质访问控制协议。

1. 传统以太网的类型

传统以太网是指那些运行在 10Mb/s 速率的以太网。虽然今天的以太网早已发展到快速以太网（Fast Ethernet，FE）、千兆以太网（Gigabit Ethernet，GE）乃至万兆以太网，但它们基本的工作原理都是从传统以太网演化而来。

传统的以太网有三种类型：10Base5、10Base2 和 10Base-T。

（1）10Base-5。10Base5 称为粗缆以太网。其中，"10"表示信号在电缆上的传输速率为 10Mb/s；"Base"表示电缆上的信号是基带信号；"5"表示每段电缆的最大长度为 500m。

（2）10Base-2。10Base2 称为细缆以太网。其中，"2"表示每段电缆的最大长度为 200m。10Base2 和 10Base5 的主要问题是：如果传输介质的插入式分接头损坏或者松动，会导致全网络故障。

（3）10Base-T。10Base-T 称为双绞线以太网。其中，"T"表示双绞线，所有站点均通过双绞线连接到一个中心集线器（Hub），构成一个星型结构。这种结构使增加或者移去站点变得十分简单，并且很容易检测到电缆故障。其缺点是每段电缆的最大长度限制为 100m，而且需要增加集线器，成本较高。但因易于维护，10Base-T 的应用仍十分广泛。

2. MAC 地址

局域网中每个主机的网卡上的地址就是 MAC 地址，也称为物理地址。网卡的 MAC 地址固化在它的只读存储器（ROM）中，并且都是全球唯一的。

IEEE 802.3 标准规定 MAC 地址的长度可以是 6 字节（48bit），也可以是 2 字节（16bit），但一般都采用 6 字节共 48 位，其中有两位作为特殊用途，故真正用于标识地址的有 46 位。

6 字节可表示的地址数为 2^{46}（约 70 万亿）个，这足以使全世界所有局域网上的站点都具有不相同的地址。

MAC 地址前 24 位是网卡生产厂商的唯一标识符，是生产厂商向 IEEE 的注册管理委员会 RAC 购买的。例如，3Com 公司的标识符是 02-60-8C（十六进制）。MAC 地址后 24 位代表生产厂商分配给网卡的唯一编码。在 Windows 系统中，可通过键入 ipconfig /all 命令查看本机的 MAC 地址信息，如图 4-7 所示。

```
C:\Documents and Settings>ipconfig /all

Windows IP Configuration

    Host Name . . . . . . . . . . . . :
    Primary Dns Suffix  . . . . . . . :
    Node Type . . . . . . . . . . . . : Unknown
    IP Routing Enabled. . . . . . . . : No
    WINS Proxy Enabled. . . . . . . . : No

Ethernet adapter 本地连接:

    Connection-specific DNS Suffix  . :
    Description . . . . . . . . . . . : Realtek RTL8139 Family PCI Fast Ethe
rnet NIC
    Physical Address. . . . . . . . . : 00-E0-4C-3E-6F-C3
    Dhcp Enabled. . . . . . . . . . . : No
    IP Address. . . . . . . . . . . . : 192.168.0.57
    Subnet Mask . . . . . . . . . . . : 255.255.255.0
    Default Gateway . . . . . . . . . : 192.168.0.1
    DNS Servers . . . . . . . . . . . : 202.117.0.20
                                        202.117.0.21
```

图 4-7　ipconfig 命令显示的网络配置信息

该命令输出的各个参数及含义见表 4-1。

表 4-1　ipconfig /all 命令的输出参数

参数	含义
Host Name	主机名
Primary Dns Suffix	DNS 前缀
Node Type	结点类型
IP Routing Enabled	启用 IP 路由

续表

参数	含义
WINS Proxy Enabled	启用代理
Physical Address	物理地址
Dhcp Enabled	启用 DHCP
IP Address	IP 地址
Subnet Mask	子网掩码
Default Gateway	默认网关
DNS Servers	DNS 服务器

网卡通过用检查 MAC 地址的方法来确定网络上的帧是否是发给本站的，网卡从网络上每收到一个帧，就检查帧中的目标 MAC 地址，如果是发往本站点的则接收它，否则丢弃这一帧。

4.2.3　局域网组网设备

局域网组网设备包括网络接口卡、集线器等。

1. 网络接口卡

网络接口卡简称网卡，如图 4-8 所示，用来将计算机和通信电缆连接起来，所以每台连接到局域网上的计算机都要安装一块网卡，网卡的作用是通信处理、数据转换和电信号的匹配。目前的绝大多数微机主板上都已集成了网卡的功能。

图 4-8　网络接口卡

2. 集线器

集线器是局域网的基本连接设备，它的主要功能是提供多个双绞线或者其他传输介质的连接端口，每个端口和结点连接，构成物理上的星型结构，如图 4-9 所示是使用集线器构成的局域网。

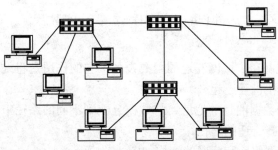

图 4-9　用集线器构成的局域网

3. 交换机

采用集线器作为连接设备构成的局域网，是传统的共享式局域网中采用的方法，由于交换式局域网的流行，目前集线器的连接已被交换机的连接取代。

共享式局域网在每个时间片上只允许有一个结点使用公用的通信信道，而交换机支持端口连接的结点之间的多个并发连接，从而增大了网络的带宽，使局域网的性能得到提高。

4. 无线AP

无线 AP（Access Point）也称无线访问点或无线桥接器，是有线局域网和无线局域网（Wireless LAN，WLAN）的桥梁，装有无线网卡的主机可以通过无线 AP 连接到有线局域网中。

具体到设备，无线 AP 可以指单纯的无线接入点，也可以指无线路由器等设备。作为单纯的接入点，它是一个无线交换机，起到无线发射的功能，它是将从双绞线传送过来的网络信号转换为无线信号进行发送，形成无线网络的覆盖。

不同型号的无线 AP 具有不同的发射功率从而形成不同的覆盖范围，通常无线 AP 最大可以覆盖 300m 的范围。使用无线 AP 可以在不方便架设有线局域网的地方构建无线局域网，也可以方便地构建临时的网络。

4.2.4　网络互连设备

网络互连设备包括调制解调器、网桥、路由器等。

1. 调制解调器

调制解调器（Modem）是个人计算机通过电话线接入因特网的必要设备。

在计算机内部处理的是数字信号，而在电话线上传输的是模拟信号，因此，在向网络上发送数据时，要将数字信号转换成模拟信号，这一过程称为调制，而在从网络上接收数据时，则要将模拟信号还原成数字信号，这一过程称解调，调制解调器具有调制和解调的两种功能。

调制解调器有内置和外置两种，外置调制解调器在计算机机箱之外使用，它的一端连接到计算机上，另一端连接到电话插口上，内置调制解调器是一块电路板，插到主板的插槽上。

2. 网桥

网桥用于实现类型相同的局域网之间的互相连接，从而达到扩大局域网的覆盖范围。使用网桥连接两个局域网如图 4-10 所示。

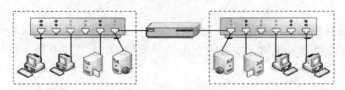

图 4-10　使用网桥连接两个局域网

3. 路由器

路由器是实现局域网和广域网互连的主要设备，它的作用是将处在不同地理位置的局域网、城域网、广域网或主机互连起来。

路由器根据所输送数据的目的地址，将数据分配到不同的路径中，如果有多条路径，则根据路径的工作状况选择合适的路径。

使用交换机和路由器组网和联网的结构如图 4-11 所示。

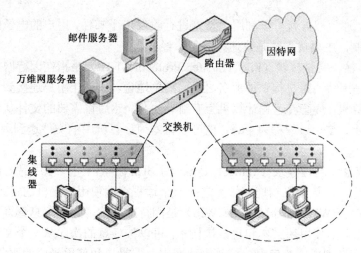

图 4-11　使用交换机和路由器组网

4.3　因特网

在全世界范围内，将多个网络连接在一起实现资源共享形成的网络称为 internet（第 1 个字母是小写），即互联网，显然，它是网络的网络。目前使用的全球最大的互联网是在美国的 ARPANET 基础上发展而来的，称为 Internet，即因特网（第 1 个字母是大写）。

4.3.1　Internet 概述

1. Internet 的发展

Internet 是在 ARPANET 网络的基础上发展而来的，ARPANET 是 20 世纪 60 年代中期由美国国防部高级研究计划局（ARPA）资助的网络，1986 年美国国家科学基金会（National Science Foundation，NSF）的 NSFNET 加入了因特网的主干网，由此推动了因特网的发展，20 世纪 90 年代在商业领域的应用真正地促进了因特网的发展。

目前的因特网由成千上万个不同类型、不同规模的计算机网络组成，它是覆盖世界范围的巨型计算机网络，是全球最大的信息资源和服务资源的集合体，因此，也将 Internet 称为计算机网络的网络。

每一个入网的用户都可以得到信息和其他相关的服务，通过使用 Internet，世界范围的人们既可以互通消息、交流思想，又可以从中获得各个方面的知识、经验和信息。

Internet 网络通信使用的协议是 TCP/IP，因此，所有采用 TCP/IP 协议的计算机都可以加入到因特网。

我国于 1994 年 4 月正式接入因特网，1996 年初已形成了和 Internet 连接的四大主干网，这 4 个主干网分别是中国教育和科研计算机网（CERNET）、中国科技网（CSTNET）、中国公用计算机互联网（CHINANET）和中国金桥信息网（CHINAGBN），其中前两个网络主要用于科研和教育机构，后两个网络面向全社会提供 Internet 服务，后来又有更多的网络接到因特网。

2. Internet 提供的服务

随着 Internet 的迅速发展，其提供的服务种类非常多，以下是几个基本的服务。

（1）电子邮件。电子邮件（E-mail）是因特网上最早提供的服务之一，只要知道了双方的电子邮件地址，通信双方就可以利用因特网进行收发电子邮件，用户的电子邮箱不受用户所在地理位置的限制，主要优点就是快速、方便、经济。

（2）文件传输。文件转输（File Transfer Protocol，FTP）是指在因特网上进行各种类型文件的传输，也是因特网最早提供的服务之一，简单地说，就是让用户连接到一个远程的称为FTP服务器的计算机上，查看远程计算机上有哪些文件，然后将需要的文件从远程计算机上复制到本地计算机上，这一过程称为下载，也可以将本地计算机中的文件送到远程计算机上，这一过程称为上传。

（3）远程登录。远程登录（Telnet）是一台主机的因特网用户使用另一台主机的登录账号（用户名和口令）与该主机相连，作为它的一个远程终端使用该主机的资源。

（4）WWW。WWW（World Wide Web）是因特网上的多媒体信息查询工具，通过交互式浏览来查询信息，它使用超文本和超链接技术，可以按任意的次序从一个文件跳转到另一个文件，从而浏览和查阅所需的信息，这是因特网中发展最快和使用最广的服务。

（5）网上聊天。使用QQ、MSN等即时通信软件，可以进入提供聊天室的服务器，和在网上的其他用户通过键盘、声音、图像进行文字、声音、视频的实时交流。

（6）BBS。BBS（Bulletin Board System，电子公告牌）是Internet上的一种电子信息服务系统，它提供的电子公告牌就像平时见到的黑板一样，电子公告牌按不同的主题分成多个布告栏，在每个布告栏上，用户可以阅读他人关于某个主题的观点，也可以将自己的言论贴到布告栏中供其他人阅读和评论，布告栏成为大家相互交流的一个场所。

在阅读和参与的过程中，如果要与某个用户单独交流，可以将言论直接发送到这个用户的电子信箱中。

在BBS中，参与交流的用户打破了空间、时间的限制，在交谈时，不须考虑参与者的年龄、学历、性别、社会地址、财富、健康等，只关心自己感兴趣的话题。

（7）博客。Blog是网络日志（Weblog）的简称，是继BBS、QQ之后出现的又一种网络交流方式，是指网民在个人博客网站上发表各种看法，博客（Blogger）是指写Blog的人。

除了以上这些，因特网提供的基本服务还包括新闻组（Usenet）、文件查询（Archie）、菜单检索（Gopher）、网络电话、网上购物、电子商务等。

3. 第二代Internet

随着WWW技术的出现和推广，以及网络上提供的服务不断增加，Internet面向商业用户和普通用户开放，接入到Internet的国家越来越多，连接到Internet上的用户数量和网络上完成的业务量也急剧增加，这时，Internet面临的资源匮乏、传输带宽的不足等问题变得越来越突出。

为解决这一问题，1996年10月，美国34所大学提出了建设下一代互联网NGI（Next Generation Internet）的计划，即第二代Internet的研制。

第二代Internet也称为Internet2，它的最大特征就是使用IPv6协议来逐渐取代目前使用的IPv4协议，目的是彻底解决互联网中IP地址资源不足的问题。

Internet2还解决了带宽不足的问题，其初始的运行速率可以达到10Gb/s，这样，将使多媒体信息可以实现真正的实时交换。

4.3.2　IP地址

为保证在Internet上实现准确地将数据传送到网络上指定的目标，Internet上的每一个主机、服务器或路由器都必须有一个在全球范围内唯一的地址，这个地址称为IP地址，由各级因特网管理组织负责分配给网络上的计算机。

1．IP 地址的组成

IP 地址由 32 位二进制数组成，例如，下面是一个 32 位二进制组成的 IP 地址：

    11001010 01110101 10100101 00100100

为便于使用，将这 32 位每 8 位（即每个字节）一组分别转换为十进制整数，然后将这 4 个整数之间用圆点"．"隔开，这种表示方法称为 IP 地址的点分十进制写法。例如，上面的 IP 地址可以写成以下的点分十进制形式：

    202.117.165.36

显然，组成 IP 地址的 4 个整数中，每个整数的范围都是 0～255。

IP 地址中包含了网络标识和主机标识两个部分，即：

    IP 地址=网络标识+主机标识

一个网络上的所有主机都有相同的网络标识，网络标识和主机标识这两部分各自所占的位数由 IP 地址的类型决定。

根据网络规模和应用的不同，可以将 IP 地址分为 A～E 五类，其类型可以通过第一个十进制数的范围来确定，具体的分类和应用见表 4-2。

表 4-2　IP 地址的分类

分类	第一个十进制数的范围	主机标识的位数	每个网络中主机数量
A	1～126	24	2^{24}-2
B	128～191	16	2^{16}-2 即 65534
C	192～223	8	2^{8}-2 即 254
D	224～239		
E	240～254		

这 5 类地址中，主要使用的是 A、B 和 C 类，D 类地址用于多目的地址发送，E 类地址保留。

A 类地址的网络数较少，全球共有 126 个，每个网络中最多可有 2^{24}-2 台主机，此类地址一般分配给具有大量主机的网络用户。

B 类地址的网络，每个网络中最多可有 65534 台主机，此类地址一般用于具有中等规模主机数量的网络用户。

C 类地址的网络数量较多，每个网络中最多可以有 254 台主机，此类地址一般分配给具有小规模主机数的网络用户，国内高校的校园网大多数使用的是 C 类地址。

在使用 IPv6 协议的第二代 Internet 中，IP 地址的长度达到 128 位。

2．子网

32 位二进制的 IP 地址所表示的网络数是有限的，因为每个网络都需要唯一的网络标识。随着局域网数目的增加和主机数的增加，经常会碰到网络地址不够用的问题。

解决的办法之一是划分子网，将主机地址空间从高位开始划出一定的位数用来将本网划分成多个子网。剩下的主机地址空间作为相应子网中的主机地址空间。这样，一个网络就分成了多个子网，划分子网后，IP 地址就分成了"网络、子网、主机"三部分。

通过子网技术将单个大网划分为多个小的网络，并由路由器等网络互连设备连接，可以减轻网络拥挤，提高网络性能。

3. 子网掩码

在 TCP/IP 中，子网掩码用来表示某个网络中子网的划分情况。子网掩码也是 32 位二进制数，用圆点分隔成 4 段。其标识方法是，IP 地址中网络和子网部分用二进制数 1 表示；主机部分用二进制数 0 表示。

对于 A、B、C 三类 IP 地址，在没有划分子网时，其默认的子网掩码如下：

- A 类：255.0.0.0
- B 类：255. 255.0.0
- C 类：255.255.255.0

划分了子网后，网络不能再采用默认的子网掩码，必须根据子网划分的情况来确定。

例如，某个 C 类网络地址 202.117.8.0，在没有划分子网时，采用默认的子网掩码 255.255.255.0，如果要将该网络再划分为 4 个子网，可以将这个 C 类网络地址的主机地址的 8 位空间中的前 2 位作为子网地址空间，后 6 位作为子网中的主机空间，所以每个子网可容纳 2^6-2 个主机，相应的子网掩码为 11111111 11111111 11111111 *11*000000，即 255.255.255.192。

使用子网掩码可以进行以下运算：

- 将主机的 IP 地址和它的子网掩码进行"位与"运算，就可以计算出该主机所在的网络；
- 如果两台计算机的 IP 地址和子网掩码"位与"运算结果相同，则表示这两台计算机在一个网络中。

4.3.3　域名系统

对用户来说不便记忆由数字表示的 IP 地址。为了便于人们记忆和书写，从 1985 年起，Internet 在 IP 地址的基础上开始向用户提供域名系统（Domain Name System，DNS）服务，即用名字来标识接入 Internet 中的计算机。

例如西安交通大学的 Web 服务器 IP 地址是 202.117.0.13，在 DNS 中，它对应的域名是 www.xjtu.edu.cn。

域名是不区分字母大小写的，域名和 IP 地址的作用是相同的，都用来表示主机的地址，它们之间的转换通过域名服务器来完成。

为便于管理和避免重名，域名采用层次结构，整个域名由若干个不同层次的子域名构成，它们之间用圆点"."隔开，从右到左分别是顶级域名、二级域名……直到最低级的主机名，即下面的形式：

主机名.三级域名.二级域名.顶级域名

各个域名分别代表不同级别，其中级别最低的域名写在最左边，级别最高的顶级域名则写在最右边，如此形成树型的多级层次结构，如图 4-12 所示。

例如，域名 mail.xjtu.edu.cn 表示西安交大的电子邮件服务器，其中 mail 为邮件服务器主机名，xjtu 为交大域名，edu 为教育科研域名，最高域 cn 为国家域名。

顶级域名采用国标上通用的标准代码，代码分为两类，分别是组织机构和地理模式，组织机构是美国的组织机构名，地理模式是美国以外的其他国家和地区的名称。常用的机构性顶级域名见表 4-3。

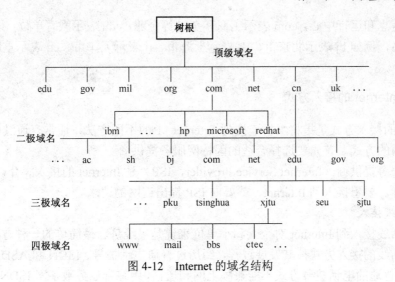

图 4-12　Internet 的域名结构

表 4-3　机构性顶级域名

域名	含义	域名	含义
com	商业组织	nfo	一般用途
edu	教育机构	biz	商务
gov	政府机关	name	个人
mil	军事部分	pro	专业人士
net	网络报务提供者	museum	博物馆
org	非盈利组织	coop	商业合作团体
int	国际组织	aero	航空工业

　　表 4-3 左边的 7 个域名是 20 世纪 80 年代定义的，右边 7 个域名是 2000 年启用的。

　　地理性顶级域名是美国以外的其他国家和地区的名称，用来表示主机所属的国家和地区，常用的地理性顶级域名见表 4-4。

表 4-4　地理性顶级域名

域名	含义	域名	含义
CN	中国	TW	中国台湾
JP	日本	MO	中国澳门
UK	英国	CA	加拿大
KR	韩国	IN	印度
DE	德国	AU	澳大利亚
FR	法国	RU	俄罗斯
HK	中国香港		

　　根据《中国互联网络域名注册暂行管理办法》规定，我国的第一级域名是 cn，第二级域名也分为组织机构域名和地区域名，其中组织机构域名有 6 个，分别是 ac 表示科研院及科技管理部门，gov 表示国家政府部门，org 表示各社会团体及民间非盈利组织，net 表示互联网络

接入网络的信息和运行中心，com 表示工商和金融等企业，edu 表示教育单位；地区域名是 34 个行政区域名，例如 bj 表示北京市、sh 表示上海市、tj 表示天津市、cq 表示重庆市、zj 表示浙江省等。

4.3.4 Internet 的接入方式

Internet 的接入方式是指将主机连接到 Internet 上的不同方法，通常有通过电话线的方式和通过局域网的方式，首先要选择合适的因特网服务提供商。

因特网服务提供商（Internet Service Provider，ISP）是 Internet 的接入媒介，也是 Internet 服务的提供者，要想接入到 Internet，就要向 ISP 提出连网的请求。

1. 电话线接入

通过电话线接入到 Internet 对个人和小单位来说是最经济、最简单的一种方式。

使用电话线的接入方式按其发展过程，经历过普通电话拨号、ISDN 和 ASDL 等不同的接入方式。其中普通的电话拨号方式不能兼顾上网和通话，用综合业务数字网 ISDN 的接入技术，上网和通话互不耽误，但速率低，这两种方式已无法满足目前速率的要求。

目前普遍采用的是非对称数字用户线（Asymmetric Digital Subscriber Line，ADSL）接入技术，其非对称性表现在上、下行速率的不同，下行高速地向用户传送视频和音频信息。

ADSL 是一种使用普通电话线提供宽带数据业务的技术，在理论上可以提供 1Mb/s 的上行速率和 8Mb/s 的下行速率。

ADSL 连接所需的硬件设备如下：

- 一块 10Mb/s 网卡或 10/100Mb/s 自适应网卡；
- 一个 ADSL 调制解调器；
- 一个信号分离器；
- 两根两端做好 RJ11 头的电话线；
- 一根两端做好 RJ45 头的五类双绞线。

网卡的主要作用是连接局域网中的计算机和局域网的传输介质，它是连接网络的基本部件，通常选择 10/100Mb/s 自适应、具有双绞线接口 RJ45 的网卡。

网卡采用标准的 PCI 总线，直接将其插入到计算机主板的插槽上，然后安装网卡的驱动程序。

硬件连接示意如图 4-13 所示，连接过程如下：

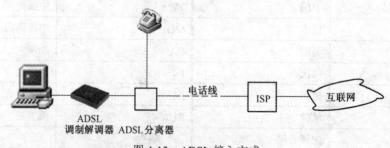

图 4-13 ADSL 接入方式

（1）将信号分离器一端连接到墙上的电话线插座上。

（2）信号分离器另一端有两个插口，一个和电话机连接，另一个和 ADSL 调制解调器连接。

（3）ADSL 调制解调器的另一端连接到网卡上。

2.　电视网接入

使用基于闭路电视网的接入技术，闭路电视网络属于一种光纤同轴混合网络，各住宅小区通过光纤与电信网连接，在小区内部则使用同轴电缆接到各住户，这种网络需要一种特殊的称为线缆调制解调器（Cable Modem）的设备来支持网络接入。

Cable Modem 可以是外置设备，通过 10Base-T 以太网端口接到家用 PC 上，也可以做到机顶盒内部。

3.　局域网接入

对于具有局域网（例如校园网）的单位和小区，用户可以通过局域网的方式接入到 Internet 上，这是最方便的一种方法。

通过局域网的方式接入到 Internet 时要经过网卡的安装和 TCP/IP 参数的配置。

网卡的主要作用是连接局域网中的计算机和局域网的传输介质，它是连接网络的基本部件，通常选择 10/100Mb/s 自适应、具有双绞线接口 RJ45 的网卡。

网卡采用标准的 PCI 总线，直接将其插入到计算机主板的插槽上，然后安装网卡的驱动程序，目前也有许多网卡是集成到主板上的。

这种连接的本地传输速率可达 10Mb/s～100Mb/s，但访问因特网的速率要受到局域网出口（路由器）的速率和同时访问因特网的用户数量的影响。

在校园网的网络中心办理了入网手续后，网络中心会分配给用户入网所需的各个参数，这些参数包括 IP 地址、子网掩码、默认网关、DNS 服务器地址等，参照下面的过程对这些参数进行配置。

（1）打开“控制面板”窗口，在“控制面板”窗口中双击“网络和拨号连接”图标，打开“网络和拨号连接”窗口；

（2）在“网络和拨号连接”窗口中右击“本地连接”，在快捷菜单中选择“属性”命令，打开“本地连接属性”对话框，如图 4-14 所示；

（3）在“本地连接属性”对话框中选择“Internet 协议（TCP/IP）”组件，然后单击“属性”按钮，打开“Internet 协议（TCP/IP）属性”对话框，如图 4-15 所示；

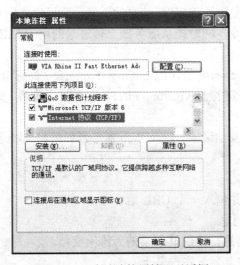

图 4-14　“本地连接属性”对话框

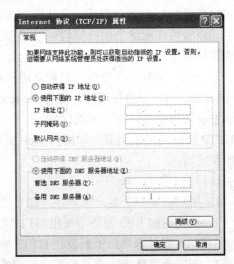

图 4-15　“Internet 协议（TCP/IP）属性”对话框

（4）在图 4-15 的对话框中输入由网络中心分配的各个参数，然后单击"确定"按钮。

参数设置后，就可以使用各种程序来访问 Internet 了，例如通过 IE 浏览器访问 WWW，上传、下载文件，通过 OE 进行电子邮件的收发等。

4. 移动接入

移动接入指的是使用无线电波将移动端系统（笔记本电脑、PDA、手机等）和 ISP 的基站连接起来，基站又通过有线方式接入因特网，如图 4-16 所示。

图 4-16 移动入网

4.4 因特网应用

因特网最早提供了三种最基本的服务：TELNET（远程登录）、E-mail（电子邮件）和 FTP（文件传输），后来又有了 WWW、WAIS、Gopher、IP 电话、音频/视频点播（AoD/VoD）等多种应用。

4.4.1 万维网

万维网（World Wide Web，WWW）也称为 Web、3W 等，它是因特网应用中发展最为迅速的一个方面，是建立在因特网上的全球性的、交互的、超文本超媒体的信息查询系统。

1. 万维网的运行机制

万维网由三部分组成：浏览器、Web 服务器和超文本传送协议（HTTP）。

浏览器是安装在客户端的一个软件，该程序是浏览 WWW 信息的工具，它可以将用户对信息的请求转换成网络上的计算机可以识别的命令，同时把从服务器上传过来的用 HTML 标记的网页转换成便于理解的形式。

实际使用的浏览器有很多，目前常用的有 Microsoft 公司的 Internet Explorer（简称 IE），它是 Windows 的一个应用程序，还有 Netscape 公司的 Navigator、FireFox、世界之窗等，这些浏览器在使用方法上没有太大的区别。

HTTP 协议定义了浏览器如何向 Web 服务器发出请求，以及 Web 服务器如何将 Web 页面返回给浏览器。

万维网的工作过程如下：

（1）用户启动一个客户机程序（浏览器），并输入一个 URL 地址。

（2）浏览器向 Web 服务器发出 HTTP 请求消息。

（3）Web 服务器向浏览器发送 HTTP 响应消息，返回其所要的万维网文档。

（4）浏览器解释该文档并按照一定的格式将其显示在屏幕上。

浏览器与 Web 服务器之间使用 HTTP 协议进行互相通信，如图 4-17 所示。

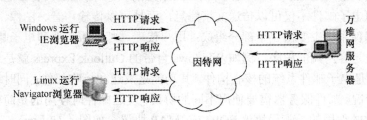

图 4-17　万维网的客户/服务器模式

为了使客户程序能找到因特网上的信息资源，万维网系统使用统一的 URL，URL 是统一资源定位符（Uniform Resource Locator）的缩写。

这里的"资源"是指因特网中能够访问的任何对象，包括文件、文件目录、文档、图像、声音、视频等，当然，也包括网页文件。URL 格式如下：

　　　　<协议>://<主机>:<端口>/<路径>/文件名

其中：

- 协议是指不同服务方式，例如超文本传输协议 HTTP、文件传输协议 FTP 等。
- 主机是指存放该资源的主机，主机可以使用 IP 地址，也可以使用域名来标识。
- 路径是文件在主机中的具体位置，通常由一系列的文件夹名称构成。
- 对于常用的服务，使用默认端口时可以省略。

端口用来标识应用进程，用 16 位的二进制数表示，范围为 0～65535，范围在 0～1023 之间的端口称为熟知端口号，熟知端口保留给一些常用的应用协议使用，例如，FTP 用 21，Telnet 用 23，SMTP 用 25，DNS 用 53，HTTP 用 80。

例如，西安交通大学 HTTP 协议主页的 URL 为：http://www.xjtu.edu.cn/index.html。向浏览器的地址栏输入这条地址时，就是在万维网网上寻找一台域名为 xjtu.edu.cn 的主机，并请求主机将名称为 Index.htm 的文件传回来。

又如，FTP 协议的 URL 为：ftp://ftp.xjtu.edu.cn。

2.　网页和和超链接

网页又称为 Web 页，各个 WWW 网站的所有信息都以网页的形式保存。每个网页都是采用超文本标记语言（Hyper Text Markup Language，HTML）编写的，网站上所有的网页通过链接的形式联系起来，一个网站上的第一个网页称为主页，其常用的名称之一是 Index.htm，它是网站的门户和入口。

在 Internet 中，各种信息之间通过超链接的形式联系起来，超链接通过颜色和字体的改变与普通文本区别开来，它含有指向其他 Internet 信息的 URL 地址。将鼠标移到超链接上，鼠标指针变成一个手形，单击该链接，Web 就根据超链接所指向的 URL 地址跳到不同站点、不同文件。

超文本标记语言 HTML 是一种制作万维网页面的标准语言。HTML 的代码文件是一个纯文本文件，通常以.html 或.htm 为文件后缀名。网页中包含网页内容的标记命令，其中标记命令放在尖括号"<>"中。

4.4.2　电子邮件

电子邮件（E-mail）是 Internet 上最基本、使用最多的服务之一。每一个使用过 Internet

的用户都或多或少使用过电子邮件。电子邮件不仅使用方便，而且还具有传递迅速和费用低廉的优点。现在的电子邮件不仅可以传送文字信息，而且可以传输声音、图像、视频等内容。

一个电子邮件系统主要由 3 个部分组成：用户代理、邮件服务器和电子邮件使用的协议，其中的用户代理是客户端的程序，例如 Windows 自带的 Outlook Express 就是一个邮件代理程序，邮件服务器是电子邮件系统的核心构件，其功能是发送和接收邮件，同时还要向发信人报告邮件传送的情况。邮件服务器需要使用不同的协议：发送邮件时使用的是简单邮件传输协议（SMTP），接收邮件用的是邮局协议 POP3 或 IMAP 协议，如图 4-18 所示。

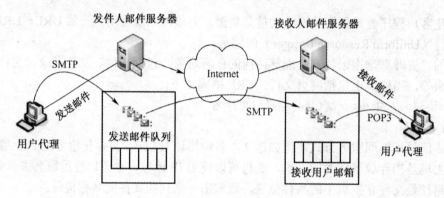

图 4-18　电子邮件系统

1. 电子邮箱

使用因特网的电子邮件系统的每个用户要有一个电子邮箱，每个电子邮箱有一个唯一的可以识别的地址，这就是电子邮箱地址（E-mail 地址）。

电子邮件地址格式为：

用户名@用户邮箱所在主机的域名

由于一个邮件服务器主机的域名在 Internet 中是唯一的，而每一个邮箱名（用户名）在该主机中也是唯一的，因此在 Internet 上每个人的电子邮件地址都是唯一的。

任何一个用户可以将电子邮件发送到某个电子邮箱中，而只有电子邮箱的拥有者才有权限打开信箱，然后阅读和处理信箱中的信件。

发信人可以随时在网上发送邮件，该邮件被送到收件人的邮箱所在的邮件服务器，收件人也可以随时连接因特网后，打开自己的信箱阅读信件，发送方和接收方不需要同时打开计算机，因此，在因特网上收发电子邮件是不受地域或时间限制的。

2. 电子邮件的格式

邮件的结构是一种标准格式，通常由两部分组成，即邮件头（Header）和邮件体（Body）。邮件体就是实际传送的原始信息，即信件的内容，邮件头相当于信封，包括的内容主要是邮件的发件人地址、收件人地址、日期和邮件主题。

电子邮件一般都包含这几项，它们的含义如下：

- 发件人：表示发送邮件用户的邮件地址。
- 收件人：显示的是接收邮件人的邮件地址。
- 抄送行：表示同时可接收到该信件的其他人的电子邮箱地址。
- 日期行：显示的是邮件发送的日期和时间。
- 主题行：邮件的主题是对邮件内容的一个简短的描述。如果每个邮件都能写一个主题来概括其内容，那么，当收件人浏览邮件目录时，就可以很快知道每个邮件的大概内容，便于选择处理，节约时间。

这几项中，其中收件人地址、抄送和主题要求发信人填写，发件人地址和日期通常是由程序自动填写的。

除了邮件头和邮件体外，目前的邮件中还有一个重要的组成部分，就是附件，附件是一个或多个独立的文件，文件可以是程序、声音、图形、文本等不同类型的信息。

3. 用户代理

用户代理是用户和电子邮件系统的接口，大多数的代理都使用图形窗口界面来发送和接收邮件。这类软件有很多，例如 Windows 中的 Outlook Express（简称 OE）就是最为常用的用户代理程序，除此之外，还有 DreamMail、Microsoft Office Outlook 等。

用户代理程序应具有以下基本功能：

● 撰写信件：给用户提供方便编辑邮件的环境。

● 显示信件：能很方便地在计算机屏幕上显示出来信以及来信附件中的文件。

● 处理信件：包括发送和接收邮件，以及能根据情况按照不同方式对来信进行处理，如删除、存盘、打印、转发、过滤等。

4.4.3　文件传输

文件传输也是因特网最早提供的服务之一，文件传输是指在因特网上进行各种类型文件的传输，简单地说，就是让用户连接到一个远程的称为 FTP 服务器的计算机上，查看远程计算机上有哪些文件，然后将需要的文件从远程计算机上复制到本地计算机上，这一过程称为下载（download），也可以将本地计算机中的文件送到远程计算机上，这一过程称为上传（upload），文件传输采用文件传送协议（File Transfer Protocol，FTP）。

FTP 协议采用传输层的 TCP 协议，FTP 客户程序首先和 FTP 服务器建立 TCP 连接，然后向服务器发出各种命令，服务器接收并执行客户程序发过来的命令。

FTP 协议与其他因特网应用的不同之处在于，FTP 传输文件时，客户机与服务器之间要建立两次 TCP 连接，如图 4-19 所示。

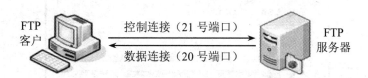

图 4-19　FTP 客户和 FTP 服务器的连接

控制连接是客户程序主动与 FTP 服务器（在 21 号端口）连接，并在整个会话过程中维持连接。

数据连接是客户端与服务器之间每传输一个文件就建立一个连接，服务器方的连接端口号为 20，客户端的连接端口号为大于 1024 的某个值。如果数据连接是由服务器方发起，则称 FTP 操作为主动模式，如果数据连接是由客户端发起，则称 FTP 操作为被动模式。

1. FTP 的访问控制

使用 FTP 时，首先要知道 FTP 服务器的地址，其一般格式如下：

　　　　ftp://用户名:密码@FTP 服务器的 IP 地址或域名/路径/文件名

　　在上面的格式中，必须输入的是前面的 FTP（服务类型）和域名与 IP 地址之一，其他各部分都可以省略。

　　用户名和密码是在 FTP 服务器中创建的允许访问该服务器的用户账号信息，例如，如果某个 FTP 服务器的域名为 abc.com，其中一个用户名为 xyz，密码是 123456，则 FTP 地址如下：

　　　　ftp://xyz:123456@abc.com

　　FTP 服务器使用用户账号来控制用户对服务器中指定文件夹的访问，对于一些公共的信息和文件，访问时不一定都要用户名和密码，这时可以使用匿名 FTP 服务，也就是不需要账号的访问。普通 FTP 服务对注册用户提供文件传输服务，而匿名 FTP 服务向任何因特网用户提供特定的文件传输服务。

　　为了保护 FTP 服务器的安全，通常使用匿名 FTP 访问时，只允许用户下载文件而不能上传文件，就算是允许上传，也只能上传到某个指定的文件夹。

　　2．FTP 的使用

　　在客户端使用 FTP 有 3 种形式，分别是传统的 FTP 命令行、浏览器和 FTP 下载工具。

　　（1）FTP 命令行方式。使用传统的 FTP 命令行方式，要先将系统切换到"命令提示符"方式，然后在提示符后直接输入 FTP 命令，例如 FTP 是进行 FTP 会话的命令，QUIT 或 BYE 是结束 FTP 会话的命令，GET 是下载命令，PUT 是上传命令等。

　　FTP 命令行约有 60 条命令，显然，要记住这些命令及命令中的参数并不容易，因此较少使用。

　　（2）浏览器方式。使用浏览器进行 FTP 操作时，直接在浏览器的地址栏中输入上面的 FTP 地址即可，如果输入地址时省略了用户名和密码，则输入地址后弹出一个对话框，提示用户输入用户名和密码。

　　例如，假定要访问的 FTP 服务器的 IP 地址是 202.117.35.169，则在 IE 的地址栏输入以下的地址：ftp://202.117.35.169/，这时弹出"登录身份"对话框，如图 4-20 所示。

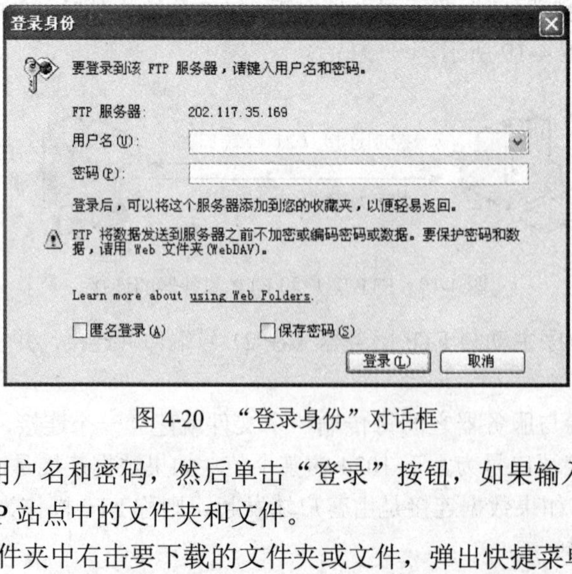

图 4-20　"登录身份"对话框

　　在对话框中输入用户名和密码，然后单击"登录"按钮，如果输入正确，登录成功后在浏览器中将显示该 FTP 站点中的文件夹和文件。

　　在指定的 FTP 文件夹中右击要下载的文件夹或文件，弹出快捷菜单，在快捷菜单中选择"复制到文件夹"命令，指定保存路径后单击"确定"按钮，就可以将文件夹或文件下载到本地硬盘的指定文件夹中。

在许多网页中也包含了 FTP 的链接，如果在这些网页中直接单击链接，也可以使用 FTP 服务，但这时只能下载文件而不能上传文件。

（3）FTP 下载工具。使用 FTP 命令行或浏览器下载文件时，在没有完成下载（例如还剩下 5%）时，如果网络连接突然中断，在网络恢复连接之后，已经下载的 95%前功尽弃，下载操作只能重新开始，如果希望在网络恢复连接之后只下载剩余部分，这称为断点续传，就要使用专门的 FTP 下载工具，这类工具较多，常用的有 CuteFTP、Getight、LeapFTP 和迅雷等。

4.5　实验

4.5.1　局域网中的资源共享

本实验在已组建好的局域网中进行。

1. 实验要求

（1）将 D 盘设置为局域网内的共享驱动器。

（2）将 D 盘中的名为 myfolder 的文件夹设置为共享文件夹。

2. 实验分析

在局域网中可以进行资源共享的有驱动器、文件夹或打印机，目的是使网络中的其他用户共同使用这些资源。

共享驱动器是指局域网上其他用户可以共享该驱动器中的文件和文件夹。

共享文件夹，是将盘上的某个文件夹设置为网络用户共享，设置了共享后，网络中的其他用户可以读取、复制或更改共享文件夹中的文件，这时，数据的安全性与没有设置共享时相比是下降的，因此，用户应经常监视自己的共享文件夹和文件夹中的文件。

设置了共享后，网络上的其他用户要访问这些资源时，可以双击桌面上的"网上邻居"，这时打开一个新的窗口，在窗口中双击包含了欲访问资源的计算机即可。

3. 操作过程

（1）将 D 盘设置为局域网内的共享驱动器。

1）双击桌面上的"我的电脑"图标。

2）右击窗口中的"D:"盘符，在弹出的快捷菜单中选择"共享和安全"命令，这时，弹出"本地磁盘属性"对话框。

3）在对话框的"共享"选项卡中，单击"如果您知道风险，但还要共享驱动器的根目录，请单击此处"，这时，对话框中显示更多的内容。

4）选中对话框中的"在网络上共享这个文件夹"复选框。

5）在"共享名"框中输入共享文件夹的名称，然后单击"确定"按钮，设置完成。

设置完成后，在"我的电脑"窗口中，可以看到，设置了共享后的 D 盘的图标中多了一个手的形状，这就是设置共享后的标志。

（2）将 D 盘中的名为 myfolder 的文件夹设置为共享文件夹。

1）在 D 盘创建名为 myfolder 的文件夹。

2）向该文件夹中复制一个文件。

3）将该文件夹设置为共享文件夹，设置过程与设置共享驱动器是一样的。

（3）通过"网上邻居"访问网络资源。

1）在局域网的其他计算机上，双击桌面上的"网上邻居"，这时打开一个新的窗口，窗口中显示工作组 Workgroup 图标。

2）双击打开 Workgroup 窗口，窗口中显示局域网中所有计算机的名称。

3）双击打开要访问的计算机，窗口中显示出该计算机可以访问的资源，包括已设置了共享的驱动器、文件夹。

4）对这些共享的资源可以进行打开、复制等操作。

4. 思考问题

（1）对于驱动器和文件夹，设置了共享后，是否可以不加任何限制地共享？

（2）如何将一台打印机在局域网内设置为共享？

4.5.2　IE 浏览器的使用

1. 实验内容

（1）使用 IE 浏览网站。

（2）保存网页中的不同内容。

（3）设置 IE 中的主页和保存历史记录的天数。

（4）用"百度"搜索引擎检索需要的信息。

2. 操作过程

（1）浏览网站。

1）双击桌面上的浏览器图标启动 IE，打开 IE 窗口。

2）分别使用以下的方法浏览网站。

● 在窗口的地址栏直接输入网站的地址，例如，输入地址 www.xjtu.edu.cn。

● 通过网页中的链接打开其他网页。

● 使用"标准按钮"工具栏上的"主页"、"后退"、"前进"、"刷新"、"停止"等按钮。

● 通过历史记录访问网站。

（2）保存网页上的信息。

根据保存内容的不同，保存方法也有所不同。

1）保存当前正在浏览的某个网页。执行"文件"|"另存为"命令，在打开的对话框中输入保存该网页的文件名，然后单击"保存"按钮。

2）保存网页中的某幅图形。右击网页上要保存的图形，在弹出的快捷菜单中执行"图片另存为"命令，在打开的对话框中选择文件夹并输入文件名，然后单击"保存"按钮。

3）保存当前页中的部分文本。选择后送到剪贴板上，在其他的程序中使用粘贴命令即可。

（3）将正在显示的网页地址保存到收藏夹中。

1）单击工具栏上的"收藏夹"按钮，在 IE 窗口左边将显示"收藏夹"窗口。

2）单击"收藏夹"窗口中的"添加"按钮，打开"添加到收藏夹"对话框。

3）在对话框中输入网页的名称，然后单击"确定"按钮，这时，该网页地址保存到收藏夹窗口中。

4）单击"收藏"菜单，在其下拉菜单中单击网页名称可以转到相应的网页。

（4）设置主页和历史记录。

1）执行"工具"|"Internet 选项"命令，可以打开"Internet 选项"对话框。

2）选择对话框的"常规"选项卡。

● 在"主页"选项的"地址"文本框中输入网址，例如，www.xjtu.edu.cn。

● 在"网页保存在历史记录中的天数"数值框中输入保存天数 30。

单击"确定"按钮，关闭对话框。

3）重新启动 IE，观察自动显示的是否是网址为 www.xjtu.edu.cn 的网页。

（5）使用 IE 的搜索功能。

使用 IE 的搜索功能查找与"英语学习"有关的内容，操作方法如下：

1）单击 IE 工具栏上的"搜索"按钮，IE 窗口左边显示搜索栏。

2）在搜索栏的文本框内输入要查找的关键字"英语学习"，然后单击"搜索"按钮，这时开始检索。

3）检索到的相关网址都显示在"搜索"窗口中，单击其中的某一个，就可以在右边的窗口中显示该页的内容。

（6）使用"百度"搜索引擎检索信息。

使用"百度"搜索引擎检索与"计算机等级考试二级 C++"有关的内容。

1）启动 IE 浏览器。

2）在地址栏输入百度的网址 www.baidu.com，进入百度主页。

3）在百度主页中间的空白栏输入检索的关键字"计算机等级考试"，然后单击"百度搜索"按钮，这时，屏幕显示搜索的结果，同时也显示搜索到的网页的数量。

4）显然，搜索到的结果内容太多，范围太大，可以进一步缩小范围，方法是在检索栏中输入"二级 C++"，然后单击"在结果中找"，这时，屏幕显示搜索的结果与刚才搜索的结果相比，范围大大缩小。

3．实验思考

（1）在 IE 中如何查找访问过的网站？

（2）说明保存 Web 页面的各种方法。

（3）常用的搜索引擎有哪些？

4.5.3　收发电子邮件

本实验使用 Outlook Express 和 Internet Explorer 两个客户端程序。

1．实验内容

（1）申请一个免费的电子邮箱。

（2）在 Outlook Express 中设置账户。

（3）使用 Outlook Express 发送和接收电子邮件。

（4）使用 Outlook Express 的通讯簿。

（5）在 Outlook Express 中设置定时收取邮件。

（6）使用新浪网上提供的免费邮箱，用 Web 方式收发电子邮件。

2．实验分析

通过 E-mail 服务进行邮件的收发通常有两种模式，一种是安装 E-mail 服务的客户端软件，常用的有微软的 Outlook Express（OE）、Foxmail、DreamMail 等，这种方式适用于收发数量较多的单位或集体。

另一种方式是通过 Web 浏览器收发邮件，这种方式就是浏览器/服务器（B/S）模式。现在许多门户网站都提供了基于 Web 的 E-mail 服务，例如雅虎邮箱、网易邮箱、新浪邮箱、搜狐邮箱等。这种方式适用于收发数量较少的邮件，通常用于个人。

3．操作过程

（1）申请免费的电子邮箱。

在许多网站上都可以申请电子邮箱，例如下面这些网站：

- 新浪网：http://mail.sina.com；
- 搜狐网：http://mail.sohu.com；
- 网易 163：http://mail.163.com；
- QQ：http://mail.qq.com。

下面以"新浪"为例，操作方法如下：

1）启动 IE 浏览器。

2）在地址栏输入新浪网的网址www.sina.com，打开新浪网站的主页。

3）在主页中单击"免费邮箱"按钮，接下来按屏幕上的提示填写相关的信息。

4）申请成功后，要牢记以下几项内容：

- 用户名；
- 口令；
- 接收邮件的 POP3 服务器名称；
- 发送邮件的 SMTP 服务器名称。

（2）在 Outlook Express 中设置账号。

在使用 OE 收发电子邮件之前，要进行账号的设置，将电子邮箱地址、用户名、口令、邮件服务器的域名等与电子邮件有关的信息输入并保存到 Outlook Express 中。

1）启动 Outlook Express，打开 OE 的窗口。

2）执行 OE 窗口中"工具"|"账户"命令，打开"Internet 账号"对话框。

3）在对话框中单击"邮件"选项卡，然后单击"添加"按钮，打开"Internet 连接向导"对话框。

4）在弹出的"Internet 连接向导"对话框中按屏幕提示分别输入申请邮箱时得到的相关信息。

（3）撰写和发送邮件。

1）单击 OE 窗口的"新邮件"按钮，显示"新邮件"窗口，窗口的上半部分为信件头部，下半部分为信件体部。

2）分别输入信头部的各个部分的内容，如果要将同一封信发送给多个人，可以在收件人一栏中输入多个电子邮箱地址，地址之间用逗号或分号隔开。

3）将光标移到窗口下半部分的信件体框内，输入信件的具体内容。

4）插入附件，单击工具栏的"附件"按钮，打开"插入附件"对话框。

5）在对话框中选择要插入的文件，然后单击"附件"按钮。

6）单击"发送"按钮，将邮件发送到收件人的邮箱中。

（4）接收和阅读邮件。

1）单击 OE 窗口的"发送/接收"按钮，进行发送信件和接收信件。

2）单击窗口左侧的"收件箱"按钮，这时，OE 窗口的右侧分为上下两个部分，上部分显示的邮件列表区，显示了收到的所有信件，下部分是邮件浏览区。

3）单击某个邮件，该邮件的内容显示在浏览区中，就可以进行阅读了。

4）在邮件列表框中，邮件名的左侧如果有一个曲别针图标，表明该邮件包含附件，单击附件名可以阅读附件的内容，或将附件复制到指定的文件夹中。

（5）回复和转发。

单击"回复作者"或"全部回复"按钮进行回复，发送人和收件人的地址已由 OE 自动填好，这时可以撰写回复信件的内容，完成后单击"发送"按钮就可以进行回复。

选中要转发的信件，然后单击"转发"按钮，在收件人地址框中输入收件人的地址，最后单击"发送"按钮进行转发。

（6）通讯簿的使用。

通讯簿可以用来保存联系人的 E-mail 地址、邮政编码、通讯地址、电话等信息，还可以进行自动填写电子邮件地址。

1）建立通讯簿。

在 Outlook Express 窗口中，单击"通讯簿"按钮，打开"通讯簿"窗口，然后单击"新建"按钮，单击"新建联系人"命令，这时屏幕显示"属性"对话框，在此对话框中输入联系人的相关信息，最后单击"确定"按钮，就可以将联系人的信息输入到通讯簿中。

2）将发件人的地址添加到通讯簿中。

收到一个信件后，右击该信件，在弹出的快捷菜单中，执行"将发件人添加到通讯簿"命令，就可以将发件人的电子邮件地址添加到通讯簿中。

3）自动填写电子邮件地址。

使用通讯簿可以自动填写电子邮箱的地址，方法是在通讯簿中单击某个具体的收件人地址，然后单击"通讯簿"窗口中的"操作"按钮，在下拉列表框中执行"发送邮件"命令，可以打开"新邮件"窗口，同时，选定的邮箱地址自动填写在"收件人"文本框中。

（7）在 OE 中设置定时收取邮件。

设置时间间隔为 60 分钟，OE 运行时就可以定时自动地收取邮件。

1）在 OE 中执行"工具"|"选项"命令，打开"选项"对话框。

2）在"选项"对话框中选择"常规"选项卡。

3）在"发送/接收邮件"栏下的"每隔 30 分钟检查一次新邮件"中设置新的时间间隔为60 分钟。

4）设置后单击"确定"按钮。

（8）用 Web 方式收发电子邮件。

1）启动 IE。

2）在地址栏输入以下地址：http://www.sina.com/，这时进入新浪首页。

3）用户登录，在首页的上方：

● 登录名框中输入用户名；

● 密码框中输入密码；

- 在下拉列表框中选择"免费邮箱"。

输入后，单击"登录"按钮，进入新浪邮箱主页面。

4）在邮箱首页面中，有"收信"、"写信"按钮，有"通讯录"下拉列表框，左下方还有"收件夹"、"草稿夹"、"已发送"、"已删除"、"垃圾邮件"、"保留邮件"等文件夹。

单击某个文件夹时，右侧会显示出该文件夹中的内容。

5）如果要写信，单击"写信"按钮，进入写信件界面。

6）在写信件界面中，输入以下内容：

- 收件人邮箱地址、邮件主题，根据需要输入抄送地址，上传附件。
- 接下来在下方输入信件正文的内容。

7）邮件写好后，可以设置正文字体大小格式，设置信纸的样式。

8）格式设置后，单击"发送"按钮，即可以发送邮件，发送成功后会显示"邮件发送成功"的提示。

4. 实验思考

（1）如果要将一封信同时发送给多个人，应该如何操作？

（2）对于接收到的信件在阅读之后可以进行怎样的处理？

（3）Web 方式和邮件客户程序方式收发电子邮件各自适用于什么场合？

（4）除了实验使用的新浪网，还有哪些网站也提供了 Web 方式来收发电子邮件？

4.5.4　Web 和 FTP 服务器的配置与测试

1. 实验内容

（1）安装与配置服务器软件 Xitami。

（2）使用 Xitami 进行网页的发布。

（3）FTP 服务器测试和使用。

2. 实验分析

要想将个人使用的计算机作为一个 Web 服务器，首先要在机器上安装 Web 服务器软件，例如 Windows 中的 Internet 信息服务（IIS）组件就是其中一个，本实验所采用的 Web 服务器软件是基于 Windows 的 Xitami Web Server，简称为 Xitami。

该安装软件本身只有 700KB，安装设置的方法比较简单，而且是一个自由软件，可以免费使用。可以从 Internet 获取 Xitami 的安装软件，下载网址为：http://www.xitami.com。

安装该软件后，个人计算机就可以完成 Web、FTP 等服务了。

为了提供 FTP 服务，Xitami 安装后，FTP 服务器中预设了三个用户，分别为 guest、anonymous 和 upload。

当用户分别用三个用户名登录到 FTP 系统中时，将分别拥有文件的上传或下载权限，这三个用户的文件夹和权限内容的默认设置如下：

- 匿名用户（anonymous）：使用该用户将登录到 C:\Xitami\ftproot\pub，可以从这里下载文件，但是没有上传、修改和删除文件的权限；
- Guest 用户：口令为 guest，使用该用户将登录到 C:\Xitami\ftproot\guest，其权限与匿名用户相同；
- Upload 用户：口令为 upload，使用该用户将登录到 C:\Xitami\ftproot\upload，可以向

该目录上传文件，但是没有下载、修改和删除文件的权限。

教师可以对这三个文件夹做以下分工：将供用户下载的作业题和讲课的 PPT 等存放在 pub 和 guest 文件夹中，而 upload 文件夹用来保存学生上传的作业。

3. 操作过程

（1）Xitami 的安装。

1）将 Xitami 软件拷贝到桌面，双击该软件开始安装。

2）不断地单击 Next 按钮，进行安装，中间有一步要求设置用户名和口令，作为一次课程的实验，可以省略这些输入，采用默认的设置。

3）进入到安装的最后一个界面，可以单击 Run 按钮，运行该程序，在安装过程中，实验所需要的 Web 服务器、FTP 服务器都已自动建成。

在安装过程中，Xitami 自动创建以下的文件夹：

● Xitami 的文件夹：C:\Xitami。

● Web 服务（即网页发布）默认文件夹为：C:\Xitami\Webpages。

● FTP 服务默认的文件夹为：C:\Xitami\Ftproot。

（2）Xitami 的启动。

在安装时，可以选择"自动"启动或"人工"启动 Xitami。

自动启动是指在主机启动时，同时启动 Xitami；人工启动是在 Windows 启动后，通过 Windows 下的"开始"｜"程序"｜"Internet Tools"｜"Xitami Web Server-windows"来启动 Xitami。

Xitami 启动后，在 Windows 的任务栏右侧会出现一个新的图标 。

● 如果一切正常，该图标的底色应该为绿色；

● 如果有用户正在对服务器进行访问，该图标会呈现黄色；

● 如果系统安装有误，该图标会呈现红色。

双击该图标时，屏幕上就会弹出 Xitami 的属性设置窗口。

（3）使用测试地址在同一台主机上测试 Web 服务。

安装好的 Xitami 启动后，可以分别使用测试地址和本机地址两种方法进行 Web 服务测试。

使用测试地址在同一台主机上测试的操作方法如下：

1）启动 IE 浏览器。

2）在地址栏中输入测试用的 IP 地址：HTTP://127.0.0.1，也可以输入下面的地址：HTTP://LOCALHOST。

127.0.0.1 是一个通用的 IP 地址，可以使用该地址对安装在本地主机上的服务器程序进行测试。

测试结果是一个默认的主页，由于一般的 Web 服务器都会在主页的发布目录中安排一个默认主页，一旦用户请求，服务器将自动以默认主页应答，常用的默认主页名包括：静态网页如 default.htm、index.htm、index.html，动态网页如 index.php、index.php3、index.asp、index.jsp，测试成功时，显示结果如图 4-21 所示。

（4）使用本地主机的 IP 地址在网络上其他主机上测试 Web 服务。

测试过程如下：

1）查出本地主机的 IP 地址，方法是执行"开始"｜"所有程序"｜"附件"｜"命令提示符"进入命令提示符方式。

图 4-21　Xitami 的默认测试主页

2）在命令提示符方式下输入命令：ipconfig /all，在输出结果中可以查本机的 IP 地址。

3）查出 IP 地址之后，在网络的其他主机的浏览器地址中输入本地主机的 IP 地址，这时，本地主机上的 Xitami 就会把默认的主页发送出去。

如果从其他电脑的浏览器上看到了本机默认主页的内容，就表明服务器的测试成功了。

测试成功后，本机就可以作为万维网信息的发布者，可以将自己制作的网页复制到发布目录上供网络上其他机器进行访问。

（5）使用 HTML 语言制作一个简单的网页。

下面用记事本创建一个简单的网页，操作过程如下：

1）启动附件中的记事本程序。

2）在记事本中输入以下内容：

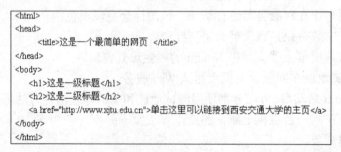

3）输入后，执行"文件"｜"另存为"命令，打开"另存为"对话框。

- 在打开的对话框中，向文件名框中输入文件名 test，输入时要求文件的扩展名是.html，并且文件全名要用英文双引号括起来。
- 单击"保存"按钮后关闭该文件。

4）将该文件复制到 C:\Xitami\Webpages 文件夹下，该文件夹是 Xitami 默认的 Web 发布目录。

5）发布网页。

- 在本机上测试该网页，在地址栏输入：HTTP://127.0.0.1/test.html。
- 在网络的其他主机上测试该网页时，在其他机器的浏览器上输入：HTTP://192.168.0.57/test.html。

这时，其他主机上就可以显示出该网页的内容。

（6）FTP 服务访问测试。

网络上其他机器访问 FTP 服务器时的方法如下：

1）在其他机器上运行浏览器，然后在地址栏输入如下地址：FTP://192.168.0.57，这时，屏幕上显示"登录"对话框。

2）根据是下载文件还是上传文件向对话框输入具体的用户名和密码。

3）单击"登录"按钮，登录后，屏幕上显示所登录的文件夹中的内容，这时就可以根据拥用的权限进行上传或下载了。

4．思考问题

（1）如果要将 index.htm 设置为默认主页，该如何操作？

（2）除了实验中使用记事本软件制作简易的网页，还有哪些软件可以用来制作更复杂的网页？

（3）以表格的形式归纳一下，Xitami 软件的 FTP 服务默认设置的三个用户的登录名、密码和拥有的权限。

小　结

本章主要介绍了网络基础知识，包括网络和 Internet 的基本概念及 Internet 中最基本的应用：WWW 服务、电子邮件、FTP。

在此基础上，还可以进一步学习 Internet 上的其他应用，例如网络通讯工具 QQ 的使用、信息的检索与查询、BBS 等，熟练地掌握这些应用，使计算机网络特别是 Internet 成为我们工作、学习、娱乐中强有力的工具，也使我们倘佯在 Internet 的世界中，充分享受网络给我们带来的快乐，最大限度地利用全球范围内的巨大网络资源为我们的工作、学习提供服务。

一、选择题

1．按通信距离划分，计算机网络可以分为局域网、城域网和广域网，下列网络中属于局域网的是（　　）。

　　A．Internet　　　　　　B．CERNET　　　　C．Novell　　　　　　D．CHINANET

2．下列各邮件信息中，属于邮件服务系统在发送邮件时自动加上的是（　　）。

　　A．收件人的 E-mail 地址　　　　　　B．邮件体内容

　　C．附件　　　　　　　　　　　　　　D．邮件发送日期和时间

3．关于电子邮件，下列说法中错误的是（　　）。

　　A．发送电子邮件需要 E-mail 软件支持

　　B．发件人必须有自己的 E-mail 账号

　　C．收件人必须有自己的邮政编码

　　D．必须知道收件人的 E-mail 地址

4．目前，一台计算机要连入 Internet，必须安装的硬件是（　　）。

　　A．调制解调器或网卡　　　　　　　B．网络操作系统

　　C．网络查询工具　　　　　　　　　D．WWW 浏览器

5．在网络上信息传输速率的单位是（　　）。

A. 帧/秒　　　　　B. 文件/秒　　　　C. 位/秒　　　　　D. 米/秒

6. 下列各项中，不能作为 IP 地址的是（　　）。

A. 202.96.0.1　　　　　　　　　B. 202.110.7.12

C. 112.256.23.8　　　　　　　　D. 159.226.1.18

7. 网上的站点通过点到点的链路与中心站点相连，具有这种拓扑结构的网络称为（　　）。

A. 因特网　　　　　B. 星型网　　　　C. 环型网　　　　　D. 总线型网

8. 因特网中的 IP 地址规定用 4 组十进制数表示，每组数字的取值范围是（　　）。

A. 0～127　　　　　B. 0～128　　　　C. 0～255　　　　　D. 0～256

9. 接入 Internet 的每一台主机都有一个唯一的可识别地址，称为（　　）。

A. URL　　　　　　　　　　　　B. TCP 地址

C. IP 地址　　　　　　　　　　D. 域名

10. 调制解调器（Modem）是电话拨号上网的主要硬件设备，它的作用是（　　）。

A. 将计算机输出的数字信号调制成模拟信号，以便发送

B. 将输入的模拟信号调制成计算机的数字信号，以便发送

C. 将数字信号和模拟信号进行调制和解调，以便计算机发送和接收

D. 为了拨号上网时，上网和接收电话两不误

11. Web 把某一特定信息资源的所在地称为（　　）。

A. Web 页　　　　　　　　　　B. Web 浏览器

C. Web 服务器　　　　　　　　D. Web 网站

12. TCP/IP 协议的含义是（　　）。

A. 局域网的传输协议　　　　　B. 拨号入网的传输协议

C. 传输控制协议和网际协议　　D. OSI 协议集

13. 下列各指标中，（　　）是数据通信系统的主要技术指标之一。

A. 重码率　　　　　B. 传输速率　　　　C. 分辨率　　　　　D. 时钟主频

14. 计算机网络中常用的有线传输介质有（　　）。

A. 双绞线、红外线、同轴电缆　　B. 同轴电缆、激光、光纤

C. 双绞线、同轴电缆、光纤　　　D. 微波、双绞线、同轴电缆

15. 连接到 WWW 页面的协议是（　　）。

A. HTML　　　　　B. TCP/IP　　　　C. HTTP　　　　　D. SMTP

二、填空题

1. Internet 服务提供商的英文缩写是＿＿＿＿。

2. Telnet 是 Windows 提供的支持因特网的实用程序，称为＿＿＿＿。

3. 与 Web 站点和 Web 页面密切相关的一个概念称为"统一资源定位器"，它的英文缩写是＿＿＿＿。

4. Internet 用＿＿＿＿协议实现各网络之间的互联。

5. 在计算机网络中，表示数据传输可靠性的指标是＿＿＿＿。

6. Internet Explorer 是 Windows 提供的支持因特网的实用程序，称为＿＿＿＿。

7. 电子邮件由邮件头部和＿＿＿＿两部分组成。

8. 域名服务器上存放着＿＿＿＿和＿＿＿＿的对照表。

9．第 2 代 Internet 的 IP 地址是_____位的二进制数。

10．局域网简称为_____，广域网简称为_____。

三、简答题

1．什么是计算机网络？

2．计算机网络中使用的传输介质有哪些？

3．什么是 IP 地址？简述 IP 地址的分类特点。

4．什么是搜索引擎？常用的搜索引擎有哪些？

5．具有 C 类 IP 地址的网络共多少个？一个 C 类网络能够容纳多少台主机？

6．为什么要引入子网和子网掩码？要将一个 C 类网络 202.117.45.0 划分为 6 个子网，各子网的网络地址及其掩码各是什么？

7．什么是 MAC 地址？它和 IP 地址有什么区别？

8．使用集线器的局域网是星型网还是总线型网？

第 5 章　办公软件 Office 2003

- 掌握 Word 字符格式、段落格式和页面格式的设置方法
- 掌握 Word 表格的制作与编辑
- 掌握 Word 图形、文本框、艺术字的插入与编辑
- 掌握 Excel 工作表的建立和编辑
- 熟悉 Excel 设置单元格格式的方法
- 掌握 Excel 数据计算和处理的方法
- 掌握 Excel 图表的创建和编辑
- 掌握 PowerPoint 演示文稿的创建方法
- 掌握 PowerPoint 幻灯片的编辑和外观的设计
- 熟悉 PowerPoint 动画效果和超级链接的设置

　　办公软件 Office 是 Microsoft 公司推出的套装软件，该软件有多个不同的版本，例如 Office 97、Office 2000、Office 2003、Office 2007、Office 2010 等。每个版本都由多个组件组成，例如 Office 2003 中，就包括 Word 2003、Excel 2003、PowerPoint 2003、FrontPage 2003、Access 2003、Outlook 2003 等组件。

　　本章要介绍的是 Office 2003 中常用的文字处理系统 Word 2003、电子表格 Excel 2003、演示文稿 PowerPoint 2003 的使用。

5.1　Office 2003 简介

本节介绍 Office 2003 中常用的各个组件的主要功能和 Office 2003 共同的操作。

5.1.1　Office 2003 各组件的功能

1. Word 2003

　　（1）具有多种不同的视图方式，在不同视图方式下可以进行不同的编辑操作。例如可以在页面视图下进行编辑排版，在大纲视图下进行段落的调整和标题的编辑等。

　　（2）丰富的排版功能可以对建立的文档进行字符格式、段落格式、页面格式等各种版面设置，同时屏幕上见到的就是最后得到的结果，实现所谓的"所见即所得"。

　　（3）强大的表格制作、编辑和计算功能。

　　（4）对于图形的处理，可以向文档中添加不同来源的图形，也可以在文档中自行绘制不同的图形，实现图文的混排。

　　（5）"阅读版式"视图，可以更加方便地阅读文档，可以放大字体、缩小字体、允许多页，使页面与屏幕大小适配，也可以通过缩略图快速访问特定的页面。

（6）并排比较功能。可以将两篇文档并排在屏幕上进行同步的滚动显示。

2. Excel 2003

Excel 创建的文档文件称为工作簿，默认的扩展名为.xls，Excel 2003 主要的功能如下：

（1）提供了多种输入数据、建立工作表的方法。

（2）对工作表的单元格可以设置多种不同的格式。

（3）利用系统本身提供的 9 大类函数和用户自定义的公式可以完成复杂的数据计算。

（4）使用图表向导功能，可以制作 14 大类的图表，每一大类又有若干个小类，用来形象地表示表中的数据。

（5）较强的数据管理功能可以实现对数据库中记录的操作，例如排序、筛选、分类汇总和数据透视表等。

3. PowerPoint 2003

PowerPoint 2003 用于创建演示文稿，使用不同的视图方式对文稿进行不同的编辑，包括幻灯片的编辑、版式、背景色、配色方案的设置等。

4. Access 2003

Access 2003 是一种小型的关系数据库管理系统，它的最显著特点就是用户不用编写代码，就可以很快地开发出一个功能强大的应用程序。

（1）Access 2003 可以处理多种数据类型，并且可以对其他的数据库例如 Visual FoxPro 的数据进行方便的访问。

（2）可以创建和编辑多媒体数据库，从而可以处理文本、声音、图像和视频等信息。

（3）支持关系数据库的查询语句 SQL。

（4）提供了较多的向导，在创建窗体和报表时使用向导可以使设计过程自动化，从而提高了开发的效率。

（5）可以使用 VBA（Visual Basic Application）进行集成开发。

Access 2003 的使用将在第 8 章介绍。

5. FrontPage 2003

FrontPage 2003 是用于创建、编辑和发布网站和网页的软件，使用此软件可以方便地创建自己的网站、向网页中插入图片、表格、表单、超链接等。

6. Outlook 2003

Outlook 2003 用于个人信息的管理和通信，它包含电子邮件、日历、联系人和任务管理等功能。

5.1.2　Office 2003 的文档操作

Office 2003 的各个程序中，对文档的操作大都体现在"文件"菜单中，如图 5-1 所示是 Word 2003 的"文件"菜单，其他组件的"文件"菜单中的命令组成是类似的，下面是这些组件中共同的操作。

图 5-1　"文件"菜单

1. 新建

执行"文件"｜"新建"命令或单击"常用"工具栏的"新建"按钮可以建立一个新的

文档。

系统自动创建的文档和默认的文件名如下：

● Word 2003 中创建名为"文档 1.doc"的文档；

● Excel 2003 中建立名为"Book1.xls"的文档；

● PowerPoint 2003 中自动建立一个文件名为"演示文稿 1.ppt"的文档。

在第 1 次进行保存操作时可以为该文档更名。

2．保存

执行"文件"｜"保存"命令，可以将现有的文档保存到磁盘上。

如果文档是新建的而且是第一次保存，则结果和执行下面的"另存为"一样，否则，在保存时，文件所在的磁盘、路径和文件名不变。

3．另存为

执行"文件"｜"另存为"命令时，屏幕上出现"另存为"对话框，在这个对话框中可以改变文件所在的磁盘、文件夹或原有的文件名。

4．另存为网页

执行"文件"｜"另存为网页"命令时，可以将文档以网页的形式保存，其扩展名为.html 或.htm 等，这样，这个文档的内容可以在浏览器下显示。

5．打开

执行"文件"｜"打开"命令时，屏幕上显示"打开"对话框，在对话框中选择一个 Word 文档后，可将该文档在 Word 中打开。

6．关闭

执行"文件"｜"关闭"命令，可以将打开的 Word 文档关闭，但 Word 程序并不退出，这时，还可以继续打开其他的 Word 文档。

5.2　文字处理系统 Word 2003

本节介绍 Word 2003 的基本操作，内容包括文档的建立和操作、文字的编辑和格式设置、表格的编辑和图形的编辑。

5.2.1　Word 2003 窗口组成和视图方式

1．Word 2003 的窗口组成

Word 2003 的窗口如图 5-2 所示，其中有许多部分和一般窗口相同，例如标题栏、菜单栏等，下面是与其他窗口不同的部分。

（1）工具栏。工具栏在菜单栏的下方，Word 2003 中默认显示的有"常用"和"格式"两个工具栏，除了默认显示的工具栏外，Word 中还有其他的工具栏如"图片"、"表格和边框"、"艺术字"等，可以根据需要将工具栏在屏幕上显示或隐藏。

在"视图"｜"工具栏"命令显示的级联菜单中，显示有许多工具栏的名称，单击其中某个工具栏的名称，则名称前面出现"√"，表示显示该工具栏，再次单击该名称，其前面的"√"消失，表示隐藏该工具栏。

（2）文档窗口和编辑区。在 Word 中可以同时打开多个文档，每个文档都有一个独立的文档窗口，分别编辑各个文档。

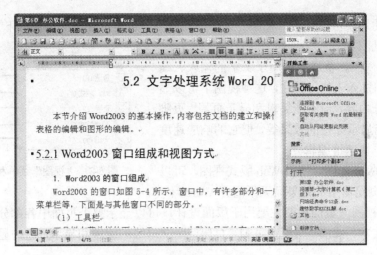

图 5-2　Word 2003 的窗口

- 标尺：文档窗口上方有水平标尺，左侧有垂直标尺，在页面视图下可以显示水平标尺和垂直标尺，在普通视图下只能显示水平标尺，标尺的作用除了显示文本在页面上的实际位置和显示设置页边距外，还可以用来设置缩进方式和制表位。
- 拆分条：文档窗口右上角有窗口拆分条，用来拆分文档窗口，右侧有垂直滚动条，下方左侧有视图切换按钮，下方中间有水平滚动条。
- 编辑区：文档窗口的中间为编辑区，就是输入文档内容的地方，其中光标闪烁的地方称为插入点，用来指示下一个输入字符的位置，每输入一个字符，插入点自动向右移动一格，在编辑文档时，可以通过鼠标单击移动插入点的位置。

（3）状态栏。窗口底部的一行为状态栏，用于显示光标位置和编辑方式，光标位置中包括光标所在的页号、行号、列号以及光标距页面顶端的距离。状态栏右端有 4 个灰色显示的按钮，分别是"录制"、"修订"、"扩展"和"改写"，表示不同的编辑方式，双击某个按钮可以启动或关闭该方式。某种方式处在启动状态时，按钮上的文字呈黑色显示，这里用的较多的是"改写"，它的作用是在改写和插入之间进行切换。

插入和改写是输入文本时的两种不同的状态，在"插入"状态下，插入文本时，插入点右侧的文本将随着新输入文本自动向右移动，即新输入的文本插入到原来的插入点之前；而在"改写"状态时，插入点右边的文本被新输入的文本所替代。

反复地按键盘上的 Ins 键或反复地双击文档窗口状态栏的"改写"按钮，都可以在这两种状态之间进行切换。

（4）任务窗格。图中文档窗口右侧显示有"开始工作"，这部分是任务窗格的一种，单击右侧的下拉箭头，可以显示其他的任务窗格，例如"新建文档"、"样式和格式"、"帮助"等14 个不同用途的任务窗格，任务窗格就像一个浮动的控制面板一样，使用任务窗格可以方便地进行相关的操作。

执行"视图" | "任务窗格"命令可以显示或关闭任务窗格。

2．视图方式

视图就是文档的显示方式，同一个文档可以在不同的视图方式下显示，在不同的视图方式下可以完成不同的操作，这些视图有普通视图、页面视图、Web 版式视图、大纲视图和阅读版式。

视图之间的切换可以使用"视图"菜单中的命令，也可以使用文档窗口下方的切换按钮，各按钮的作用见图5-3。

（1）普通视图。普通视图用于文字的输入、编辑、格式编排和插入表格、图片，这种视图下可以显示版式的大部分内容，但不能编辑和显示页眉、页脚和页码等，不能显示分栏的效果等，但它的响应速度较快，可以用于快速地编辑。

（2）Web版式视图。使用Web版式视图，可以显示Web页在浏览器中的效果而无须离开Word环境。

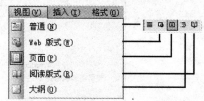

图5-3　"视图"菜单和切换按钮

（3）页面视图。页面视图主要用于版面设计，可以显示整个页面中各部分的分布状况，包括页面中的文本、图形、页眉、页脚、页码、图文框等的编辑和显示，它的显示结果与打印效果完全相同。

在页面视图下可以进行Word中所有的编辑操作，但这种视图占用的资源较多，因此处理速度要比在普通视图下的操作慢。

（4）大纲视图。大纲视图（图5-4）用于显示和编辑文档的框架，在大纲视图下，"大纲"工具栏（图5-5）取代了水平标尺，单击工具栏上的不同按钮可以指定只显示到某一级的标题，也可以显示文档的所有内容，其中图5-4中显示到3级目录。

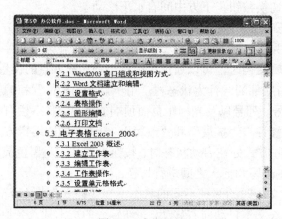

图5-4　大纲视图

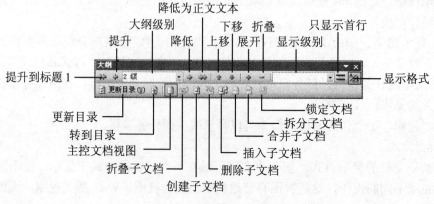

图5-5　"大纲"工具栏

可以通过"提升"、"降低"和"降低为正文文本"按钮改变标题的级别或通过"上移"和"下移"按钮调整标题的顺序，在调整顺序时，标题下的内容也随之移动。

5.2.2　建立和编辑 Word 文档

执行"文件" | "新建"命令后，建立的是一个空白的文档，接下来要向文档中输入不同的内容，然后对输入的内容进行不同的编辑操作。

1. 输入

（1）输入文本。在文档窗口中有一个闪烁的插入点，表示输入的文本将出现的位置，每输入一个字符，插入点自动向右移动，也可以使用"即点即输"功能，单击文档空白处的任意位置来快速定位插入点。

由于 Word 具有自动换行的功能，因此，当输入到每一行的末尾时，不要按回车键，让Word 自动换行，只有当一个段落结束时，才按回车键。

（2）输入符号。使用插入符号的功能，可以输入键盘上没有的符号，执行"插入" | "符号"命令，出现"符号"对话框，对话框中有两个选项卡，在"符号"选项卡中：

● 在"字体"下拉列表框中选定适当的字体，下面的列表框中就显示了该字体中的各种符号，选择某个符号后，单击"插入"按钮，该符号插入到文档的插入点处；

● 在"字体"列表框中选择"普通文本"或某种汉字字体，然后在右边的"子集"中选择"CJK 统一汉字"，可以输入一些在 GB 2312−80 字符集中没有的汉字。

（3）输入特殊符号。执行"插入" | "特殊符号"命令，出现"插入特殊符号"对话框，对话框中有 6 个选项卡，每个选项卡中包含一些特殊的符号可以插入到文档的插入点处。

（4）插入日期和时间。在 Word 中，可以直接输入日期和时间，也可以通过菜单命令完成，执行"插入" | "日期和时间"命令，屏幕上显示"日期和时间"对话框。

对话框用来设置日期和时间的格式，首先在"语言（国家/地区）"下拉列表框中选择"中文（中国）"或"英文（美国）"，然后在"可用格式"中选择所需的格式。

如果选择"自动更新"复选框，则插入的日期和时间会自动进行更新，不选此复选框时保持输入时的值。

（5）插入文件。插入文件是指将另一个文档的内容插入到当前文档的插入点，使用这个功能可以将几个文档合并成一个文档。

操作时首先定位插入点，然后执行"插入" | "文件"命令，屏幕上显示"插入文件"对话框，接下来可以在对话框中选择要插入的文档所在的文件夹和文件名。

2. 选择文本

在执行编辑操作或格式设置操作之前，应先选择要进行操作的文本。

在文档窗口中靠近垂直标尺处，有一个特殊的矩形区域，如果将鼠标从文档编辑区移动到垂直标尺的附近，可以看到，鼠标指针由" I "形状变成向右上方的箭头" ⇗ "形状，这个区域称为文本选定区。

（1）选定任意大小的区域。首先将鼠标指针移动到要选定的文本区的开始处，然后拖动鼠标到所选定文本区的最后一个字符后松开鼠标，这时，鼠标拖动过的区域被选定。被选定的文本以反相形式显示，这个区域可以小到一个字符，大到整篇文档。

（2）选定较大范围的文本。要选定较大范围的文本，直接用鼠标拖动不是很方便，这时，首先将鼠标指针移动到要选定的文本区的开始处，然后按住 Shift 键，再配合滚动条、翻页键或箭头键将文本翻到选定文本区的末尾，再单击这个末尾，则两次单击之间所包含的文本被选定。

（3）选定一行或多行。将鼠标指针移动到要选定的某行的选定区，然后单击可将此行选定。

如果在选定区拖动鼠标，则选定对应的多行。

（4）选定不连续的多个区域。在选定一个区域后，可以按住 Ctrl 键后，再选择其他不连续的区域。

（5）选定整个文档。要选定整个文档，使用快捷键 Ctrl+A 或执行"编辑"｜"全选"命令。

3．编辑文本

编辑文本包括文本的移动、复制、删除等。

（1）使用鼠标移动文本。将选定的内容移动到其他位置上，可以使用鼠标拖动或剪贴板的方法。

拖动操作如下：

① 选定要移动的文本；

② 将鼠标指针移动到选定的文本区，鼠标指针变成指向左上方向的箭头；

③ 按住鼠标左键，这时，鼠标指针的下方增加了一个灰色的矩形，将文本拖动到目标位置后松开鼠标，移动操作完成。

这样方法适合于选定的文本较短，而且要移动到的目标位置与原来的位置在同一屏幕上的情况，如果要移动的目标位置比较远时，使用剪贴板更方便一些。

（2）使用剪贴板移动文本。在 Word 2003 的任务窗格中也可以进行剪贴板操作，如图 5-6 所示，每当进行"剪切"或"复制"命令时，选中的内容将被保存到 Office 剪贴板中。

与 Windows 的剪贴板不同，Word 2003 的剪贴板可以容纳 24 个项目，在复制第 25 个项目时，剪贴板中的第一个项目将被删除。

选中剪贴板中的某一项，单击"粘贴"按钮，该项目将被复制到光标所在处，也可以单击"全部粘贴"按钮粘贴全部的内容，不选择任何一项，默认粘贴的是最后一次保存的内容。

单击任务窗格中的"全部清空"按钮，可以清除剪贴板中所有的项目。

图 5-6　"剪贴板"任务窗格

（3）复制文本。将选定的文本复制到其他位置上，同样也可以使用鼠标或剪贴板的方法。

用鼠标复制文本时先按住 Ctrl 键，然后再拖动鼠标左键。

（4）删除文本。如果要删除一个字符，可以将插入点移动到要删除的字符的左边，然后按 Del 键，也可以将插入点移动到要删除的字符的右边，然后按 BackSpace 键。

要删除一个连续的文本区域，首先选定要删除的文本，然后按 Del 键。

4．查找

查找功能可以快速地将光标定位在指定的文本，在查找时，也可以通过设置高级选项来查找特定的文本、特殊的字符。

（1）简单查找。

① 执行"编辑"｜"查找"命令，打开"查找和替换"对话框，对话框由 3 个选项卡组成，分别对应"编辑"菜单的 3 条命令："查找"、"替换"和"定位"；

② 在"查找内容"文本框输入要查找的文本，例如，输入"文本"；

③ 单击"查找下一处"按钮开始查找，当查找到"文本"一词后，该文本以反相方式显示；

④ 如果继续单击"查找下一处"按钮，则继续查找下一个文本，如果单击"取消"按钮，则关闭对话框，同时，插入点停留在当前查找到的文本处。

（2）高级查找。

除了查找文本外，还可以查找特定的字符或特定的格式，这要用到高级查找选项，在对话框中单击"高级"按钮，可以显示出扩展后的"查找和替换"对话框，如图 5-7 所示，这时"高级"按钮变成"常规"按钮，单击此按钮可返回简单查找方式。

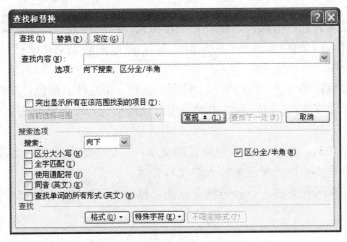

图 5-7　扩展后的"查找和替换"对话框

扩展的对话框多了"搜索选项"部分，"搜索选项"中由一个下拉列表框和 6 个复选框组成。

● 搜索范围列表框：列表框中有 3 个选项，"全部"表示从插入点开始向文档末尾查找，然后再从文档开头查找到插入点处；"向上"表示从插入点开始向文档开头处查找；"向下"表示从插入点查找到文档末尾；

● 区分大小写：查找大小写完全匹配的文本；

● 区分全/半角：查找全角、半角完全匹配的文本；

● 全字匹配：查找整个单词，而不是长单词中的一部分；

● 使用通配符：在查找内容中使用通配符，实现模糊查找，例如，查找时输入"山？省"，则查找时可以找到"山东省"、"山西省"等；

● 同音：查找发音相同的单词；

● 查找单词的所有形式：查找单词的所有形式，如复数、过去式等。

单击"格式"按钮，会出现关于查找内容的字体、段落、样式等格式设置。

单击"特殊字符"按钮，可以设置特殊的查找对象，如制表符、分页符、分栏符等。

单击"不限定格式"按钮，可以取消查找内容框下的所有指定的格式。

5. 替换

替换功能将文档中查找到的文本用指定的其他文本替代，下面通过将一篇文档中的所有"计算机"一词改为"电脑"为例，说明替换操作。

① 执行"编辑"｜"替换"命令，打开"查找和替换"对话框并显示"替换"选项卡。

② 在"查找内容"文本框中输入"计算机"，在"替换为"文本框中输入"电脑"。

③ 单击"查找下一处"按钮进行查找，单击"替换"按钮对查找到的当前文本进行替换，这里单击"全部替换"按钮将所有查找到的文本都进行替换。

如果单击"高级"按钮，则会将该选项卡扩展，扩展部分的内容与"查找"选项卡中扩展部分完全一样，这里不再重复。

在高级替换时，不仅可以替换文本本身，也可以替换文本的格式，或将文本与格式同时替换，例如将"五号"、"宋体"的"计算机"一词替换为"三号"、"楷体"的"电脑"。

5.2.3 文本排版

文本排版就是设置各种格式，包括设置字符格式、段落格式、页面格式等。

Word 排版操作最大的特点就是"所见即所得"，排版的效果立即就可以在屏幕上看到。

1. 字符格式

文本格式主要包括字体、字形、字号、倾斜、加粗、下划线、颜色、加框和底纹等，Word 中，文本通常有默认的格式，在输入文本时采用默认的格式，如果要改变文本的格式，可以重新设置。

在设置文本格式时，先选定要改变格式的文本，然后再进行设置，如果在设置之前没有选定任何文本，则设置的格式对后来输入的文本有效。

设置字符格式有两种方法，一种方法是使用"格式"工具栏，如图 5-8 所示。

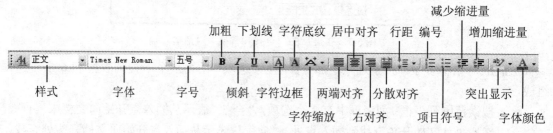

图 5-8 "格式"工具栏

工具栏上的按钮一部分用来设置字符格式，例如"字体"、"字号"、"加粗"等，另一部分用来设置段落格式，例如"两端对齐"、"右对齐"、"增大缩进量"等。

另一种方法是执行"格式"｜"字体"命令，打开"字体"对话框，如图 5-9 所示，然后，在对话框中进行设置。

（1）字体、字号和字形。Word 中汉字默认的字体和字号是宋体、五号，西文字符默认的字体和字号是 Times New Roman、五号。

设置字号时可以使用"号"作为字号单位，例如"初号"、"五号"、"小五号"，也可以使用"磅"作为字号单位，例如"5"表示 5 磅、"5.5"表示 5.5 磅等。

由于 1 磅=1/72 英寸，而 1 英寸=25.4mm，因此，1 磅=0.353mm。

字形包括字符的倾斜和加粗，可以使用工具栏的按钮或"字体"对话框进行设置。

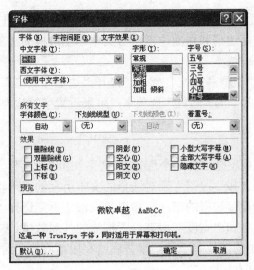

图 5-9 "字体"对话框的"字体"选项卡

（2）特殊效果和下划线。在"字体"对话框的"字体"选项卡中，"效果"选项中有许多复选框，用于设置文本的特殊效果，设置的结果见图 5-10，其中上标和下标可以用在简单的数学公式上。

下划线　　　下划线　　　下划线　　　着重号　　删除线　双删除线　阴影 空心 阳文 阴文 上标 下标 $X_1^2+X_2^2=Y^2$

图 5-10 特殊效果示意图

（3）字符间距。单击"字体"对话框的"字符间距"选项卡，这个选项卡中主要有 3 项设置，分别是缩放、间距、位置。

- 缩放是指保持字符的高度不变而改变宽度，即按当前尺寸的百分比横向扩展或压缩文字，在"缩放"下拉列表框中输入的百分比在 1 至 600 之间。
- "间距"下拉列表框中有"标准"、"加宽"和"紧缩"3 种间距，选择"加宽"时，应在"磅值"框中输入扩展字符间距的磅值，选择"紧缩"时，应在"磅值"框中输入压缩字符间距的磅值。
- "位置"下拉列表框中有"标准"、"提升"和"降低"3 种位置，选择"提升"时，应在"磅值"框中输入相对于基线提升的磅值，选择"降低"时，应在"磅值"框中输入相对于基线降低的磅值。

这 3 种设置的效果见图 5-11。

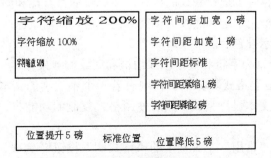

图 5-11 不同的设置效果

（4）边框。设置边框和底纹都是为了使内容更加醒目突出，在 Word 中，可以添加的边框有 3 种：字符边框、段落边框和页面边框，对文本添加边框的过程如下：

① 选定要加边框的文本；

② 执行"格式"｜"边框和底纹"命令，打开"边框和底纹"对话框，如图 5-12 所示，对话框中有 3 个选项卡，其中的"边框"选项卡：用来设置字符边框和段落边框，"页面边框"选项卡用来设置页面边框；

③ 在对话框中：

● "应用于"下拉列表框中有两个选择："文字"和"段落"，分别用于设置字符边框和段落边框，如果选择"段落"则对选择的文本所在的段落添加边框；

● "设置"框用来设置边框的形式，如果要取消边框则选择"无"；

● "线型"、"颜色"和"宽度"用来设置框线的外观效果。

（5）底纹。可以添加的底纹有 2 种：字符底纹和段落底纹，对文本加底纹的过程如下：

① 选定要加边框的文本；

② 执行"格式"｜"边框和底纹"命令，打开"边框和底纹"对话框，单击"底纹"选项卡，如图 5-13 所示；

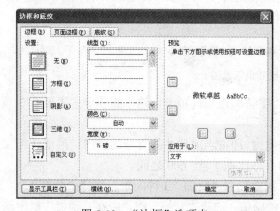 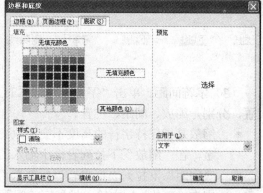

图 5-12 "边框"选项卡　　　　　图 5-13 "底纹"选项卡

③ 在对话框中：

● "应用于"下拉列表框中有两个选择："文字"和"段落"，分别用于设置字符底纹和段落底纹，如果选择"段落"则对选择的文本所在的段落添加底纹；

● "填充"框中列出了底纹的颜色即背景色，如果选择"无"则表示取消底纹；

● "图案"列表框用于选择底纹的样式，即底纹的百分比和图案；

● "颜色"列表框用于选择底纹内填充点的颜色，即前景色；

● "预览"框显示设置后的效果。

图 5-14 中显示的分别为字符和段落添加边框和底纹的效果。

（6）使用格式刷复制格式。如果文档中有若干个不连续的文本段要设置相同的字符格式，可以先对其中一段文本设置格式，然后使用格式复制的功能将设置好的格式复制到另一个文本上。

复制格式可以使用"常用"工具栏上的"格式刷"按钮完成，这个格式刷不仅可以复制字符格式，也可以复制段落格式。

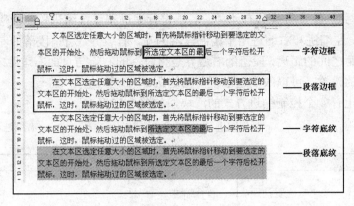

图 5-14 添加"边框"和"底纹"后的效果

使用格式刷复制一次字符格式的过程如下：

① 选定已设置好字符格式的文本；

② 单击工具栏上的"格式刷"按钮，此时，该按钮下沉显示；

③ 将鼠标移动到要复制格式的文本开始处；

④ 拖动鼠标直到要复制格式的文本结束处，松开鼠标完成复制。

使用格式刷复制多次字符格式过程如下：

① 选定已设置好字符格式的文本；

② 双击工具栏上的"格式刷"按钮，此时，该按钮下沉显示；

③ 将鼠标移动到要复制格式的文本的开始处，拖动鼠标直到要复制格式的文本结束处，然后松开鼠标；

④ 重复第③步反复对不同位置的文本进行格式复制；

⑤ 复制完成后，再次单击"格式刷"按钮结束格式的复制。

2. 段落格式

段落格式包括缩进行方式、对齐方式、行间距、段间距等。

在 Word 中，每按一次回车键产生一个段落标记"↵"，段落标记不仅是一个段落结束的标志，同时还包含了该段的格式信息，段落就是指以段落标记作为结束的一段文本。这样，如果要将一个段落分成两段，只需要将插入点移动到要分段的位置，然后按回车键，如果要将两个段合并成为一段，只需要将前一段的段落标记删除即可。

设置段落格式可以使用 3 种方法："格式"工具栏的"段落格式"按钮、"水平标尺"和"格式"菜单中的"段落"命令。

设置段落格式可以对某一段进行，也可以对多个段进行，如果只对一段设置格式，只需要在操作前将插入点放在段落中间即可，如果是对几个段落进行操作，则要先选定这几段落。

（1）对齐方式。段落的对齐方式有以下 5 种：

● 两端对齐：使文本按左、右边距对齐，并自动调整每一行的空格；

● 左对齐：使文本向左对齐；

● 居中对齐：一般用于标题或表格内的内容；

● 右对齐：使文本向右对齐；

● 分散对齐：使文本按左、右边距在一行中均匀分布。

设置对齐方式可以使用"格式"工具栏的"对齐"按钮或执行"格式"｜"段落"命令。

（2）缩进方式。缩进方式共有 4 种，其中首行缩进和悬挂缩进控制段落的首行和其他行的相对起始位置，左缩进和右缩进用于控制段落的左、右边界，所谓段落的左边界是指段落的左端和页面左边距之间的距离，段落的右边界是指段落的右端与页面右边距之间的距离，通过左缩进和右缩进的设置，可以改变选定段落的边距。

在水平标尺上有 4 个控制缩进方式的滑块，如图 5-15 所示。

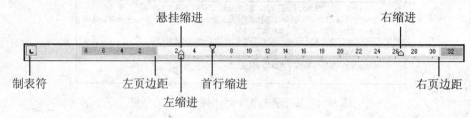

图 5-15　水平标尺

在"格式"菜单下的"段落"对话框中，"缩进"栏中包含 4 种缩进方式的设置，其中"首行缩进"和"悬挂缩进"包含在"特殊格式"的下拉列表框中。

在对话框中设置缩进方式，效果与工具栏上的按钮是一样的，由于可以直接输入缩进的具体数值，因此所作的设置更为精确，图 5-16 显示了设置不同的缩进方式的效果。

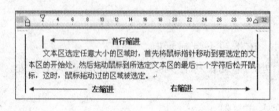
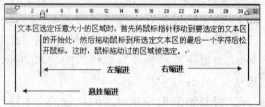

图 5-16　不同的缩进效果

（3）行间距和段间距。在"段落"对话框的"间距"栏中可以自行调整段落的行间距和段间距。

段间距用于设置段落之间的间距，有"段前"和"段后"两种，可以直接在其右边的数值框中输入间距的磅值。

行间距用于控制段落中行与行之间的距离，在"行距"下拉列表框中有多种选项，如图 5-17 所示。

- 单倍行距：每行高度可以容纳该行中最大的字体，这是默认选项；
- 1.5 倍行距：每行高度为该行中最大字体高度的 1.5 倍；

图 5-17　"间距"选项

- 2 倍行距：每行高度为该行中最大字体高度的 2 倍；
- 最小值：该选项可以自动调整高度容纳最大字体；
- 固定值：设置成固定的行距，不论该行中字号如何变化，行距都不能调节；
- 多倍行距：允许将行距设置成带小数的值的倍数，如 2.2 倍等。

如果选择"最小值"、"固定值"或"多倍行距"，可在"设置值"框中输入具体的数值。

（4）添加项目符号和编号。在若干个列表行的前面加上项目符号和编号，可以使文本具有层次感，提高文档的可读性。自动编号使用的是连续的数字或字母，项目符号则使用相同的符号，使用了编号后，在删除某一行或插入某一行时，数字或字母会自动作调整。

添加项目符号和编号，可以使用"格式"工具栏的按钮，也可以使用"格式"｜"项目符号和编号"命令，打开"项目符号和编号"对话框，还可以使用自动添加的方法。

要对已输入的文本添加项目符号，可以先选定这些文本，然后单击"格式"工具栏的"项目符号"按钮，这时使用项目符号默认的格式。

（5）为段落添加边框和底纹。为段落加边框和底纹时，可以执行"格式"｜"边框与底纹"命令，在"边框与底纹"对话框中进行设置。同为字符加边框、底纹方法不同的是，要在"应用于"下拉列表框中选择"段落"，其他的设置方法是一样的。

（6）段落格式的复制。使用工具栏上的"格式刷"按钮和剪贴板可以复制段落的格式，即将已设置好的段落格式复制到其他段落中。

使用格式刷的方法如下：

① 选择已设置好格式的段落的结束标志；

② 单击工具栏上的"格式刷"按钮；

③ 在要复制段落格式的段落的结束标志上拖动，或单击要复制段落格式的段落中的任意位置，这样，已设置的格式将被复制到新的段落中。

使用剪贴板的方法如下：

① 选择已设置好格式的段落的结束标志；

② 单击工具栏上的"复制"按钮；

③ 选择要复制格式的段落的结束标志；

④ 单击工具栏上的"粘贴"按钮。

3. 页面格式

页面格式设置中包括页边距、纸张大小、页眉和页脚、页码、分栏等，这些操作分布在不同的菜单命令中。

（1）页面设置。执行"文件"｜"页面设置"命令，可以打开"页面设置"对话框，对话框中有 4 个选项卡。

"页边距"选项卡中主要有下面的设置：

- 页边距：页边距是指文本区与纸张四周边缘的距离，这 4 个边距的设置，可以在对话框中的上、下、左、右 4 个边距的数值框中进行设置，要打印的正文内容通常在 4 个页边距以内；

- 方向：设置打印纸的方向，可以有"纵向"和"横向"，默认为"纵向"；

- 页码范围："页码范围"下拉列表框中可以设置"普通"、"对称页边距"、"拼页"、"书籍折页"和"反向书籍折页"；

- 预览：可以选择对整篇文档或插入点之后的内容进行预览。

在段落格式设置中曾经使用过段落缩进中的左边距和右边距，这与本节介绍的页边距是不同的，缩进中的边距指的是从文本区算起的距离，图 5-18 显示了这几个边距和位置之间的关系。

"纸张"选项卡用于设置纸张的大小和方向，主要有下面的设置：

- 纸张大小：可以在"纸张大小"下拉列表框中选择用于打印的标准纸张，如 A4、32 开等，也可以自定义纸张的大小，这时应分别输入纸张的宽度和高度；

- 纸张来源：可以选择默认纸盒；

- 预览：可以选择对整篇文档或插入点之后的内容进行预览。

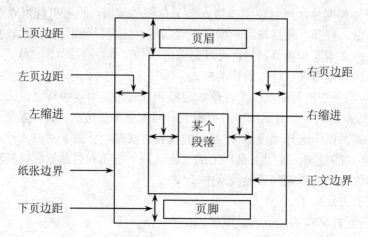

图 5-18　各个边距和页眉页脚之间的位置关系

"版式"选项卡用于设置页眉和页脚在文档中的编排，包括"奇偶页不同"和"首页不同"。
"文档网格"选项卡主要设置每页中的字符行数、每行中的字符个数以及分栏数。

（2）插入页码。在文档的每一页中加入页码，操作方法如下：

① 执行"插入"｜"页码"命令，打开"页码"对话框；

② 对话框中有 3 项设置：

- 位置：从下拉列表框中设置页码的垂直位置，包括页面顶端（页眉）、页面底端（页脚）、页面纵向中心、纵向内侧、纵向外侧。
- 对齐方式：可以设置页码的水平位置，包括左侧、居中、右侧、内侧和外侧。
- 首页显示页码：该复选框确定文档的第一页是否需要插入页码。

③ 单击"确定"按钮，关闭"页码"对话框。

（3）页眉和页脚。页眉和页脚是指在每一页的顶部或底部加入的注释性的内容，可以是文本或图形。例如，通常在页眉加上书名或章节的标题，在页脚加上日期等信息，上面介绍的向每页插入的页码，也属于页眉和页脚的内容。

插入的页眉和页脚在打印预览时可以完全显示，在页面视图下只能看见水印的形式，而在普通视图和大纲视图下是看不到的。

建立页眉和页脚的方法是一样的，操作过程如下：

① 执行"视图"｜"页眉和页脚"命令，打开页眉或页脚编辑区，如图 5-19 所示，同时屏幕上出现"页眉和页脚"工具栏，这时，原来的正文内容显示为水印方式；

② 在页眉编辑区可以输入页眉的内容，同时也可以对输入的内容进行格式设置，如字体、字号、对齐方式等；

如果要输入页脚的内容，可以通过单击工具栏的"在页眉和页脚间切换"按钮切换到页脚编辑区；

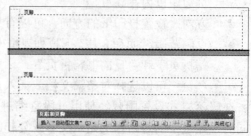

图 5-19　页眉页脚编辑区和工具栏

③ 单击"关闭"按钮，返回到文档编辑区，这时，可以看到刚输入的页眉或页脚变为水印显示，而正文的内容变为正常显示。

用这种方法建立的页眉或页脚在每一页都是一样的，但是，在书籍中，通常单页码的页眉内容是章节标题和页码，而双页码的页眉内容是书名和页码，这就需要建立奇偶页不同的页眉，建立方法如下：

① 执行"视图" | "页眉和页脚"命令，打开页眉或页脚编辑区；

② 在"页眉和页脚"工具栏上单击"页面设置"按钮，打开"页面设置"对话框；

③ 单击"版式"选项卡；

④ 在"页眉和页脚"区中，单击选中"奇偶页不同"复选框，然后单击"确定"按钮，返回到页眉编辑区，页眉编辑区上角显示"奇数页页眉"，可以输入奇数页页眉的内容；

⑤ 单击工具栏上的"显示下一项"按钮，切换到"偶数页页眉"编辑区，输入偶数页页眉的内容；

⑥ 单击工具栏上的"关闭"按钮，设置完成。

要删除页眉和页脚，可以执行"视图"菜单的"页眉和页脚"命令，在页眉或页脚编辑区选定页眉或页脚，然后按 Del 键。

（4）分栏。分栏是指将一段或若干段文字按并列两排或多排显示，这是报纸、杂志上常用的排版方式，分栏操作方法如下：

① 选定要分栏的段落；

② 执行"格式" | "分栏"命令，出现"分栏"对话框，如图 5-20 所示；

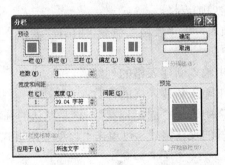

图 5-20　"分栏"对话框

③ 在对话框中，可作如下设置：

● 预设和栏数：可以在"预设"选项中选择分栏格式或在"栏数"数值框中输入栏数，其中选择"一栏"时表示取消原来设置的分栏；

● 栏宽相等：该复选框用来设置各栏是否相等，如果选中此项，则各栏宽度相同，这时系统自动计算栏宽和间距；

● 分隔线：该复选框用来设置栏间是否显示分隔线；

● 宽度和间距：如果设置栏宽不等，则应在该项中分别输入各栏的宽度；

● 应用于：该下拉列表框中通常有"所选文字"和"整篇文档"，如果要对整个文档都设置相同的分栏，则选择"整篇文档"；

● 预览区显示了设置的效果。

④ 单击"确定"按钮，完成分栏的设置。

设置的分栏效果要在"页面视图"或"打印预览"状态下才能显示出来。

图 5-21 显示了分别对两段文字设置不同分栏时的效果，其中第一段设置的是分两栏，栏宽相等且栏间不加分隔线，而第二段设置的是分三栏，栏宽相等而且有分隔线，同时可以看出，在水平标尺上也显示了分栏的情况。

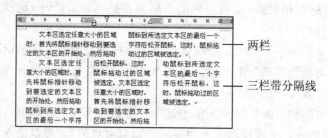

图 5-21   "分栏"的效果

5.2.4 表格操作

Word 中提供了强大的表格功能，包括创建表格、编辑表格、设置表格的格式以及对表格中的数据进行排序和计算等。

1. 创建表格

一个表格由多行多列构成，如果表格中只有横线和竖线，没有斜线，并且所有的横线长度相等，所有的竖线长度也都相等，这样的表格称为规则表格，创建规则的表格可以使用"表格"菜单、工具栏按钮和先输入文本后将文本自动填充到表格中。

（1）使用菜单命令创建规则表格。

① 执行"表格" | "插入" | "表格"命令，打开"表格"对话框；

② 在"表格"对话框中：

● 在"列数"数值框中输入新建表格的列数；

● 在"行数"数值框中输入新建表格的行数；

● 在"自动调整操作"中选择"固定列宽"，这是默认的选项；

● 如果要使用已设置好的表格格式，可单击"自动套用格式"按钮，在打开的对话框中选择一种格式。

③ 单击"确定"按钮，这时，在插入点处创建规则表格。

（2）用"插入表格"按钮。

① 将插入点定位到要插入表格的位置；

② 单击"常用"工具栏上的"插入表格"按钮，这时出现设计表格的模式；

③ 用鼠标拖动的方法选定新表格所需的行数和列数，阴影部分显示的就是要创建的表格，然后松开鼠标，即可在插入点处插入一张表格。

上面创建的是一个空白表格，接下来就可以向表格中输入文本了，输入文本时，单元格的大小会根据输入文本的多少自动进行调整，因此不会出现单元格尺寸太小放不下文本而将表格破坏的情况。

（3）文本转换成表格。

文本转换成表格是指先输入表格内的文本部分，然后由系统根据文本的具体情况确定表格的行、列数，自动形成表格，并将文本自动填充到表格中，这些文本的输入要按照一定的形式，每行使用特定的分隔符。

将文本转换成表格操作如下：

① 选定已输入的文本；

② 执行"表格"｜"转换"｜"文本转换成表格"命令，打开"将文字转换成表格"对话框；

③ 在对话框中选择分隔符，然后单击"确定"按钮，自动生成表格，同时文本也填充到表格之中。

每行文本的分隔符也可以是逗号、空格等。

同样，也可以将已创建的表格取消表格线仅留下文本部分，这是上面操作的相反过程，方法是执行"表格"｜"转换"｜"表格转换成文本"命令。

2. 编辑表格

表格的编辑包括单元格的合并与拆分，插入或删除行、列、单元格，调整行高和列宽，表格的拆分，单元格的合并与拆分等。

（1）表格移动控制点和表格大小控制点。将鼠标移动到表格中时，表格左上角和右下角会出现两个控制点，分别是表格移动控制点和表格大小控制点，如图 5-22 所示。

表格移动控制点有两个作用，一个作用是将鼠标放在该控制点后拖动鼠标时，可以移动表格，另一个作用是单击该控制点后将选中整个表格。

表格大小控制点用来改变整个表格的大小，鼠标停在该控制点后，拖动鼠标将按比例放大或缩小表格。

图 5-22　表格的控制点

（2）改变行高和列宽。通常，Word 会根据表格中输入内容的多少自动调整每行的高度和每列的宽度，也可以根据需要自行调整。

单击表格任意单元格时，可以发现，在水平标尺上，有若干个符号与表格中的每一列的位置相对应，这些符号称为列标记，同样，在垂直标尺上也有与表格中每一行位置对应的行标记，如图 5-23 所示。

图 5-23　改变行高和列宽

拖动列标记可以移动表格列，从而改变列的宽度，同样，拖动行标记可以调整表格的行，从而改变行的高度。

使用菜单命令也可以精确地调整列宽和行高，方法是执行"表格"菜单中的"表格属性"命令，在打开的"表格属性"对话框中进行设置。

（3）合并单元格。合并单元格时，先选定要合并的单元格，这些单元格可以在一行、在一列，也可以是一个矩形区域，然后，执行"表格"菜单的"合并单元格"命令，选定的单元格合并成为一个单元格。

（4）拆分单元格。拆分单元格时，先选定要拆分的单元格，然后执行"表格"｜"拆分单元格"命令，打开"拆分单元格"对话框，向对话框中输入要拆分的行数和列数。

合并单元格与拆分单元格的结果见图 5-24，使用了合并和拆分单元格后，将使规则表格变成不规则的复杂表格。

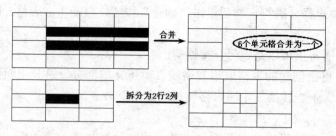

图 5-24　单元格的合并与拆分

（5）拆分和合并表格。要拆分一个表格，先将插入点定位在拆分后成为新表格第一行的任意单元格中，然后执行"表格"菜单的"拆分表格"命令，这时，在插入点所在行的上方插入一个空白段，一个表格拆为两个表格。

合并两个表格时，只要删除两个表格之间的段落标记即可。

3. 设置表格格式

表格格式包括表格的边框和底纹、表格在页面中的位置和单元格中文字的对齐方式。

（1）边框。设置边框时，先选择要设置边框的表格，在"表格和边框"工具栏上选择线型、粗细和颜色，然后在"边框"下拉列表框（图 5-25）单击相应的按钮选择边框。

（2）底纹。自动设置底纹时，先选择要设置底纹的单元格，在"底纹颜色"列表框（图5-26）单击相应的按钮选择不同的底纹即填充颜色。

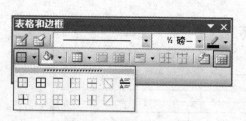

图 5-25　"边框"列表框

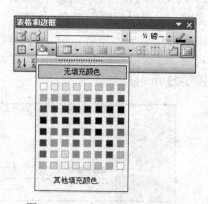

图 5-26　"底纹颜色"列表框

（3）单元格中文本的对齐方式。单元格中文本的字体、字号、字形等设置方法与在字符格式中的设置方法是一样的，这里只介绍文本在单元格中的对齐方式，单元格内文本的对齐方式在水平方向上有左、中、右3种，在垂直方向上有上、中、下3种，因此，总的就有9种对齐方式，单击"表格和边框"工具栏中的"单元格对齐方式"下拉列表框（图5-27），可以看到9种对齐方式的按钮。

设置文本在单元格内的对齐方式时，先选定单元格，然后在"单元格对齐方式"下拉列表框中单击按钮设置不同的对齐方式，图5-28显示了9种对齐方式的效果。

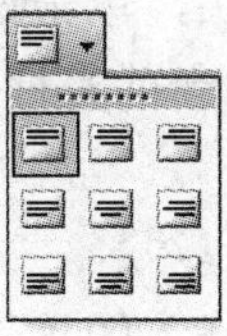

图 5-27 对齐方式列表框

上方居左	上方居中	上方居右
中间居左	中间居中	中间居右
下行居左	下行居中	下行居右

图 5-28 对齐方式效果

5.2.5 图形编辑

可以向文档中插入图形和艺术字，插入的图片可以是 Word 内部的剪贴画，也可以是其他的图形处理程序产生的以文件形式保存的图形。

1. 插入图片

向文档中插入的图片可以是 Word 内部的剪贴画，也可以是其他的图形处理程序产生的以文件形式保存的图形。

（1）插入剪贴画。Word 内部的剪贴画库中包含许多的剪贴画，将其插入文档中的方法如下：

① 将插入点定位到要插入剪贴画的位置；

② 执行"插入"｜"图片"｜"剪贴画"命令，在文档窗口的右侧打开"剪贴画"任务窗格，如图 5-29（a）所示；

③ Word 2003 的剪贴画分类进行管理，这些剪贴画分别存放在不同的收藏集中，单击窗格中"搜索范围"右侧的下拉箭头，可以显示出不同的收藏集，如图 5-29（b）所示，例如"保健"、"背景"、"标志"、"动物"、"人物"等；

④ 在"搜索文字"框中输入"人物"，然后单击"搜索"按钮，则任务窗格下方的列表框中显示了"人物"类型的各种剪贴画，如图 5-29（c）所示；

　　（a）　　　　　　（b）　　　　　　（c）

图 5-29 "剪贴画"任务窗格

⑤ 将鼠标移动到要插入的图片后，图片右侧会出现下拉箭头，单击该箭头，则弹出快捷菜单，在菜单中执行"插入"命令，选中的画片就插入到文档的当前光标处。

（2）插入图形文件中的图形。

① 将插入点定位到要插入图片的位置；

② 执行"插入"｜"图片"｜"来自文件"命令，打开"插入图片"对话框；

③ 在对话框中选择图形文件后，单击"插入"按钮，文件中的图形插入到插入点。

2. 编辑图片

编辑图片之前先要单击选择图片，这时屏幕上出现"图片"工具栏，如图 5-30 所示，同时图片周围出现 8 个黑色的小方块，称为控点，这种控点表示图片是嵌入式的，即图片像字符一样嵌入到文本中，还有一种称为浮动式的图片，其周围的控点为 8 个空心小圆圈，浮动式图片可以在页面上自由移动，如图 5-31 所示，这两种形式可以相互转换。

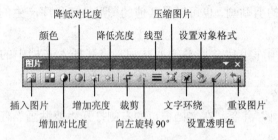

图 5-30　"图片"工具栏

图 5-31　嵌入式图片和浮动式图片

（1）改变图片的大小。先选定图片，然后将鼠标移动到 8 个控点之一，拖动鼠标即可改变图片的水平尺寸、垂直尺寸或两个尺寸同时改变。

（2）移动和复制图片。与字符的移动和复制一样，移动和复制图片同样可以使用鼠标拖动或剪贴板的方法。

使用鼠标移动图片时，直接将图片拖动到新的位置即可，复制图片时，则在拖动的同时要按住 Ctrl 键。

（3）裁剪图片。裁剪是指将图片在四周去掉一部分，操作过程如下：

① 选定要进行裁剪的图片；

② 单击"图片"工具栏上的"裁剪"按钮；

③ 将鼠标移动到某个控点上进行拖动即可进行裁剪，例如向下拖动图片上方的中间控点，则裁剪图片的上部分，如果拖动右上角的控点，则同时裁剪图片的上部分和右侧部分。

要注意的是，如果按住 Ctrl 键后进行裁剪，则进行的是对称裁剪。

（4）删除图片。删除一个图片时，先选定图片，然后按 Del 键或单击工具栏上的"剪切"按钮。

3. 设置图片格式

（1）图像控制。单击"图片"工具栏上的"颜色"按钮可以控制图片的颜色显示方式，在列表框中出现 4 个选项，这 4 种显示效果见图 5-32：

图 5-32　图片的 4 种控制方式

● 自动：表示图片的原始颜色；

● 灰度：表示将彩色图片转换成灰度级图片；

● 黑白：表示将彩色图片转换成黑白图片；

● 冲蚀：将图片以水印效果显示。

（2）文字环绕。设置文字在图片周围的环绕方式，可以使用工具栏上的按钮，操作过程如下：

① 单击选定要设置环绕方式的图片，同时屏幕上显示"图片"工具栏；

② 调整图片大小到合适的尺寸；

③ 单击"文字环绕"按钮，打开下拉列表框，列表框中显示了不同的环绕方式；

④ 在列表框中单击选择一种环绕方式；

⑤ 设置环绕方式后，如果位置不合适，将其移动到合适的位置。

在设置环绕方式的同时，这个图片也由嵌入式转变成浮动式。

（3）边框。只能为浮动式的图片加边框，因此，如果一个图片是嵌入式的，要先转变成浮动式的才能设置边框。

单击选定图片，然后单击"图片"工具栏上的"线型"按钮 ≡，打开"线型"列表框，在列表框中选择一种线型。

也可以在"设置图片格式"对话框中进行设置，方法是选定图片后，单击"图片"工具栏上的"设置图片格式"按钮，打开"设置图片格式"对话框，在"颜色与线条"选项卡中进行操作。

4. 在文档中直接绘制图形

也可以在文档中直接绘制图形，在绘图之前，要将视图切换到页面视图下。

（1）使用"绘图"工具栏绘图。"绘图"工具栏通常在文档窗口的下方，如果没有显示，可单击"常用"工具栏上的"绘图"按钮 打开工具栏，工具栏上的按钮见图 5-33。

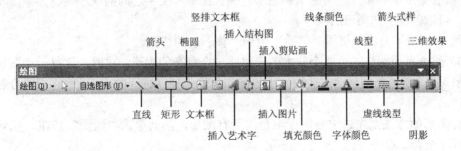

图 5-33　"绘图"工具栏

如果要绘制直线、带箭头的直线、矩形和椭圆，可以直接单击工具栏上的按钮。如果绘制其他图形，可单击工具栏上的"自选图形"下拉箭头，在打开的列表框中，列出了 6 类图形，分别是"直线"、"基本形状"、"箭头总汇"、"流程图"、"标注"和"星与旗帜"，每一类包含了若干个图形。

单击图形按钮之后，将鼠标移动到要插入图形的位置，这时，鼠标指针变成十字形，拖动鼠标到所需要图形的大小，然后松开鼠标完成图形的绘制。

绘制好的基本图形同样可以进行移动、复制、删除、改变大小等，这些操作方法与插入的图形处理方法是一样的，都要先选定图形。

有些自选图形在选定后，除了周围的 8 个空心方块控点外，还有一个黄色的小菱形控点，拖动这个控点可以改变图形的形状，图 5-34 所示的就是拖动黄色控点前后的图形。

用上面的方法绘制的都是基本图形，由于一个复杂的图形通常是由若干个基本图形构成的，因此，要重复使用上面的过程绘制每一个基本图形。

（2）旋转图形。绘制好的图形可以按任意角度进行旋转，选中要进行旋转的图形，然后单击"绘图"工具栏上的"自由旋转"按钮，这时，图形周围原来的 8 个空心方块控点变成绿色圆圈，称为旋转控点，按某个角度拖动旋转控点，就可以旋转图形，图 5-35 是图形旋转前后的情况。

图 5-34   菱形控点的作用   图 5-35   旋转图形

（3）在图形中添加文字。对于封闭的自选图形，可以向其中添加文字，方法是右击要添加文字的图形，在弹出的快捷菜单中执行"添加文字"命令，这时，插入点在图形中闪动，可以向图形中添加文字。

添加文字同样可以进行字符格式的设置，这些文字将随图形一起移动。

（4）叠放次序。这里的叠放次序可以发生在多个图形之间，也可以是在图形和文本之间。

两个或多个图形重叠时，最近绘制的那一个总会覆盖其他的图形，改变它们之间叠放次序的方法如下：

① 选定要调整叠放次序的图形对象；

② 单击"绘图"按钮，打开下拉菜单；

③ 将鼠标指向菜单中的"叠放次序"命令，显示级联菜单；

④ 级联菜单中的命令包括图形和图形之间、图形和文字之间的次序调整，单击相应的某个命令，可以改变所选图形的次序。

如图 5-36 所示是将下层的"笑脸"图形上移一层的情况。

（5）组合多个图形。由多个基本图形组成一个复杂的图形，这时，这每一个图形还是独立的图形对象，所进行的移动或改变大小等操作仍然是独立进行的，可以将它们组合起来形成一个整体。

组合图形的方法是先选定要进行组合的所有图形，然后单击"绘图"按钮，在弹出的菜单中执行"组合"命令即可。

选定图形有两种方法：一种方法是按住 Shift 键后分别单击每个图形，另一种方法是先单击"绘图"工具栏上的"选择对象"按钮，然后按住鼠标左键拖动出一个虚框，虚框中包含了要进行组合的所有图形，如图 5-37 所示是对两个图形进行组合的情况。

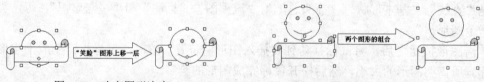

图 5-36   改变图形次序   图 5-37   组合图形

在组合后的图形上右击，执行快捷菜单中的"组合"｜"取消组合"命令，恢复图形组合前的状态。

5. 艺术字

使用艺术字，可以使输入的文字具有各种图形效果，例如阴影、变形、旋转等。

（1）建立艺术字。

① 定位要插入艺术字的位置；

② 执行"插入"｜"图片"｜"艺术字"命令，显示"艺术字库"对话框，如图 5-38 所示；

③ 对话框中列出了不同的艺术字样式，单击选定某个样式后，单击"确定"按钮，打开编辑"艺术字文字"对话框；

④ 对话框中可以编辑艺术字的内容，设置字体、字号、加粗和倾斜，设置后单击"确定"按钮，艺术字建立完成。

（2）编辑艺术字。

要编辑艺术字，先单击选定艺术字，选中后的结果与图形一样，周围也有 8 个控点和一个菱形控点，同时出现"艺术字"工具栏，如图 5-39 所示。

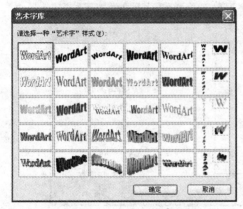

图 5-38　"艺术字库"对话框

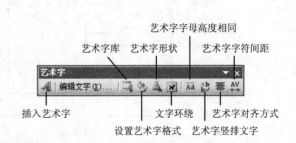

图 5-39　"艺术字"工具栏

使用控点和"艺术字"工具栏上的按钮可以对艺术字进行编辑、设置格式，也可以使用"绘图"工具栏上的"阴影"和"三维效果"等按钮，这里就不再重复了。

6．文本框

文本框是实现图文混排时非常有用的工具，它如同一个容器，其中可以插入文字、表格、图形等不同的对象，放到文本框中的对象将会随着文本框的移动而同时移动，也可以设置文字对文本框的环绕方式，实现框内对象和框外对象设置不同的格式。

（1）插入文本框。插入文本框过程如下：

① 单击"绘图"工具栏的"文本框"或"竖排文本框"按钮；

② 将指针移动到文档的空白处，这时鼠标指针变为一个十字形，按住左键拖动鼠标绘制文本框；

③ 拖动到大小合适时，松开鼠标，文本框建立完成。

这时，光标在文本框中闪烁，可以向文本框中输入文本、图形等对象。

（2）编辑文本框。单击文本框后，文本框周围出现像选定图形时一样的控点，通过拖动这些控点就可以改变文本框的大小。

将鼠标移动到文本框的控点之外的边框上，鼠标指针变成十字形箭头，这时可以拖动边框改变文本框的位置。

（3）设置文本框格式。单击选中文本框，然后执行"格式"｜"文本框"命令，可以打开"设置文本框格式"对话框，对文本框设置格式与对图片设置格式的方法是一样的。

5.3 电子表格 Excel 2003

Excel 2003 的基本操作包括工作表的建立和维护、格式设置、常用的数据管理方法以及图表的建立。

5.3.1 Excel 2003 简介

1. Excel 2003 窗口的组成

启动后的 Excel 2003 程序窗口如图 5-40 所示，图中有两个窗口，最外层的是 Excel 的主窗口，内层是工作簿窗口即文档窗口，主窗口中主要组成部分如下所示：

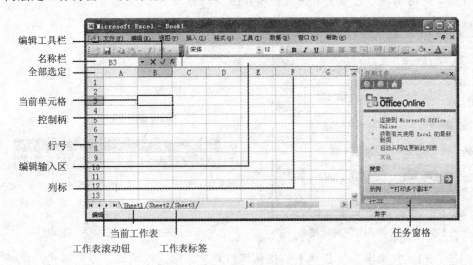

图 5-40　Excel 2003 的窗口

（1）工具栏。菜单栏下方是工具栏，通常显示的有"常用"和"格式"工具栏，工具栏中的按钮大部分与 Word 中工具栏上的按钮是一样的。

（2）数据编辑区。图中第 4 行为数据编辑区，由名称栏、编辑工具栏和编辑栏 3 部分组成。

名称栏也称名称框，用来显示当前单元格或区域的地址或名称，如图中的 B3 单元格，编辑栏用来输入或编辑当前单元格的值或公式，中间的编辑工具栏中有三个按钮"×"、"√"和"fx"，分别表示对输入数据的"取消"、"确认"和"插入函数"。

（3）状态栏。窗口底部的一行为状态栏，用于显示当前命令、操作或状态的有关信息，例如，在向单元格输入数据时，状态栏显示"输入"，修改当前单元格数据时，状态栏显示"编辑"，完成输入后，状态栏显示"就绪"。

（4）工作簿窗口。编辑区和状态栏之间的一大块区域是工作簿窗口，即 Excel 的文档窗口，其标题行显示的是 Book1，这是启动 Excel 后默认的工作簿名称，文档窗口就是工作簿的窗口，该窗口同样也有"最小化"、"关闭"和"还原"3 个控制按钮。

这部分也就是电子表格的工作区，该区域由工作表区、垂直滚动条、水平滚动条、工作表滚动按钮和工作表标签区 5 个部分组成。

图中的工作表 Sheet1 下面有下划线，表示该表是当前工作表。可以用工作表滚动钮和工作表标签区在多个工作表中选择其他工作表作为当前工作表，标签区还可以用来对工作表进行操作。

工作表左上角即行号和列标交叉位置称为"全部选定"，单击该处可以选定整个工作表。

在垂直滚动条向上箭头 ▲ 的上方有一个水平分割窗口按钮，拖动此按钮可以将窗口分割为上下两个窗口。在水平滚动条向右箭头 ▶ 的右边有一个垂直分割窗口按钮，拖动此按钮可以将窗口分割为左右两个窗口。

（5）任务窗格。任务窗格在窗口的右侧，Excel 中有 11 种任务窗格。

2．Excel 的基本概念

（1）工作表。工作表用来存储和处理数据，一个工作表中有 65536 行，每一行有 256 列。

工作表中的每一行分别用数字 1～65536 来表示，称为行号，每一列分别用字母 A～IV 来表示，称为列标，列标的具体值是 A，B，…，Y，Z，AA，AB，…，AY，AZ，BA，BB，…，BZ，…，IA，…，IV。

（2）工作簿。工作簿是 Excel 的文档文件，它的扩展名是 xls，一个新建的工作簿中默认的有 3 张工作表，这 3 张表默认的名称分别是 Sheet1、Sheet2 和 Sheet3。

可以向工作簿中添加新的工作表，一个工作簿中最多可以有 255 个工作表，也可以将一个工作表从工作簿中删除，还可以更改工作表的名称。

（3）单元格。工作表行和列的交叉处是单元格，单元格是表格的最小单位。

单元格中保存的可以是具体的数据，例如数值、文字、公式、图片、声音等。

除了具体的数据外，每个单元格中还可以设置格式，例如字体、字号等，也可以在单元格中插入批注，所谓批注，就是对单元格所作的注解。因此，一个单元格由数据内容、格式和批注 3 部分组成。

（4）单元格的地址。一个工作表中共有 65536×256 个单元格，每个单元格所在列的列标与所在行的行号合起来构成了单元格的名称或地址，即采用下面的格式作为单元格的名称或地址：

列标+行号

例如，第 5 行第 1 列单元格的地址是 A5，而第 8 行第 4 列单元格的地址是 D8。

单元格的地址可以出现在公式中完成计算，例如 A1+B2 表示将 A1 和 B2 这两个单元格的数值进行相加。

单击某个单元格时，该单元格成为当前单元格，例如图 5-40 中的 B3 单元格，注意到该单元格右下角有一个小方块，称为复制柄或控制柄，用于单元格的复制和填充。

（5）区域。在公式计算中，如果参与计算的是若干个单元格组成的连续区域，例如，要计算 A1～A10 单元格数值之和，在书写时，如果将这 10 个单元格的地址都写出来显然太复杂了，可以使用区域的表示方法进行简化。

区域的表示方法是只写出区域的开始和结尾两个单元格的地址，两个地址之间用冒号隔开。例如：A1:A10 表示第 1 列中第 1 行到第 10 行的 10 个单元格，所有单元格在同一列。

A1:F1 表示第 1 行中第 1 列到第 6 列的 6 个单元格，所有单元格在同一行。

A1:C5 则表示以 A1 和 C5 为对角线两端的矩形区域，这个区域由 3 列 5 行共 15 个单元格组成。

5.3.2 建立工作表

新建立的工作簿各个工作表中并没有数据，具体的数据要分别输入到不同的工作表中，输入数据的过程就是建立工作表的过程。

1. 输入数据的一般方法

Excel 中并没有规定数据必须从哪个单元格开始输入，为便于操作，通常是从工作表的左上角开始的。

输入数据时首先单击某个单元格，使之成为当前单元格。这时，可以向该单元格输入数据，输入的内容同时显示在编辑栏中。

如果输入的数据有错，可以单击编辑工具栏上的"×"按钮或按 Esc 键将其取消，然后重新输入，如果正确，可单击"√"按钮确认输入的数据并将其存入当前单元格。

2. 不同类型数据的输入

每个单元格中都可以输入不同类型的数据，例如数值、文本、日期等，不同类型的数据输入时应使用不同的格式，这样 Excel 才能识别输入数据的类型。

（1）数值。数值数据可以直接输入，在单元格中默认的是右对齐。

在输入数值数据时，除了 0～9、正负号和小数点以外，还可以使用以下的符号：

- "E"和"e"用于指数法的输入，例如，2.34E-2。
- 圆括号表示输入的是负数，例如，(213)表示-213。
- 以"$"或"￥"开始的数值表示货币格式。
- 符号"%"结尾表示输入的是百分数，例如，50%表示 0.5。
- 逗号","表示分节符，例如，1,234,567。

如果输入的数值长度超过单元格的宽度时，自动转换成科学计数法，即用指数法表示。例如，如果输入的数据为 123456789123456789，则在单元格中显示 1.23457E+17。

（2）文本。文本也就是字符串，在单元格中默认为左对齐。输入文本时，应在文本之前加上单撇号"'"以示区别。例如，'abc 表示要输入的字符串是 abc，事实上，在输入字符串时，通常单撇号"'"可以省略，只有一种情况不能省略，就是输入数字字符串时。

数字字符串是指全部由数字字符组成的字符串，例如身份证号、邮政编码等，这类数据是不参与诸如求和、平均等数学运算的，输入数字字符串时不能省略单撇号"'"，这是因为，Excel 无法判断输入的是数值还是字符串。

（3）日期。输入日期的形式比较多，例如，要输入 2012 年 1 月 5 日，以下几种形式都可以：

　　　　12/1/5、2012/1/5、2012-1-5

上面输入的顺序为年、月、日。

　　　　5-JAN-2012、5/JAN/2012

上面输入的顺序为日、月、年。

其中第 1 种表示中，年份只用了两位，即 12 表示 2012 年，如果要输入 1912 年，则年份就必须写成 4 位。

如果只输入了两个数字，则系统默认为输入的是月和日。例如，如果在单元格输入：1/3，则表示输入的是 1 月 3 日，年份默认为系统的年份。

（4）时间。输入时间时，时和分之间用冒号":"隔开，也可以在时间后面加上"A"、"AM"、

"P"或"PM"等表示上下午，例如使用下面的格式：

　　hh:mm [a/am/p/pm]

其中分钟 mm 和字母之间应有空格。例如，7:30 AM。

输入的时间在单元格中默认的是右对齐。

也可以将日期和时间组合输入，输入时日期和时间之间要留有空格，例如：

　　2011-10-5 10:30

3．有规律数据的特殊输入方法

如果在连续的单元格中要输入相同的数或具有某种规律的数据例如等差数列、等比数列，使用自动填充功能可以方便地完成输入。

（1）输入相同的数据。如果相邻的单元格要输入相同的数据，在输入第 1 个数据之后，可以按住 Ctrl 键，然后拖动当前单元格边框上除了右下角的复制柄之外的地方，则鼠标拖动所经过的单元格都被填充了该单元格的内容，如果当前单元格中的数据是文本或数值，也可以简单地直接拖动当前单元格右下角的复制柄。

在实际操作时应注意，当把鼠标移动到复制柄处时，屏幕上指针变为细十字形状"+"。

（2）有序数字。如果要输入的数据具有某种规律，例如等差数列、等比数列，这就称为有序数字，下面分别以例 5.1、例 5.2 进行说明，其结果如图 5-41 所示。

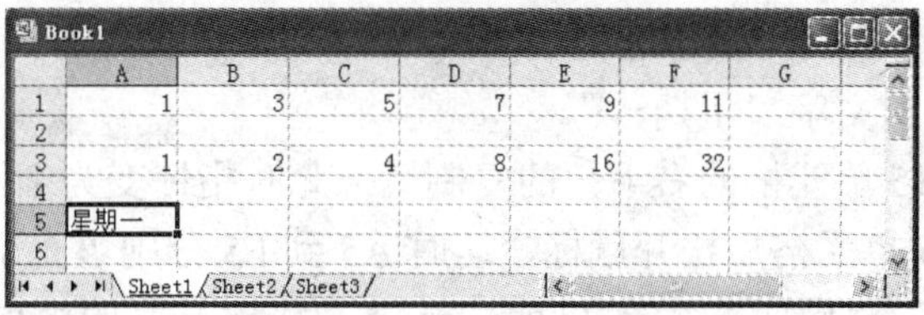

图 5-41　有序数字和文字

【例 5.1】在 A1 到 F1 单元格分别输入数字 1、3、5、7、9、11。

显然，要输入的是一个等差数列，操作过程如下：

① 在 A1 和 B1 单元格中分别输入前 2 个数据 1 和 3。

② 用鼠标从 A1 单元格拖动到 B1 单元格,选中这两个单元格,这两个单元格被黑框包围。

③ 将鼠标移动到 B1 单元格的右下角的复制柄，此时指针变为细十字形状"+"。

④ 拖动"+"到 F1 单元格后松开鼠标，这时 C1 到 F1 分别填充了 5、7、9 和 11。

用鼠标拖动默认的是填充等差数列，如果要填充的是等比数列，就要用菜单命令了。

【例 5.2】在 A3 到 F3 单元格分别输入数字 1、2、4、8、16、32。

要输入的是一个等比数列，操作过程如下：

① 在 A3 中输入第 1 个数据 1。

② 用鼠标从 A3 单元格拖动到 F3 单元格，选中这 6 个单元格。

③ 执行"编辑"｜"填充"｜"序列"命令（图 5-42），这时，屏幕上显示"序列"对话框，如图 5-43 所示。

④ 在"序列"对话框中：

● 在"类型"框内单击"等比数列"；

● 在"步长值"文本框内输入数字 2；

● 由于在此之前已经选中了所有单元格 A3～F3，因此"终止值"框内不需要输入，单击对话框的"确定"按钮，这时，A3～F3 单元格分别输入了 1、2、4、8、16、32。

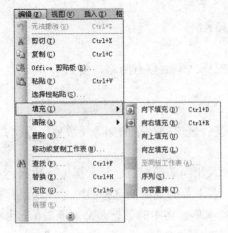

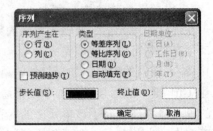

图 5-42　"编辑"菜单的"填充"命令　　　　图 5-43　"序列"对话框

从对话框中可以看出，填充命令还可以进行日期的填充。

（3）有序文字。用上面的方法，除了输入有序数字，也可以输入有序的文字。

【例 5.3】在 A5 到 F5 单元格中分别输入星期一至星期六。

要输入的是一个文字序列，操作过程如下：

① 在 A5 单元格输入文字"星期一"。

② 将鼠标移动到 A5 单元格的右下角的复制柄，此时指针变为细十字形状"+"。

③ 拖动"+"到 F5 单元格后松开鼠标，这时 A5 到 F5 分别填充了要求的文字。

本题中的"星期一"、"星期二"等文字是 Excel 事先定义好的序列，因此，当在 A5 单元格中输入了"星期一"后，拖动复制柄时，Excel 就按该序列的内容依次填充"星期二"、"星期三"等，如果序列的数据用完，则再使用序列的开始数据继续填充。

除了这个序列外，Excel 已定义的填充序列常用的还有以下这些：

日、一、二、三、四、五、六

Sun、Mon、Tue、Wed、Thu、Fri、Sat

Sunday、Monday、Tuesday、Wednesday、Thusday、Friday、Saturday

一月、二月、…

Jan、Feb、…

January、February、…

用户也可以自定义填充序列。

4. 有效性输入

有效性输入是指用户可以对一个或若干个单元格输入数据的类型和范围预先进行设置，保证数据的输入在有效的范围内，同时还可以设置输入数据的提示信息和输入出错时的提示信息，例如，可以将保存分数的单元格其值限定在 0～100 之间。

【例 5.4】设置区域 A2:E6 的有效性，要求：

● 输入的数据设置为 0～100 的整数；

● 输入提示信息为"请输入 0～100 之间的整数"；

● 出错提示信息为"你所输入的数据不在正确范围"。

操作过程如下：

① 用鼠标拖动选定 A2:E6 区域；

② 执行"数据"｜"有效性"命令，屏幕显示"数据有效性"对话框，如图 5-44 所示；

③ 在对话框中，选中"设置"选项卡，在此选项卡中：

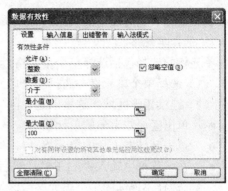

图 5-44　"数据有效性"对话框

- 在"允许"下拉列表框中选择允许输入的数据类型"整数"；
- 在"数据"下拉列表框中选择"介于"；
- 在"最小值"框中输入数字 0；
- 在"最大值"框中输入数字 100。

④ 在对话框中，选中"输入信息"选项卡，在此选项卡中：

- 在"标题"文本框中输入"注意"；
- 在"输入信息"框中输入"请输入 0～100 之间的整数"。

⑤ 在对话框中，选中"出错警告"选项卡，在此选项卡中：

- 在"标题"文本框中输入"出错了"；
- 在"出错信息"文本框中输入"你所输入的数据不在正确的范围"。

⑥ 单击"确定"按钮，至此，有效数据设置完毕。

当选中 A2:E6 区域的任一单元格时，屏幕上出现提示信息，如图 5-45 所示，如果输入的数据不在正常范围，例如输入了一个 200，则屏幕出现出错信息，如图 5-46 所示。

5．插入批注

单元格的批注是对单元格所作的注释，每个单元格都可以输入批注。

下面以向工作表 C5 单元格添加批注为例，说明添加过程：

① 选择要添加批注的单元格 C5；

② 执行"插入"｜"批注"命令，或右击 C5 单元格，在快捷菜单中执行"插入批注"命令，这时工作表上显示输入批注的编辑框，可以向框中输入批注的内容，如图 5-47 所示；

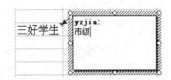

图 5-45　提示信息　　　　图 5-46　出错信息　　　　图 5-47　输入批注时的编辑框

③ 输入批注内容后，单击编辑框之外的任意文档窗口区域，结束输入。

修改批注内容时，先将鼠标移向带有批注的单元格，然后右击，在弹出的快捷菜单中执行"编辑批注"命令，则工作表上显示输入批注的编辑框，在编辑框中进行修改，修改后单击编辑框之外的任意文档窗口区域结束编辑。

删除批注内容时，先将鼠标移向带有批注的单元格，然后右击，在弹出的快捷菜单中执行"删除批注"命令。

5.3.3 编辑工作表

编辑工作表是对表中的数据进行编辑修改，在编辑之前，同样也要先选择对象。

1. 选择单元格

单元格的选择包括选择单个单元格、连续多个单元格、不连续的多个单元格。

（1）选择单个单元格。选择单个单元格最简单的方法就是直接单击该单元格。

（2）连续矩形区域。这里以选择区域 A1:E5 为例，说明选择矩形区域可以使用的方法：

● 单击区域左上角的单元格 A1，然后用鼠标拖动到该区域的右下角单元格 E5；

● 单击区域左上角的单元格 A1，然后按住 Shift 键后单击该区域右下角的单元格 E5；

● 在名称框中输入"A1:E5"，然后按回车键。

（3）选择不连续的多个单元格或区域。按住 Ctrl 键后分别选择各个单元格或区域。

（4）特殊区域的选择。特殊区域的选择主要是指以下不同区域的选择：

● 选择某个整行：可直接单击该行的行号；

● 选择连续多行：可以在行号区上从首行拖动到末行；

● 选择某个整列：可直接单击该列的列标；

● 选择连续多列：可以在列标区上从首列拖动到末列；

● 选择整个工作表：单击工作表的左上角即行号列标相交处的"全选"按钮，或使用快捷键 Ctrl+A。

2. 移动单元格内容

将某个单元格或某个区域的内容移动到其他位置上，可以使用鼠标或剪贴板的方法。

（1）用鼠标拖动。首先将鼠标指针移动到所选区域的边框上，然后拖动到目标位置即可，在拖动过程中，边框显示为虚框。

（2）使用剪贴板。

① 选定要移动数据的单元格或区域；

② 执行"编辑"｜"剪切"命令；

③ 单击目标单元格或目标区域左上角的单元格；

④ 执行"编辑"｜"粘贴"命令。

3. 复制单元格内容

将某个单元格或某个区域的内容复制到其他位置，同样可以使用鼠标或剪贴板的方法。

（1）用鼠标拖动。首先将鼠标指针移动到所选区域的边框上，然后按住 Ctrl 键后拖动鼠标到目标位置即可，在拖动过程中，边框显示为虚框，同时鼠标指针的右上角有一个小的"+"符号。

（2）使用剪贴板。使用剪贴板复制的过程与移动的过程是一样的，只是在第 2 步时要执行"编辑"菜单的"复制"命令，其他步骤完全一样。

4. 插入行、列

（1）插入行。在某行上面插入一整行，可以使用以下两种方法之一：

● 右击某行的行号，在弹出的快捷菜单中执行"插入"命令；

● 单击某行的任意一个单元格，执行"插入"｜"行"命令。

（2）插入列。在某列前面插入一整列，可以使用以下两种方法之一：

● 右击某列的列标，在弹出的快捷菜单中执行"插入"命令；

● 单击某列的任意一个单元格，执行"插入"｜"列"命令。

5. 删除行、列

（1）删除行。要删除某个整行，可以使用以下两种方法之一：

● 右击某行的行号，在弹出的快捷菜单中执行"删除"命令；

● 单击选择某行的行号，然后执行"编辑"｜"删除"命令。

某行被删除后，该行下面的各行内容自动上移。

（2）删除列。要删除某个整列，可以使用以下两种方法之一：

● 右击某列的列标，在弹出的快捷菜单中执行"删除"命令；

● 单击选择某列的列标，然后执行"编辑"｜"删除"命令。

某列被删除后，该列右边的各列内容自动左移。

6. 插入单元格

插入单元格的操作过程如下：

① 单击某个单元格，确定插入位置；

② 执行"插入"｜"单元格"命令，出现"插入"对话框，如图 5-48 所示；

③ 在对话框中选择插入的方式：

● 活动单元格右移：当前单元格及同一行中其右侧的所有单元格右移一个单元格；

● 活动单元格下移：当前单元格及同一列中其下面的所有单元格下移一个单元格；

● 整行：当前单元格所在的行上面出现空行；

● 整列：当前单元格所在的列左边出现空列。

④ 单击"确定"按钮，插入完成。

7. 删除单元格

删除单元格的操作过程如下：

① 单击某个单元格，确定插入位置；

② 执行"编辑"｜"删除"命令，出现"删除"对话框，如图 5-49 所示；

图 5-48 "插入"对话框   图 5-49 "删除"对话框

③ 在对话框中选择删除的方式：

● 右侧单元格左移：被删单元格所在行右侧的所有单元格左移一个单元格；

● 下方单元格上移：被删单元格所在列下面的所有单元格上移一个单元格；

● 整行：删除当前单元格所在的行；

● 整列：删除当前单元格所在的列。

④ 单击"确定"按钮，完成删除。

8. 清除单元格

与删除单元格不同,清除单元格不会影响到其周围的单元格,由于一个单元格中由数据（内容）、格式和批注组成，因此，清除单元格可以清除这三者之一或是将三者全部清除。

清除单元格的操作方法如下：

① 选择要进行清除的单元格或区域；

② 执行"编辑"｜"清除"命令，该命令的级联
菜单上有 4 个子命令，如图 5-50 所示，这 4 个子命令
的含义如下：

- 全部：清除单元格中的数据内容、格式和批
  注；
- 格式：只清除单元格的格式；
- 内容：只清除单元格的数据内容；
- 批注：只清除单元格的批注。

如果只是清除单元格的数据内容，可以使用更为
简单的方法，就是选择单元格后，按 Del 键即可。

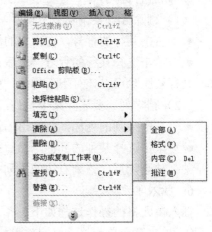

图 5-50　"清除"命令的级联菜单

5.3.4 工作表操作

对工作表的操作是指对工作表进行插入、删除、移动、复制和重命名等，所有这些操作
可以在 Excel 窗口的工作表标签上进行，在操作以前，应先选择工作表。

1. 选择工作表

（1）选择单张工作表。选择单张工作表时，单击工作表的标签，则该工作表的内容显示
在工作簿窗口中，同时对应的标签变为白色，工作表名下方出现下划线。

（2）选择连续多张工作表。要选择连续多张工作表，可单击选择第一张，然后按住 Shift
键单击最后一张工作表。

（3）选择不连续多张工作表。要选择不连续多张工作表，可按住 Ctrl 键后分别单击每一
张工作表。

选择后的工作表可以进行复制、删除等操作，最简单的方法是在工作表标签处右击选择
的工作表，然后在打开的快捷菜单中选择相应的操作。

2. 插入

新建立的工作簿中只包含有 3 张工作表，根据需要还可以增加工作表，最多可以增加到
255 张，要在某个工作表之前插入一张工作表，可以按以下的步骤进行：

（1）在工作表标签上右击该工作表，在弹出的快捷菜单中选择"插入"；

（2）在新的对话框中选择"工作表"，然后单击"确定"按钮。

插入的新工作表成为当前工作表。插入工作表也可以使用"插入"｜"工作表"命令。

3. 删除

删除工作表时，右击选择的工作表，在弹出的快捷菜单中执行"删除"命令，也可以执
行"编辑"｜"删除工作表"命令。

要注意的是，被删除的工作表也无法用"撤消"命令恢复。

4. 重命名

工作表默认的名称分别是 Sheet1、Sheet2、Sheet3 等，重命名时，双击工作表标签或右击
选择的工作表，在弹出的快捷菜单中执行"重命名"命令，这时工作表名将突出显示，可直接
输入新的工作表名，然后按回车键即可。

5. 移动和复制

移动和复制工作表可以在同一个工作簿内进行，也可以在不同的工作簿之间进行。

（1）使用菜单命令。使用菜单命令时，移动和复制这两个操作的过程是一样的，具体过程如下：

① 打开源工作表所在的工作簿和要复制到的目标工作簿；

② 选择要移动或复制的工作表；

③ 右击在弹出的快捷菜单中执行"移动或复制工作表"命令或执行"编辑"｜"移动或复制工作表"命令，这时，出现如图 5-51 所示的对话框；

④ 在对话框中：

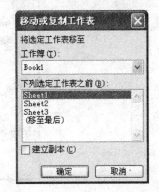

图 5-51　"移动或复制工作表"对话框

- 在"工作簿"下拉列表框中选择要复制到的目标工作簿，如果选择的是源工作簿，则表示移动或复制在同一个工作簿内进行；
- 在"工作表"列表框中选择要复制到的位置，即某个工作表之前或移至最后；
- 如果要复制工作表，则选中"建立副本"复选框，如果是移动工作表，则取消对该复选框的选择。

⑤ 在对话框中设置完成后，单击"确定"按钮，完成移动或复制。

（2）使用鼠标。在同一个工作簿内复制或移动工作表，用鼠标拖动的方法更为方便。

移动工作表时，先选择要移动的工作表，然后按住鼠标左键后拖动鼠标到某个工作表位置，松开鼠标，则该工作表移动到目标工作表之前的位置。

如果在拖动鼠标时按住 Ctrl 键，则将选择的工作表复制到目标工作表之前的位置。

5.3.5　设置单元格格式

单元格的格式设置包括数字的显示方式、文本的对齐方式、字体字号、边框、背景等多种设置，在进行格式设置之前，要先选择进行设置的单元格对象。

设置单元格格式可以使用如图 5-52 所示的"格式"工具栏中的各个按钮，也可以执行"格式"｜"单元格"命令，打开"单元格格式"对话框，如图 5-53 所示，在对话框中进行设置。

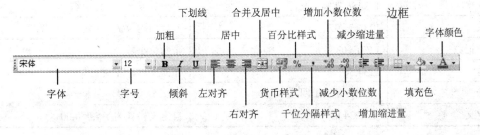

图 5-52　"格式"工具栏

1. 设置数字格式

图 5-53 所示的对话框中有 6 个选项卡，其中前面 5 个选项卡"数字"、"对齐"、"字体"、"边框"、"图案"都与单元格格式的设置有关。

图 5-53　"单元格格式"对话框

对话框的"数字"选项卡用于对单元格中不同类型的数字进行格式化，对话框左边的"分类"列表框中列出不同的格式类型共 12 种，每选择一种格式，对话框右边显示对应类型的显示示例。

列表中的第一个是常规格式，具有"常规"格式的单元格不含其他特定的数字格式。在输入数据时，Excel 自动判断数据来确定显示格式，例如，输入"0 2/3"时，会显示分数"2/3"，输入"2/3"时，会显示"2 月 3 日"，输入"1234"时，会作为数值以右对齐显示，而输入"'1234"时，则会作为文本以左对齐方式显示。

向某个单元格输入数据后，如果对单元格设置不同的格式，则输入的数据也以不同形式显示，例如向某个单元格输入 1234.567，表 5-1 列出了不同格式时的显示形式。

表 5-1　同一数据在不同格式时的显示形式

设置类型	显示形式	格式说明
常规	1234.567	不包含特定的格式
数值	1,234.5670	用千位分隔符，4 位小数
货币	¥1,234.57	¥，用千位分隔符，2 位小数
会计专用	¥1,234.57	与货币格式类似
百分比	123456.70%	百分数表示，2 位小数
分数	1234 55/97	分母为两位数
科学记数	1.23E+03	带两位小数
文本	1234.567	作为文本，左对齐
特殊	一千二百三十四.五六七	中文小写
自定义	¥1,234.57	自定义格式为¥#,##0.00

表中的大部分设置在对话框中都可以很方便地进行。

2. 设置对齐方式

单击"单元格格式"对话框的"对齐"选项卡，如图 5-54 所示，可以设置单元格的对齐方式。

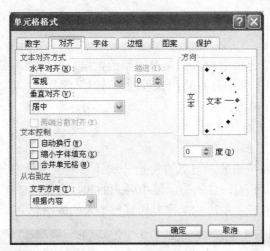

图 5-54　"对齐"选项卡

　　"对齐"选项卡中主要有 3 个部分，分别是"文本对齐方式"、"方向"和"文本控制"。

　　（1）文本对齐方式。通过两个列表框进行设置，其中"水平对齐"列表框包括常规、左缩进、居中、靠左、填充、两端对齐、跨列居中、分散对齐，"垂直对齐"列表框包括靠上、居中、靠下、两端对齐、分散对齐。

　　（2）"方向"框用来改变单元格中文本的旋转角度，角度范围是–90 度到 90 度，设置角度时可以直接在数值框中输入角度值。

　　（3）"文本控制"部分由 3 个复选框组成，它们的含义分别如下：

● 自动换行：对于输入的文本根据单元格的列宽自动换行；

● 缩小字体填充：是指自动缩小单元格中的字符大小，使数据的宽度与列宽相同；

● 合并单元格：用于将多个相邻的单元格合并为一个单元格，该功能常常与"水平对齐"列表框中的"居中"结合起来，用于表格标题的显示，而这两个功能也可以通过工具栏上的"合并及居中"这一个按钮实现。

　　3. 字体、边框和图案

　　字体、边框和图案的设置分别对应"单元格格式"对话框的 3 个选项卡。

　　"字体"选项卡进行字体的设置，字体设置主要包括字体、字形和字号的设置。

　　在默认情况下，工作表的表格线都是统一的浅色线，称为网格线，这种线在打印时是不显示的，使用"边框"选项卡，可以为表格设置不同类型的边框线。

　　图案就是底纹，指的是单元格中使用的颜色和阴影，可以在"图案"选项卡中为单元格设置不同类型的图案。

　　这几个项目设置的方法与在 Word 中的设置方法是一样的。

　　4. 复制格式

　　对于一个已经设置好格式的区域，如果其他的区域也要设置相同的格式，不必重复设置，和 Word 中一样，复制格式最简单的方法是使用格式刷。

　　5. 删除格式

　　对已设置的格式不满意时，可以删除，删除单元格格式的方法是执行"编辑"菜单的"清除"命令，用其级联菜单中的"格式"命令将格式清除。

　　删除格式后，单元格中的数据将以默认的格式显示，即文本左对齐，数字右对齐。

5.3.6　数据计算

创建工作表时，向单元格中输入的是最原始的数据，可以使用公式和函数对原始数据进行计算以便产生新的数据，例如计算几门课程的总分、平均分等，可以使用的计算方法有求和按钮、自动计算、公式和函数。

1. 使用求和按钮∑进行计算

（1）计算连续区域之和。

使用工具栏上的求和按钮∑，可以方便地分别计算一个区域中各行的和，并将结果放在区域右侧的一列，也可以分别计算一个区域中各列的和，将结果放在区域下方的一行中。

【例5.5】对图5-55所示左边的工作表计算每个人的成绩总分。

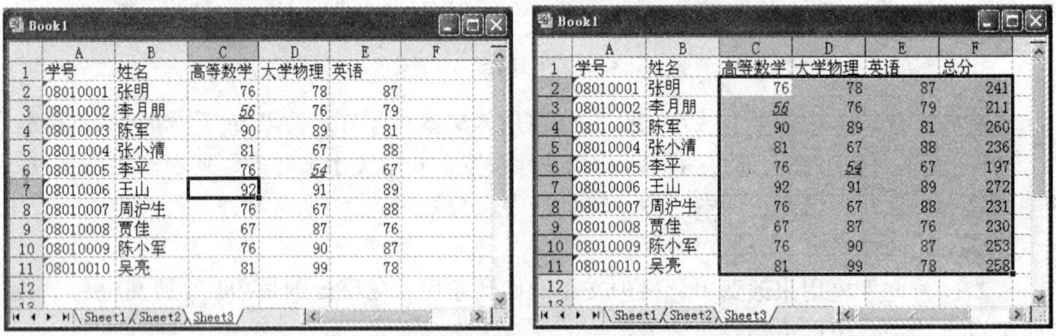

图 5-55　计算总分前后的成绩表

表中共有10个学生的数据，每个学生有3门课程，计算过程如下：

①向 F1 单元格中输入"总分"；

②选择区域 C2:F11，该区域包含了要计算的数据所在的区域 C2:E11 和存放结果的区域 F2:F11，然后，单击工具栏上的"∑"按钮，计算结果见图 5-55 右边的工作表所示，从图中可以看出，F2 中保存的是 C2:E2 区域数据之和，F3～F11 分别是另外几行的和。

（2）计算不连续多个区域之和。

使用求和按钮，也可以计算多个不连续区域之和，下面举例说明。

【例5.6】计算两个区域 A1:A4 和 B3:B9 中所有单元格数据之和，并将结果放在 A5 单元格中。

显然，这是两个不连续的区域，计算方法如下：

① 单击存放结果的单元格 A5；

② 单击工具栏上的"∑"按钮，这时，编辑区显示"SUM()"；

③ 按住 Ctrl 键后，分别拖动选择两个区域 A1:A4 和 B3:B9；

④ 单击编辑栏中的"√"按钮，这时计算结果显示在 A5 中，同时，在编辑栏显示的内容如下：

　　　=SUM(A1:A4,B3:B9)

这是后面将要介绍的公式。

2. 在状态栏观察计算结果

Excel 具有自动计算功能，它可以将选定的单元格中的数据进行诸如求和、平均值、最大值、最小值等计算，默认计算的是求和，并将计算结果在状态栏显示。

例如，在图 5-56 中，如果选择区域 F2:F11，则在状态栏上立即可以显示出"求和=2389"，这个值就是默认的计算求和的结果。

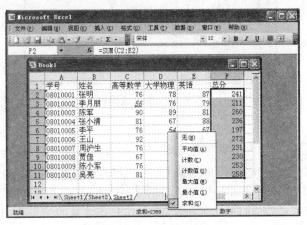

图 5-56　状态栏显示自动计算的结果

如果在状态栏上右击，可以弹出快捷菜单，在这个菜单上显示了其他的计算功能，例如计算平均值、计数、最大值、最小值等，其中的"计数值"表示含有数值的单元格的个数，第一个显示的"无"表示不进行任何计算。

3. 公式

如果只是进行求和运算，使用求和按钮就可以完成，如果要进行复杂的运算，就需要使用公式，使用公式可以完成算术运算、比较运算和文字运算。

（1）公式的组成。Excel 中向单元格输入公式时，以"="或"+"开始，后面是用于计算的表达式，表达式是用运算符将常数、单元格引用和函数连接起来所构成的算式，其中可以使用括号来改变运算的顺序。

向单元格输入公式后按回车键或单击确认按钮"√"，这时，编辑栏显示的是公式，而单元格显示的是公式计算的结果。

例如，如果 A1、A2 单元格的值分别是 1 和 2，现在 A3 单元格输入"=A1+A2"。当公式输入完且确认后，A3 单元格显示公式的结果是 3。

当公式中所引用的单元格数据发生变化时，Excel 会根据新的值重新进行计算。

例如，如果将 A1 单元格的值由 1 改为 2，则 A3 单元格立即自动显示新的结果是 4。

（2）运算符。公式中可以使用的运算符包括数学运算符、比较运算符和文字运算符。

算术运算符包括加号"+"、减号"−"、乘号"*"、除号"/"、乘方"^"和百分号"%"。

例如，5%表示 0.05，而 4^3 表示 64。

比较运算符包括等于"="、大于">"、小于"<"、大于等于">="、小于等于"<="和不等于"<>"，比较运算的结果为 TRUE 或 FALSE。

例如，"5>3"的结果为 TRUE，而"5<3"的结果为 FALSE。

文字运算符有连接"&"，表示将两个文本连接起来，例如，表达式"abc"&"xyz"的运算结果为"abcxyz"。

【例 5.7】图 5-57 所示的工作表是几个学生的数学、物理、化学三门课的成绩，现在计算第一个同学的总分和平均分。

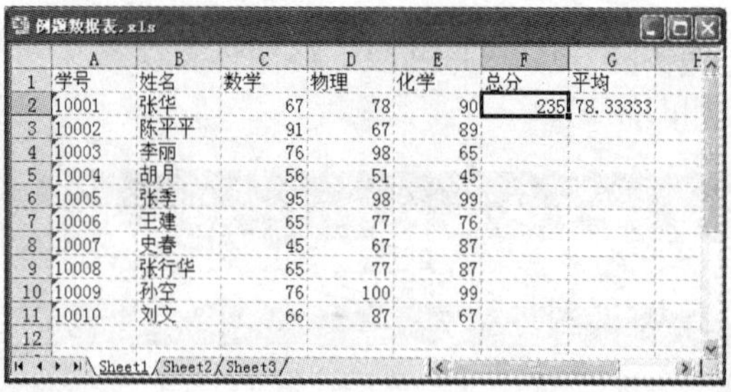

例题数据表.xls

	A	B	C	D	E	F	G
1	学号	姓名	数学	物理	化学	总分	平均
2	10001	张华	67	78	90	235	78.33333
3	10002	陈平平	91	67	89		
4	10003	李丽	76	98	65		
5	10004	胡月	56	51	45		
6	10005	张季	95	98	99		
7	10006	王建	65	77	76		
8	10007	史春	45	67	87		
9	10008	张行华	65	77	87		
10	10009	孙空	76	100	99		
11	10010	刘文	66	87	67		
12							

Sheet1 / Sheet2 / Sheet3

图 5-57　学生成绩表

计算方法如下：

①单击 F2 单元格，向此单元格中输入计算总分的公式“=C2+D2+E2”；

②单击确认按钮“ √”，这时，单元格 F2 显示公式计算的结果 235；

③单击 G2 单元格，在此单元格中输入计算平均分的公式“=F2/3”；

④单击确认按钮“ √”，这时，单元格 G2 显示公式计算的结果 78.33333。

本题中使用了两个公式分别计算总分与平均，事实上，G2 单元格计算平均分，也可以输入公式“=(C2+D2+E2)/3”。

（3）公式的复制。例 5.7 中只计算了第一个学生的分数情况，如果要计算第二个学生的总分和平均分，可以在 F3 和 G3 单元格分别输入下列的公式即可：

“=C3+D3+E3”和“=F3/3”

类似地，可以计算其他同学的总分和平均分。

显然，如果用这种方法对每一个学生都作相同的统计，输入公式的过程太复杂了，下面介绍使用公式复制的方法进行类似的统计计算。

【例 5.8】在上一例题的基础上，用公式复制的方法计算其他同学的总分和平均分。

计算过程如下：

①选择 F2 单元格，这个单元格之外出现选择边框；

②将鼠标移动到边框右下角的黑色方块，当鼠标指针变成细加号时，拖动鼠标到 F3 单元格，这时，可以看到，F3 单元格显示了第二个同学的总分，同时在编辑栏可以看到复制的公式是“=C3+D3+E3”，可以看出，在公式复制时，公式中的行号自动发生了变化。

可以使用下面的方法同时计算其他每一个同学的总分和平均分：

①同时选择 F2 和 G2 两个单元格，这两个单元格之外出现选择边框；

②将鼠标移动到边框右下角的黑色方块，当鼠标指针变成细加号时，拖动鼠标到 G11 单元格，这时，可以看到，F3:G11 区域分别计算出了其他同学的总分和平均分。

这一次是同时将两个公式在两列分别进行复制，计算结果见图 5-58。

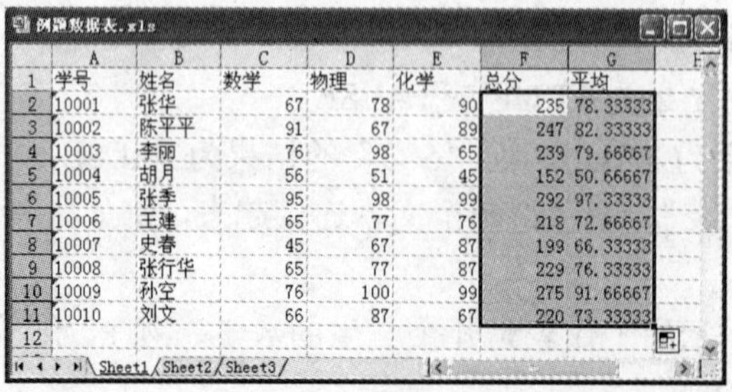

例题数据表.xls

	A	B	C	D	E	F	G
1	学号	姓名	数学	物理	化学	总分	平均
2	10001	张华	67	78	90	235	78.33333
3	10002	陈平平	91	67	89	247	82.33333
4	10003	李丽	76	98	65	239	79.66667
5	10004	胡月	56	51	45	152	50.66667
6	10005	张季	95	98	99	292	97.33333
7	10006	王建	65	77	76	218	72.66667
8	10007	史春	45	67	87	199	66.33333
9	10008	张行华	65	77	87	229	76.33333
10	10009	孙空	76	100	99	275	91.66667
11	10010	刘文	66	87	67	220	73.33333
12							

Sheet1 / Sheet2 / Sheet3

图 5-58　使用公式复制后的计算结果

　　在单元格中输入一个公式后，如果不能计算出正确的结果，Excel 系统会显示出一个出错信息，常见的错误信息及其含义见表 5-2。

表 5-2　常见的错误信息及含义

错误信息	原因
#####	输入到单元格的数据太长，单元格中显示不下
	公式产生的结果太长，单元格中显示不下
	对日期和时间数据做减法，产生负值
#DIV/0!	公式中出现被零除的现象
#N/A	在函数或公式中没有可用的数值
#NAME?	公式中使用了 Excel 不能识别的文本
#NULL!	试图为两个不相交的区域指定交叉点
#NUM!	公式或函数中某个数值有问题
#REF!	单元格引用无效
#VALUE!	在函数中使用错误的参数或运算对象的类型

　　4. 单元格的引用方式

　　从例 5.8 的结果可以看出，Excel 在进行公式复制时，并不是简单地将公式照原样复制下来，而是根据公式的原来位置和目标位置计算出单元格地址的变化。

　　例如，原来在 F2 单元格输入的公式是“=C2+D2+E2”，当复制到 F3 单元格时，由于目标单元格的行号发生了变化，这样，复制的公式中行号也相应地发生变化，复制到 F3 后公式变成了“=C3+D3+E3”，这是 Excel 中单元格的一种引用方式，称为相对引用，除此之外，还有绝对引用和混合引用。

　　相对引用是指在公式复制、移动时公式中单元格的行号、列标会根据目标单元格所在的行号、列标的变化自动进行调整。

　　相对引用的表示方法是直接使用单元格的地址，即表示为“列标行号”的方法，例如单元格 B6、区域 C5:F8 等，这些写法都是相对引用。

　　绝对引用是指在公式复制、移动时，不论目标单元格在什么地址，公式中单元格的行号和列标均保持不变。

　　绝对引用的表示方法是在列标和行号前面都加上符号“$”，即表示为“$列标$行号”的方法，例如单元格$B$6、区域$C$5:$F$8 的表示都是绝对引用的写法。

　　如果在公式复制、移动时，公式中单元格的行号或列标只有一个要进行自动调整，而另一个保持不变，这种引用方式称为混合引用。

　　混合引用的表示方法是只在要进行调整的行号或列标其中之一的前加上符号“$”，即表示为“列标$行号”或“$列标行号”的方法，例如 B$6、C$5:F$8、$B6、$C5:$F8 等的表示都是混合引用的写法。

　　这样，一个单元格的地址在引用时就有 3 种方式 4 种表示方法。

　　5. 函数

　　在进行数据计算时，除了使用公式，还可以使用 Excel 提供的函数，Excel 中提供了多类函数，每一类中由若干个函数组成，前面使用过的求和按钮实际上是自动使用了求和函数

SUM。充分地利用函数，可以提高计算的效率。

函数的一般形式如下：

函数名([参数 1][,参数 2…])

其中函数名是系统保留的名称，圆括号中可以有一个或多个参数，参数之间用逗号隔开，也可以没有参数，没有参数时，函数名后的圆括号也是不能省略的。

例如，函数 SUM(A1:A3)中有 1 个参数，表示计算区域 A1:A3 中数据之和。

函数 SUM(A1,B1:B3,C4)中有 3 个参数，分别是单元格 A1、区域 B1:B3 和单元格 C4。

【例 5.9】用函数重新计算例 5.7 工作表中的总分和平均分。

如果对函数名和函数中使用的参数个数及类型比较熟悉，可以在公式中直接输入函数，计算总和的函数是 SUM()，计算平均值的函数是 AVERAGE()，因此，可以直接向单元格 F2 中输入下面的求和函数：

=SUM(C2:E2)

向单元格 G2 输入下面的求平均值函数：

=AVERAGE(C2:E2)

接下来可以将这两个函数进行复制来计算其他同学的总分和平均值。

如果记不住每个函数的名称和参数，可以使用粘贴函数的方法，粘贴函数实际上是使用函数向导的方法，粘贴函数的方法如下：

① 选择 F2 单元格；

② 单击工具栏上的"*fx*"按钮，或执行"插入"|"函数"命令，打开"插入函数"对话框，如图 5-59 所示；

对话框中有两个列表框，上边的下拉列表框中列出了函数的类型，共有 11 类，每选择一类，下边列表框中就显示出该类中的各个函数，其中第一行"常用函数"显示最常用的函数，第二行的"全部"表示对函数不分类，将所有函数按字母表顺序排列，从第三行开始是每一类函数，如"财务"类、"统计"类、"逻辑"类等；

③ 选择函数，在上边下拉列表框中选择"常用函数"，在下边的列表框中选择函数 SUM，然后单击"确定"按钮，屏幕显示"函数参数"对话框，如图 5-60 所示；

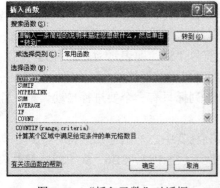

图 5-59　"插入函数"对话框

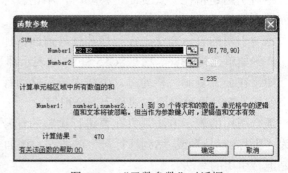

图 5-60　"函数参数"对话框

④ 输入参数，直接在 Number1 的文本框中输入参数，即用来计算总和的数据，可以是常量、单元格或区域，这里输入 C2:E2；

⑤ 在完成参数输入后，单击"确定"按钮，这时，在单元格 F2 中显示计算的结果。

Excel 提供的函数很多，下面是几个较为常用的函数。

（1）求和函数 SUM：计算各参数的和，参数可以是数值或含有数值的单元格的引用。

（2）求平均函数 AVERAGE：计算各参数的平均值，参数可以是数值或含有数值的单元格的引用。

（3）最大值函数 MAX：计算各参数中的最大值。

（4）最小值函数 MIN：计算各参数中的最小值。

（5）计数函数 COUNT：统计各参数中数值型数据的个数。

（6）条件函数 IF：该函数的格式是 IF(P,T,F)。函数有 3 个参数，第 1 个 P 是可以产生逻辑值的表达式，如果其值为真，则函数的值为表达式 T 的值，如果 P 的值为假，则函数的值为表达式 F 的值。

例如，IF(3>4,"A","B")的结果为"B"。

IF 函数可以嵌套使用，最多可以嵌套 7 层。

【例 5.10】对图 5-61 所示的工作表，按成绩值所在的不同范围计算其对应的等级分。

等级标准的划分原则是：90～100 为优，80～89 为良，70～79 为中，60～69 为及格，60 分以下为不及格。

操作方法如下：

① 选择 D1 单元格，向该单元格中输入"等级分"。

② 选择 D2 单元格，向该单元格中输入如下的公式：

=IF(C2>=90,"优",IF(C2>=80,"良",IF(C2>=70,"中",IF(C2>=60,"及格","不及格"))))

该公式中使用的 IF 函数嵌套了 4 层。

③ 单击确认按钮"√"，这时，D2 单元格显示结果为"中"。

④ 将鼠标移动 D2 单元格边框右下角的黑色方块，当鼠标指针变成细加号时，拖动鼠标到 D11 单元格，在 D3:D11 区域进行公式复制。

计算后的结果如图 5-62 所示。

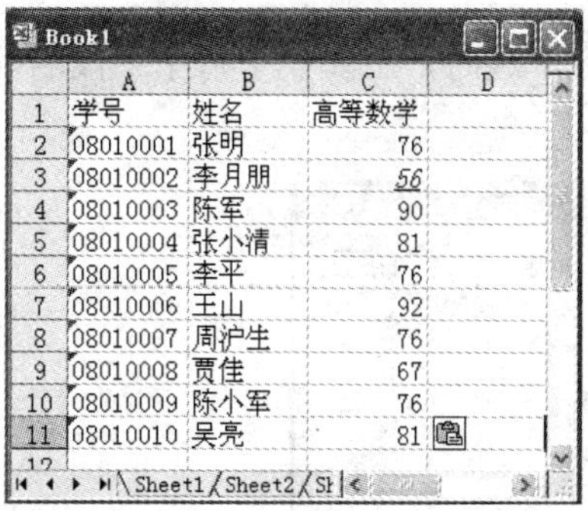

图 5-61　输入的分数 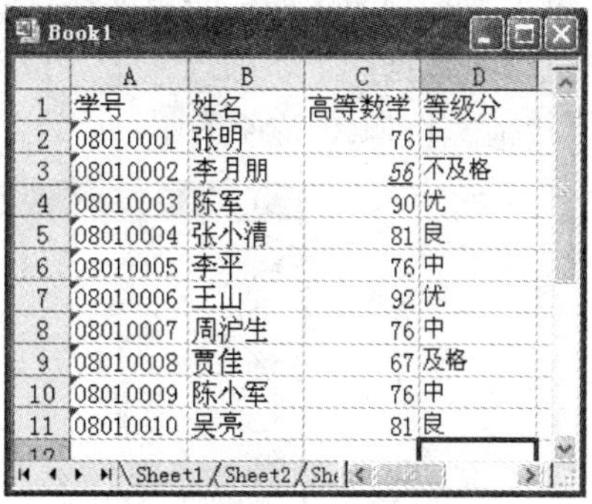　　　　　　　图 5-62　计算后的等级分

5.3.7　数据处理

数据管理的内容包括数据查询、排序、筛选、分类汇总等，管理操作的命令都在"数据"菜单上，另外，还有专门用于数据库计算的函数。

Excel 的数据管理采用数据库的方式，所谓数据库方式，是指工作表中数据的组织方式与二维表相似，即一个表由若干行若干列构成，表中第一行是每一列的标题，从第二行开始是具体的数据，这个表中的列相当于数据库中的字段，列标题相当于字段名称，每一行数据称为一条记录。例如，前面例子中的成绩记录表就可以看成是一个数据库，Excel 中的数据库也称为数据清单或数据列表。

图 5-63　"排序"对话框

1. 排序

排序是指按指定的字段值重新调整记录的顺序，这个指定的字段称为排序关键字，排序时可以按从高到低的顺序称为降序或递减，也可以按从低到高的顺序称为升序或递增。

排序时，执行"数据"｜"排序"命令，打开"排序"对话框，如图 5-63 所示，然后，在对话框中进行排序的设置。

在对话框中，有 3 个下拉列表框分别用来选择 3 个关键字：主要关键字、次要关键字和第三关键字，每个关键字可以分别设置递增或递减。

在排序时，所有记录按主关键字的顺序排列，如果有些记录的主关键字相同，则这些记录再按次要关键字排序，如果某些记录的主关键字和次要关键字都相同，则这些记录再按第三关键字排序。

"我的数据区域"中有两个单选按钮："有标题行"和"无标题行"，"有标题行"表示数据中第一行是字段名，不参与排序，"无标题行"表示第一行也作为数据和其他行一起进行排序。

2. 筛选记录

筛选记录是指集中显示满足条件的记录，而将不满足条件的记录暂时隐藏起来，最简单的筛选是按某个字段的具体值进行筛选。

【例 5.11】在学生表中筛选出专业为"计算机"的记录。

操作过程如下：

① 单击数据列表中的任一单元格；

② 执行"数据"｜"筛选"｜"自动筛选"命令，这时，工作表中每个字段名的右侧多了一个下拉箭头，如图 5-64 所示；

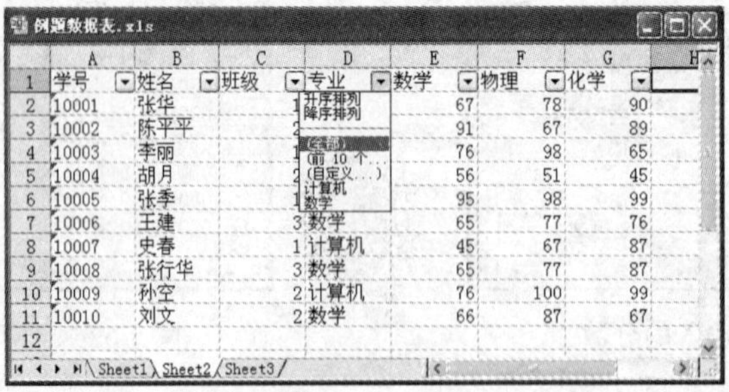

图 5-64　简单筛选

③ 单击"专业"列的下拉箭头，在列表框中选择"计算机"，筛选结果见图 5-65。

从筛选结果工作表的行号可以看出，有些行号没有显示，这就是隐藏了不满足条件的记录的结果。

如果在列表框中选择"全部"，则工作表恢复筛选前的情况。

图 5-65　简单筛选的结果

利用下拉列表框中的"自定义"，可以构造出复杂的筛选条件。

【例 5.12】在学生表中筛选出 1 班物理成绩大于 90 分的记录。

操作过程如下：

① 单击数据列表中的任一单元格；

② 执行"数据"｜"筛选"｜"自动筛选"命令；

③ 单击"班级"列的下拉箭头，在列表框中选择"1"，这时，1 班的记录被筛选出，接下来从筛选的结果中继续筛选成绩大于 90 分的记录；

④ 单击"物理"列的下拉箭头，在列表框中选择"自定义"，屏幕出现如图 5-66 所示的"自定义自动筛选方式"对话框；

⑤ 对话框中有两行共 4 个下拉列表框，单击第一行左边的下拉箭头，在列表框中选择"大于"，然后在其右侧的框中输入"90"，然后单击"确定"按钮，筛选完成。

如果要取消自动筛选功能，可以执行"数据"｜"筛选"｜"自动筛选"命令，则所有字段名称右侧的筛选箭头消失，并且隐藏的数据恢复显示。

3．分类汇总

利用公式或函数可以完成对某个字段进行求和、平均等计算，如果数据表中还有一个字段是"班级"，要分别计算每个班学生的数学、物理总和等，就要用到分类汇总的方法，其中的"班级"字段称为分类字段，数学、物理等字段称为汇总项，而求和、平均称为汇总方式。

在进行分类汇总时，要求先将数据列表按分类字段排序。

【例 5.13】对学生成绩表分别计算每个班学生的数学、物理的平均值。

操作过程如下：

① 按分类字段"班级"将数据列表排序；

② 执行"数据"｜"分类汇总"命令，出现"分类汇总"对话框，如图 5-67 所示；

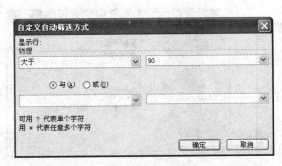

图 5-66　"自定义自动筛选方式"对话框

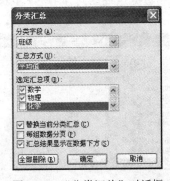

图 5-67　"分类汇总"对话框

③ 在对话框中：

- 单击“分类字段”下拉箭头，在列表框中选择“班级”；
- “汇总方式”列表框中有求和、计数、平均值、最大、最小等，这里选择“平均值”；
- 在“选定汇总项”中选择“数学”、“物理”，并同时取消其余默认的汇总项“化学”。

④ 单击“确定”按钮，完成分类汇总，汇总结果如图 5-68 所示。

	A	B	C	D	E	F	G
1	学号	姓名	班级	专业	数学	物理	化学
2	10001	张华	1	计算机	67	78	90
3	10003	李丽	1	数学	76	98	65
4	10005	张李	1	计算机	95	98	99
5	10007	史春	1	计算机	45	67	87
6			1 平均值		70.75	85.25	
7	10002	陈平平	2	计算机	91	67	89
8	10004	胡月	2	数学	56	51	45
9	10009	孙空	2	计算机	76	100	99
10	10010	刘文	2	数学	66	87	67
11			2 平均值		72.25	76.25	
12	10006	王建	3	数学	65	77	76
13	10008	张行华	3	数学	65	77	87
14			3 平均值		65	77	
15			总计平均值		70.2	80	

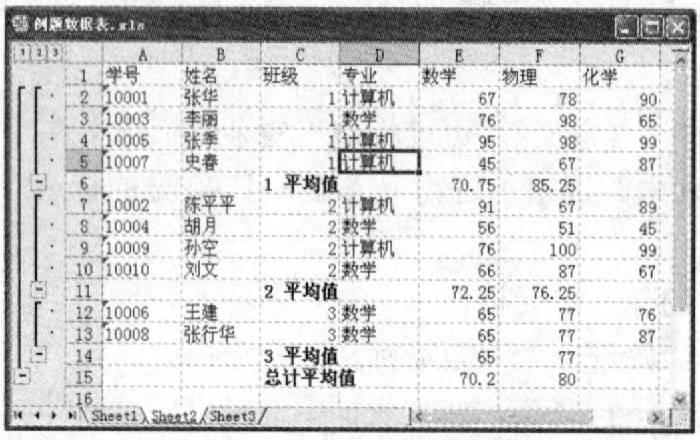

图 5-68　分类汇总的结果

分类汇总的结果通常按三级显示，可以通过单击分级显示区上方的三个按钮进行控制，单击“1”时，只显示列表中的列标题和总的汇总结果，单击“2”显示各个分类汇总结果和总的汇总结果，单击“3”时，显示全部数据和汇总结果。

在分级显示区中还有“+”、“-”等分级显示符号，其中“+”表示将高一级展开为低一级，“-”表示将低一组折叠为高一级的数据。

如果要取消分类汇总，可以执行“数据”菜单的“分类汇总”命令，在“分类汇总”对话框中单击“全部删除”按钮即可。

4. 数据透视表

分类汇总适合于按一个字段进行分类，如果要按 2 个或 3 个字段进行分类汇总，就要使用数据透视表了。

【例 5.14】对图 5-69 所示的学生成绩表以性别、小组作为分类字段，分别汇总高等数学、大学物理的平均值。

操作过程如下：

① 单击数据列表的任一单元格。

② 执行“数据”｜“数据透视表和数据透视图”命令进入数据透视表向导，出现“数据透视表和数据透视图向导——3 步骤之 1”对话框，用于指定数据源，如图 5-70 所示。

	A	B	C	D	E	F	G
1	学号	姓名	性别	小组	高等数学	大学物理	英语
2	08010001	张明	男	1组	76	78	87
3	08010002	李月朋	女	2组	56	76	79
4	08010003	陈军	男	3组	90	89	81
5	08010004	张小清	男	1组	81	67	88
6	08010005	李平	女	1组	76	54	67
7	08010006	王山	男	2组	92	91	89
8	08010007	周沪生	男	3组	76	67	88
9	08010008	贾佳	女	2组	67	87	76
10	08010009	陈小军	男	1组	76	90	87
11	08010010	吴亮	女	3组	81	99	78

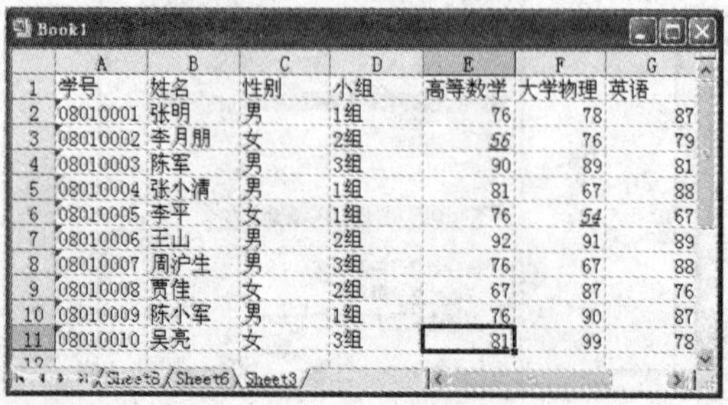

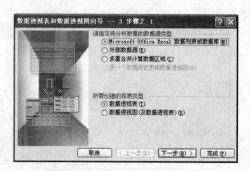

图 5-69　学生成绩表

图 5-70　向导 3 步骤之 1 对话框

③ 对话框中一个默认的选项是数据源的类型为数据列表或数据库，另一个默认选项是"数据透视表"，单击"下一步"按钮，进入 3 步骤之 2 对话框，用于选择数据区域，如图 5-71 所示。

图 5-71　向导 3 步骤之 2 对话框

④ 通常会选择整个数据列表，用户也可以修改数据区域，方法是直接输入或单击折叠按钮后在工作表上重新选择，选择后单击"下一步"按钮，进入 3 步骤之 3 对话框，用于指定数据透视表的显示位置，如图 5-72 所示。

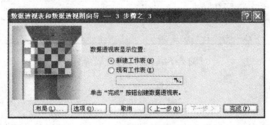

图 5-72　向导 3 步骤之 3 对话框

⑤ 数据透视表可以显示在"新建工作表"或"现有工作表"中，选择"新建工作表"时，将数据透视表放置在新建的工作表中，并使新建的表成为当前工作表；选择"现有工作表"时，还要指定放在现有工作表中的位置，默认选择为"新建工作表"，接下来单击"布局"按钮，进行数据透视表的布局设置，显示如图 5-73 所示的"布局"对话框。

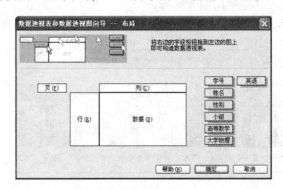

图 5-73　"布局"对话框

⑥ 在"布局"对话框中，右侧列出了列表的所有字段，页、行、列标题处为分类字段，要汇总的字段放在数据区中，因此：

● 将"小组"字段拖动到"行"标题处；
● 将"性别"字段拖动到"列"标题处；
● 将"高等数学"字段拖动到"数据"区，注意到默认显示的是"求和项"，在数据区双击"高等数学"字段，在新打开的对话框中选择"平均值项"；
● 同样，将"大学物理"字段拖动到"数据"区，并改为"平均值项"。

如果汇总时还有第三个分类字段，可以将其拖动到"页"标题处。

拖到汇总区的字段如果是数字型，则默认为"求和项"，如果是非数字型，则默认为"计数项"。

布局设置后，单击"确定"按钮，回到 3 步骤之 3 的对话框，然后单击"完成"按钮。完成后的数据透视表如图 5-74 所示。

小组	数据	男	女	总计
1组	平均值项:高等数学	77.66666667	76	77.25
	平均值项:大学物理	78.33333333	54	72.25
2组	平均值项:高等数学	92	61.5	71.66666667
	平均值项:大学物理	91	81.5	84.66666667
3组	平均值项:高等数学	83	81	82.33333333
	平均值项:大学物理	78	99	85
平均值项:高等数学汇总		81.83333333	70	77.1
平均值项:大学物理汇总		80.33333333	79	79.8

图 5-74　数据透视表结果

5.3.8　创建图表

图表是将工作表中的数据用图形化的方式表示，可以更加直观地反映数据之间的变化趋势，Excel 的图表类型有包括二维和三维图表在内的 14 大类，每一类又有若干子类型。

根据图表显示的位置可以将图表分为两种，一种是嵌入式图表，它和创建图表使用的数据源放在同一张工作表中，另一种是独立图表，是一张独立的图表工作表。

1. 创建图表

创建图表最方便的方法是使用图表向导。

【例 5.15】使用图表向导对学生成绩表创建如图 5-75 所示的图表。

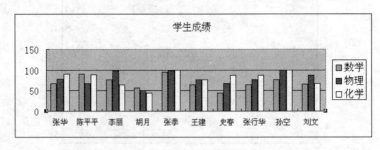

图 5-75　要创建的图表

创建图表的过程如下：

① 选择数据区。选择创建图表的数据区域是创建图表的关键，选择的区域可以是连续的，也可以是不连续的，本题中的结果中有三门课的成绩和姓名，因此这里选择 B1:E11。

如果选择的区域是不连续的，则选择方法是先按住 Ctrl 键，然后分别选择各个区域，如果选择的区域内有文字，则文字应在区域的最左列或最上行，用以在图表中标明数据的含义。

② 进入图表向导。单击工具栏上的"图表向导"按钮或执行"插入"｜"图表"命令，进行图表向导，屏幕出现向导 4 步骤之 1 的对话框，如图 5-76 所示。

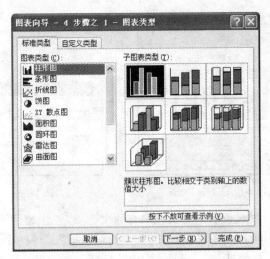

图 5-76　向导 4 步骤之 1

③ 向导 4 步骤之 1：图表类型。对话框左边"标准类型"选项卡中列出了共 14 类标准图表，每选择一类，在右侧显示该类的子图表的类型，这里选择第一类"柱形图"，在子类型中选择第一行第一个"簇状柱形图"。

单击"下一步"按钮，显示向导 4 步骤之 2 的对话框，如图 5-77 所示。

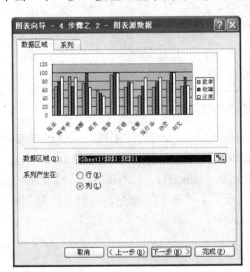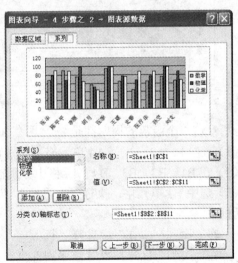

图 5-77　向导 4 步骤之 2

④ 向导 4 步骤之 2：图表数据源。对话框中有两个选项卡，"数据区域"用于修改创建图表的数据区域，可以直接输入区域或单击折叠按钮后在工作表上选择，"系列产生在"有两个单选按钮，表示数据系列在行或在列，数据系列是指一组相关的数据，来源于工作表的一行或一列，本例中数据系列在列，即数据系列是数学、物理、化学。

单击"下一步"按钮，显示向导 4 步骤之 3 的对话框，如图 5-78 所示。

⑤ 向导 4 步骤之 3：图表选项。对话框中由 6 个选项卡组成，分别是"标题"、"坐标轴"、"网格线"、"图例"、"数据标志"和"数据表"，表示分别对图表的这 6 个选项设置说明性的文字。

单击"下一步"按钮，显示向导 4 步骤之 4 的对话框，如图 5-79 所示。

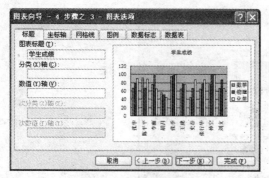
图 5-78 向导 4 步骤之 3

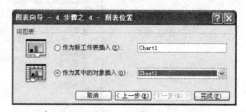
图 5-79 向导 4 步骤之 4

⑥ 向导 4 步骤之 4：图表位置。对话框中有两个选项，"作为新工作表插入"表示图表独立存放到新的工作表中即独立式图表，"作为其中的对象插入"表示图表嵌入指定的工作表中即嵌入式图表，这里取默认的选择，单击"完成"按钮，整个图表创建完成。

【例 5.16】使用图表向导创建如图 5-80 所示的正弦函数的图表。

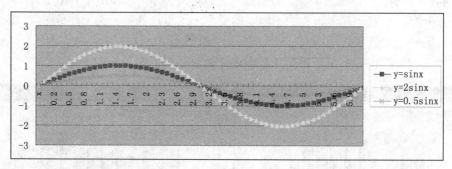
图 5-80 要创建的图表

分析：这三个函数的周期都是 2π，现在画出在区间 $[0, 2\pi]$ 上的图像，操作过程如下：

（1）在 A1、A2、A3、A4 单元格中分别输入 x、y=sinx、y=2sinx、y=0.5sinx。

（2）在 B1、B2、B3、B4 单元格中分别输入 0、=sin(B1)、=2*sin(B1)、=1/2*sin(B1)。

（3）选中 B1 单元格，执行"编辑"｜"填充"｜"序列"命令，打开"序列"对话框，在对话框中：

● 在"序列产生在"中选择"行"；
● 在"类型"区选择"等差序列"；
● 在"步长值"栏中输入 0.1；
● 在"终止值"栏中输入 6.2831852，就是 2π。

然后单击"确定"按钮，将 x 的取值填充到 BL1 单元格。

（4）分别选中 B2、B3、B4 单元格，并将填充柄向右拖动至 BL 列产生对应 y 的值。

（5）同时选中表格的第二、三、四行，执行"插入"｜"图表"命令，在"图表类型"中选择"折线图"，在"图表数据源"中将第一行作为分类 x 轴标志，然后单击"完成"按钮。

2. 编辑图表

编辑图表是指对整个图表或图表中的各个对象进行编辑，编辑时可以使用"图表"菜单（图 5-81）和"图表"工具栏（图 5-82），其中"图表"菜单是在单击图表后在菜单栏上出现的，从图中可以看出，"图表"菜单中的前 4 条命令与图表向导的四个步骤是对应的。

图 5-81　"图表"菜单

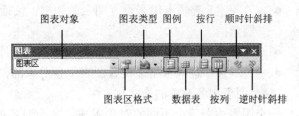

图 5-82　"图表"工具栏

（1）图表对象。

在对图表编辑之前，先介绍图表对象的概念。

图表对象是组成一个图表的各个组成部分，在图表工具栏上单击"图表对象"的下拉箭头，在下拉列表框中显示了一个图表的各个对象，单击某个对象时会选择不同的对象。

单击列表框中的某个对象时，在图表中可以将该对象选中，被选择的对象周围出现控点，反之，如果在图表中选中某个对象，对象名称也同时显示在工具栏的图表对象框中。

当鼠标指针停留在某个对象时，在该对象的旁边也会显示该对象的名称。

（2）移动、复制、缩放和删除图表。

这几个操作是对整个图表进行的，方法和其他图形对象的操作是一样的，先选择图表，在图表周围出现 8 个控点时进行操作：

- 移动：直接拖动图表；
- 复制：按住 Ctrl 键后拖动图表；
- 缩放：拖动周围的控点；
- 删除：选择后按 Del 键。

（3）改变图表类型。

已创建的图表，可以根据需要改变其类型，方法是先选择图表，然后执行"图表"｜"图表类型"命令，在出现的对话框也就是图表向导 4 步骤之 1 中选择图表类型和子类型。

（4）编辑图表中的数据。

创建图表后，图表和创建图表的数据区域之间就建立了联系，当工作表中数据发生了变化，图表中对应的数据也自动更新，反之，如果在图表中改变了数据的值，则在工作表中的数据也会随之改变。

1）删除数据。如果删除工作表中的数据，则图表中对应的数据系列也随之被删除。

如果只删除图表中的数据系列而不删除工作表中的数据，可以在图表中选定要删除的数据系列，然后按 Del 键。

2）向图表中添加数据系列。如果要添加的数据区域是连续的，可以选择该区域后，将数据拖动到图表中即可。

如果要添加的数据区域是不连续的或是向独立图表中添加数据，可使用下面的方法：

① 在工作表中选择要添加的数据系列；

② 单击工具栏上的"复制"按钮；

③ 单击图表区，然后单击工具栏上的"粘贴"按钮。

（5）修改图表区格式。

图表区的格式是指图表区文字的字体、颜色以及底纹图案，设置方法是先单击图表，然后执行"格式"｜"图表区"命令，打开"图表区格式"对话框，对话框中有 3 个选项卡：

- "图案"选项卡用来设置图表的边框，包括边框的线型、颜色、粗细、边框的阴影和圆角；
- "字体"选项卡可以设置图表区文字的字体、字形、字号和颜色；
- "属性"选项卡用来设置图表中各对象的位置和大小。

（6）图表中各对象的格式化。

一个图表由若干个不同的对象组成，各个对象的格式可以独立地进行设置，方法是双击图表中的对象或右击不同对象，在弹出的快捷菜单执行与格式设置有关的命令，这两种方法都可以打开设置格式的对话框，在对话框中就可以对选定的对象进行格式设置。

5.4 演示文稿软件 PowerPoint 2003

PowerPoint 2003 的基本操作主要包括建立演示文稿、向幻灯片中输入文本并设置文本的格式、向幻灯片中添加除文本外的其他不同信息，如剪贴画、表格、图表等、设置幻灯片中各对象的动画方式以及设置幻灯片之间切换方式等。

5.4.1 创建演示文稿

1. PowerPoint 2003 的窗口组成

启动 PowerPoint 2003 后，出现如图 5-83 所示的 PowerPoint 2003 窗口。

图 5-83　PowerPoint 2003 窗口

图中有内外两个窗口，外层是 PowerPoint 的程序窗口，程序窗口内是 PowerPoint 的文档窗口。

其程序窗口的组成和其他程序的窗口组成是相同的，例如都有标题栏、菜单栏、工具栏等，该窗口的最下面一行是状态行，状态行左边显示的是幻灯片的总数和当前幻灯片的编号，右边显示的是该演示文稿采用的模板名称，图中显示的是"默认设计模板"。

程序窗口标题栏显示的"演示文稿 1",是 PowerPoint 默认的文档文件名。

文档窗口从左到右由三部分组成,左边有两个选项卡,分别是"大纲"、"幻灯片",中间大部分区域是编辑当前幻灯片的区域,其下方是"备注视图",这是 PowerPoint 在普通视图下默认显示的四个区域。

文档窗口的右侧仍然是任务窗格,PowerPoint 中有 16 种任务窗格。

2. 创建演示文稿的方法

执行"文件"菜单的"新建"命令,窗口右侧可以显示"新建演示文稿"任务窗格,在任务窗格中可以使用 4 种方法创建演示文稿,分别是创建空演示文稿、根据设计模板、根据内容提示向导和根据现有演示文稿。

(1)创建空演示文稿。空演示文稿是指创建文稿时不使用任何设计模板,但要为每一张幻灯片选择版式,这也意味着每张幻灯片的背景、配色方案、文本格式都由用户自己进行设置。

创建空演示文稿方法如下:

① 单击任务窗格中的"空演示文稿",屏幕显示出"幻灯片版式"任务窗格,显示了各种不同的幻灯片版式。

② 单击选择某一种版式。

③ 输入该幻灯片的具体内容。

④ 执行"插入"|"新幻灯片"命令,重复②~④,直到整个演示文稿的所有幻灯片全部创建完毕。

⑤ 执行"文件"|"保存"命令,将创建的演示文稿进行保存。

用空演示文稿的方法创建的每一张幻灯片都有了具体的内容部分,还没有对幻灯片进行各种格式的设置,这些设置的具体方法将在后面的各节中介绍。

(2)根据设计模板建立演示文稿。模板是指事先对幻灯片的结构已设计好的一种结构,这些幻灯片的结构包含幻灯片的背景图案、色彩搭配、不同级别标题的文本的字体、字号、对齐方式、动画设计等,所有这些模板设计的内容将保存在模板文档中(.pot)。

根据设计模板建立演示文稿方法如下:

①单击任务窗格中的"根据设计模板",屏幕显示出"幻灯片设计"任务窗格。

②"幻灯片设计"任务窗格的设计模板中显示了各种不同的幻灯片模板,单击选择某一种模板。

③在选择了某种模板后,意味着每张幻灯片的版面结构就确定下来了,接下来就是分别输入每一张幻灯片的具体内容,这些内容包括文本、图片、Excel 图表、表格、组织结构、数据透视图等。

④执行"插入"|"新幻灯片"命令,这时,新幻灯片也具有相同的模板,重复②~④,直到整个演示文稿的所有幻灯片全部创建完毕。

⑤执行"文件"|"保存"命令,将创建的演示文稿进行保存。

(3)根据内容提示向导创建演示文稿。内容提示向导方式主要是帮助初学者使用 PowerPoint 创建演示文稿,用户在向导提示下选择自己需要的演示文稿类型。

(4)根据现有演示文稿创建演示文稿。现有演示文稿是指已经创建和设计好的演示文稿,可以以此文稿为模板创建新的演示文稿,创建方法如下:

①单击"新建演示文稿"任务窗格中的"现有演示文稿",屏幕显示出 "根据现有演示文稿新建"对话框。

②在该对话框中找到并选择要使用的目标文件，然后单击"创建"按钮，就可以用选中的演示文稿作为模板，创建新的演示文稿。

上面介绍了整个演示文稿的制作方法和一般过程，可以看出，制作演示文稿的过程，实际上就是分别制作每一张幻灯片的过程。

5.4.2 在不同的视图方式下编辑幻灯片

演示文稿制作后，接下来可以对每一张幻灯片进行具体的编辑操作，这些操作包括向幻灯片中输入不同的内容、设置不同的格式、对幻灯片整体进行操作等。

1. PowerPoint 的视图方式

根据操作内容的不同，对幻灯片的操作，要分别在不同的视图方式下进行，PowerPoint的"视图"菜单提供了 4 种不同的视图方式，它们分别是普通视图、幻灯片浏览视图、备注页视图和幻灯片放映视图。

（1）普通视图。普通视图是启动 PowerPoint 后窗口默认显示的，该视图由 4 个部分区域组成，分别是大纲、幻灯片、当前幻灯片和备注页，其中大纲和幻灯片是通过两张选项卡显示的，拖动其他任意两个视图中间的分隔线，可以改变每一部分在屏幕上的显示比例。

- 大纲选项卡：按顺序显示文稿中每一张幻灯片的文本内容和文本的组织层次结构，即幻灯片标题、各级文本的标题和内容。
- 幻灯片选项卡：该区域从上到下按顺序显示文稿中全部幻灯片的缩略图，可以浏览显示整个文稿的变化，对整张进行幻灯片复制、删除或改变顺序，但不能对幻灯片中的具体内容进行编辑。
- 当前幻灯片区：这是窗口中间占据范围最大的一部分，只显示当前幻灯片的内容，可以对当前幻灯片进行设计和编辑。
- 备注页区：用来编辑每张幻灯片的备注内容，备注是讲演者对每一张幻灯片所做的注解或提示，仅供讲演者在演示时使用，其内容并不在幻灯片上显示，在播放时也不显示。

（2）浏览视图。在浏览视图下，按顺序显示文稿中全部幻灯片的缩略图，可以浏览显示整个文稿的变化，对整张进行幻灯片复制、删除或改变顺序，但不能对幻灯片中的具体内容进行编辑。

该视图包含幻灯片选项卡的功能，但功能更多一些，例如可以进行排练计时、摘要幻灯片等。

（3）放映视图。该视图方式下，以全屏幕方式播放文稿，这时，播放从当前幻灯片开始到文稿中结束的每一张幻灯片。

注意到程序窗口中有一个"幻灯片放映"菜单，其中也有一个"观看放映"命令，这也是播放演示文稿的，但是，和放映视图不同的是，使用菜单命令放映文稿时，不论当前幻灯片是哪一张，它总是播放文稿中从第一张到最后一张的所有幻灯片。

（4）备注页视图。该视图下只显示两部分内容，当前幻灯片和该幻灯片的备注内容，而且只可以编辑备注的内容。

4 种视图之间切换时可以单击 PowerPoint 左窗口下方的切换按钮，也可以执行"视图"菜单中相应的命令。

2. 在当前幻灯片区编辑幻灯片

在幻灯片区可以编辑当前幻灯片中的文本、设置格式、输入其他的内容、改变当前幻灯片的版式，也可以删除或插入幻灯片。

（1）幻灯片切换。在当前幻灯片区显示演示文稿中的某一张幻灯片，这一张称为当前幻灯片，如果演示文稿中包含了多个幻灯片，窗口右侧会自动出现滚动条，利用滚动条或键盘上的 PgUp 和 PgDn 键可以将某一张幻灯片切换为当前幻灯片。

（2）编辑幻灯片中的文本。一张幻灯片中的文本分布在不同的区域即不同的文本框中，例如，在标题幻灯片中，标题和副标题这两个文本框中都有文本。因此，对文本进行编辑或设置格式时，首先单击要编辑的文本，将其所在的区域激活，这时，该文本框四周的边框出现明显的标记，四个角和每条边的中点出现总共 8 个控点，同时，光标在框内的插入点处闪烁。

当光标在文本中闪烁时，就可以对文本进行编辑了，编辑方法与在 Word 中是一样的。

（3）设置幻灯片的格式。幻灯片中的格式设置包含文本格式、段落格式和对象格式的设置。

设置字符格式可以使用以下两种方法进行：
● "格式"菜单中的"字体"命令；
● 工具栏中与格式设置有关的命令按钮，如字体、字号、颜色等。

对文本进行段落格式设置时，可以使用"格式"菜单中的"项目符号和编号"、"对齐方式"、"字体对齐方式"、"行距"、"分行"等命令。

对象是指幻灯片中的文本框、图片、图形、表格等，对象格式的设置方法是使用"绘图"工具栏中的相应按钮来进行，这些按钮可以设置边框的线型、粗细、颜色、阴影、填充色等。

（4）向幻灯片中插入其他对象。除了文本内容，在幻灯片中也可以插入其他不同类型的对象，这些对象可以是图片、Excel 的图表、表格等，其中图片中包含剪贴画、自选图形、艺术字等，所有这些对象的插入都可以使用"插入"菜单完成。

（5）插入或删除幻灯片。向演示文稿中插入一张新的幻灯片，操作方法如下：
①切换幻灯片，确定要插入新幻灯片的位置；
②执行"插入"｜"新幻灯片"命令，这时，文档窗口的右侧出现"幻灯片版式"任务窗格；
③在任务窗格中选择需要的版式。

这时，就在当前幻灯片之后插入一张新的幻灯片，并且这张新的幻灯片自动切换为当前幻灯片。

要删除某一张幻灯片，可以先将要删除的幻灯片切换为当前幻灯片，然后执行"编辑"｜"删除幻灯片"命令即可。

3. 在大纲区编辑幻灯片

大纲区仅显示演示文稿中所有幻灯片的标题和正文的文本，因此，在大纲视图下对幻灯片的编辑操作主要是对文本进行的，而幻灯片中的其他对象如图形、表格、图表等则不显示，可以进行的操作都使用"大纲"工具栏中的按钮，"大纲"工具栏中各按钮的作用如图 5-84 所示。

（1）调整幻灯片的顺序。调整幻灯片的顺序也就是改变了某张幻灯片的位置，在大纲视图下要改变

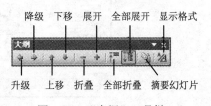

图 5-84　"大纲"工具栏

幻灯片的位置，可以先单击幻灯片图标选择整张幻灯片，然后将其拖动到合适的位置即可。

（2）调整标题的顺序。改变标题的顺序实际上也是调整某个标题的位置，既可以将某个标题在幻灯片内进行调整，也可以将其移动到不同的幻灯片中，方法是先单击要改变顺序的某个标题前的项目符号选中此标题，然后在"大纲"工具栏中单击"上移"或"下移"工具按钮，每单击一次，相应地将标题上移或下移一行。

（3）改变标题的级别。单击某个标题前的项目符号选中此标题，然后在"大纲"工具栏中单击"升级"或"降级"按钮，可以将选中标题的级别进行提升或下降，同时，该标题下的各级标题也同步地提升或下降。

当某个文本的级别上升为幻灯片标题时，原来的幻灯片将在此处分为两张，第二张的标题就是升级后的文本。

在大纲视图下，利用"升级"按钮可以分割一张幻灯片，反之，如果将一张幻灯片的标题进行降级，则该幻灯片与前一张就合并为一张了，该幻灯片的内容追加到原幻灯片之后。

（4）折叠和展开幻灯片。折叠幻灯片是指隐藏每张幻灯片的内容，只显示标题部分，可以通过单击"大纲"工具栏上的"全部折叠"按钮进行。

展开幻灯片是指将折叠的幻灯片重新显示其全部内容，可以通过单击"大纲"工具栏上的"全部展开"按钮进行。

4．浏览视图下的幻灯片操作

切换到浏览视图后，屏幕上显示出 "幻灯片浏览"工具栏，如图 5-85 所示，可以看出，使用工具栏中的按钮可以对幻灯片设置切换效果、预设动画、排练计时等。

图 5-85　"幻灯片浏览"工具栏

在浏览视图下，在文档窗口中按幻灯片编号的顺序显示多行幻灯片，每行按从左到右的顺序依次显示幻灯片，如图 5-86 所示。

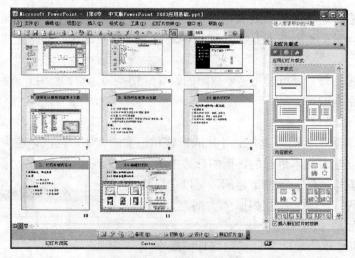

图 5-86　幻灯片浏览视图

除了上面所说的工具栏上按钮的作用外，在浏览视图下，还可以复制、移动和删除幻灯片，其中移动和复制操作既可在同一演示文稿中进行，也可以在不同的演示文稿之间进行，其操作方法是一样的。

对幻灯片进行移动、复制和删除操作时，要先选择幻灯片，然后再进行操作。

（1）选择幻灯片。选择幻灯片有以下几种不同的情况：

- 选择某一张幻灯片：单击要选择的幻灯片即可；
- 选择连续若干张：可先单击第一张，然后按住 Shift 键后再单击最后一张，也可以用鼠标拖动来选择连续多张，方法是先将鼠标放置在要选择的第一张幻灯片的前面，然后拖动到最后一张；
- 选择不连续的若干张：可先单击第一张，然后按住 Ctrl 键后再单击其余各张；
- 选择全部幻灯片：使用快捷键 Ctrl+A 或执行"编辑"｜"全选"命令。

不论使用哪一种方法，被选择的幻灯片周围被粗线框包围。

（2）删除幻灯片。选择好的一张或多张幻灯片，按 Del 键或执行"编辑"｜"删除幻灯片"命令即可删除。

（3）在同一演示文稿中复制幻灯片。复制幻灯片可以在同一个演示文稿内进行，也可以在不同的演示文稿之间进行，下面分别介绍。

① 选择要复制的一张或多张幻灯片；
② 单击工具栏上的"复制"按钮或执行"编辑"｜"复制"命令；
③ 单击确定要复制幻灯片的位置；
④ 单击工具栏上的"粘贴"按钮或执行"编辑"｜"粘贴"命令，这时，选择的幻灯片被复制到指定的位置。

如果复制的目标距离源幻灯片位置不远，也可以在选择幻灯片后，按住 Ctrl 键后拖动鼠标进行复制。

（4）在不同的演示文稿之间复制幻灯片。

① 打开源演示文稿，并在浏览视图下选择要复制的一张或多张幻灯片；
② 单击工具栏上的"复制"按钮或执行"编辑"｜"复制"命令；
③ 打开目标演示文稿，也将其切换到浏览视图；
④ 在目标演示文稿中，单击确定要复制幻灯片的位置；
⑤ 单击工具栏上的"粘贴"按钮或执行"编辑"｜"粘贴"命令，这时，选择的幻灯片被复制到目标演示文稿所指定的位置。

（5）移动幻灯片。移动幻灯片同样可以在同一演示文稿内进行，也可以在不同的演示文稿之间进行，操作方法与复制幻灯片类似，所不同的是将上面介绍的两个过程中的"复制"改为"剪切"即可。

在同一演示文稿内移动幻灯片实质上就是改变幻灯片在演示文稿中的顺序，除了上面的方法，移动幻灯片时，还可以简单地将幻灯片直接拖动到指定的位置。

5.4.3　改变幻灯片的外观

影响幻灯片外观的内容包括版式、使用的母版、选择的配色方案和应用的设置模板等。

1. 改变幻灯片的版式

改变幻灯片的版式，是指对已建好的幻灯片重新使用其他的版式，这样幻灯片将按新选的版式重新调整布局。

改变版式的方法是执行"格式"｜"幻灯片版式"命令，这时，文档窗口的右侧出现"幻灯片版式"任务窗格，在任务窗格中选择需要的版式即可。

2. 设置背景

设置背景和后面要介绍的选择配色方案的方法，都可以改变幻灯片的色彩，这两种方法所做的设置可以针对一张幻灯片进行，也可以针对演示文稿中所有的幻灯片进行。

设置幻灯片背景的方法如下：

（1）打开演示文稿，把要设置背景的幻灯片切换为当前幻灯片。

（2）执行"格式"｜"背景"命令，打开"背景"对话框，如图 5-87 所示。

（3）在"背景"对话框中：

● 打开"背景填充"下拉列表框，可以为当前幻灯片选择背景颜色；

● 如果需要选择更多的背景颜色，可在下拉列表框中选择"其他颜色"，这时，屏幕出现"颜色"对话框，可以在此对话框中选择更多的颜色。

（4）选择颜色后，可以为背景设置填充效果，方法是在下拉列表框中选择"填充效果"，然后，屏幕上出现"填充效果"对话框（图 5-88）。在"填充效果"对话框中，有四个选项卡，分别是"渐变"、"纹理"、"图案"和"图片"，表示填充效果可从这四个选项卡中进行设置。填充效果设置后，单击"确定"按钮，回到"背景"对话框。

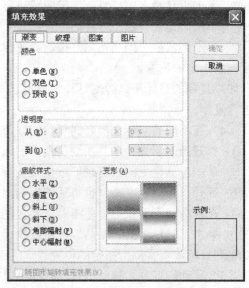

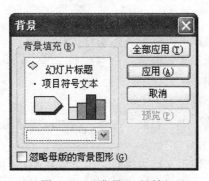

图 5-87　"背景"对话框　　　　　图 5-88　"填充效果"对话框

（5）在"背景"对话框中：

● 如果将目前所做的设置只应用于当前幻灯片，则单击"应用"按钮；

● 如果要将所做的设置对所有幻灯片起作用，则单击"全部应用"按钮；

● 如果希望当前幻灯片背景的设置不受母版的影响，则选中"忽略母版的背景图形"复选框。

不论单击"应用"按钮或"全部应用"按钮，都将关闭"背景"对话框，这时，幻灯片的背景已被改变。

3. 选择配色方案

幻灯片中可以设置颜色的对象包括"背景"、"文本和线条"、"阴影"、"标题文本"、"填充"、"强调"、"强调和超级链接"、"强调和尾随超级链接",如果对不同的对象分别设置不同的颜色,从而实现各对象的颜色组合,这种组合就是配色方案。

PowerPoint 中的配色方案有标准方案和自定义方案两类,其中标准配色方案中有 12 种已设置好的方案;可以直接选用,也可以自行定义配色方案。

设置幻灯片配色方案的方法如下:

(1)打开演示文稿,使要调整配色方案的幻灯片成为当前幻灯片;

(2)执行"格式"|"幻灯片设计"命令,这时,窗口右侧出现"幻灯片设计"任务窗格,单击其中的"配色方案",任务窗格显示有 12 种标准的配色方案,可以单击选择新的配色方案,如果需要自定义配色方案,可单击下方的"编辑配色方案",打开"编辑配色方案"对话框,对话框中有两个选项卡,其中的"自定义"选项卡中分别对 8 个对象设置颜色。

4. 母版

上面介绍的设置幻灯片格式的方法主要是针对某一张幻灯片的,如果要将演示文稿中所有的幻灯片设置成统一的格式,最方便的方法就是使用母版。

母版中记录了幻灯片的所有格式信息,决定了幻灯片中文本的格式、标题的样式、位置、各个对象的布局、背景、配色方案等,使用幻灯片母版,可以使文稿中所有幻灯片有统一的外观。

根据用途不同,PowerPoint 的母版可以分成以下四类。

● 幻灯片母版:幻灯片母版用来控制除标题幻灯片之外的所有幻灯片的格式;

● 标题母版:标题母版用来控制标题幻灯片的格式;

● 讲义母版:用于控制幻灯片以讲义形式打印的格式,例如每页幻灯片中的页眉和页脚信息;

● 备注母版:主要设置备注页的版式及备注文字的格式。

执行"视图"|"母版"|"幻灯片母版"命令,打开幻灯片母版的编辑视图窗口,如图 5-89 所示。

母版的编辑视图窗口由 5 个部分组成,每个部分称为占位符,分别用虚线边框包围,选择不同的占位符,可以分别设置各个占位符的格式。也可以向母版中插入其他的对象,例如文本框、图片等,不论是已有的占位符还是新插入的对象,对它们所做的各种设置将影响到除标题幻灯片之外的所有幻灯片。

(1)更改文本的格式。在幻灯片母版中选择对应的占位符,例如标题样式或文本样式,可以设置相应位置上的文本的字符格式、段落格式,在设置格式时不需要输入文本的具体内容。

(2)向母版插入对象。向母版中插入对象,方法和在幻灯片视图下向幻灯片中插入对象是一样的,不同的是,向母版中插入一个对象后,除标题幻灯片外的每一张幻灯片都会自动拥有该对象。

(3)设置背景和配色方案。设置方法与在幻灯片视图下是一样的。

(4)设置页眉、页脚和幻灯片编号。在幻灯片母版视图下,执行"视图"|"页眉和页脚"命令,屏幕上出现"页眉和页脚"对话框,如图 5-90 所示。

对话框中有两个选项卡,在"幻灯片"选项卡中可以设置的幻灯片内容有 3 个,实际上就是图 5-89 中最下面的 3 个占位符。

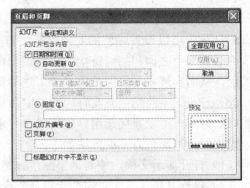

图 5-89　"幻灯片母版"编辑视图　　　　　图 5-90　"页眉和页脚"对话框

① 日期和时间。选中此复选框，表示在"日期区"显示日期和时间，其中日期的设置有两种。

● 自动更新：选择此项后，幻灯片上的日期区会随日期和时间的变化而改变；

● 固定：选中此项后，由用户输入一个固定的日期或时间。

② 幻灯片编号。选中此复选框，表示在"数字区"显示幻灯片的编号。

③ 页脚。选中此复选框，表示可以在"页脚区"输入内容作为每张幻灯片的注释。

如果不希望在标题幻灯片上看到编号、日期、页脚等内容，可以在对话框中选择"标题幻灯片中不显示"复选框。

每个区的内容设置后，可单击"全部应用"按钮，关闭该对话框，回到幻灯片母版视图窗口，这时，对刚刚设置的 3 个区，还可以做以下操作：

● 拖动每个占位符，将各个区域放置到合适的位置；

● 对各区域的内容进行格式设置，如字体、字号、颜色等。

幻灯片母版编辑之后，要单击"母版"工具栏上的"关闭母版视图"按钮退出母版的编辑，又回到文稿编辑窗口。

5. 设计模板

不同的设计模板反映了不同的演示文稿风格，PowerPoint 提供了多种模板，在创建一个新的演示文稿时，可以选择某种模板，然后再输入具体的内容。

也可以先输入演示文稿的内容，然后再为演示文稿选择一种合适的模板，当然，也可以对已选定某种模板的演示文稿重新使用新的模板，这就是应用设计模板的方法。

使用设计模板时，执行"格式"｜"幻灯片设计"命令，这时，窗口右侧出现"幻灯片设计"任务窗格，单击其中的"设计模板"，这时，任务窗格的下方显示出已设计好的模板名称，每单击一个模板，演示文稿就按选定的模板进行设计，同时，在对话框右侧的预览框中可以显示该模板的外观效果。

对演示文稿使用了应用设计模板后，新模板的母版、背景、配色方案等将取代演示文稿原来的方案，同样，以后如果再向演示文稿中添加新的幻灯片时，新幻灯片也会具有相同的外观。

以上操作是对演示文稿使用已设计好的模板，用户也可以将包含自己设计的母版和配色方案的演示文稿保存为模板文件，以供以后创建的演示文稿直接使用，方法为执行"文件"｜"另存为"命令，在打开的"另存为"对话框的"保存类型"下拉列表框中选择"演示文稿设计模板"，然后单击"保存"按钮。

5.4.4　动画效果

PowerPoint 的动画设计有两种，分别是幻灯片内的动画和幻灯片间的动画，幻灯片内的动画是指为幻灯片上的文本、图片、表格、图表等分别设置不同的动画效果，这样可以突出每个部分对象的重点、增强演示的效果，幻灯片间的动画是指幻灯片之间的切换效果，即两个幻灯片之间的变换方法，例如水平百叶窗、盒状展开等。

1．幻灯片内对象动画的设置

幻灯片内动画效果的设置有两种方法，分别是"动画方案"和"自定义动画"。

（1）动画方案。执行"格式"｜"幻灯片设计"命令，这时，窗口右侧出现"幻灯片设计"任务窗格，单击其中的"动画方案"，这时，任务窗格下方的列表框中显示出各种不同的动画名称，单击其中一种名称，可以设计某种动画，这时，幻灯片中就会预览设置的结果。

（2）自定义动画。执行"幻灯片放映"｜"自定义动画"命令，在窗口右侧会出现"自定义动画"任务窗格，单击其中的"添加效果"会显示不同效果的级联菜单，如图 5-91 所示。

选定某个效果后，幻灯片上会立即预览设置的效果。

2．幻灯片的切换方式

幻灯片之间的切换是指在播放演示文稿过程中，从一张幻灯片播放完成后更换到下一张幻灯片的方式，切换方式可以针对某一张幻灯片进行设置，也可以针对选择的若干张幻灯片进行。

设置幻灯片切换的方法如下：

（1）打开演示文稿；

（2）选择幻灯片：如果只对一张幻灯片或所有幻灯片设置切换方式，可以在普通视图或幻灯片视图下进行选择；如果要对多张幻灯片进行设置，则应在浏览视图下选择要设置切换方式的幻灯片；

（3）执行"幻灯片放映"｜"幻灯片切换"命令，窗口右侧显示"幻灯片切换"任务窗格，如图 5-92 所示；

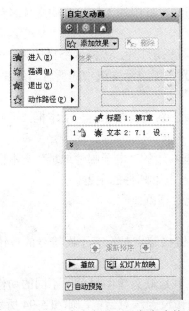

图 5-91　"自定义动画"任务窗格

图 5-92　"幻灯片切换"任务窗格

（4）在"幻灯片切换"任务窗格中，可以进行的设置如下：

- 效果：在效果列表框中列出了不同的切换效果，例如"水平百叶窗"、"垂直百叶窗"、"盒状展开"等；
- 速度：效果列表框下面有一个切换速度的下拉列表框，可以在"慢速"、"中速"和"高速"中进行选择；
- 声音：速度下方是声音下拉列表框，可以选择切换时播放的声音；
- 换片方式：换页方式有手动和自动两种，这是两个复选框，因此两种方式可以同时设置，如果要设置成手动切换，可选择"单击鼠标时"，则在播放时单击即可换页，如果要设置成自动切换，可选择"每隔"复选框，然后在后面的数值框中输入具体的秒数，这样，在播放时间到达指定的秒数时自动换页。

各选项设置后，如果单击"应用于所有幻灯片"按钮，可以将切换效果的设置应用于演示文稿中的所有幻灯片。不单击该按钮，切换效果的设置仅应用于选定的幻灯片。

5.4.5　超级链接

在演示文稿中创建超级链接，可以在播放时通过链接跳转到不同的位置，这个位置可以是演示文稿中的某张幻灯片，也可以是某个文档，还可以是 Internet 上的某个网站。

创建超级链接的起点可以是任何的文本或图形对象，如果对某个文本设置了超级链接，这些文本下方会添加下划线，创建超级链接可以使用"超链接"命令或"动作按钮"。

1.　使用超链接命令创建超级链接

使用命令创建超级链接的方法如下：

（1）打开演示文稿，切换到某张幻灯片。

（2）在幻灯片上输入文本或图形，然后将其选中。

（3）执行"插入"｜"超链接"命令，显示"插入超链接"对话框。

（4）对话框左侧的"链接到"指定了链接的目标，共有 4 个可选择的目标。

- 原有文件或网页：选择此目标时，可在右边的文本框中输入链接到的文件名称或网页名称；
- 本文档中的位置：这是指链接到本文档中的某张幻灯片，选择这个目标时，对话框右边显示"请选择文档中位置"列表框，框中列出了演示文稿中的所有幻灯片的标题，可以单击选择某个幻灯片作为链接的目标；
- 新建文档：单击这个目标时，对话框右边出现"新文档的名称"文本框，可向此文本框中输入要链接到的新文档名称；
- 电子邮件地址：选择这个目标后，可在对话框右边的"电子邮件地址"文本框中输入电子邮件地址，然后在"主题"文本框中输入电子邮件的主题。

（5）目标设置完成后，单击"确定"按钮关闭此对话框。

2.　使用动作按钮创建超级链接

使用动作按钮也可以创建超级链接，只是这里的链接起点是标有不同符号的按钮，创建过程如下：

（1）执行"幻灯片放映"｜"动作按钮"命令，其级联菜单中显示了不同的动作按钮，如图 5-93 所示，选择一个动作按钮后，屏幕出现"动作设置"对话框，如图 5-94 所示。

（2）"动作设置"对话框中有两个选项卡，其中"单击鼠标"表示单击鼠标时启动链接的跳转，"鼠标移过"表示将鼠标移动到动作按钮上时启动链接的跳转，这两个选项卡中设置的内容完全一样。

图 5-93　动作按钮

图 5-94　"动作设置"对话框

（3）对话框中的"超链接到"下拉列表框中列出了链接到的目标，也就是跳转的位置，其中常用的有"上一张幻灯片"、"下一张幻灯片"、"第一张幻灯片"和"最后一张幻灯片"。

对已经创建的超级链接也可以进行编辑和删除，方法是右击超级链接的对象后，在快捷菜单中执行"编辑超链接"或"删除超链接"命令。

5.4.6　播放演示文稿

演示文稿创建后，可以根据需要进行不同的输出处理，这些处理包括使用不同的放映方式播放文稿、以不同的形式打印文稿以及对演示文稿进行打包等。

1. 设置放映方式

根据演讲者的不同需要，可以设置不同的放映方式，方法是执行"幻灯片放映"菜单中的"设置放映方式"命令，屏幕出现"设置放映方式"对话框，如图 5-95 所示。

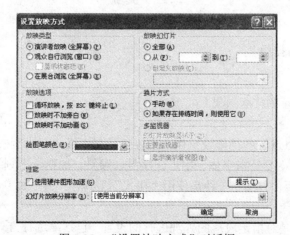

图 5-95　"设置放映方式"对话框

对话框中常用的设置如下。

（1）放映类型。放映类型由 3 个单选按钮决定。

- 演讲者放映（全屏幕）：这是常规的全屏幕放映方式。可以用手工方式控制幻灯片和动画，可以使用快捷菜单或 PgUp、PgDn 键显示不同的幻灯片，也可以使用绘图笔。
- 观众自行浏览（窗口）：以窗口形式显示演示文稿，窗口中包含自定义菜单和命令，在显示时可以使用滚动条或"浏览"菜单浏览演示文稿。
- 在展台浏览（全屏幕）：以全屏幕方式显示幻灯片，这种方式下，PowerPoint 会自动选定"循环放映，按 Esc 键终止"复选框，鼠标只能用来单击超链接和动作按钮，终止只能使用 Esc 键，其他的功能全部无效。

（2）放映幻灯片。该部分供用户选择所放映的幻灯片的范围，包括全部、部分（从…到…）和自定义放映，其中的自定义放映实际上是在下拉列表框中显示若干个自定义放映名称，每个放映名称要通过执行"幻灯片放映"菜单中的"自定义放映"命令，然后在出现的对话框中选择要播放的幻灯片并确定播放的顺序，这里的顺序不一定是创建时的顺序。

（3）放映选项。这一部分有以下三个选项，都是复选框：

- 循环放映，按 Esc 键终止；
- 放映时不加旁白；
- 放映时不加动画。

（4）换片方式。换片方式通过单选按钮确定是手动还是根据排练时间自动换片。

2. 播放演示文稿

放映演示文稿有两种操作方法，使用"幻灯片放映"菜单和"视图"工具栏上的"幻灯片放映"按钮。

使用"幻灯片放映"菜单时，不论当前幻灯片在什么位置，总是从演示文稿的第一张幻灯片开始播放到最后一张，方法是执行"幻灯片放映"｜"观看放映"命令。

使用"视图"工具栏上的"幻灯片放映"按钮播放文稿时，总是从当前的幻灯片开始播放。

不论用哪一种方法，在播放中途要结束放映时，只需要按 Esc 键即可。

5.5　实验

5.5.1　Word 综合排版

1. 实验要求

生成如图 5-96 所示的排版效果。

2. 实验分析

编辑好的文本可以进行各种排版操作，主要包括文本格式、段落格式和页面格式的设置。

（1）文本格式。主要是指字体、字形、字号、倾斜、加粗、下划线、颜色、加框和底纹等，设置文本格式有两种方法，一种是使用"格式"工具栏，另一种方法是在"字体"对话框中进行设置。

（2）段落格式。是对指定段落的外观进行的设置，包括缩进行方式、对齐方式、行间距、段间距等。

设置段落格式可以使用三种方法："格式"工具栏的"段落格式"按钮、"水平标尺"和"段落"对话框。

数据库应用

第 2 节 数据模型

在数据库中，数据通过一定的组织形式保存在存储介质上，这种组织形式是以不同的数据模型为基础的。

数据模型是指在数据库系统中表示数据之间逻辑关系的模型，目前，数据库管理系统所支持的数据模型有三种，即层次模型、网状模型和关系模型。

（1）层次模型是指用树形结构组织数据，可以表示数据之间的多级层次结构，在树形结构中，各个实体被表示为结点，其中整个树形结构中只有一个为最高结点，其余结点有而且仅有一个父结点，上级结点和下级结点之间表示了一对多的联系。

（2）网状模型中用图的方式表示数据之间的关系，这种关系可以是数据之间多对多的联系。它突破了层次模型的两个限制，一是允许结点有多于一个的父结点，另一个是可以有一个以上的结点没有父结点。

（3）关系模型可以用二维表格的形式来描述实体及实体之间的联系，在实际的关系模型中，操作的对象和操作的结果都用二维表表示，每一个二维表代表了一个关系。

显然，在这三种数据模型中，关系模型的组织和管理最为简单方便，因此，目前流行的数据库管理系统都是以关系模型为基础的，称为关系型数据库管理系统，而其他模型组织的数据可以转化为用关系模型来处理。

数据库应用学习班进度安排

时间	内容	学时	作业
7 月 1 日	数据库概述	2	习题 1、2
7 月 2 日	关系数据库	2	习题 5~7
7 月 3 日	关系的规范化	4	习题 8~10
7 月 5 日	数据库设计	4	习题 15
7 月 7 日	小测验	2	

图 5-96　综合排版后的效果

（3）页面设置。其中包括页边距、纸张大小、页眉和页脚、页码、分栏等，这些操作分布在不同的菜单命令中。

3．操作过程

（1）输入文字创建新的文档。

①启动 Word 2003 后，向文档中输入以下方框中的内容：

第 2 节　数据模型

在数据库中，数据通过一定的组织形式保存在存储介质上，这种组织形式是以不同的数据模型为基础的。

数据模型是指在数据库系统中表示数据之间逻辑关系的模型，目前，数据库管理系统所支持的数据模型有三种，即层次模型、网状模型和关系模型。

（1）层次模型是指用树形结构组织数据，可以表示数据之间的多级层次结构，在树形结构中，各个实体被表示为结点，其中整个树形结构中只有一个为最高结点，其余结点有而且仅有一个父结点，上级结点和下级结点之间表示了一对多的联系。

（2）网状模型中用图的方式表示数据之间的关系，这种关系可以是数据之间多对多的联系。它突破了层次模型的两个限制，一是允许结点有多于一个的父结点，另一个是可以有一个以上的结点没有父结点。

（3）关系模型可以用二维表格的形式来描述实体及实体之间的联系，在实际的关系模型中，操作的对象和操作的结果都用二维表表示，每一个二维表代表了一个关系。

显然，在这三种数据模型中，关系模型的组织和管理最为简单方便，因此，目前流行的数据库管理系统都是以关系模型为基础的，称为关系型数据库管理系统，而其他模型组织的数据可以转化为用关系模型来处理。

数据库应用学习班进度安排
时间　　内容学时作业
7月1日　　数据库概述　2　习题1、2
7月2日　　关系数据库　2　习题5～7
7月3日　　关系的规范化4　习题8～10
7月5日　　数据库设计　4　习题15
7月7日　　小测验　2

---

②将输入的内容以文件名"数据库简介"保存。

（2）设置字符格式和段落格式。

①将所有文字设置为小四号宋体字，字符间距1.2磅。

②将标题"第2节 数据模型"设置为三号黑体，居中，并加双线1.5磅红色边框。

③对正文第1段、第6段设置段落格式：首行缩进1厘米、行间距1.5倍行距、段前6磅、段后6磅。

（3）将第二段改成竖排。

选中第二段，执行"插入"｜"文本框"｜"竖排"命令，然后右击框线，在快捷菜单中执行"设置文本框格式"命令，在对话框中取消框线。

（4）将第三、四、五段文本分为等宽两栏，栏间带分隔线。

（5）添加页眉，内容为"数据库应用"，小五号，居中。

（6）创建表格。

参照样文在第6段之后建立表格，要求如下：

①表格标题三号、黑体、红色、居中。

②表格第一行设置为四号、隶书、蓝色、居中。

③表格其他行设置为五号、宋体，第1列、第3列居中。

④整个表格居中。

4．思考问题

（1）字符格式、段落格式和页面格式设置各包括哪些内容？

（2）使用水平标尺可以进行哪些格式设置？

5.5.2　在Word中制作复杂的表格

1．实验要求

绘制如图5-97所示格式的表格。

计算机 11 班课程表

时　间　节　次　星　期		星期一	星期二	星期三	星期四	星期五
上午	1-2	马哲	高数	马哲	C 语言	高数
	3-4	听力	VFP	高数	听力	物理
下午	5-6	C 语言	听力	物理	VFP	VFP 上机
	7-8	体育				
晚上	9-10		C 上机		二外	

图 5-97　实验要求生成表格式样

2. 实验分析

本实验包含如下基本操作：

● 用菜单命令绘制规则表格。

● 对建立的表格进行不同的编辑，包括合并单元格、绘制斜线等。

● 向表格中输入内容并设置字符格式。

在设计复杂表格时，可以先绘制规则表格，然后对该表格进行不同的处理，最后形成复杂的表格。

3. 操作过程

（1）启动 Word 2003，建立一个新的文档。

（2）输入表题"计算机 11 班课程表"，然后单击工具栏的"居中"按钮，将表题置于中间位置，并设置为四号字。

（3）绘制 6 行 7 列的规则表格。执行"表格"|"插入"|"表格"命令，在打开的"插入表格"对话框的行数和列数文本框中分别输入 6 和 7，然后，单击"确定"按钮，这样，先绘制出规则表格。

（4）合并某些单元格。对以下单元格进行合并：

● 第一行的前两个单元格；

● 第一列的 2、3 行两个单元格；

● 第一列的 4、5 行两个单元格。

合并后的表格如下所示：

（5）设置表头的斜线。执行"表格"|"绘制斜线表头"命令，打开"插入斜线表头"对话框，进行以下设置：

● "表头样式"下拉列表框中选择"样式四"；

● "行标题"文本框中输入"星期"；

● "列标题一"文本框中输入"节次";

● "列标题二"文本框中输入"时间"。

设置后，单击"确定"按钮，关闭对话框。

（6）向单元格中输入文字。向表格中的其他单元格输入以下具体的内容：

● 第一列是"上午"、"下午"、"晚上";

● 第二列是"1-2"、"3-4"等节次;

● 第一行后五列是星期，其他的单元格输入具体的课程名称。

（7）设置单元格的对齐方式。

● 选择第一行的后五个单元格，然后右击，在弹击的快捷菜单中执行"单元格对齐方式"命令，在下一级菜单中选择"中部居中";

● 选择第一列中的"上午"、"下午"、"晚上"单元格，同样，也设置成"中部居中"。

这时，表格设计完成。

4. 思考问题

（1）总结绘制表格的基本过程。

（2）通过工具栏归纳文本在单元格内的对齐方式有几种。

5.5.3 电子表格 Excel 综合实验

1. 实验要求

（1）创建文档名为"成绩.xls"工作簿。

（2）建立工作表，向工作表中输入如下图 5-98 所示的内容。

	A	B	C	D	E
1	学号	姓名	数学	物理	化学
2	04001201	张平	76	65	77
3	04001202	李丽	87	78	49
4	04001203	王大宝	90	98	76
5	04001204	李小利	87	90	89
6	04001205	周化	56	88	98
7	04001206	李木子	67	67	87
8	04001207	刘文	87	54	87

Sheet1 / Sheet2 / Sheet3 /

图 5-98

（3）数据计算及处理。

①在 F1 单元格输入"平均"，并计算每个人的平均分数，结果放在 F2:F8 中。

②对记录进行筛选，将平均分数小于 80 分的记录筛选出来复制到 Sheet2 表中。

③将数据表按平均降序重新排列。

④在学号一栏前插入一空白列，表头输入"名次"，以下各单元格内分别输入 1～7。

（4）设置格式。

①将平均一栏设置为小数点后带两位小数。

②将数据表中成绩小于 60 分的值用红色显示。

③所有单元格设置为居中对齐。

④表头各单元格设置为 12 磅黑体。

（5）建立图表要求如下：

①数据：姓名、数学、物理、化学。

②图表类型：簇状柱形图。

③分类轴：姓名。

④图表标题：一班期中成绩表。

⑤数值轴标题：分数。

⑥分类轴标题：姓名。

样图如图 5-99 所示。

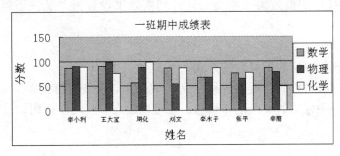

图 5-99　样图

2. 思考问题

如果有相同的平均分，名次该如何设置？

5.5.4　演示文稿 PowerPoint 综合实验

1. 实验要求

（1）启动 PowerPoint 2003，创建演示文稿文档，文档名为"课程简介.ppt"。

（2）创建幻灯片。

演示文稿主题是介绍所学的某门课程中某一章的内容，包含 4 个幻灯片，各个幻灯片的具体要求如下：

①第一张：版式为"标题幻灯片"。

● 主标题：要介绍的内容；

● 副标题：制作人所在学院、班级和姓名。

②第二张：版式为"标题和文本"，列出要讲述的要点。

③第三张：版式为"标题和两栏文本"，两栏内容为中英文对照的术语，内容自拟。

④第四张：版式为"标题，文本与剪贴画"，文本框中输入一个名词解释，另一个框中插入一个图片或剪贴画（自选）。

（3）定义标题幻灯片母版。

①主标题字号 36、楷体、居中、红色、加粗，倾斜；

②副标题字号 32、宋体、居中、深蓝色。

（4）定义幻灯片母版。

①标题用字号 36、楷体、居中、红色；

②一级正文字号 26、宋体、左对齐、深蓝色；

③在底部中央设置三个动作按钮，分别是用于"前翻一页"、"后翻一页"、"结束放映"；

④在右下角显示幻灯片编号；

（5）自定义动画。

①第二张幻灯片自定义动画要求：动画效果从"左侧飞入"；

②第四张幻灯片自定义动画要求："标题"是从左侧伸展；"文本"是从底部飞入；"对象"从右侧飞入；

③其他幻灯片自定义动画要求：动画效果选"随机效果"，声音选"鼓掌"。

（6）设置动作按钮。每张幻灯片上都设置四个动作按钮，分别是"开始"、"结束"、"前进"和"后退"，分别用来链接到首页、末页、前一页和后一页。

（7）设置幻灯片切换效果。全文幻灯片切换效果设置为"从左下抽出"，换页方式为"单击"。

2. 思考问题

（1）哪些因素可以影响幻灯片的外观？

（2）在插入超级链接时，链接的目标除了 Web 页以外还有哪些？

（3）除了实验中建立的 4 个动作按钮，还可以建立哪些动作按钮？

Word 2003 的功能主要是排版编辑，包括文字、表格、图形等的编辑操作方法，在学习时可以采取下面三步的方法：

（1）按教材上介绍的每一个具体的方法亲自实践，这是验证所讲的功能；

（2）可以找一些杂志、报纸等，按上面的内容自己练习输入及排版，应当包括文字、图像、表格等多种内容，这是模仿性的练习；

（3）上面的操作熟练以后，就可以自己输入一些具体的内容，例如像论文、海报、通知等实际的材料，进行有目的的编辑和排版，这是实战阶段的操作，最终熟练掌握该软件的使用。

对 Excel 2003 的学习，应从以下两个方面掌握：

（1）掌握最基本的概念，包括工作簿、工作表、单元格、单元格的地址、地址的绝对引用、相对引用和混合引用、公式中使用的运算符。

（2）熟练掌握基本的操作，包括有序数据的输入、对工作表设置各种不同的格式、条件格式的使用、常用函数的使用、常用的数据处理方法，包括排序、数据筛选、分类汇总、数据透视表，最后是图表的制作方法。

如果要进一步地学习该软件的功能，可以深入了解其他函数的功能和使用，例如财务函数、日期与时间函数、数据库函数等，也可以再掌握其他图表的功能和制作方法，从而更大限度地发挥出该软件的数据处理功能。

对于 PowerPoint 2003，主要需要掌握演示文稿的不同创建方法，文档的基本操作，演示文稿中幻灯片的操作，例如幻灯片的复制、删除，幻灯片的格式设置，例如字符格式、段落格式、背景、颜色、模板、母版等的设置，幻灯片内的动画设置和片间的切换方式的设置，为播放而进行的放映设置等内容。

 习题5

一、选择题

1. 在 Word 2003 的编辑状态，可以同时显示水平标尺和垂直标尺的视图方式是（　　）。
　　A．普通视图　　　　　　　　　　B．页面视图
　　C．大纲视图　　　　　　　　　　D．全屏显示方式

2. Word 2003 中设定打印纸张大小时，应当使用的命令是（　　）。
　　A．"文件"菜单的"打印预览"命令
　　B．"文件"菜单的"页面设置"命令
　　C．"视图"菜单的"工具栏"命令
　　D．"视图"菜单的"页面"命令

3. 将 Word 2003 的文档窗口进行最小化操作，则（　　）。
　　A．将指定的文档关闭
　　B．关闭文档及其窗口
　　C．文档的窗口和文档都没关闭
　　D．将指定的文档从外存中读入，并显示出来

4. 在 Word 2003 编辑状态，要想设置页码，应当使用"插入"菜单中的（　　）命令。
　　A．"分隔符"　　　B．"页码"　　　C．"符号"　　　　　　D．"对象"

5. 在 Word 2003 中，执行"文件"菜单中的"保存"命令后，（　　）。
　　A．将所有打开的文档存盘
　　B．只能将当前文档存储在原文件夹内
　　C．可以将当前文档存储在已有的任意文件夹内
　　D．可以先建立一个新文件夹，再将文档存储在该文件夹内

6. 在 Word 2003 的编辑状态，要想为当前文档中的文字设定行间距，应当使用"格式"
菜单中的（　　）命令。
　　A．字体　　　　　　B．段落　　　　　　C．分栏　　　　　　D．样式

7. 在 Word 2003 的编辑状态，执行两次"剪切"操作，则剪贴板中（　　）。
　　A．仅有第一次被剪切的内容　　　B．仅有第二次被剪切的内容
　　C．两次被剪切的内容都有　　　　D．内容被消除

8. 在 Excel 2003 中，将下列概念按由大到小的次序排列，正确的次序是（　　）。
　　A．工作表、单元格、工作簿　　　B．工作表、工作簿、单元格
　　C．工作簿、单元格、工作表　　　D．工作簿、工作表、单元格

9. Excel 2003 中，在 A1 单元格输入"6/20"后，该单元格中显示的内容是（　　）。
　　A．0.3　　　　　　B．6 月 20 日　　　C．3/10　　　　　　D．6/20

10. 当向 Excel 2003 工作表的单元格输入公式时，使用单元格地址 D$2 引用 D 列 2 行单
元格，该单元格的引用称为（　　）。
　　A．交叉地址引用　　　　　　　　B．混合地址引用
　　C．相对地址引用　　　　　　　　D．绝对地址引用

11. Excel 2003 工作表的最右下角的单元格的地址是（　　）。

    A．IV65535　　　B．IU65535　　　C．IU65536　　　D．IV65536

12. 在 Excel 2003 中，完成数据筛选时（　　）。

    A．只显示符合条件的第一个记录

    B．显示数据清单中的全部记录

    C．只显示符合条件的最后一条记录

    D．只显示符合条件的所有记录

13. 若在 Excel 2003 的 A2 单元格中输入"=56>=57"，则显示结果为（　　）。

    A．56<57　　　　B．=56<57　　　C．TRUE　　　　D．FALSE

14. 通常在单元格内出现"####"符号时，表明（　　）。

    A．显示的是字符串"####"　　　　B．数值溢出

    C．列宽不够，无法显示数值数据　　D．计算错误

15. PowerPoint 2003 中，为了使所有幻灯片具有一致的外观，可以使用母版，用户可进入的母版视图有幻灯片母版、标题母版、（　　）。

    A．备注母版　　　B．讲义母版　　　C．普通母版　　　　D．A 和 B 都对

16. 使用（　　）下拉菜单中的"背景"命令改变幻灯片的背景。

    A．格式　　　　　　　　　　　B．幻灯片放映

    C．工具　　　　　　　　　　　D．视图

17. PowerPoint 中，在浏览视图下，按住 Ctrl 键并拖动某幻灯片，可以完成（　　）操作。

    A．移动幻灯片　　　　　　　　B．复制幻灯片

    C．删除幻灯片　　　　　　　　D．选定幻灯片

18. 在 PowerPoint 2003 中，设置幻灯片放映时的换页效果为"垂直百叶窗"，应使用"幻灯片放映"菜单下的（　　）选项。

    A．动作按钮　　　　　　　　　B．幻灯片切换

    C．预设动画　　　　　　　　　D．自定义动画

19. PowerPoint 中，有关幻灯片母版中的页眉页脚，下列说法错误的是（　　）。

    A．页眉或页脚是加在演示文稿中的注释性内容

    B．典型的页眉/页脚内容是日期、时间以及幻灯片编号

    C．在打印演示文稿的幻灯片时，页眉/页脚的内容也可打印出来

    D．不能设置页眉和页脚的文本格式

20. 在 PowerPoint 2003 中，不能对个别幻灯片内容进行编辑修改的视图方式是（　　）。

    A．大纲视图　　　　　　　　　B．幻灯片浏览视图

    C．幻灯片视图　　　　　　　　D．以上三项均不能

二、填空题

1. 在 Word 2003 中要输入特殊的符号，应当使用＿＿＿＿＿菜单中的"特殊符号"命令。

2. 在 Word 2003 的编辑状态，要将磁盘中文档 a.doc 的内容插入到当前文档中，应当使用"插入"菜单中的＿＿＿＿命令。

3. Word 2003 中要将表格转换成文本，可以使用"表格"菜单中的＿＿＿＿命令。

4. Word 2003 中的标尺有＿＿＿＿和＿＿＿＿，而且是在＿＿＿＿视图方式下才能显示。

5．在输入文本时，按 Enter 键后产生了_____符。

6．在 Word 2003 的编辑状态，如果要设置页边距，应当使用"文件"菜单中的_____命令。

7．Excel 2003 中，G3 中的数据为 D3 与 F3 中数据之积，若该单元格的引用为相对引用，则应向 G3 中输入_____。

8．Excel 2003 中，A9 单元格内容是数值 1.2，A10 单元格内容是数值 2.3，在 A11 单元格输入公式"=A9>A10"后，A11 单元格显示的是_____。

9．Excel 2003 中，对数据清单进行分类汇总前，必须对数据清单进行_____操作。

10．在"演示文稿设计"选项卡中选择要使用的演示模板，其扩展名是_____。

11．母版上有三个特殊的文字对象：_____、_____和数字区对象。

三．简答题

1．Word 2003 的剪贴板和 Windows 中的剪贴板有什么不同？

2．Word 2003 显示文档的视图方式有哪些？各自的作用是什么？

3．Word 2003 设置文字格式主要有哪些方法？

4．Word 2003 设置段落格式主要有哪些方法？

5．举例说明 Word 2003 中格式刷的作用和使用方法。

6．简述 Excel 2003 工作簿、工作表和单元格之间的关系。

7．说明 Excel 2003 单元格的引用方式的类型、含义和表示方法。

8．Excel 2003 单元格的清除和删除有什么区别？

9．结合实例说明 Excel 2003 建立数据透视表的过程。

10．说明 PowerPoint 的各种视图方式的作用。

11．结合具体的窗口说明 PowerPoint 各个任务窗格的作用。

第6章 多媒体信息处理

 本章目标

- 了解多媒体技术的特点和应用领域
- 掌握声音和图像的数字化原理
- 了解多媒体文件的格式
- 掌握声音、图像、视频的基本处理方法

随着计算机科学技术的发展，计算机已经由原来只能处理单一的字符信息，到可以处理声音、图像、视频等多种形式的信息，作为综合处理多种媒体的多媒体技术也得到了迅速发展，并加速了计算机进入家庭和社会生活的各个领域。

多媒体技术使计算机能同时处理文字、视频、音频等多种信息，丰富了信息处理的形式，而计算机网络技术的信息共享性消除了地域范围的限制，这两者的结合把计算机的交互性、通信的分布性及信息的实时性有机地融为一体，成为当前信息社会的一个重要标志。本章主要介绍不同形式信息的特点、信息的数字化的方法以及各种信息的处理方式。

6.1 多媒体技术和多媒体计算机

"媒体"（Medium）一词在信息领域中有两种含义，一是指用来存储信息的物理实体，即载体，例如磁带、磁盘、光盘和半导体存储器；另一个含义是指信息的表现形式，如数字、文字、声音、图形、图像和动画，在多媒体技术中所说的媒体是指后者。

"多媒体"（Multimedia）是指信息的多种表现形式的有机结合，广义上的多媒体概念不但包括多种信息形式，也包括处理和应用这些信息的硬件和软件。目前，对多媒体一词，并没有统一和严格的定义。

"多媒体技术"（Multimedia Technology）是指用计算机交互式地综合处理多种媒体信息，使多种信息建立逻辑连接，集成为一个具有人机交互功能系统的技术。

6.1.1 多媒体系统中使用的技术

多媒体技术的基础是指实现多媒体处理的计算机系统应具备的技术基础，包括硬件和软件两个方面的各种技术。

1. 支持多媒体功能的芯片

在多媒体信息处理中，常见的操作有对多媒体信息的采集、编辑、压缩、解压缩和播放处理。这些处理方法的特点：一是处理的信息量大，二是要求实时处理，这就要求硬件能够完成对大量数据的快速计算，随着超大规模集成电路技术的发展，支持多媒体功能的 CPU（MMX）和专门用于音频、视频处理的芯片的出现，为多媒体信息的处理提供了基础。

2. 光盘存储技术

多媒体信息的保存需要较大的存储空间，光盘存储器例如 CD、VCD、DVD 的发展为存储多媒体信息提供了支持，这些光盘存储器的外观形状、尺寸是一样的，但存储容量差别很大，一张 CD 盘片容量是 650MB，而单面单层的 DVD 存储容量是 4.7GB，单面双层 DVD 的容量为 8.5GB，现在定义的 DVD 盘片存储容量可以达到 17GB。现在优盘的存储容量最大可以达到 32GB，而移动硬盘最大的也可以达到 1TB，所以都可以满足对多媒体信息的保存。

3. 输入输出技术

这里的输入输出技术是指处理多媒体信息的接口技术，主要包括媒体信息的输入即数字化、媒体的识别与理解、数字化处理后的再现等过程，这些技术的实现需要硬件和软件的配合。其中媒体的识别包括语音识别、手写输入识别、图文的分离等，在识别技术中已经包含了人工智能的技术。

4. 数据压缩技术

不论是音频信息还是视频信息，经过数字化后都要占用非常大的存储空间，即便使用大容量的光盘存储器，数据量也是巨大的，这给数据的存储和传输都带来了不便，因此，对这些信息的压缩所用的方法在多媒体技术中就显得非常重要。

5. 多媒体操作系统

多媒体操作系统为多媒体应用程序的运行提供了平台，1984 年，美国 Apple（苹果）公司率先推出了为处理多媒体而设计的操作系统 Macintosh。微软公司也推出了在个人计算机上应用的多媒体操作系统 Windows，目前较为流行的版本有 Windows NT、Windows XP、Windows 7 等。

6.1.2 多媒体计算机系统的组成

能够实现多媒体处理的计算机，要在处理数字、文字信息的基础上增加音频和视频信息的处理，其关键技术是音频信号、视频信号的获取技术和多媒体数据压缩编码和解码技术，以及实现这些技术的硬件设备和软件设备。

1. 硬件设备

常用的硬件设备包括外部设备和功能卡。

（1）外部输入设备。包括光驱、麦克风、MIDI 合成器、扫描仪、录音机、VCD/DVD、数码照相机、摄像机等。

（2）外部输出设备。主要包括音箱、立体声耳机、投影仪、刻录机、声卡、打印机等。

（3）功能卡。功能卡又称为接口卡，用来连接各种外部设备，完成音频、视频信息的数字化输入、编辑和输出，常用的功能卡有声卡、电视卡、视讯会议卡、视频输出卡、VCD 压缩卡、VGA/TV 转换卡等。

在实际应用中，一台多媒体计算机并不是一定要配齐以上的所有设备，而应根据需要选择配置。

2. 软件设备

支持多媒体处理的软件包括音频处理软件、图像处理软件、视频处理软件、通信软件、VCD 制作与光盘刻录软件等。

上面的硬件、软件和计算机一起构成了多媒体计算机。

1990 年 11 月，美国 Microsoft 公司和包括 Philips、IBM 公司在内的一些较大的计算机公司成立了"多媒体个人计算机市场协会（Multimedia PC Marketing Council）"，这个协会负责多媒体计算机标准的制订和多媒体技术的规范化管理。1991 年制订出 MPC1 标准，1993 年公布 MPC2 标准，1995 年推出了多媒体计算机标准 MPC3，1996 年推出了多媒体计算机标准 MPC4。

在 MPC1 标准中，规定了多媒体计算机的最低配置是一台 PC 机加上声卡和 CD-ROM 驱动器，在 MPC3 标准中，对多媒体计算机规定了如下技术规格：

（1）CPU 要求 Pentium 75MHz 以上。

（2）内存 8MB 以上。

（3）硬盘 540MB 以上。

（4）声卡：16 位，采用波表合成技术，具有 MIDI 播放。

（5）CD-ROM：传输速率 600KB/s，平均访问时间 250ms。

（6）图形功能：15 位/像素、分辨率 352×240。

（7）视频播放：分辨率 352×240 时 30 帧/秒或分辨率 352×288 时 25 帧/秒。

在最新的 MPC4 标准中，对多媒体计算机规定了如下的主要技术规格：

（1）CUP 要求 Pentium 133 或 200。

（2）内存 16MB 以上。

（3）外存 1.6GB 以上的硬盘、3.5 英寸 1.44MB 软驱。

（4）声卡：16 位立体声、带波表 44.1 kHz /48kHz。

（5）图形：辨率为 1280×1024/1600×1200/1900×1200，24/32 位真彩色。

……

显然，现在的微机性能指标都可以满足多媒体信息处理的基本要求。

6.1.3　多媒体技术的特点

多媒体技术具有以下特点。

1．交互性

传统的媒体系统例如广播、电视中，人们只能被动地单向接收播放的节目，不能选择自己感兴趣的内容，而在多媒体系统中，人们可以通过使用键盘、鼠标、触摸屏等输入设备来控制媒体的播放，实现了从"你播放我接收"的单向传输到"我点播你播放"的交互式双向的转变。

2．多样性

多样性是指计算机处理的对象从数字、文字信息扩展到声音、图像、动画等多种形式，这样使得计算机处理信息的能力和范围扩大，同时，人与计算机的交互也有了更大的自由空间，使得信息表现形式多样化。

3．集成性

集成性是指多种媒体信息有机地组织在一起，共同表达一个完整的多媒体信息，使这些媒体成为密切联系的一体化系统。

4．实时性

由于声音和图像都是与时间密切相关的，再加上互联网上信息处理的需求，都要求多媒体支持实时处理。

6.1.4　多媒体技术的应用

多媒体技术的应用领域十分广泛，已经进入人们日常生活和经济生活的各个领域，并且应用领域还在不断扩展，下面对一些主要的应用领域作一些简介。

1. 商业领域

一些公司通过应用多媒体技术开拓市场，培训雇员，以降低生产成本，提高产品质量，增强市场竞争能力，例如企业形象设计、商业广告、多媒体网上购物。

通过对多媒体信息的采集、监视、存储、传输，以及综合分析处理，可以做到信息处理综合化、智能化，从而提高工业生产和管理的自动化水平，实现管理的无人化。

2. 教育和培训

传统的由教师主讲的教学模式受到多媒体教学模式的极大冲击。因为后者能使教学内容更充实、更形象、更有吸引力，从而提高学生的学习热情和学习效率。

以计算机、多媒体和计算机网络为基本建立的多媒体远程教育系统，使受教育者不受地理范围的限制，在家中或办公室就可以享受到一流学校优秀教师的现场教学。

3. 远程医疗

在医疗诊断中经常采用的实时动态视频扫描、声影处理等技术都是多媒体技术成功应用的例证。多媒体数据库技术从根本上解决了医疗影像的另一关键问题——影像存储管理问题。多媒体和网络技术的应用，使远程医疗从理想变成现实。利用电视会议与病人"面对面"地交谈，进行远程咨询和检查，从而进行远程会诊，甚至在远程专家指导下进行复杂的手术，并在医院与医院之间，甚至国与国之间建立医疗信息通道，实现信息共享。

4. 视听会议

在网上的每一个会场，都可以通过窗口建立共享的工作空间，通过这个空间，每一个与会者可以实现相互的远程会谈，共享远程的数据、图像、声音等信息，这种形式的会议可以节约大量的财力、物力，提高工作效率。

5. 文化娱乐

游戏、音乐、影视等用光盘存储的作品是多媒体技术中应用较广的领域。

6. 电子商务

电子商务是以开放的 Internet 为基础，在计算机系统支持下实现的商务活动，由于网络技术与多媒体技术相结合，使企业在虚拟的 Web 空间中展示自己的产品，顾客可以在这个虚拟的店铺中浏览各种商品的性能、品质，从而实现网上广告、网上购物、网上的电子支付等活动。

6.1.5　流媒体简介

流媒体技术是指一边下载，一边播放来自网络服务器上的视频和音频信息，而不需要等到整个多媒体文件下载完毕才能观看的技术，流媒体技术实现了连续、实时地传送。

在流媒体技术出现之前，播放网上的电影或声音，必须先将整个影音文件下载并保存到本地计算机上，然后才可以播放，这种播放方式称为下载播放。下载播放是一种非实时传输的播放，其实质是将媒体文件作为一般文件对待。它将播放与下载分开，播放与网络的传输速率无关。下载播放的优点是可以获得高质量的影音作品，一次下载，可以多次播放；缺点是需要较长的下载时间，客户端需要有较大容量的存储设备。下载播放只能使用预先存储的文件，不能满足实况直播的需要。

流式播放采用边下载边播放的方式，经过短暂的延时，即可在用户的终端上对视频或音频进行播放，媒体文件的剩余部分将在后台由服务器继续向用户端不间断地传送。播放过的数据也不保留在用户端的存储设备上。流式播放的优点是随时传送，随时播放，能够应用在现场直播、突发事件报道等对实时性传输要求较高的场合。

流媒体技术被广泛应用于网上直播、网络广告、视频点播、远程教育、网络电台、远程医疗、企业培训和电子商务等多种领域。

流式播放的主要缺点是，当网络传输速率低于流媒体的播放速率或网络拥塞时，会造成播放的声音、视频时断时续。

目前，流媒体格式的文件有很多，例如.asf、.rm、.ra、.mpg、.flv 等，不同格式的文件要用不同的播放软件来播放，常用的流媒体播放软件有 RealNetworks 公司的 RealPlayer、Apple 公司的 QuickTime 和微软公司的 Windows Media Player。

越来越多的网站也提供了在线播放音频、视频的服务，例如优酷网、中国网络电视台等。打开 IE 进入这些网站后，就可以根据窗口的提示进行节目的点播，然后就可以播放了。

通常播放窗口中除了视频画面外，还有进度条、时间显示、音量调节、播放/暂停、快进、后退等内容。

6.2　声音处理

本节介绍声音信息的处理技术，包括压缩标准、常用的声音文件格式和声音的处理方法。

6.2.1　声音的数字化

计算机处理声音时，首先通过麦克风将声波的振动转变为相应的电信号，这个电信号是模拟信号，然后通过声卡将模拟信号转换成数字信号，即模拟/数字转换，这个过程称为音频信号的数字化，由声卡中的模拟/数字（A/D）转换功能来完成，数字化后的声音信号可以用计算机进行各种处理，经过处理后的数据再经过声卡中的数字/模拟转换还原成模拟信号，模拟信号经过放大后输出到音箱或耳机，就可以还原成人耳能够听到的声音。

计算机不能直接处理模拟信号，因此，要先转换成数字信号，将模拟的声音信号数字化的过程要经过采样、量化和编码三个阶段，如图 6-1 所示。

图 6-1　声音信号的数字化过程

1. 采样

采样是指每隔一段时间间隔读取一次声音波形的幅值，由这些特定时刻得到的值构成的信号称为离散时间信号。

单位时间内进行的采样次数称为采样频率，通常用赫兹（Hz）表示，例如采样频率为 1kHz，表示每秒中采样 1000 次。

显然，采样频率越高，经过离散的波形越接近原始波形，从而声音的还原质量也越好，但是采样频率越高，相应地，保存采样点的信息所需的存储空间也就越大。

采样频率可以根据奈奎斯特（Nyquist）定理确定，奈奎斯特采样定理指出：当采样频率高于输入信号中最高频率的两倍时，就可以从采样信号中无失真地重构原始信号。

例如，人耳能听到的声音范围是 20Hz～20kHz，其最高频率为 20kHz，这样，采用 40kHz 的采样频率就可以得到高保真的声音效果。

2. 量化

采样后得到的信号在时间上变为不连续的，但是，其幅度值还是连续的，因此，还应该把信号幅度取值的数量加以限定，这一过程称为量化。

例如，假设输入电压的范围是 0.0～1.5V，现在将它的取值仅限定在 0，0.1，0.2，…，1.4，1.5V 共 16 个值，如果采样得到的幅度值是 0.123V，则近似取值为 0.1V，如果采样得到的幅度值是 1.271V，它的取值就近似为 1.3V，这种方法得到的数值称为离散数值。

3. 编码

数字化的最后一步是将量化后的幅度值用二进制编码进行表示，这一过程称为编码。

例如，可以将上面所限定的 16 个电压值顺序用二进制 0000、0001、0010、0011、0100、0101、0110、0111、1000、1001、1010、1011、1100、1101、1110 和 1111 表示，这时模拟信号就转化为数字信号。

上面所说的音频数字化，也称为脉冲编码调制 PCM（Pulse Code Modulation）。

编码所用的二进制位数与量化后的幅度值的个数有直接的关系，如果量化后得到 16 个值，则需要 4 位二进制数进行编码，如果量化后得到 256 个值，则需要 8 位二进制数进行编码。

用来表示量化级别的二进制数据的位数（bit 或 b）称为采样精度，也叫样本位数、位深度，常用的有 8 位和 16 位，分别表示 2^8 即 256 种幅值和 65536 种不同的幅值。

显然，采样精度越高，声音的质量越高，需要的存储空间同样也越大；位数越少，声音的质量越低，需要的存储空间也就越小。

6.2.2 声频卡简介

声频卡简称声卡，是声音处理的主要硬件插卡板，目前的微机中大部分已集成在主板上，声卡可以完成声音的输入（A/D）、处理和输出（D/A）。

1. 声频卡的关键技术

声频卡的关键技术包括数字音频、音乐合成、MIDI 和音效。

（1）数字音频。要求必须具有大于 44.1kHz 的采样频率和 16 位的编码位数。

（2）音乐合成。主要有两种合成技术——FM 合成和波形表合成。

（3）MIDI。乐器数字接口，这是数字音乐的国际标准，它规定了不同厂家的电子乐器和计算机连接的方案和设备之间数据传输的标准。

（4）音效。这是指在硬件上实现回声、混响等各种效果。

2. 声频卡的主要技术指标

声频卡的主要指标包括采样频率、编码位数和声道数，也是影响数字化声音质量的主要因素。

（1）采样频率。采样频率是指单位时间内的采样次数，目前，声卡上通常采用的采样频率标准有 11.025kHz、22.05kHz 和 44.1kHz 或更高。

（2）编码位数。编码位数就是采样精度，即保存每个采样值使用的二进制编码位数，当前声卡中常用的有 8 位、16 位和 32 位。

（3）声道数。声道数是指产生声音的波形数，一般为 1 个或 2 个，分别表示产生一个波形的单声道和产生两个波形的立体声，立体声的效果比单声道声音丰富，但存储容量要增加一倍。

根据以上这些因素的指标，可以计算出声音信号经过数字化后所需要的存储容量，计算公式如下：

存储容量（字节）=采样精度×采样频率×声道数×时间/8

还可以计算数据传输率，数据传输率是指数字化 1 秒钟的声音或还原 1 秒钟的声音所需传输的数据位数，计算公式如下：

数据传输率（b/s）=采样精度×采样频率×声道数

【例 6.1】计算 1 秒钟声音的数据量和 1 分钟声音所需的存储空间，已知采样频率为 44.1kHz、采样精度 16 位、立体声双声道。

根据上面的公式，1 秒钟声音的数据量为：

$16 \times 44.1kHz \times 2 \times 1/8 = 176400Byte = 172.265625KB$

即存储 1 秒钟声音所需的存储空间为 172.265625KB。

而存储 1 分钟这样的声音所需的存储空间为：

$172.265625KB \times 60$ 秒$= 10335.9375KB = 10.09MB$

表 6-1 给出了在不同采样频率和采样精度下，长度为 1 分种的立体声数字声音数据所占的空间和所需的数据传输率。

表 6-1 不同采样频率和样本精度时的数字声音性能指标

采样频率 （kHz）	样本精度 （bit）	声道数	存储容量 （KB）	数据率 （kb/s）	质量
11.025	8	1	10.77	88.2	相当于 AM 音质
	16	1	21.53	176.4	
22.050	8	2	43.07	352.8	相当于 FM 音质
	16	2	86.13	705.6	
44.1	16	2	172.27	1411.2	相当于 CD 音质
48	16	2	187.5	1536.0	相当于 DAT 音质

3. 声音数据的压缩

从表 6-1 可以看出，声音信号经过数字化后的编码数据量较大，为保存这些数据就需要较大的存储空间，同时，为实现实时处理，需要及时传输这些数据，这又要求有较高的传输率，因此，为了便于存储和传输有必要将这些数据先进行压缩，在还原时再进行解压缩的过程。

不仅是声音数据需要压缩，多媒体中的其他信息如图像、视频以及动画等都需要进行压缩，数据压缩是多媒体的关键技术。

压缩同样也是编码的过程，根据数据冗余的不同类型，人们提出了各种不同的数据编码和解码方法，从算法的运算复杂程度来看，编码和解码方法有些是对称的，有些是不对称的，但一般来讲，解码的运算复杂度要低于编码。

6.2.3 常用的声音文件

计算机获得声音时，最直接、最简便的方式是以麦克风、立体声录音机或 CD 激光唱盘等作为声音信号的输入源，声卡以一定的采样频率和量化级对输入声音进行数字化，将其从模拟声音信号转换为数字信号，然后以适当的文件格式存在硬盘上，在多媒体计算机中，可以使用多种文件格式来存储声音，下面介绍常用的几种。

1. WAV 文件

WAV 文件是 Microsoft 为 Windows 提供的保存数字音频的标准格式，文件后缀名为.wav，这个格式已经成为事实上的通用音频格式，该格式可以保存单声道或立体声的声音，主要的缺点是文件占用的空间较大。

通常使用 WAV 格式都是保存一些没有经过压缩的数字音频，也就是经过 PCM 编码后的音频，所以 WAV 文件也称为波形文件。

事实上，WAV 文件也可以存放压缩音频，但它本身的结构更适合存放未经压缩的音频数据以便用作进一步的处理，目前所有的音频播放软件和编辑软件都支持这一格式，并将该格式作为默认的文件保存格式之一。

2. MP3 文件

MP3 文件是第一个实用的有损音频压缩编码，可以实现 12:1 的压缩比例，这使得 MP3 迅速地流行起来。MP3 之所以能够达到如此高的压缩比例同时又能保持良好的音质是因为利用了知觉音频编码技术，也就是利用了人耳的特性，削减音乐中人耳听不到的成分，同时尝试尽可能地维持原来的声音质量。

目前，几乎所有的音频编辑工具都支持打开和保存 MP3 文件。

3. MIDI 文件

MIDI 是 Musical Instrument Digital Interface 的缩写，意思是乐器数字化接口，它规定了电子乐器和计算机之间进行连接的硬件及数据通信协议，并采用数字方式对乐器演奏出来的声音进行记录，在播放时对这些记录进行合成，也就是说，文件中记录的是一系列指令而不是数字化后的波形数据，因此占用的存储空间比音波文件小得多，这种格式的文件后缀名为.mid。

4. CD-DA

这种格式称为光盘数字音频文件，俗称 CD 音乐，这是音质较好的音乐。

6.2.4　声音的录制与播放

常用的音频播放和编辑软件有 Sound Forge、Cool Edit Pro、SoundLab 等，Windows 操作系统自带的程序"录音机"是一个比较小巧的工具，不但可以进行录音和播放，也可以进行混合声音、添加回音、加速、减速和反向。

通过执行"开始"菜单 |"程序"|"附件"|"娱乐"|"录音机"命令，可以打开"声音-录音机"程序，打开后显示如图 6-2 所示的录音机界面，这时可以进行对声音的操作。

1. 录制声音

首先连接好计算机上的麦克风和音箱，按下面步骤录音。

（1）单击红色的"录音"按钮，开始录音，在录制过程中，声波窗口中同步显示出变化的波形。

（2）录音完毕，单击"停止"按钮，结束录音。

（3）如果要将录制的声音保存到文件，可以执行"文件" |"另存为"命令，在打开的对话框中输入文件名，然后单击"保存"按钮即可。

要播放已录制好的声音，可以单击"播放"按钮。

2. 以不同的格式保存声音文件

（1）执行"文件"｜菜单的"属性"命令，打开"声音的属性"对话框。

（2）在对话框中单击"立即转换"按钮，打开"声音选定"对话框。

（3）单击"属性"右侧的下拉箭头，可以打开下拉列表框，列表框中显示了不同的采样频率、编码位数和声道数，如图 6-3 所示。

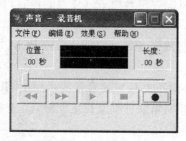
图 6-2 录音机界面

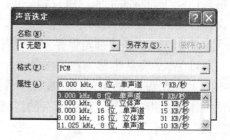
图 6-3 "声音选定"对话框

（4）在列表框中选定某种属性后，单击"确定"按钮，就可以完成文件属性的设定。

3. 删除声音文件中的一部分

（1）执行"文件"菜单的"打开"命令，打开要处理的声音文件。

（2）在录音机界面中拖动位置滑块，定位要删除内容的起始点。

（3）打开"编辑"菜单，然后根据要删除的内容是起始点的前一部分还是后一部分，选择"删除当前位置以前的内容"或"删除当前位置以后的内容"命令，显示新的对话框。

（4）在对话框中单击"确定"按钮，完成删除操作。

4. 在当前文件中插入另一个声音文件

（1）执行"文件"｜"打开"命令，打开要处理的声音文件。

（2）在录音机界面中拖动位置滑块，定位插入点的位置。

（3）执行"编辑"｜"插入文件"命令，打开"插入文件"对话框。

（4）在对话框中选择要插入的声音文件，然后单击"确定"按钮，完成插入。

此外，使用"效果"菜单的命令，还可以进行"加速"、"减速"、"添加回音"和"反向"等编辑。

6.2.5 Windows XP 中的音量控制

通过"开始"菜单｜"程序"｜"附件"｜"娱乐"｜"音量控制"命令，可以打开"音量控制"窗口，如图 6-4 所示。

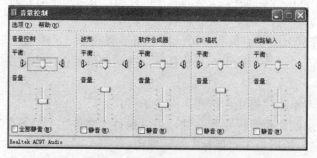
图 6-4 "音量控制"窗口

图 6-4 是设置播放的，窗口中显示了可以播放的各种不同音源，可以分别对每个音源进行均衡、音量、是否静音的设置。

如果有些音源在窗口中没有出现，可以通过"属性"对话框进行添加，方法是在该窗口中执行"选项"菜单的"属性"命令，可以打开"属性"对话框，如图 6-5 所示。

在对话框中，"显示下列音量控制"列表框中显示了不同的音源，要使用某些音源，可以将该音源前面的复选框选中。

在进行录音以前，也要进行音量等的设置，可以在如图 6-5 所示的"调节音量"栏中选择"录音"，单击"确定"按钮后显示"录音控制"窗口，如图 6-6 所示。

图 6-5 "属性"对话框

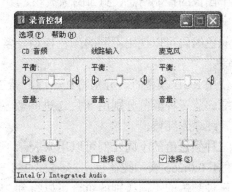

图 6-6 "录音控制"窗口

使用话筒进行录音，要将窗口中"麦克风"一项下方的"选择"复选框选中。

6.3 图形图像处理

图像是计算机中另一类重要的多媒体信息，在进行图像处理之前，同样也要对图像进行数字化、以数字格式存储，数字化图像可以使用的设备有扫描仪、图像采集卡、数码相机等。

6.3.1 图像的数字化

为了使用计算机处理静态图像，首先必须把连续图像变成数字图像，这一过程就是图像的数字化，可以通过扫描仪等来完成。

和声音数字化类似，图像的数字化同样也要经过 3 个过程，即采样、量化和编码。

图像的采样是指将连续图像在二维空间上进行离散化处理。采样时逐行进行，假设在水平、垂直两个方向上分别取 M 和 N 个相等的间隔，就可以得到 M×N 个点，每个点都是图像的一个元素，称为图像元素，简称像素（Pixel）或者像元，而 M×N 这一指标称为图像的分辨率。例如，640×480 表示图像有 480 行像素，每行有 640 个像素，数码像机常用的图像分辨率有 640×480、1024×786 等。

采样后的每个像素点的值仍然是连续量，接下来对连续量进行量化，针对以下不同的情况采用不同的处理。

- 单色图像：可以将每个点量化为两个级别，分别是 0 和 1；
- 黑白图像：要将每个点的灰度进行离散化，即除了纯白色和纯黑色之外，还要对介于这两者之间的不同程度的灰色划分级别；
- 彩色图像：要将每个点的颜色的值进行离散化，也就是使用不同的颜色模型进行颜色编码。

显然，量化的等级和像素的颜色编码位数有关，编码位数称为像素深度或位深度，是指数字图像中为表示每个像素点的颜色或灰度级别进行编码时使用的二进制数的位数。

将量化后的每个点的灰度级别或颜色用不同的二进制编码表示就是编码，用这种编码表示的图像就称为数字图像。

将这些编码数据一行一行地存放到文件中就构成了数字图像文件的数据部分，如果再加上关于图像的控制信息，例如图像大小、颜色种类等，将它们组合在一起就构成了完整的数字图像文件。

颜色编码可以使用不同的颜色模型，常用的颜色模型有 RGB 模型、CMYK 模型、HSB 模型等。

使用 RGB 模型时，分别将红、绿、蓝三种颜色按颜色的深浅程度不同分为 256 个级别，红、绿、蓝三种颜色分别用 8 位二进制数表示，因此，其取值范围是 0～255，其中 255 级是纯红、纯绿或纯蓝。

三种颜色值的不同比例可以用来表示不同颜色，例如，255:0:0 表示纯红色，0:255:0 表示纯绿色，0:0:255 表示纯蓝色，255:255:255 表示白色，0:0:0 则表示黑色。

三种颜色的不同级别的组合可以得到 256×256×256=16 777 216 种颜色，组合出的每种颜色用 24 位表示，这就是 Windows 中所说的 24 位真彩色，在很多图像编辑系统中，RGB 模型是首选的模型。

在 Windows 自带的"画图"程序中，编辑颜色使用了 HSB 和 RGB 两种模型，如图 6-7 所示。

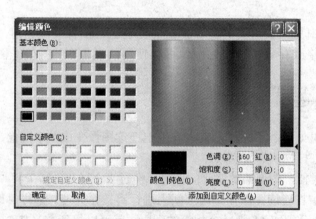

图 6-7 　"画图"程序编辑颜色使用的模型

6.3.2 数字图像的属性参数和表示方法

1. 图像的属性参数

描述一个数字图像的属性，可以使用不同的参数，这些参数中，重要的有分辨率和像素深度，其中分辨率又分为图像分辨率、扫描分辨率和显示分辨率。

（1）图像分辨率。一个图像采样后得到的像素数目称为图像分辨率，用"每行点数×行数"表示，例如，640×480 表示图像有 480 行，每行有 640 个像素，数码像机常用的图像分辨率有 640×480、1024×768 等。

对于一个相同尺寸的图像，组成该图的像素数量越多，说明图像的分辨率越高，看起来就越逼真，相应地，图像文件占用的存储空间也越大。相反，像素数量越少，图像文件占用的存储空间越少，但图像显得越粗糙。

（2）扫描分辨率。扫描分辨率是对图像采样时，单位距离内采样的点数，扫描分辨率用每英寸点数 DPI（dots per inch）表示。例如，如果用 300DPI 来扫描一幅 8 英寸×10 英寸的图像，就得到一幅 2400×3000 个像素的数字图像。

显然，扫描分辨率越高，得到的图像像素点就越多，获得的图像越细腻，扫描仪的扫描分辨率可以达到 19200DPI，在用扫描仪扫描图像时，通常要根据需要采用合适的分辨率来扫描图像。

（3）显示分辨率。显示分辨率是指显示屏上可以显示出的像素数目，数目的多少与显示模式有关。相同大小的屏幕显示的像素越多，表明设备的分辨率越高，显示的图像质量也就越高。

（4）像素深度。像素深度也称为位深度，是指数字图像中为表示每个像素点的颜色或灰度级别进行编码时使用的二进制数的位数。

如果每个像素用 4 位二进制数表示颜色，就可以表示出 16 种颜色，相应的图像称为 16 色图像。

像素深度的值越大，图像能表示的颜色数越多，色彩也越丰富逼真，占用的存储空间越大。常见的像素深度有 1 位、4 位、8 位和 24 位，其中 1 位用来表示黑白图像，4 位可以表示 16 色图像或 16 级灰度图像，8 位可以表示 256 色图像或 256 级灰度图像，而 24 位用来表示真彩色图像，真彩色图像中可以有 2^{24} 即 16 777 216 种颜色。

2. 图像的表示方法

在计算机中，有两种表示图像的方法，这两种方法分别是位图图像和矢量图像。

（1）位图图像。将图像进行采样、量化和编码后，将每个像素点的颜色或灰度用若干个二进制位来表示，这是对每一个离散点的颜色编码，用编码来描述图像的每个像素点，这种图像叫位图图像（Bitmap images）。

位图的获取通常用扫描仪、数码照像机等设备，这些设备可以把模拟的图像信号变成数字图像数据。

位图图像按颜色又分为灰度图像（Gray image）和彩色图像（Color image）。灰度图像的颜色只有黑白和深浅之分，其中只有黑白两种颜色的称为单色图像（Monochrome image）。灰度图像可以分为 16 级、256 级等。彩色图像有 16 色、256 色和 24 位真彩色之分。

影响位图文件大小的因素主要有两个：图像分辨率和像素深度。分辨率越高，组成一幅图的像素越多，则图像文件越大；像素深度越深，表示单个像素颜色的位数越多，图像文件也就越大。因此，和下面的矢量图形文件相比，位图文件占据的存储空间比较大。

（2）矢量图像。矢量图像是一种抽象化的图像，它不直接描述图像中的每一个点，而是使用一系列指令来描述产生这些点的过程和方法。这些指令用来描述构成一幅图的所包含的直线、矩形、圆、圆弧、曲线等的形状、位置、颜色等各种属性和参数。

例如，对于直线，图像文件中可以用下面的指令描述：

    line，start_point，end_point

指令的第一个关键字 line 表明这是一条直线，后面两个是参数，描述该直线的起点和终点。

又如，对于圆，可以用下面的指令描述：

    circle，center_x，center_y，radius

指令的第一个关键字 circle 表明这是一个圆，后面的 3 个参数分别描述了该圆的圆心坐标和半径值。

可以看出，矢量图像实际是用数学方法描述一幅图，用这种方法记录的文件不会随图像尺寸的改变而改变，也不存在采样分辨率的问题，只与显示的尺寸和显示分辨率有关，这样的图像称为矢量图像（Vector image）或矢量图（Vector graph），而矢量图像通常叫做图形（graphics）。

矢量图像文件所占空间较小，旋转、放大、缩小、倾斜等变换操作容易，而且不变形、不失真。

6.3.3　图像的压缩

1．压缩的必要性

和数字声音一样，在保存数字图像时，也有必要先进行图像的压缩，先通过一个例子来计算一下关于数字图像文件所占的存储空间。

【例 6.2】计算一幅 352×288 的静态真彩色数字化图像占用的存储空间。

用位图文件存储时，要记录每一个像素点的 RGB 值，对真彩色来讲，每一个像素用 3 个字节来记录，因此该图像文件中保存这些像素点需要的存储空间为：

    352×288×3Byte=304 128Byte（字节）

【例 6.3】计算 1 分钟视频所需的存储空间，假设该视频每秒钟显示 25 帧，每帧图像的分辨率为 352×288，每一个像素用 3 个字节来记录，不考虑音频数据，则该段视频所占的存储空间为：

    352×288×3Byte×25 帧/秒×60 秒=456 192 000Byte=435.06MB

从计算结果可以看出，要存储视频信息，所需要的存储容量是非常大的，对于一张 600MB 左右的光盘，最多能存储不到 2 分钟的视频，而且，即使可以直接存储未经压缩的视频数据，在实际播放时，只有在 1 分钟内从光盘或者硬盘读出这 435.06MB 数据，才能保证正常的播放，显然，不论是存储还是在网络环境下进行传输都是不可能的，因此，这样的数据必须进行压缩。

2．压缩的可能性

在声音和图像数据文件中存在大量的冗余，正是这些冗余，使得压缩成为可能。

（1）静态图像中存在的空间冗余。一幅图画中大部分区域也就是大多数相邻的像素点具有相同的颜色特征。

例如，对于大部分区域是白色的背景。当连续出现 8000 个白色像素时，原始信息要连续记录 8000 个白色的 RGB 值即 8000 个（255，255，255）。如果改用一个简单的记法：用"8000 个白色像素"这样一句话来替代 8000 个白色的 RGB 值，即表达成 8000（255，255，255），则表达的信息量并没有发生变化，但使用的数据量将会大大减少。

（2）动态视频中存在的时间冗余。视频序列中相邻的两帧具有相同的画面或者几乎相同的画面，差异部分极少，此时对于后一幅图，就只需要记录与前一幅画面之间的差别即可，而没有必要记录同样的画面，用这种方式保存的后一幅图称为差异帧。

显然，能够对多媒体信息进行压缩的前提就是存在上述的这些冗余，数据压缩的方法就是尽可能地消除这些冗余。

3. 压缩的方法

压缩的算法中有无损压缩和有损压缩两种。

（1）无损压缩。无损压缩是一种可逆压缩，即经过压缩后可以将原来文件中包含的信息完全保留的一种数据压缩方式。

对于同一帧图像，冗余反映为相邻像素点之间比较强的相关性，因此任何一个像素均可以由与它相邻并且已被编码的点来进行预测估计。

具有相关性是信息可以压缩的一个重要的原因。利用信息相关性进行的数据压缩，并不损失原信息的内容，显然，这种压缩是无损压缩。

有许多这样的图像，图像中有许多的像素颜色是相同。例如，连续许多行上都具有相同的颜色，或者在一行上有许多连续的像素都具有相同的颜色值。在这种情况下就不需要逐一存储每一个像素的颜色值，而仅仅存储一个像素的颜色值，以及具有相同颜色的像素数目就可以，或者是存储一个像素的颜色值，以及具有相同颜色值的行数。这种压缩编码称为行程编码（Run Length Encoding，RLE），显然，数据量越大、重复的数据越多，用这种方法压缩后所占的空间越少，即压缩率越高。

【例 6.4】无损压缩的 RLE 编码，假设有一幅图像，在某一行上的像素值如下：

$$(200, 30, \ 00) \ (200, 30, 100) \cdots (200, 30, 100) \ (255, 255, 255) \ (255, 255, 255)$$
$$\vdash\!\!-\!\!-\!\!-\!\!-\!\!- 50 \ 个 \!\!-\!\!-\!\!-\!\!-\!\!\dashv \qquad \vdash\!\!-\!\!- 2 个 \!\!-\!\!\dashv$$
$$(0, 5, 5) \ (0, 0, 0) \ \dots \ (0, 0, 0) \ (200, 30, 100) \ (200, 30, \ 100) \cdots (200, 30, 100)$$
$$\vdash\!1 个\dashv\!\vdash\!\!- 9 个 \!\!-\!\!\dashv \qquad \vdash\!\!-\!\!-\!\!-\!\!- 72 个 \!\!-\!\!-\!\!-\!\!-\!\!\dashv$$

对上面数据进行 RLE 编码后的结果如下：50（200，30，100）2（255，255，255）1（0，5，5）9（0，0，0）72（200，30，100）。

代码中括号前的数字表示行程长度，括号内的数字代表像素的颜色值。例如，第 1 个数字 50 代表有连续 50 个像素具有相同的颜色值，它的颜色值是（200，30，100）。

假设行程的长度值用 2 个字节来存储，这样，用 RLE 编码后需要的存储空间为：

$$(2B+3B)+(2B+3B)+(2B+3B)+(2B+3B)+(2B+3B)=25B$$

而未经压缩时所需的存储空间为：

$$50\times3B+2\times3B+1\times3B+9\times3B+72\times3B=402B$$

可见，在进行压缩编码前后的数据量之比为 402:25，即 16.08:1。

（2）有损压缩。在许多情况下，数据压缩后再还原时，允许有一定的损失。例如我们天天使用的电视机和收音机，它们所接收到的电视信号和广播信号与从发射台发出时的相比，实际上都不同程度地发生了损失，再如电话机里的声音通常也会有很大的畸变，但这些信息的损失都不影响使用。

经压缩后不能将原来的文件信息完全保留的压缩，称为有损压缩，这是不可逆的压缩方式。当然，有损压缩后的信息应当能基本表述原信息的内容，否则这种压缩就失去了意义。有损压缩的依据是，在原始信息中存在一些对用户来说不重要的、不敏感的、可以忽略的内容。

6.3.4　图像的基本处理技术

在多媒体系统中，使用图像处理技术可以对数字化后的图像进行加工、修饰、变换等处理，可以将这些处理技术归纳为 3 大类，分别涉及到点处理技术、局域处理技术和几何处理技术。

（1）点处理技术。点处理技术是指在处理时只考虑被处理的像素点，而不考虑其周围的像素点，点处理技术是其他数字图像处理技术的基础，点处理技术主要包括对像素点进行亮度调整、对比度调整、负片处理、色度调整等。

（2）局域处理技术。局域处理技术是指在对图像中某一像素点进行处理时，不仅考虑该像素点本身，也要考虑其周围相邻像素的值，即对某一像素点及其周围的某一区域内的所有像素进行处理。主要的方法有平滑处理、模糊处理、锐化处理、浮雕效果、拖尾处理、马赛克处理和图像复原处理等。

（3）几何处理技术。几何处理技术主要是指改变图像中某些区域的内容、形状和位置等，这是绝大多数图像处理软件中都有的功能，常用的方法有翻转、旋转、平移和缩放等。

以上提到的技术都体现在许多的图像处理软件上，在这些软件中，最为常用、流行最广的是 Photoshop，这是 Adobe 公司推出的专业级的处理软件，它的操作界面直观，功能强大，可以方便地修改图像，例如给图像加特技效果、交换照片中间的细节、插入正文、调整色彩等。

6.3.5　常用的图像文件格式

从 20 世纪 70 年代图像开始进入计算机以来，出现了许许多多的图像文件存储格式，常见的就有几十种，每一种格式各有不同的特点，例如，有的格式不支持压缩，有的格式支持压缩但可能造成部分数据的丢失，也有的格式生成的文件占用空间较大等，而且它们之间互不兼容，针对特定格式的文件，需要使用支持其格式的处理软件。下面介绍几种较为常见的图形文件格式。

1. BMP 格式

BMP 是指位图文件（Bitmap File），其文件扩展名是.bmp，是微软公司为其 Windows 环境设置的标准图像格式，随着 Windows 的不断普及，BMP 文件格式事实上也是微机上流行的图像文件格式，一般的图像处理软件都能打开该类文件。

BMP 文件有如下特点：

- 一个 BMP 文件只能存放一幅图像；
- 图像数据可以采用压缩或不压缩的方式存放，其中不压缩格式是 BMP 图像文件所采用的一种通用格式；
- 可以分别用 1 位、4 位、8 位和 24 位表示单色、16 色、256 色以及真彩色四种图像格式的数据。

该格式对图像的描述非常详尽，但文件占用的存储空间也较大。

2. GIF 格式

GIF 是 Graphics Interchange Format 即图形交换格式的缩写，该格式文件的扩展名为.gif，可以用 1～8 位表示颜色，因此最多为 256 色。

GIF 采用无损压缩存储，在不影响图像质量的情况下，可以生成很小的文件。文件的结构取决于它属于哪一个版本，目前的两种版本分别是 gif87a 和 gif89a，前者较简单。无论是哪个版本，它都以一个长 13 字节的文件头开始，文件头中包含确认此文件是 GIF 文件的标记、版本号和其他的一些信息。

由于 256 种颜色的图像可以满足网页图形的需要，加上该格式生成的文件比较小，因此，非常适合网络的传输，它是一种常用的跨平台的位图文件格式。

一个 GIF 文件中可以有多幅图像，而且这多幅图像可以按一定的时间间隔显示，形成简单的动画。

3．JPEG 格式

JPEG 是 Joint Photographic Experts Group 的缩写，意思是联合图像专家小组，这是一个由国际标准化组织（ISO）和国际电工委员会（IEC）联合组成的专家组，负责制定静态的数字图像数据压缩编码标准，这个专家组开发的算法称为 JPEG 算法，这一算法成为国际上通用的标准，因此又称为 JPEG 标准，相应的图像文件扩展名为.jpg。

JPEG 标准是一个静态图像数据压缩标准，既可用于灰度图像也可用于彩色图像。

JPEG 标准使用了有损压缩算法，它以牺牲一部分图像数据来达到较高的压缩比。但是在一定分辨率下视觉感受并不明显，所以这种损失很小。

JPEG 文件在压缩时可以在调节图像的压缩比，调节范围是 2:1～40:1，可以有较高的压缩比，它可以将 1MB 的 BMP 图像压缩到 120KB 的大小，因此，JPEG 格式的文件比较适合存储大幅面或色彩丰富的图片，同时也是 Internet 上的主流图像格式。

4．PCX 格式

PCX 格式的图像由 Zsoft 公司设计，是微机上使用较多的图像格式之一，由扫描仪扫描得到的图像几乎都可以保存成 PCX 格式，该格式支持 256 色。

5．TIF 格式

TIF 是 Tagged Image Format 的缩写，意思是标志图像格式，这是一种多变的最复杂的图像文件格式标准，支持的颜色从单色到真彩色，图像文件可以是压缩的和非压缩的，其中压缩的文件中，压缩的方法很多，而且还可以扩充，有很大的选择余地，由于这种灵活性，这种格式是图像处理软件支持的格式之一，大部分的 OCR 软件也采用这种格式。

除了以上这些，还有 TGA 格式、PCD 格式、EPS 格式、3DS 格式、DRW 格式和 WMF 格式等，这些也是常用的图像文件格式。

可以看出，在图像处理中要用到多种格式的图像，不同的图像处理软件所支持的图像格式也不同，因此，需要有一种软件可以浏览常见格式的图像文件，图像浏览软件 ACDSee 可以做到，ACDsee 可以浏览多种常见格式的图像文件，它主要包含两个相互独立又相关的软件：ACDSee Browser 和 ACDSee Viewer。

Windows 自带的"画图"程序，也可以将图像文件以不同的格式保存，例如，在"画图"程序中，执行"文件"菜单的"另存为"命令，会打开"另存为"对话框，在对话框的保存类型列表框中可以分别选择将图形文件保存为 JPEG 格式、256 色位图格式、24 位位图格式、GIF 格式等。

6.3.6　常用的图像处理软件

以上所涉及的处理技术都体现在许多具体的图像处理软件上，下面是一些常用的图像处理软件。

1. Micorsoft 的 "画图"

Micorsoft 的 "画图" 程序是 Windows 操作系统自带的一个图像处理软件。该软件操作简单、方便，做一些图形的绘制、擦除、裁剪非常方便。

一个图像处理软件一般可以同时支持几种格式的图像文件，Windows 的 "画图" 程序也可以将图像文件以不同的格式保存。

2. Abobe Photoshop

Photoshop 是美国 Adobe 公司的图像处理软件，在图像处理软件中，最为常用、流行最广的就是 Photoshop，它是专业级的处理软件，操作界面直观，功能强大，可以方便地修改图像，例如给图像加特技效果、交换照片中间的细节、插入正文、调整色彩等。

该软件的主要功能如下：

- 调整和改变图像的各种属性：这些属性有色彩的明暗、浓度、色调、透明度等；
- 变形：对图像进行任意角度的旋转、拉伸、倾斜等变形操作；
- 滤镜：产生特殊效果，如浮雕效果、动感效果、模糊效果、马赛克等；
- 图层和通道处理：该功能提供丰富的图像合成效果。

3. PhotoImpact

PhotoImpact 是 Ulead 公司的位图处理软件，其功能包括影像特效制作、3D 字形效果、立体对象制作、gif 动画制作及多媒体档案管理等。

4. ACDSee

由于在图像处理中可以用到多种不同格式的图像，而不同的图像处理软件所支持的图像格式也不完全相同，因此，需要有一种软件可以浏览常见格式的图像文件，图像浏览软件 ACDSee 可以做到，它可以浏览多种常见格式的图像文件，它主要包含了两个相互独立又相关的软件：ACDSee Browser 和 ACDSee Viewer。

5. Fireworks

Fireworks 也是一款功能强大的专业级图像处理软件，它和 Flash、Dreamweaver 并称为 "网页制作三剑客"，它的特殊功能一是既可以编辑网页图像，也可以制作网页动画，二是已经将位图图形的编辑和矢量图形的编辑合为一体，这样，用户在设计图形时不需要在这两类软件之间进行切换。

此外，该软件还具有以下的特点：

- 具有图像处理和网络处理的功能；
- 使用多种图像格式；
- 具有丰富的图像效果，例如浮雕、投影、笔触等；
- 图形优化功能；
- 和 Photoshop 相同的图层概念。

6.4　视频和动画

视频技术是将一幅幅独立的图像组成的序列按一定的速率连续播放，利用人类的视觉暂留现象在眼前形成连续运动的画面。

在视频技术中，每幅独立的图像称为一帧，帧是构成视频信息的基本单元，为形成连续的画面，通常每秒钟播放 25 帧或 30 帧。

视频可以分为模拟视频和数字视频。模拟视频是指其信号在时间和幅度上都是连续的信号，例如普通电视机、录像机和摄像机中采用的是模拟视频。

数字视频简称 DV（Digital Video），是指以数字化的方式表示连续变化的图像信息，显然，在多媒体计算机技术中，主要指的是数字视频，数字视频的产生可以使用下面的任何一种方法：

- 利用计算机生成动画，例如将 FLC 等动画格式转换成 AVI 视频格式；
- 把静态图像序列组合成视频文件序列；
- 通过视频采集卡把模拟视频转换成数字视频。

描述视频信息时常用的技术参数如下。

（1）帧速。表示每秒钟播放的静止画面数，用帧/秒表示。

（2）数据量。一个未经过压缩的视频数据量是每帧图像的数据量乘以帧速。

（3）画面质量。画面质量除了与原始图像质量有关，也和视频数据的压缩比有关，压缩比太大超过一定值时，画面质量就会下降。

6.4.1 数字视频的 MPEG 标准

数字视频标准主要由 MPEG（Moving Picture Expert Group）即运动图像联合专家组制定，这是由国际标准化组织（ISO）和国际电工委员会（IEC）联合成立的专家组，负责制定关于运动图像在不同速率的传输介质上传输的一系列压缩标准。

MPEG 采用的编码算法简称为 MPEG 算法，用该算法压缩的数据称为 MPEG 数据，由该数据产生的文件称为 MPEG 文件，它以 MPG 作为文件的扩展名。

1. MPEG 标准系列

目前，已出台的标准有 MPEG-1、MPEG-2、MPEG-4、MPEG-7 等。

（1）MPEG-1。MPEG-1 是 MPEG 专家组 1991 年制定的标准，其正式名称为"动态图像和伴音的编码"，用于大约 1.5Mb/s 的数字存储媒体的运动图像及其伴音编码，最大压缩可达约 200:1，处理的是标准图像交换格式即 SIF（Standard Interchange Format）的电视信号，对于 NTSC 制式为 352 像素/行×240 行/帧×30 帧/秒，对于 PAL 制式为 352 像素/行×288 行/帧×25 帧/秒，压缩后的输出速率在 1.5 Mb/s 以下。

这个标准主要是针对当时具有这种数据传输率的 CD-ROM 和网络而开发，其目标是要把目前的广播视频信号压缩到能够记录在 CD 光盘上，并能够用单速的光盘驱动器来播放，并具有 VHS 的显示质量和高保真立体伴音效果。其音频压缩支持 32kHz、44.1kHz、48kHz 采样，支持单声道、双声道和高保真立体声模式，音频压缩算法可以单独使用。

（2）MPEG-2。MPEG-2 标准于 1994 发布，是一个直接与数字电视广播有关的高质量图像和声音编码标准。MPEG-2 适合 4～15Mb/s 的介质传输，支持 NTSC 制式的 720×480、1920×1080 帧分辨率、PAL 制式的 720×576、1920×1152 帧分辨率，画面质量达到广播级，适用于高清晰度电视信号的传送与播放，可以根据需要调节压缩比，在图像质量、数据量和带宽之间权衡。在数字广播电视、DVD、VOD（Video On Demand）、交互电视等方面有广泛应用。

（3）MPEG-4。MPEG-4 是一个多媒体的应用标准，制定该标准的目标有 3 个，即数字电视、交互式图形应用和交互式多媒体应用。MPEG-4 的传输速率在 4.8～64kb/s 之间，可以应用在移动通信和公用电话交换网上，并支持可视电话、电子邮件、电子报纸和其他低数据传输速率场合。

2. MPEG 的压缩原理

由于动态图像是由一序列静态图像构成的，每一幅静态图像称为一帧。所以对静态图像的压缩方法同样适用于动态图像的压缩。例如，使用 JPEG 的压缩算法来压缩每一幅静态图像。但是，由于动态视频图像的数据量相当巨大，仅仅对每一帧静态图像的压缩远远达不到动态视频图像存储和传输上的需要，这就要求从视频图像的特点出发，从其他方面再继续进行压缩。

动态图像在帧与帧之间表现出以下几个特点：

● 动态图像以每秒 25 帧播放，在如此短的时间内，画面通常不会有大的变化；
● 在画面中变化的只是运动的部分，静止的部分往往占有较大的面积。

因此，MPEG 压缩的基本思路如下：

（1）每隔若干帧（例如 30 帧）保存一幅原始帧；
（2）每一幅原始帧可以采用 JPEG 的压缩算法保存；
（3）对两个原始帧之间的各个帧采用差异帧，即仅仅记录该帧和前一帧不同的地方，相同的则不再记录。

在还原播放的时候，根据前一帧的画面和这两帧之间的差别可以构造出当前的画面。

6.4.2 视频文件的常用格式

1. AVI 格式

AVI（Audio Video Interleave）是一种音频和视频交叉记录的数字视频文件格式。1992 年初 Microsoft 公司推出了 AVI 技术及其应用软件 VFW（Video for Windows）。

在 AVI 文件中，运动图像和伴音数据以交织的方式存储，并独立于硬件设备。按交替方式组织音频和视像数据可使得读取视频数据流时更有效地从存储媒介得到连续的信息。

构成一个 AVI 文件的主要参数包括视频参数、伴音参数和压缩参数等。

（1）帧分辨率。根据不同的应用要求，AVI 的帧分辨率可按 4:3 的比例或随意调整：大到 640×480，小到 160×120 甚至更低。分辨率越高，视频文件的数据量越大。

（2）帧速。帧速也可以调整，不同的帧速会产生不同的画面连续效果。

（3）视频与伴音的交错参数。AVI 格式中每 X 帧交织存储的音频信号，也就是伴音和视频交替的频率 X 是可调参数，X 的最小值是一帧，即每个视频帧与音频数据交错组织，这是 CD-ROM 上使用的默认值。

（4）压缩参数。在采集原始模拟视频时可以用不压缩的方式，这样可以获得最好的图像质量。编辑后应根据应用环境选择合适的压缩参数。

2. RM 格式

RM（Real Media）格式是 RealNetworks 公司开发的一种流媒体视频文件格式，RM 可以根据网络数据传输的不同速率制定不同的压缩比率，从而实现在低速率的 Internet 上进行视频文件的实时传送和播放。

RM 主要包含 RealAudio、RealVideo 和 RealFlash 三部分。

（1）RealAudio 简称 RA，用来传输接近 CD 音质的音频数据，达到音频的流式播放。

（2）RealVideo 主要用来连续传输视频数据，它除了能够以普通的视频文件形式播放之外，还可以与 RealServer 相配合。首先由 RealEncoder 负责将已有的视频文件实时转换成 RealMedia 格式，再由 RealServer 负责广播 RealMedia 视频文件，在数据传输过程中可以边下载边播放，而不必完全下载后再播放。

（3）RealFlash 是 RealNetworks 公司和 Macromedia 公司联合推出的一种高压缩比的动画视频格式，它的主要工作原理基本上和 RealVideo 相同。

3．ASF 格式

ASF（Advanced Streaming Format）格式是由 Microsoft 公司推出的一种高级流媒体格式，也是一个可以在 Internet 上实现实时播放的标准，使用 MPEG-4 的压缩算法。ASF 应用的主要部件是服务器和 NetShow 播放器，由独立的编码器将媒体信息编译成 ASF 流，然后发送到 NetShow 服务器，再由 NetShow 服务器将 ASF 流发送给网络上的所有 NetShow 播放器，从而实现单路广播多路播放的特性。ASF 的主要优点包括：本地或者网络回放、可扩充的媒体类型、邮件下载以及良好的可扩展性。

4．DV 格式

DV（Digital Video）格式是一种国际通用的数字视频标准，是由 Sony 和 Panasonic 等 10 余家公司共同开发的一种家用的数字视频格式，DV 摄像机就是以这种格式记录高质量的数字视频信号。

经采样及量化后的视频信号数据量很大，为了降低记录成本，可以根据图像本身存在的冗余进行压缩。DV 格式采用压缩算法的压缩比为 5:1，压缩后视频码流为 25Mb/s。

DV 格式对声音可以采用 48kHz、16-bit、双声道高保真立体声记录（质量同 DAT），或 32kHz、12-bit、4 声道立体声记录（质量高于 FM 广播），音频编码方法为 PCM 编码。

音频与视频信息可以使用 Windows 系统自带的 Media Player 播放器来播放。执行"开始"菜单 |"程序"|"附件"|"娱乐"|"Windows Media Player"命令，可以打开播放器，然后将 CD 放入光驱中就可以播放了。

6.4.3　视频编辑技术

视频编辑是一个综合性的多媒体信息处理过程，其中包括音频和图像的处理，是多媒体信息的综合应用形式。

1．基本编辑

视频的基本编辑方法取舍和淡入淡出。

（1）片段的取舍。取舍时先确定片段的起点（Mark in）和终点（Mark out），然后将其去掉或保留。将保留的片段按时间顺序排列起来，从头到尾连续播放，就成了完整的视频节目。

（2）淡入和淡出。淡入是画面由无显示逐渐过渡到正常；淡出是画面慢慢变暗直至消失。它们常常用于节目的开始和结束以及场景的转换中。

2．过渡特技

过渡是镜头与镜头之间的组接方式，可以使画面连接自然流畅，包括溶解和滑像。

（1）溶解。指前一个镜头的画面逐渐消失的同时，后一个镜头的画面逐渐显示直到正常。

（2）滑像。指前一个镜头的画面按一定的方向移出屏幕的同时，后一个镜头的画面按相同的方向紧跟前一个镜头移入屏幕。

3．视频特技

视频特技指对片段本身所做的处理，如透明处理、运动处理、速度处理、色彩处理等。

透明效果可以将两个片段的画面内容叠加在一起，常用在表示回忆的场景中。运动处理可以使静止的画面移动，如文字的出现方式，可以使画面的出现更丰富多彩。速度的改变用来创建快镜头和慢镜头效果。色彩调整与图像的色彩调整类似，但它改变的是一段视频的色调，如黑白效果、红色的热烈气氛、淡绿的清凉感觉、落后昏黄色调等。

4. 字幕

视频上可以叠加文字，称为字幕。图像中的文字是静态的，视频中的文字是动态的。视频中出现的文字要持续一定的时间，文字不变，画面改变，文字用来说明一段视频，不同的画面内容需要不同的文字说明。文字的出现方式可以不同，如溶解、移入、放大、缩小等，产生不同的视觉效果。字幕也可以出现在节目的开头，就是标题，对整个节目说明，也可以出现在结尾，就是落款，说明节目的组织方式。

5. 配音

在录制节目的同时录下当时的环境声音称为同期声，编辑时可以单独处理，进行剪辑或添加效果，也可以为语音解说配上音乐，但要注意声音和画面的同步，如人说话的口型要和听到的声音一致。

6.4.4　常用的数字视频编辑软件

1. Premiere

Premiere 是 Adobe 公司专业的视频编辑软件，该软件操作简单、功能强大，可以组接多种格式的视频和图像，提供多种镜头切换方式、视频叠加方式，可对图像的色调和亮度等色彩参数进行调整，方便地在视频图像上添加字幕或徽标，也可以进行音频的编辑和合成，很方便地为图像配音或为语音添加音乐配音，支持多种格式的视频输出，如 AVI 格式、JPG 格式、MOV 格式、WMV 格式、RM 格式等。

2. Ulead Video Studio

Ulead Video Studio 是一套针对家庭娱乐、个人纪录片制作的视频编辑软件，适合家庭、个人使用。

其他的视频编辑软件还有 Windows Movie Maker、Pinnacle Studio 等。

3. VideoPack

VideoPack 是一个数字视频光盘制作软件，使用它可以制作 VCD、SVCD 和 DVD 视频光盘，还可以制作播放菜单。

其他的光盘刻录软件还有 Nero Burnner、Easy CD 等。

6.4.5　动画文件格式

动画是利用人的视觉暂留特性，快速播放一系列连续运动变化的图形图像，也包括画面的缩放、旋转、变换等特殊的效果。

动画处理软件可以分为二维和三维两类，二维动画处理软件中，常用的是 Flash，它是 Macromedia 公司专门为动态网页制作而设计的，有以下主要的特点：

（1）强大的多媒体编辑功能，支持动画、声音，有交互功能；

（2）基于矢量图形的 Flash 动画可以随意缩放，而且文件很小；

（3）可以使用透明技术和物体变形技术创建复杂的动画。

三维的动画制作软件中，最有名的是 3ds max，广泛应用于三维动画设计、广告设计、装饰设计等。

常用的动画文件格式有以下这些。

1. GIF 格式

GIF 格式的图像采用无损数据压缩方法中的 LZW 算法，这种算法压缩率较高，该格式中可以同时存储若干幅静止的图像，并由这些图像形成连续的动画，目前 Internet 中广泛使用的动画就是这种格式。

2. Flash 格式

Flash 格式的文件后缀名为.swf，它是 Micromedia 公司 Flash 软件支持的矢量动画格式，这种格式的动画在缩放时不会失真、文件存储空间较小，还可以带有声音，因此应用较为广泛。

3. FLIC 格式

FLIC 格式是 FLI 和 FLC 格式的统称，它是 Autodesk 公司的动画制作软件产品 Autodesk Animator、AnimatorPro 和 3D Studio 中采用的彩色动画文件格式，FLI 是最初基于 320×200 像素的动画文件格式，FLC 是 FLI 的扩展格式，它采用了更为高效的数据压缩技术，图像的分辨率也提高了。

FLIC 采用无损数据压缩方法，首先压缩并保存整个动画序列中的第一幅图像，然后逐帧计算前后两幅相邻图像的差异或改变部分，并对这部分进行压缩，由于动画序列中前后相邻的图像差别一般不是很大，这样就可以得到较高的压缩率。

6.5 实验

6.5.1 使用 GoldWave 处理声音

1. 实验要求

使用 GoldWave 对声音文件进行各种处理。

2. 操作环境

Windows 环境、GoldWave 软件、一个音频文件、一个耳麦。

3. 实验分析

GoldWave 是标准的绿色软件，不需要安装，整个压缩包体积小巧，将压缩包的几个文件释放到硬盘的任意文件夹下，直接双击 GoldWave.exe 就可以运行。

对文件进行各种音频处理之前，必须先从中选择一段出来，选择的部分称为一段音频事件。选择方法是在某一位置上单击以确定选择部分的起始点，在另一位置上右击确定选择部分的终止点，选择的音频事件将以高亮度显示。

与 Windows 其他应用软件一样，对选择的音频事件可以进行编辑，编辑操作也有剪切、复制、粘贴、删除等基本操作命令，可以使用"编辑"菜单下的命令或工具栏上的命令按钮。

对于双声道的文件，如果在编辑时只想对其中一个声道进行处理，另一个声道要保持原样不变化，可以使用"编辑"菜单的声道命令，在左声道、右声道、双声道三者之间进行选择，直接选择将要进行作用的声道，这时所有操作只对选择的声道起作用，另一个声道会用深色表示不受任何影响。

4. 操作过程

（1）将 GoldWave 压缩包解压到硬盘的任意文件夹，双击文件夹中的 GoldWave.exe 文件启动程序。

（2）将耳麦连接到计算机中，便于录音和聆听声音处理后的效果。

（3）执行"文件"｜"打开"命令，打开 MP3 声音文件。

如果事先没有 MP3 文件，执行"文件"｜"新建"命令，单击窗口的"开始录音"红色按钮可以录制一段声音。

（4）GoldWave 窗口组成如图 6-8 所示，整个主界面从上到下被分为 3 个部分，最上面是菜单命令和快捷工具栏，中间是波形显示，下面是文件属性。

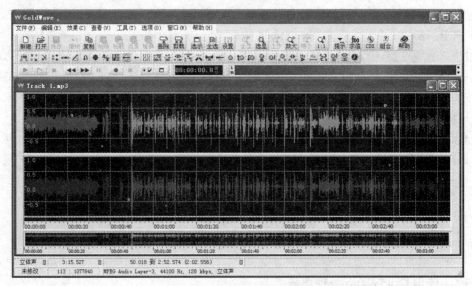

图 6-8　GoldWave 的窗口组成

- 在波形显示区域内，如果是立体声文件则分为上下两个声道，可以分别或统一对它们进行操作。
- 在波形显示区域的下方有一个指示音频文件时间长度的标尺，以秒为单位显示出任何位置的时间情况，方便掌握音频处理时间、音频编辑的长短。
- 如果音频文件太长，一个屏幕不能完成显示，一种方法是用横向的滚动条进行拖放显示，另一种方法是用"查看"菜单的"放大"、"缩小"命令改变显示的比例，还可以使用快捷键 Shift+↑放大和用 Shift+↓缩小。
- 如果要详细地观测波形振幅的变化，可以加大纵向的显示比例，方法是使用"查看"菜单下的"垂直放大"、"垂直缩小"或使用快捷键 Ctrl+↑、Ctrl+↓，这时出现纵向滚动条。

（5）从头到尾将该音频文件播放一遍。

（6）音频事件的复制。

①截取音频事件，设置截取的起始点和终止点，通过反复播放确定截取的内容。

②使用剪贴板将音频事件复制到目标文件中。

③播放复制后的内容。

（7）将一段音频用另一段替代。替代是用剪贴板上的音频片断代替目标文件中被选定的波形段。

①将替换的新内容复制到剪贴板上。

②选定被替换的音频事件。

③执行"编辑"｜"替换"命令。

（8）混音。混音是将剪贴板上的音频片断与目标文件中被选定区段的音频混合成一个音频。

①将要混入的音频复制到剪贴板上。

②在目标文件中选定被混音的波形区段。

③执行"编辑"｜"混音"命令，打开"混音"对话框。

④在对话框中设置混音的起始位置和音量，然后单击"确定"按钮。

（9）插入空白区域。在指定的位置插入一定时间长度的空白区域，执行"编辑"｜"插入静音"命令，在弹出的对话窗中输入要插入的时间，然后单击"确定"按钮，这时在指针位置可以看到这段空白的区域。

（10）更改音量。

①选择更改音量的目标选区。

②执行"效果"｜"音量"｜"更改"命令，打开 Volume 对话框。

③在 Volume 对话框中设置更改音量的参数，完成后单击"确定"。

（11）淡入和淡出。淡入即音量从低（一般是音量从 0 开始）到高逐渐增加，直到音量的大小正常为止，一般用在音频文件的起始位置，以防止音量突然增加给人带来的生硬感。淡出是指将音量从正常大小逐渐减小，直到最低或者声音消失，一般用在音频播放将要停止时。

①设置音乐的开始。

②执行"效果"｜"音量"｜"淡入"命令，打开 Fade In 对话框。

③在对话框中设置更改淡入的参数，完成后单击"确定"按钮。

用同样的方法可以进行淡出的处理，其中淡出参数要在 Fade Out 对话框中设置。

5. 思考问题

（1）GoldWave 可以编辑的声音文件格式有哪些？

（2）如何对左声道和右声道分别编辑？

（3）对选择的音频事件可以进行哪些基本处理？

6.5.2　太极图的制作

1. 实验要求

使用"画图"软件制作如图 6-9 所示的太极图。

2. 实验分析

和专业图像处理软件如 Photoshop、CorelDraw 等相比，"画图"程序的功能要简单得多，但是"画图"程序仍然包含了绘制图形的基本功能和最基本的处理方式，如果充分发挥其作用，也可以绘制一幅相当不错的图形。

对于绘制太极图，很多教材都介绍过使用 Photoshop、CorelDraw 来完成，本实验中使用"画图"来完成这一过程。

太极图由两个阴阳鱼构成，可以先绘制如图 6-10 所示的 5 个圆，然后再擦线，最后用黑色填充即可。

这 5 个圆包括大圆一个，中圆两个，小圆两个，两个中圆垂直相接，其直径为大圆的一半。

图 6-9 完成的太极图

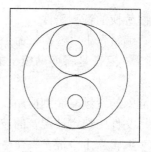

图 6-10 绘制 5 个圆

绘制图时比较难于掌握的是 5 个圆大小的控制，我们注意到，在"画图"程序中，当鼠标在画布区移动时，窗口右下方显示出光标在位置的坐标，本实验就是使用这一点来精确地绘制各个圆。

首先设置画面布的大小为 500×500，单位为像素，大圆直径为 400 像素，中圆直径为 200 像素，小圆直径为 30 像素。

由于在"画图"中画圆是绘制出正方形的内切圆，而这个正方形是沿对角线拖动形成的，所以大圆所切的正方形从坐标（50，50）开始，长宽都为 400，两中圆所切的正方形分别从坐标（150，50）和（150，250）开始，长宽都为 200。

本实验的方法就是画正圆、擦线、填充颜色，绘制过程中只使用了黑白两种颜色。

3. 操作过程

（1）设置画布尺寸。

1）执行"开始"|"程序"|"附件"|"画图"命令，启动"画图"窗口。

2）如果窗口的下方没有显示状态栏，则执行"查看"|"状态栏"命令将其显示。

3）执行"图像"|"属性"命令，打开"属性"对话框。

4）在"属性"对话框中，选择"像素"作为单位，然后将宽度设置为 500，高度设置为 500，单击"确定"按钮，关闭对话框。

（2）绘制大圆。

1）设置前景为黑色，背景为白色。

2）在工具箱中选择"直线"工具，然后在下方的宽度中选择第 2 个。

3）选择"椭圆"工具，画正圆时要先按住 Shift 键，然后通过状态栏显示的坐标将光标定位到坐标（50，50）处，按下左键向右下角拖动，同时观察状态栏右侧显示的尺寸，当变为显示 400×400 时松开鼠标，大圆绘制完成。

（3）绘制两个中圆。

1）按住 Shift 键后，将鼠标从坐标（150，50）向右下角拖动，状态栏右侧显示 200×200 时松开鼠标。

2）同样从（150，250）开始绘制第 2 个中圆，要保证这两个圆垂直相切。

（4）绘制两个小圆。在两个中圆的正中位置分别绘制两个小圆，这相对要容易。

图 6-11 擦线后的效果

（5）擦线。单击工具栏中的"橡皮"按钮，分别擦除上面中圆的右半侧和下面中圆的左半侧，擦除后的结果如图 6-11 所示。

（6）用黑色填充。单击工具栏上的"填充"按钮，填充右侧鱼眼睛之外的部分，再填充左侧鱼的眼睛。

（7）将绘制的图形保存。

4．思考问题

（1）在绘图时如果上下两个中圆没有完全相接，用什么办法弥补？

（2）如何在绘制好的太极图四周添加 8 个卦象？

6.5.3　使用 Premiere 编辑视频

1．实验要求

对已获得的视频文件进行如下一些基本的处理。

（1）截取第 1 段视频中间的一部分。

（2）将第 2 段视频拼接到第 1 段之后。

（3）向视频中加入字幕。

（4）将编辑后的视频输出。

2．操作环境

（1）Adobe Premiere Pro CS3。

（2）已录制好的两段视频文件 video1.avi 和 video2.avi 和一个图像文件 pic.jpg。

实验所需的视频文件可以使用 DV 拍摄，也可以在 Internet 中进行下载。

3．实验分析

Premiere 是 Adobe 公司推出的专业视频编辑软件，使用 Premiere 可以处理多种格式的视频和图像，提供多种视频叠加方式，对图像的色调和亮度等色彩参数进行调整，在视频图像上添加字幕，也可以进行音频的编辑和合成，很方便地为图像配音，支持多种格式的视频输出。

最终可以将上面的各种处理输出成一部完整的电影。

4．操作过程

（1）启动 Premiere 并新建项目。

1）Premiere 启动后，主窗口中显示名为"欢迎使用 Adobe Premiere Pro"的对话框。

2）单击对话框中的"新建项目"按钮，弹出"新建项目"对话框。

3）在对话框中：

● 　在 DV-PAL 中选择"标准　48kHz"；

● 　在对话框底部选择保存项目的路径"D:\"；

● 　在项目名称文本框中输入项目名"MyVedio"。

单击"确定"按钮，这时，显示程序的主窗口。

（2）导入视频文件和图像文件。

1）执行"文件"｜"导入…"命令，在打开的"导入"对话框中选择需要导入的视频文件 video1.avi。

2）单击"打开"按钮，将该视频导入。

3）用同样的方法导入 video2.avi 和图像文件 pic.jpg。

（3）裁剪视频。对视频进行编辑需要将视频放置到"时间线"窗口中，下面对视频进行裁剪，也就是只使用素材中的一部分，操作方法如下：

1）单击视频 video1.avi，使该视频出现在监控器窗口中，如图 6-12 所示。

2）在开始处做一个标记，拖动播放滑块停到需要保留片断的开始处，然后，单击"设置入点"按钮。

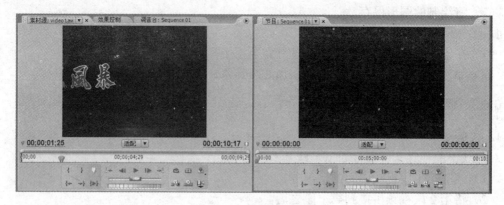

图 6-12　Monitor 窗口

3）设置片断结束标记。拖动播放滑块或使用播放按钮找到片断的结尾处，再单击"设置出点"按钮。

4）单击"插入"按钮将设置好标记的片断插入到"时间线"窗口，如图 6-13 所示。

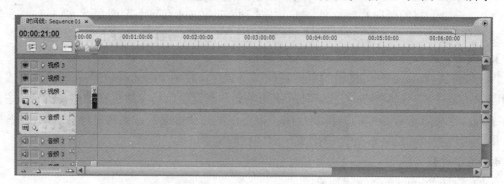

图 6-13　"时间线"窗口

在轨道的开始处单击即可将某条轨道设为"当前"，这样，截取的片断就插入到"当前"轨道。

在窗口的上部是时间标尺，时间标尺的滑块上有一根红色的时间线。插入点从该时间线开始插入，可以拖动滑块改变时间线的位置。

5）在结尾处插入整个 video2.avi，最简单的方法是将该视频文件直接从"项目"窗口拖动到"时间线"窗口。

6）将图片由"项目"窗口拖动到视频 2 轨道上。

（4）添加字幕。在影片中加入字幕的操作方法如下：

1）执行"文件"｜"新建"｜"字幕"命令，出现"新建字幕"对话框，使用对话框中默认的字幕名称"字幕 01"，单击"确定"按钮，打开"字幕编辑"窗口。

2）在"字幕编辑"窗口中：

● 窗口右边的字幕属性栏目中可以选择字体、颜色等；

● 在左边的工具栏中选择文字工具，然后在画面上单击，就可以输入文字。

3）字幕输入后，关闭"字幕编辑"窗口，完成之后字幕文件自动加入项目中，此时可以在"项目"窗口看到刚才创建的字幕文件。

4）将该字幕文件拖动到"时间线"窗口的视频 3 轨道上。

（5）输出电影。

1）执行"文件"｜"导出"｜"影片"命令，打开"导出影片"对话框。

2）在对话框中，单击"设置"按钮，打开"导出影片设置"对话框。

3）在"导出影片设置"对话框中：

● 在"文件类型"中选择 Microsoft AVI；

● 在"范围"中选择"全部素材"；

● 在对话框的左边选择第二项"视频"。

这时，对话框出现相应的视频选项。

4）在"视频选项"对话框中：

● 在"压缩"中选择一个编码/压缩器；

● 在"画幅大小"中设置输出画面的大小；

● 在"帧速率"中设置帧率；

● 其余的设置使用默认设置。

单击"确定"按钮关闭该设置对话框回到"导出影片"对话框。

5）选择文件的保存路径和文件名，然后，单击"保存"按钮。此时 Premiere 开始输出最终的文件，输出过程中弹出对话框显示输出的进度，这一过程可能需要较长的时间。

5．思考问题

（1）简述对已制作好的视频进行剪辑的方法。

（2）在向视频中添加字幕时，可以设置的样式有哪些，如何设置静态字幕和滚动字幕？

6.5.4　移动的小球——使用 Flash 创建动画

1．实验要求

（1）创建逐帧动画，该动画在屏幕上显示一个移动的小球。

（2）创建渐变动画，该动画在屏幕上显示一个移动的小球。

2．实验分析

一个 Flash 动画可以由一个或多个场景（Scene）构成，这些场景表示具有不同主题的一个一个片断，每个场景又由多个图层和动画帧组成，每个帧中由多个元素组成，这些元素由分离图形（Shape）、群组图形（Group）、符号实例（Instance）和文本（Text）组成。

用 Flash 制作动画，有两种方式，一种是逐帧动画，另一种方式是渐变动画。

一个完整的逐帧动画是由一个一个有先后顺序的关键帧组成，关键帧中描述了动画在某个时间点的关键内容。因此，制作逐帧动画就是在时间轴上分别制作每一个关键帧，然后按先后顺序连续动作形成动画。

本动画的每一帧中只有一个元素——小球，不同的是，在各个帧中小球的位置不一样，为简化操作，其他属性都使用系统默认的值，动画由 40 帧组成。

渐变动画只需要确定动画的起始帧和结束帧这两个帧，它们中间的部分由 Flash 自动生成。渐变动画又可分为运动渐变动画和外形渐变动画两种，运动渐变动画用于动画中对象的形态不变而位置发生变化的情况，外形渐变动画则用于运动中的对象从一种形态变化到另一种形态的情况。

3. 操作过程

创建逐帧动画的过程如下：

（1）启动 Flash。

（2）建立动画元素。单击工具箱中的椭圆，将填充色设置为红色，将鼠标移动到画板区，这时，鼠标形状变成十字形，拖动鼠标可以画出一个圆球。

（3）制作第一帧。

1）单击图层 1 的第 1 帧。

2）执行"插入"|"关键帧"命令，将该帧创建为关键帧，这时鼠标变为黑色箭头。

3）黑色箭头将画好的小球拖动到动画的开始位置即第 1 帧。

（4）制作其他的每一帧，就是分别确定小球在每一帧中的位置。

1）在时间轴上选取第 2 帧，然后执行"插入"|"关键帧"命令，将该帧创建为关键帧。

2）用黑色箭头将画好的小球拖动合适的位置。

重复上面两步，在时间轴上不同的位置都插入关键帧，并且在关键帧中将小球拖动到不同的位置，直到完成第 40 帧的制作。

（5）演示制作的动画。直接按 Ctrl 和回车键，这时，屏幕上打开一个新的演示窗口，并在此窗口中显示刚创建的动画的演示过程。

（6）保存动画文件。

1）关闭演示窗口。

2）执行"文件"|"保存"命令，在打开的对话框中输入文件名 myflash1。

3）单击"保存"按钮，保存该动画文件。

（7）将动画文件导出到影片文件。

1）执行"文件"|"导出影片"命令，屏幕显示出"导出影片"对话框，在对话框的文件名框中输入文件名。

2）单击"保存类型"右侧的向下箭头，选择导出文件类型为.swf 类型。

3）单击"保存"按钮，保存影片文件。

4）执行"文件"|"关闭"命令，关闭刚建立的动画文件。

创建渐变动画的过程如下：

（1）建立动画文件。启动 Flash 后，执行"文件"|"新建"命令，建立一个新的动画文件。

（2）建立动画元素。用工具箱中的椭圆工具在画板区画一个圆球。

（3）将分离图形转化为群组。用黑色光标箭头将要转换的分离图形即小球用拖动的方框框起来，然后执行"修改"|"组合"命令。

（4）创建起始帧。在时间轴上选取第 1 帧，右击动画帧位置后，在弹出的快捷菜单中单击"插入关键帧"，将该帧创建为关键帧，这时鼠标变为黑色箭头。接下来用黑色箭头将上一步创建的群组图形拖动到动画开始的位置。

（5）创建结束帧。在时间轴上选取第 40 帧，右击动画帧位置后，在弹出的快捷菜单中单击"插入关键帧"命令，将该帧创建为关键帧，这时鼠标变为黑色箭头，然后将群组图形拖动到动画结束的位置。

（6）建立渐变关系。在时间轴上的起始帧和结束帧中间的任意帧处右击，在弹出的快捷菜单上单击"创建移动渐变"，这时，在两帧之间出现箭头线，表示已经建立了渐变的关系。

（7）演示制作的动画。按 Ctrl 和回车键，在演示窗口中观察动画的过程。

（8）保存动画文件。执行"文件"|"保存"命令，在打开的对话框中输入文件名 myflash2，然后单击"保存"按钮，这时，磁盘上会保存一个名为 myflash2.fla 的动画文件。

（9）用同样的方法将动画文件导出到影片文件。

（10）执行"文件"|"关闭"命令，关闭刚建立的动画文件。

4．思考问题

（1）说明创建逐帧动画的一般过程。

（2）说明创建渐变动画的一般过程。

本章主要介绍了多媒体技术的概念、多媒体信息的数字化方法、常用多媒体处理软件的功能和基本操作。

多媒体处理软件由于其声图并茂、直观性强，在学习中很容易引起学生的兴趣，但限于教材的篇幅，只能对这些软件的使用作一些最入门的叙述，其他内容还要在今后的其他课程学习中进行全面的讲解。

一、选择题

1．如果屏幕分辨率为 640×480，则（　　）。

　　A．320×240 的图像占整个屏幕的四分之一

　　B．320×480 的图像占整个屏幕的四分之一

　　C．640×640 的图像占整个屏幕的四分之四

　　D．多大的图像都能显示

2．适合作三维动画的工具软件是（　　）。

　　A．3DS MAX　　　　　　　　　　B．Photoshop

　　C．AutoCAD　　　　　　　　　　D．Flash

3．按颜色数目，可以将图像分有彩色图像、灰度图像和单色图像，其中的单色图像是指（　　）的图像。

　　A．只有黑色和白色　　　　　　　B．饱和度低

　　C．只有两种颜色　　　　　　　　D．只有亮度

4．多媒体计算机系统的两大组成部分是（　　）。

　　A．多媒体功能卡和多媒体主机

　　B．多媒体通信软件和多媒体开发工具

　　C．多媒体输入设备和多媒体输出设备

　　D．多媒体计算机硬件系统和多媒体计算机软件系统

5．在多媒体计算机系统中，不能存储多媒体信息的是（　　）。

　　A．光盘　　　　　B．磁盘　　　　　C．磁带　　　　　D．光缆

6．能无失真地还原出原声的采样频率为（　　）。
　　A．8kHz　　　　　B．16kHz　　　　　C．20kHz　　　　　D．40kHz

7．以下软件中，（　　）是专业化数字视频处理软件。
　　A．Visual C++　　　　　　　　　B．3D Studio
　　C．Photoshop　　　　　　　　　　D．Adobe Premiere

8．二值图像的一个像素，使用（　　）二进制位表示。
　　A．1 位　　　　　B．2 位　　　　　C．4 位　　　　　D．16 位

9．对于同一幅图，矢量图形的文件大小一般比位图文件的大小（　　）。
　　A．小　　　　　B．大　　　　　C．一样多　　　　　D．不确定

10．以下各种文件格式中，不属于多媒体静态图像文件格式的是（　　）。
　　A．GIF　　　　　B．MPG　　　　　C．BMP　　　　　D．PCX

二、填空题

1．多媒体技术的特征是_____、_____、_____和_____。

2．声音数字化的过程包括_____、_____和_____。

3．对于常用的两种图像压缩标准 JPEG 和 MPEG，前者是_____图像的压缩标准，而后者是_____图像的压缩标准。

4．在对声音数字化时，单位时间内的采样次数称为_____。

5．可以对多媒体信息进行压缩的前提是因为在这些信息中存在大量的_____。

6．有一个 16 级灰度图像文件的大小为 640KB，如果该图像分辨率的行数为 1024，则列数为_____。

7．假设有一个立体声的音频文件，其大小为 2100000KB，采样频率为 32000Hz，可以播放 70 分钟，则该音频文件的采样深度为_____bit。

8．数字图像的分辨率为 800×600，位深度 32，这个图像文件大小为_____KB。

三、判断题

1．视频信息指的就是电视信号。　　　　　　　　　　　　　　　　　　　（　　）

2．采样频率要至少高于信号最高频率的 2 倍才可以不失真地还原。　　　（　　）

3．同样效果的一幅画面，位图文件比矢量文件所占用的字节数要小得多。（　　）

4．压缩可以分为有损压缩和无损压缩。　　　　　　　　　　　　　　　　（　　）

四、简答题

1．什么是多媒体？什么是多媒体计算机？

2．多媒体计算机一般包括哪些设备？

3．为什么要压缩多媒体信息？压缩多媒体信息的依据是什么？

4．解释常用的几种颜色模型。

5．如何将模拟信号变为数字信号？

6．简述图像的数字化过程。

7．哪些图片文件的格式更适合于网上传输？

五、计算题

1．采用 22.1kHz 的采样频率和 16bit 采样深度对 1 分钟的立体声声音进行数字化，需要多大的存储空间？相应的数据传输率是多少？

2．用 400×300 点阵表示的一幅彩色数字图像，如果每个像素点用 16 位二进制编码表示不同的颜色，计算不进行任何压缩的情况下，存储这幅图像需要占用的存储空间。

3．假设有一个未经压缩的立体声音频文件，其大小为 120000KB，采样频率为 8000Hz，采样深度为 16 位（bit），计算该音频文件可以播放多长时间。

第 7 章　程序设计基础

- 理解程序、软件、程序开发的概念
- 了解程序设计的基本过程
- 了解常见程序设计语言的特性
- 理解汇编、编译、解释等概念
- 理解算法基本概念以及常用算法描述工具
- 了解结构化程序设计方法的基本思想
- 理解三种基本控制结构的使用

计算机能完成预定的任务是因为人们可以根据需求编写软件，然后在计算机上运行该软件来实现目标，这是硬件和软件协同工作的结果，同样的硬件配置，加载不同的软件就可以完成不同的工作。

本章介绍程序设计的一般过程，并介绍常见的程序设计语言；接着讨论算法描述基本方法和思想；最后通过 Visual Basic 程序设计介绍结构化程序的基本方法。

7.1　程序和程序设计语言

使用计算机来完成某项工作时，会面临两种情况：一种情况是可以借助现有的应用软件完成，例如文字处理的 Word、表格处理的 Excel、绘制图形的 Photoshop、网上浏览或查找信息的 Internet Explorer 等；另一种情况是，没有完全合适的软件可供使用，这时就需要使用计算机语言编制程序，来完成特定的功能，这就是程序设计。

7.1.1　程序设计的概念

在日常生活中，程序这个概念是很普通的，日常生活中的程序是指按一定的顺序安排的一系列操作或工作。例如，学校开学时新生的报到就有一系列的过程，包括注册、交费、体检、领取教材等，报到大厅里也会在醒目的位置提示学生报到的各个过程和地点等，只有按这个顺序才可以顺利地完成报到过程，同样，各个机关、部门办理的各种事宜，也都有一个工作程序或流程，这就是按程序办事。

随着计算机技术发展和普及，"程序"也成为计算机的专有名词，计算机程序是指为完成某一个任务或解决某一个特定问题而采用某一种程序设计语言编写的指令集合，也就是说，用计算机能理解的语言告诉计算机如何工作，这里的指令是指计算机可以执行的操作或动作。

任何一个计算机程序都具有下列共同特性：

- 目的性。程序都是为了实现某个目标或完成某个功能。

- 确定性。程序中的每一条指令都是确定的，而不是含糊不清或模棱两可。
- 有穷性。一个程序不论规模多大，都应当包含有限的操作步骤，能够在一定时间范围内完成。
- 有序性。程序的执行步骤是有序的，不可随意更改程序执行顺序。

对于计算机软件，目前还没有一个精确定义，通常都认为计算机软件指计算机程序、方法和规则、相关的文档资料以及在计算机上运行它时所必需的数据。

为了有效地进行程序设计，应当至少具有两个方面的知识：一是掌握一门程序设计语言的语法及其规则；二是掌握解题的步骤或方法，就是如何将一个求解问题设计分解成一系列的操作步骤，也就是算法分析。

7.1.2　指令和程序设计语言

计算机之所以能够按照人们的安排自动运行，是因为采用了存储程序控制的方式。简单地说，程序就是一组计算机指令序列。本节介绍计算机指令和程序设计语言的概念。

1. 计算机指令

简单说来，指令（Instruction）就是给计算机下达的命令，它告诉计算机要做什么操作、参与此操作的数据来自何处、操作结果又将送往哪里。

一条指令必须包括操作码和地址码（或称操作数）两部分，操作码指出该指令完成操作的类型，如加、减、乘、除、传送等；地址码指出参与操作的数据和操作结果存放的位置。一条指令只能完成一个简单的动作，一个复杂的操作需要由许多简单的操作组合而成。

一台计算机可能有多种多样的指令，这些指令的集合称为该计算机的指令系统，事实上是该计算机使用的 CPU 可以识别和执行的指令。

2. 程序设计语言

用于同计算机交互的语言叫程序设计语言。最常见的分类方法是根据程序设计语言与计算机硬件的联系程度将其分为三类，即机器语言、汇编语言和高级语言。

（1）机器语言（Machine Language）。以计算机所能理解和执行的以 "0" 和 "1" 组成的二进制编码表示的命令，称为机器指令，这是所有语言中唯一能被计算机直接理解和执行的指令。

一般来说，不同型号不同系列的 CPU，具有不同的指令系统，指令系统也称机器语言，每条指令都对应一串二进制代码，用机器语言编写的程序称为机器语言程序。

机器语言的优点是计算机能够直接识别、执行效率高，其缺点是难记忆、难书写、编程困难、可读性差且容易出现编写错误。因为机器语言直接依赖于机器，所以在某种类型计算机上编写的机器语言程序不能在另一类计算机上使用。也就是说，机器语言的可移植性差。

（2）汇编语言（Assemble Language）。为了克服机器语言的缺点，人们采用了助记码与符号地址来代替机器指令中的操作码与操作数。如用 ADD 表示加法操作，用 SUB 表示减法操作，且操作数可以使用二进制、八进制、十进制和十六进制数表示，这种表示计算机指令的语言称为汇编语言。

例如，在某个型号的 CPU 中，下列指令表示将十六进制的 100 送到寄存器 BX 中：

```
MOV BX,100H
```

又如，下面的指令将寄存器 AX 和 BX 中的值相加，然后将结果保存到 AX 中：

```
ADD AX,BX
```

　　汇编语言也是一种面向机器的语言，但计算机不能直接执行汇编语言程序。用它编写的程序必须经过汇编程序翻译成机器指令后才能在计算机上执行。目前，由于它比机器语言可理解性好，比其他语言执行效率高，许多系统软件的核心部分仍采用汇编语言编制。

　　由于汇编语言实际上是与机器语言指令一一对应的，所以汇编语言仍然不通用。

　　（3）高级语言。高级语言是更接近自然语言、更接近数学语言的程序设计语言。它是面向应用的计算机语言，其优点是符合人类叙述问题的习惯，而且简单易学。目前的大部分语言都属于高级语言，其中使用较多的有 BASIC（Visual Basic）、Pascal、Delphi、FORTRAN、COBOL、C、C++、Java 等。

　　例如，以下是使用 BASIC 语言编写的求解两个数中较大一个的片段：

```
A=3:B=4
IF A>B THEN
    C=A
ELSE
    C=B
ENDIF
```

　　显然，这段程序要比用机器语言或汇编语言编写的更容易理解，也容易编写。

　　目前高级语言正朝着非过程化发展，即只需告诉计算机"做什么"，"怎样做"则由计算机自动处理，高级语言的发展将更加方便用户的使用。

　　但是，使用高级语言编写的程序，计算机也不能直接识别和执行，也要经过事先的"翻译"之后，才能被计算机执行，这一处理过程需要使用语言处理程序。

7.1.3　语言处理程序

　　在计算机语言中，用除机器语言之外的其他语言书写的程序都必须经过翻译，变成机器指令，才能在计算机上执行。

　　翻译之前的程序称为源程序（Source Program）或源代码（Source Code），翻译之后产生的程序称为目标程序（Object Program）。

　　因此，计算机上能提供的各种语言，必须配备相应语言的语言处理程序，语言处理程序有汇编程序、解释程序和编译程序。

　　1. 汇编程序

　　汇编程序的作用是将用汇编语言编写的源程序翻译成机器语言的目标程序。将汇编语言源程序翻译成机器语言目标程序的软件称为汇编程序，这一翻译过程称为汇编。

　　2. 解释程序

　　将高级语言编写的源程序翻译成机器语言指令时，有两种翻译方式，分别是"解释"方式和"编译"方式，分别由解释程序和编译程序完成。

　　解释方式是通过解释程序对源程序一边翻译一边执行，早期的 BASIC 语言采用的就是解释方式，解释方式的过程见图 7-1。

　　3. 编译程序

　　编译过程是这样的，首先将源程序编译成目标程序，目标程序文件的扩展名是.obj，然后再通过连接程序将目标程序和库文件相连接形成可执行文件，可执行文件的

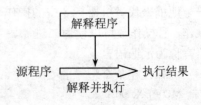

图 7-1　解释方式

扩展名是.exe，编译处理的过程如图 7-2 所示。

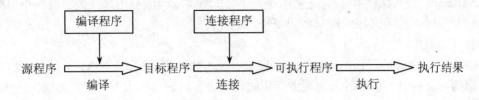

图 7-2 编译方式

大多数高级语言编写的程序采用编译的方式，不同的高级语言对应了不同的编译程序。

由于编译后形成的可执行文件独立于源程序，因此可以反复地运行，运行时只要给出可执行程序的文件名即可，因此运行速度较快。

目前流行的高级语言，如 C、C++、Visual C++、Visual Basic 等都采用编译的方法。

无论是编译程序还是解释程序，都需要事先将源程序输入到计算机中，然后才能进行编译或解释。为了方便地进行程序的开发，目前，许多编译软件都提供了集成开发环境（IDE）。所谓集成环境是指将程序编辑、编译、运行、调试集成在同一环境下，使程序设计者既能高效地执行程序，又能方便地调试程序，甚至是逐条调试和执行源程序。

例如 Microsoft Visual Studio 2008 就是一个典型的 IDE 环境，在这个环境中可以对使用 VB、VC、C#等程序设计语言编写的程序进行编辑、编译和运行。

7.1.4 常用的程序设计语言简介

目前常用的程序设计语言及适用场合如下。

1. 8086 汇编语言

8086 汇编语言是一种低级语言，其指令集只适用于 Intel 80x86 系列微处理器，用它编写的程序只能运行在装有 x86 系统微处理器的计算机上。

现在 8086 汇编语言适合以下的情况：

* 要求程序尽可能短或速度要求很高的场合；
* 把 8086 汇编语言嵌入到其他嵌入功能的部分高级语言中；
* 编写系统软件如操作系统、多媒体底层控制时使用，目的是为了控制硬件。

2. BASIC

BASIC 最早是为初级编程者设计的,这一点可以从它的名字看出来(Beginner's All-purpose Symbolic Instruction Code，初学者通用符号指令代码)，开发于 1964 年。它从 FORTRAN Ⅳ 和 ALGOL 60 改造而来，立意为非专业程序员（学生）提供易学易用的开发工具（完成家庭作业）。后期有很多版本，例如 GW-BASIC、QUICK-BASIC 等，目前仍在流行的是 Microsoft 的 Visual Basic（VB）。

Visual Basic 的集成开发环境支持调试时解释执行和对最终版本的编译，是当前开发商业软件的理想工具之一，它所带的控件使开发界面、Web 应用和数据库访问等程序非常简便。

3. FORTRAN

FORTRAN 出现于 1954 年，是目前仍在使用的最早的高级语言，其他的高级语言几乎都直接或间接地从 FORTRAN 发展而来。目前广为流传的版本是 1977 年和 1990 年发行的 FORTRAN 77 和 FORTRAN 90。

FORTRAN 对于数值类型的计算功能支持较强，FORTRAN 名称源于 FORmula TRANslating（公式翻译），设计之初就是为了公式计算，一般被用来在大型机或小型机上编制科学计算程序，应用面相对较窄。

4. COBOL

COBOL（Common Business Oriented Language，面向商业的通用语言）是 20 世纪 60 年代美国国防部支持开发的一种面向商业应用的高级语言，适合于大型计算机系统上的事务处理，它是编译执行的过程性高级语言，主要被一些专业程序员用来开发和维护大型商业集团的复杂程序。COBOL 被认为是最接近于自然语言的高级编程语言之一，曾经在微机上也流行一时，但目前已经很少有人在一般的 PC 机上开发应用。

5. C

C 语言与 Pascal 几乎同时面世，它的前身是 ALGOL 68 和 B 语言，所以被命名为 C 语言。C 语言是为了改写 UNIX 操作系统而诞生的（以取代汇编语言和 B 语言等），设计初衷就是为了编写系统软件和增加可移植性，它在多个 UNIX 平台和微机操作系统平台上有编译系统，曾经是可移植性最好的语言。

C 语言带有汇编语言的接口，这种特性给程序员带来很大的灵活性，使得有经验的程序员可以使他们的程序速度快、效率高，但也使 C 程序难于理解、调试和维护。

6. C++

C++语言是支持面向对象的 C 语言，产生于 20 世纪 80 年代，由于保留了 C 语言的几乎全部特性，并增加了对象的支持，使得 C 程序员不需重新学习一门语言就可以开发面向对象的程序，从而使 C++广为流行。

相对于纯面向对象语言而言（如 small talk），C++被称为混合型的语言，现在比较流行的版本是 Microsoft 的 Visual C++和 Borland 的 C++ Builder。

7. Pascal

Pascal 最初是 20 世纪 70 年代为帮助学生学习计算机编程而开发的编译型语言，它开创了结构化程序设计的先河，在数据结构和过程处理上都很有特色，但很少用于商业开发。Borland 公司的 Delphi 语言内核为 Pascal，但是加入了面向对象和可视化开发，是目前广为流行的商业开发工具，以控件丰富而享誉业界。

8. ALGOL

1958 年出现的 ALGOL 在计算机语言的发展史上具有重要意义，因为几种著名的语言 BASIC、C、Pascal 都得益于它。ALGOL 这个名字来源于两个单词：ALGOrithmic Language（算法语言），它是在 FORTRAN 的基础上加入许多新的想法而产生的。

9. Java

Java 的得名源自于一种咖啡，它是以 C++为基础的但更适合互联网应用的面向对象语言。如果开发网络应用，并把跨平台看得极为重要，则 Java 是理想的开发工具。Java 使程序员能够使用动态和交互式内容创建 Web 页面、开发大规模企业应用程序、增强 Web 服务器以及提供用于消费设备（如无线电话和个人数字助理等）的应用程序。

10. Prolog 和 LISP

这是两种解释型语言，用于人工智能中的逻辑推理计算。Prolog（Programming Logic）开发于 1971 年，而 LISP（LISt Processor）产生于 1960 年。在 Prolog 中不强调一般的过程描述，而是用事实（facts）和规则（rules）构成语句集合，由计算机根据规则及事实进行符号推理计算，回答一个提问的"真"或"假"。现在的 Visual Prolog 也支持可视化的开发，是专家系统、符号处理系统的理想开发工具。

此外，互联网的发展，产生了大量的网络应用，也促成了许多新语言的产生和流行，这些都是基于解释器的脚本语言，例如以下是服务器端的语言：

- 支持 ASP 文档的 VBScript（它是 Microsoft 的 Visual Basic 的一个子集）；
- 编写 CGI 接口的 Perl 语言；
- 开放源代码的 Python 和 PHP 语言；
- Java servlet 和 JSP。

在客户端运行的脚本程序一般是由 JavaScript（Java 的子集）编写的。

这些脚本语言使互联网程序可以通过动态的形式，跨越不同的硬件、不同的系统平台运行。

如果一项任务可以使用多种编程语言来完成，在为一项任务选择语言的时候，通常要考虑以下要素：

- 人的因素：编程小组的人员是否精通这门语言，如果不精通，需要多长时间来学习？
- 语言能力的因素：这门语言支持你所需要的一切功能吗？它能跨平台吗？它有数据库的接口功能吗？它能直接控制声卡采集声音吗？
- 其他因素：这门语言开发任务通常的开发周期是多长？这门语言是否被经常使用？

7.2 程序设计的过程

程序设计就是用程序设计语言编写一些代码（指令）来让计算机完成特定的功能。通常，程序设计过程包括五个阶段工作：问题定义、算法设计、程序编制、调试运行以及整理文档，程序编制只是其中的一个阶段。

功能完善的商业程序一般规模都比较大，例如一个文字处理软件就包含 75 万行代码，而按照美国国防部的标准，少于 10 万行代码称为小程序，超过 100 万行才是大程序。

本节中以一个很小的程序为例说明程序设计的一般过程，该问题是对任意两个正整数求其最大公因数。

7.2.1 问题定义

问题定义也称为问题描述或问题分析，是对将要交给计算机的任务做出定义，并最终翻译成计算机能识别的语言。问题定义一般包括以下三个部分：

（1）输入。就是确定已知的条件或已有的数据，比如学生姓名、学号、英语成绩，圆的半径，三角形的三条边的长度、加法运算中的两个加数等，这些已知数据可以通过键盘输入，还可以通过其他方式提供（例如通过随机化函数）。还要说明每个数据的类型，是数值（例如成绩）还是字符串（例如姓名），对于数值还要说明是整数还是小数。

（2）处理。就是希望计算机对输入数据进行哪些加工，例如对于输入的若干个学生的各门成绩，可以进行下面的处理：

- 对每个学生的各门成绩计算总分和平均；
- 对所有学生找出总分最高并且没有不及格课程的作为第一名；
- 统计所有课程都是 90 分以上的学生；

- 统计单科成绩不及格的学生人数；
- 对所有学生按总分由高到低进行排序；
- 对于输入的圆的半径，可以计算该圆的面积、周长等。

（3）输出。定义希望得到哪些结果，结果的输出形式等，例如在屏幕上显示第一名同学的学号、姓名和合计成绩，显示所有不及格同学的学号、姓名和不及格成绩，或者按总分由高到低排序输出学生信息。

此外，在问题定义中，还应包括在什么软硬件环境下解决问题，需要的时间、经费、人员，最终的效益等。

【例 7.1】两个正整数求其最大公因数的问题定义。

数学定义：给定两个正整数 P 和 Q，同时能够整除 P 和 Q 且是最大的因数，称为最大公因数。

问题定义如下：

（1）输入：P 和 Q 是有限位数的整数，通过键盘录入；

（2）处理：计算这两个数的最大公因数，方法在下一小节介绍；

（3）输出：最大公因数的结果在屏幕上显示。

【例 7.2】求解一元二次方程根的问题定义。

数学定义：给定一元二次方程的三个系数后，可以根据判别式的三种不同情况计算该方程的两个实根、等根或虚根。

问题定义如下：

（1）输入：一元二次方程的三个系数，都是实数，通过键盘录入；

（2）处理：通过先计算判别式确定方程根的三种不同情况；

（3）输出：分别显示三种不同情况的结果。

7.2.2　算法设计

第一阶段的问题定义确定了未来程序的输入、处理、输出（Input，Process，Output，IPO），其实只确定了输入和输出，并没有说明处理的具体方法，处理问题的方法和步骤是使用算法（Algorithm）来描述的。

算法是根据问题定义中的信息得来的，是对问题处理过程的进一步细化，是在编制程序代码之前对处理思路的一种描述，描述方法有些是来自数学问题的解题过程。

【例 7.3】两个正整数求其最大公因数的算法描述。

求最大公因数问题的一种解法来自古希腊数学家欧几里德给出的著名算法，具体的步骤如下：

（1）任意输入两个正整数分别保存到变量 P 和 Q 中；

（2）如果 P < Q，交换 P 和 Q 的值；

（3）将 P 除以 Q 的余数保存到变量 R 中；

（4）如果 R = 0，则执行（8），否则执行下一步；

（5）令 P = Q，Q = R；

（6）再计算 P 和 Q 的余数放入 R 中；

（7）返回到（4）；

（8）Q 就是所求的结果，输出结果 Q。

【**例 7.4**】两个正整数求其最大公因数的另一个算法描述。

下面用另一种方法求最大公因数，具体的步骤如下：

（1）任意输入两个整数分别保存到变量 P 和 Q 中；

（2）如果 P < Q，交换 P 和 Q 的值；

（3）通过循环从大到小找出变量 Q 的所有因子，每次都保存到变量 R 中；

（4）对于 Q 的每个因子 R 判断是否也是 P 的因子，如果是则执行（5），否则执行（3）；

（5）R 就是 P 和 Q 的最大公因数，输出 R，程序结束。

这两个例子都是通过自然语言来描述解题的算法，实际上还可以使用其他的方法来描述，例如流程图等。

对于同样的问题，可以有不同的解法，因此，一个问题也可以有不同的算法，这些算法会有不同的效率，算法效率有时间效率和空间效率，即指算法所占用执行时间和存储空间的多少。对于复杂问题，算法设计的好坏就显得更重要了，所以对于有多种算法的问题还要进行算法效率的分析，从中选择出效率较高的算法。

7.2.3　程序编制

接下来用程序设计语言来表达设计好的算法，不同的语言写出的程序有时会有较大差别。

【**例 7.5**】用 VB 语言编写的欧几里德的算法程序，其中在实际操作时第 1 行和最后一行不需要输入：

```
Sub Main()
    Dim P, Q, R As Integer
    Console.WriteLine("请输入第一个整数")
    P = Convert.ToInt32(Console.ReadLine())
    Console.WriteLine("请输入第二个整数")
    Q = Convert.ToInt32(Console.ReadLine())
    Console.Write("{0}和{1}的最大公因数为：", P, Q)
    If P < Q Then
        R = P : P = Q : Q = R
    End If
    R = P Mod Q
    While R <> 0
        P = Q : Q = R : R = P Mod Q
    End While
    Console.WriteLine(Q)
End Sub
```

该程序其中的一次运行结果如图 7-3 所示。

图 7-3　程序的运行结果

【例7.6】根据例7.4算法编写的VB程序。

```
Sub Main()
    Dim P, Q, R As Integer
    Console.WriteLine("请输入第一个整数")
    P = Convert.ToInt32(Console.ReadLine())
    Console.WriteLine("请输入第二个整数")
    Q = Convert.ToInt32(Console.ReadLine())
    Console.Write("{0}和{1}的最大公因数为：", P, Q)
    If P < Q Then
        R = P : P = Q : Q = R
    End If
    For R = Q To 1 Step -1
        If P Mod R = 0 And Q Mod R = 0 Then GoTo out
    Next
out:    Console.WriteLine(R)
End Sub
```

对于选定的某一种程序设计语言，要清楚以下一些基本的概念。

（1）程序语言的语法和语义。对于同一种功能（相同语义），不同语言的区别主要表现在语法上，例如对于两个变量求和并将结果赋给第3个变量：

- Pascal语言中表达为：sum := num1+num2
- C语言中表达为：sum = num1+num2;
- VB中表达为：sum = num1+num2

又如，对于两个数找最大值：

- C中表示为：if(a>b) c=a; else c=b;
- VB中表示为：If a>b then c=a else c=b

可以看出，不同的语言用不同的符号表达了完全相同的含义。

很多时候语言的功能差异比较大，比如在C和C++中有指针处理功能，在很多语言中则没有，而在Prolog中的谓词所完成的推理功能则是大多数语言无法简单实现的。

（2）程序的执行起始点。程序从什么地方开始执行，不同的语言处理有所不同：

- 在C或C++的程序中，程序会从main函数的第一条语句开始执行，而不论main函数处于程序的什么位置。
- 早期的BASIC中，程序从第一条语句开始执行；
- VB的控制台程序中，从Main()开始执行。

（3）子程序（Subprogram）。在几乎所有的程序设计语言中，子程序都是最低一级的组织单位。其基本思想是将一个大程序分成若干小程序块，每一个小程序块（子程序）完成相对单一的功能，该子程序被其他的程序通过调用的方式来执行。

在C++中将子程序称为函数，在VB中称为过程或函数，而在C#中又称为方法。

这样，一个程序在执行时，从起始点开始，按照程序中的语句的顺序一条一条执行。如果遇到一个子程序的调用，则中断当前程序而转去执行子程序，执行完返回刚才的断点继续执行。

7.2.4 调试运行

程序编制可以在计算机上进行，也可以在纸张上进行，但最终要让计算机来运行则必须输入到计算机，然后经过调试运行，才能得到正确的结果。

通过程序调试可以找出程序中的语法错误和逻辑错误，然后进行编辑修改，直到运行出正确的结果。

各个开发环境中都可以进行调试，通常开发环境只能检查语法错误，即程序是否按规定的格式书写，无法检查出逻辑错误。

例如，如果要将 a 和 b 的和赋给变量 c，在 VB 中正确的写法是 c=a+b。如果写成了 a+b=c，这是语法错误，系统会检查到，所以程序无法执行。如果将将 a 和 b 的和赋给变量 c，写成了 c=a–b，即计算成两个数的差，这是逻辑错误，系统是无法检查到的，只能通过输入一些数据通过其运行的结果来判断程序是否正确，这些数据称为测试用例，因此，设计一些合适的测试用例就显得非常重要。

7.2.5　整理文档

对于小规模的程序，有没有文档显得不怎么重要，但对于一个需要多人合作，并且开发、维护较长时间的大型软件来说，文档就是至关重要的。

文档中记录了程序设计的算法、实现以及修改的过程，保证程序的可读性和可维护性。一个有 50000 行代码的程序，在没有文档的情况下，即使是程序员本人在 6 个月后也很难记清其中某些程序是完成什么功能的。

向程序中添加注释也是一种很好的提高程序可读性的方法，并不要求计算机理解它们，但可被读程序的人理解，这就足够了。

7.3　算法的描述

算法（Algorithm）是解决某个问题的方法（或步骤）。当人们要应用计算机求解问题时，需要编写出使计算机按人们意愿工作的程序。编写程序之间要进行算法设计，然后再根据算法用某一种语言编写出程序。

7.3.1　算法的概念

算法设计直接影响下来的程序编写，从而影响计算机求解问题的成功与否。

1. 算法的特征

为了让计算机有效地解决问题，首先要保证算法正确，其次要保证算法的质量。评价一个算法的好坏主要有两个指标：算法的时间复杂度和空间复杂度。算法的时间复杂度是指依据算法编写出的程序在计算机上运行时间的快慢；算法的空间复杂度是指依据算法编写出的程序在计算机上占用空间的多少。

算法应具有以下的特性：

（1）有穷性。一个算法应包含有限的操作步骤，而不能有无限个操作步骤。

（2）确定性。算法中的每一个步骤都应当是确定的，而不应当是含糊的、模棱两可的。

（3）有效性。也就是可行性，算法中的每一个步骤都应当能有效地执行，并得到确定正确的结果。例如，如果 B=0，就无法有效执行 A/B。

（4）零个或多个输入。所谓输入是指在执行算法时需要从外界取得必要的信息。一个算法也可以没有输入或自动产生输入（例如使用随机函数）。

（5）一个或多个输出。算法的目的是为了求解，"解"就是输出。没有输出的算法是没有意义的。

2. 描述算法的工具

描述算法有许多方式和工具，例如自然语言、伪代码、流程图、盒图、PAD 图（Problem Analysis Diagram）、结构化语言等。本节仅介绍用自然语言和流程图方式描述算法。

伪代码（Pseudo code）介于自然语言和计算机语言之间，用熟悉的计算机语言的语句加上自然语言构成。

流程图（Flow chart）是用几种几何图形、线条和文字来说明处理步骤，相对来说比较直观、形象，但是画起要复杂一些，有时还需要借助于 VISIO 等工具。

自然语言就是人们在日常生活中使用的语言，比如汉语、英语、日语等。对初学者来说，用自然语言描述算法最为直接，没有语法语义障碍，容易理解。例 7.3 和例 7.4 采用的就是自然语言的描述方法。

使用自然语言描述算法的主要缺点是文字冗长，不够简明，尤其会出现含义不太严格，要根据上下文才能判断出正确含义的问题。

【例 7.7】使用自然语言描述计算 2+4+6+…+1000 的算法，即 2～1000 之间所有偶数之和。

解决该问题也有很多方法：
- 从头至尾将每个偶数顺序相加；
- 从尾至头将每个偶数顺序相加；
- 直接使用数列的求和公式，即计算（首项+末项）×项数/2。

下面是按第一种方法设计的算法：

（1）变量 SUM 最后保存偶数之和，先让变量 SUM=0；

（2）让变量 J=2；

（3）计算 SUM+J，结果仍放在 SUM 中，即 SUM=SUM+J；

（4）让 J=J+2；

（5）如果 J 小于或等于 1000，返回执行（3），否则执行下一步；

（6）输出结果 SUM 的值。

该算法中（3）～（5）重复执行了 500 次，在程序结构中称为循环。步骤（5）是一个逻辑判断，判断的结果导致两种可能的执行流程，一种是向上循环执行（3）；另一种是向下执行（6），在程序结构中称为选择或分支。

7.3.2 流程图描述

用流程图来描述算法，就是采用一些图形来表示不同的操作，通过组合这些图形符号来表示算法。用流程图表示算法，直观形象、简洁清晰、易于理解。美国国家标准化协会（American National Standards Institute，ANSI）规定了常用流程图符号如图 7-4 所示。

【例 7.8】用流程图描述欧几里德算法如图 7-5 所示。

【例 7.9】使用流程图描述计算 2+4+6+…+1000 的算法，如图 7-6 所示。

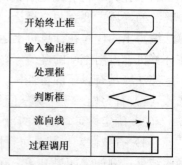

开始终止框	
输入输出框	
处理框	
判断框	
流向线	
过程调用	

图 7-4　流程图基本符号

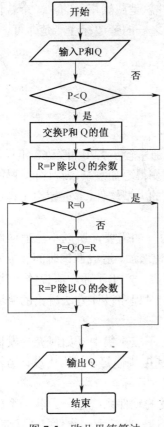

图 7-5　欧几里德算法

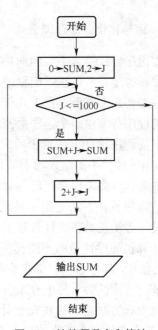

图 7-6　计算偶数之和算法

【例 7.10】使用流程图描述计算圆周率的算法，如图 7-7 所示。

圆周率计算可以使用近似公式：$\pi/4 = 1-1/3+1/5-1/7+\cdots$ 当某一项的绝对值小于 10^{-7} 时计算结束。

对比例 7.3 和例 7.8 的自然语言描述和流程图描述，可以看出流程图描述算法逻辑清晰、直观形象、易于理解。

在画流程图时要注意下面的问题：

（1）注意图中"交换 P 和 Q 的值"这个处理框还可以分解成三个处理框，这样会更详细一些，关于流程的详尽程度，并没有一个绝对统一的标准，因此算法设计的结果并不唯一。对于初学者来说，只要能正确求解问题就可以。

（2）一张纸由上而下画满了，但算法描述还未结束，这时候就要将连接点符号画在纸张的底部，然后在另一张白纸的头部也画同样的连接点符号。这就意味着两张算法流程图被拼接起来，形成一幅完整的流程图。当然也会出现纸张左右画满的情况，这时候也需要用连接点符号。

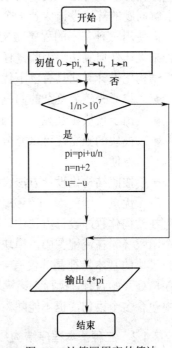

图 7-7　计算圆周率的算法

（3）判断框有一个入口两个出口，两个出口的条件总是截然相反的，一个若代表条件成立，则另一个代表条件不成立。只要在两个出口流向线之一的旁边标注清楚即可。

7.4　结构化设计方法

7.4.1　结构化设计思想概述

早期的程序设计语言主要面向科学计算，程序规模通常较小。20 世纪 60 年代以后，计算机硬件的发展速度异常迅猛，但程序员要解决的问题却变得更加复杂，程序的规模越来越大，出现了一些需要几十甚至上百人几年的工作量才能完成的大型软件，远远超出了程序员的个人能力，这类程序必须由多个程序员密切合作才能完成。

由于旧的程序设计方法很少考虑程序员之间交流协作的需要，所以不能适应新形势的发展，因此编出的软件中的错误随着软件规模的增大而迅速增加，造成调试时间和成本也迅速上升，甚至许多软件尚未出品便已因故障率太高而宣布报废，产生了通常所说的"软件危机"。

传统的程序设计方法受到了挑战，从而引起了人们对程序设计方法讨论的普遍重视，结构化程序设计方法正是在这种背景下产生的。

随着计算机硬件性能的不断提高，算法设计的目标不应再集中于如何充分发挥硬件的效率方面。比如说，算法占用存储器空间大小，算法运行速度快慢等。结构化设计方法将能设计出结构清晰、可读性强、易于分工合作的程序作为其基本目标。

结构化设计方法是以模块化设计为中心，将待开发的软件系统划分为若干个相互独立的模块，这样使完成每一个模块的工作变单纯而明确，为设计一些较大的软件打下了良好的基础。

结构化设计方法认为，好的算法具有层次化的结构，应该采用"逐步求精"的方法。即将求解问题的算法设计成若干个模块，每个模块只描述解决某个子问题的方法。

只使用三种基本的程序结构，即顺序、分支和循环，通过这三种基本程序结构的组合、嵌套来设计任何算法。因此，任何算法都可以通过使用这三种基本结构组合、派生出来。

结构化设计方法具有以下优点：
- 将原来较为复杂的问题化简为一系列简单模块的设计。
- 由于模块相互独立，因此在设计其中一个模块时，不会受到其他模块的影响。
- 模块的独立性可以充分利用现有的模块作积木式的扩展，为建立新系统带来了不少的方便。
- 按照结构化设计方法设计出的程序具有结构清晰、可读性好、易于修改和容易验证的优点。

在结构化程序设计方法中，模块是一个基本概念。一个模块可以是一条语句、一段程序、一个函数等。在流程图中，模块用一个矩形框表示。

模块的基本特征是其仅有一个入口和一个出口，即要执行该模块的功能，只能从该模块的入口处开始执行，执行完该模块的功能后，从模块的出口转而执行其他模块的功能，即使模块中包含多个语句，也不能随意从其他语句开始执行，或提前退出模块。

7.4.2　三种基本程序结构

本章的所有例题都用 VB 语言编写，使用 Visual Studio 2008 为开发平台。

1. 顺序结构

顺序结构是最自然的顺序，按编写的顺序由前到后执行。所谓由前到后执行是指位置处在前面的操作或模块执行完毕才能执行紧跟其后面的操作或模块，顺序结构执行流程图如图 7-8 所示。

在顺序结构中，使用较多的是输入和输出的语句，例如，在 VB 中，编写的控制台程序可以使用 Console.ReadLine() 输入数据，使用 Console.WriteLine()来输出数据。

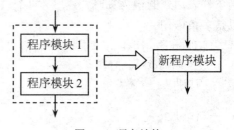

图 7-8　顺序结构

【例 7.11】从键盘输入圆的半径，然后计算该圆的面积并输出计算的结果。

分析：在使用 ReadLine 输入数据时，只能将输入的数据作为字符串读入，读入数据后，要将读入的半径数据转换为需要的数据类型，实型。

程序中定义了一个代表圆周率的符号常量 PI、代表半径和面积的两个变量，程序运行时输入半径的值。程序如下：

```
Sub Main()
    Const PI As Single = 3.14159
    Dim radius, area As Double
    Console.WriteLine("请输入圆的半径")
    radius = Convert.ToDouble(Console.ReadLine())
    area = PI * radius * radius
    Console.WriteLine("半径为{0}的圆的面积是{1}", radius, area)
End Sub
```

程序的运行结果如图 7-9 所示。

2. 选择结构

选择结构是根据逻辑条件成立与否，分别选择执行 <模块 1>或者<模块 2>。虽然选择结构比顺序结构稍微复杂了一点，但是仍然可以将其整个作为一个新的程序模块：一个入口（从顶部进入模块开始判断），一个出口（无论执行了<模块 1>还是<模块 2>，都应从选择结构框的底部出去），如图 7-10 所示。

图 7-9　程序的运行结果

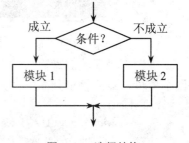

图 7-10　选择结构

在 VB 中，分支结构可以使用 If-Then 语句实现，If-Then 语句的格式如下：

```
If <条件表达式> Then
    语句块
End If
```

If-Then 语句用来当条件满足时执行某些语句，反之则不执行。

格式中条件表达式的值是逻辑型的，用来确定后面的语句块是否执行，该语句的作用是当条件表达式的值为真时，程序才执行 Then 后面的语句块，语句中的可以是一条语句，也可以是多条语句。

If-Then 语句也可以使用下面的格式：

```
If   <条件表达式> Then
<语句块 1>
Else
<语句块 2>
End If
```

该语句的作用是当条件表达式的值为真时，程序执行语句块 1，当条件表达式的值为假时，程序将执行语句块 2。

【例 7.12】从键盘输入一个实数，然后对该数进行判断，当该数大于或等于零时对该数进行开平方，最后显示计算的结果。

分析：VB 中，对实数 n 计算平方根，使用的 Math 库中的 Aqrt() 函数，方法是 Math.Sqrt(n)，程序如下：

```
Sub Main()
    Dim n, m As Double
    Console.WriteLine("请输入一个实数：")
    n = Convert.ToDouble(Console.ReadLine)
    If n >= 0 Then
        m = Math.Sqrt(n)
    End If
    Console.WriteLine("{0}的平方根是{1}", n, m)
End Sub
```

计算平方根时，使用的 Math 库中的 Sqrt() 函数，程序的运行结果见图 7-11。

图 7-11　程序的运行结果

【例 7.13】从键盘输入三个整数分别赋值给三个变量，然后将其中较大的一个赋值给第四个变量，最后输出判断的结果，程序如下：

```
Sub Main()
    Dim A, B, C, D As Integer
    Console.WriteLine("请输入第一个整数")
    A = Convert.ToInt32(Console.ReadLine())
    Console.WriteLine("请输入第二个整数")
    B = Convert.ToInt32(Console.ReadLine())
    Console.WriteLine("请输入第三个整数")
    C = Convert.ToInt32(Console.ReadLine())
    If A > B Then
```

```
            D = A
    Else
            D = B
    End If
    If C > D Then D = C
    Console.WriteLine("{0}、{1}和{2}这三个数之间的较大数是{3}", A, B, C, D)
End Sub
```

程序的运行结果见图 7-12。

图 7-12　程序的运行结果

3．循环结构

循环结构在执行时首先判断条件是否成立，如果成立则执行<模块>，反之则退出循环结构。执行完<模块>后再去判断条件，如果条件仍然成立则再次执行内嵌的<模块>，循环往复，直至条件不成立时退出循环结构。内嵌的<模块>称为循环体。

根据循环条件设立位置的不同，循环结构分为当型循环和直到型循环两种结构。

当型循环流程图如图 7-13 所示。

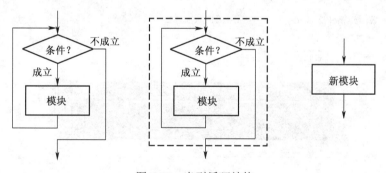

图 7-13　当型循环结构

直到型循环流程图如图 7-14 所示。

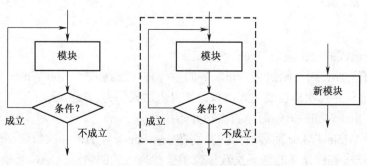

图 7-14　直到型循环结构

（1）For 语句。VB 中常用的循环语句是 For 循环语句，通常用于将一组语句重复执行指定的次数。For 循环的重复次数，可以由循环变量的初值、终值和步长来决定。

For 语句格式如下，格式中方括号中的内容为可选项：

```
For 循环变量 = 初值 To 终值 [ Step 步长 ]
    [ 语句块 ]
[ Exit For ]
    [ 语句块 ]
Next [ 循环变量 ]
```

其中：

● 循环变量类型通常是 Integer，循环步长的默认值为 1。
● 步长是变量的增量，为正值时初值小于终值；若为负，则初值大于终值。
● 语句块是放在 For 和 Next 之间的一条或多条语句，被称为循环体。
● Exit For，当遇到该语句时，退出循环（无论是否执行完指定次数），执行 Next 语句后面的语句。

【例 7.14】计算 2+4+6+…+1000。

分析：本题中循环变量的初值、终值和步长分别是 2、1000 和 2，循环变量同时也是参与累加的变量。

```
Sub Main()
    Dim sum, j As Integer
    sum = 0
    For j = 2 To 1000 Step 2
        sum = sum + j
    Next
    Console.WriteLine("2+4+6+……+1000={0}", sum)
End Sub
```

运行结果如图 7-15 所示。

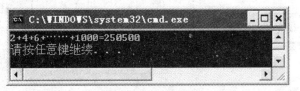

图 7-15   运行结果

（2）While 语句。While 语句实现当型循环结构，格式如下：

```
While   <条件表达式>
    [语句块]
End While
```

其中条件表达式的值必须为 True 或 False。

当表达式的值 True 时，则执行 While 后的循环体，直到遇到 End While 语句。随后控制返回到 While 语句并再次检查表达式结果。如果表达式仍为 True，则重复上面的过程。如果为 False，则从 End While 语句后面的语句开始执行。

While...End While 与 For 循环最大的差别在于：For 循环的循环次数是不变的，执行一定次数后结束循环。While 循环的循环次数依赖于条件表达式的值。

【**例 7.15**】使用近似公式计算圆周率：$\pi/4 = 1-1/3+1/5-1/7+\cdots$，当某一项的绝对值小于 10^{-7} 时计算结束。

本题中的循环次数事先不知道，所以使用 While 语句来实现。

```
Sub Main()
    Dim sum As Double
    Dim n, flag As Integer
    n = 1
    flag = 1
    sum = 0
    While 1/n > 0.0000001
        sum = sum + flag/n
        n = n + 2
        flag = -flag
    End While
    Console.WriteLine(sum * 4)
End Sub
```

运行结果如图 7-16 所示。

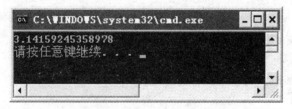

图 7-16　程序的运行结果

（3）Do 循环。Do 循环用来实现直到型循环结构，是通过一个条件表达式来控制循环次数的循环结构。此种语句有两种语法形式：条件前置的 Do…Loop 结构和条件后置的 Do…Loop 结构。

条件前置的 Do…Loop 语句的格式：

```
Do { While | Until } <条件表达式>
    [语句块]
[ Exit Do ]
    [语句块]
Loop
```

条件后置的 Do…Loop 语句的格式：

```
Do
    [语句块]
[ Exit Do ]
    [语句块]
Loop { While | Until } <条件表达式>
```

对于例 7.15 计算圆周率也可以使用 Do 循环实现，程序如下：

```
Sub Main()
    Dim sum As Double
    Dim n, flag As Integer
    n = 1
```

```
    flag = 1
    sum = 0
    Do While 1/n > 0.0000001
        sum = sum + flag/n
        n = n + 2
        flag = -flag
    Loop
    Console.WriteLine(sum * 4)
End Sub
```

【例 7.16】 数据加密——恺撒密码。

分析：恺撒密码是一个简单的字符替换加密方法，是将字母表看作头尾相连的圆环，每个字母依次后移一定的位置就得到其替换字母。本题中使用后移 3 位，即用每个字母其后的第三个字母表示，解码的过程只需把密文字母前移 3 位即可。要注意的是字母的顺序是循环的，所以 Z 后面又回到 A。

程序如下：

```
Dim str As String
Dim i As Integer
Dim c As Char
Console.WriteLine("本程序只加密小写字母，请输入要加密的字符串：")
str = Console.ReadLine()
Console.WriteLine("加密前:{0}", str)
Console.Write("加密后:")
For i = 0 To str.Length - 1
    c = str(i)
    If c >= "a" And c <= "w" Then
        c = Chr(Asc(c) + 3)
    ElseIf c >= "x" And c <= "z" Then
        c = Chr(Asc(c) + 3 - 26)
    End If
    Console.Write(c)
Next
```

其中的两次运行结果如图 7-17 所示。

图 7-17 程序的运行结果

7.5 实验

本章所有实验都在 Visual studio 2008 环境下进行。

7.5.1　计算两个数之和

1. 实验要求

分别输入两个整数和两个实数，然后分别将它们相加，最后输出计算的结果。

2. 实验分析

在使用 ReadLine 输入数据时，只能将输入的数据作为字符串读入，读入数据后，要将读入的数据转换为需要的数据类型，例如整型、实型。

3. 操作过程

（1）执行"开始"｜"程序"｜"Microsoft Visual Studio 2008"｜"Microsoft Visual Studio 2008"命令，打开 Visual Studio 2008 的窗口。

（2）执行"文件"｜"新建"｜"项目"命令，这时，屏幕显示"新建项目"对话框，如图 7-18 所示。

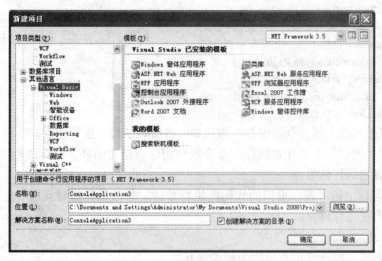

图 7-18　"新建项目"对话框

对话框中由下面几个部分组成：

- "项目类型"列表框中显示了可以创建的项目类型和创建项目使用的语言，例如 C#、Visual Basic 和 Visual C++。
- "模板"区列出了可以创建的各个应用程序，例如其中的 Windows 窗体应用程序、控制台应用程序、ASP.NET Web 应用程序等，本课程中主要创建前两类应用程序。
- "名称"文本框用来输入将要创建的项目的名称。
- "位置"下拉列表框用来确定新建项目保存的位置。
- "解决方案名称"和"名称"是相同的。

（3）在对话框中：

- 在"项目类型"列表框中选择 Visual Basic 语言。
- 在"模板"区选择"控制台应用程序"。
- 在"名称"栏输入项目名称"计算两个数之和"，可以看到"解决方案名称"文本框中自动填写相同的名称。
- 单击"浏览"按钮，选择保存项目的位置为 My Documents。

（4）单击"确定"按钮，关闭该对话框，显示创建控制台应用程序的窗口。

Visual Basic 程序代码中至少要有一个过程，该过程的名字是 Sub Main()，Visual Basic 程序从 Main 过程的第一条语句开始执行，执行完 Main 过程的最后一条语句整个程序运行结束。

使用 Visual Studio 2008 编写 Visual Basic 程序时，如果程序中不需要其他的过程，只需要将代码填入 Sub Main 过程即可。

（5）窗口中间部分的选项卡 Module1.vb 是用来编辑程序的地方，将程序代码输入到该选项卡中的 Sub Main()和 End Sub 之间，向这两行之间输入下面的代码：

```
Dim A, B As Integer
Dim x, y As Double
Console.WriteLine("请输入第一个整数")
A = Convert.ToInt32(Console.ReadLine())
Console.WriteLine("请输入第二个整数")
B = Convert.ToInt32(Console.ReadLine())
Console.WriteLine("{0}+{1}={2}", A, B, A + B)
Console.WriteLine("请输入第一个实数")
x = Convert.ToDouble(Console.ReadLine())
Console.WriteLine("请输入第二个实数")
y = Convert.ToDouble(Console.ReadLine())
Console.WriteLine("{0}+{1}={2}", x, y, x + y)
```

（6）单击工具栏上的"全部保存"按钮 ，将所做的操作进行保存。

（7）执行"调试"｜"开始执行"命令或使用组合键 Ctrl+F5 运行该程序，如果程序正确，屏幕上会显示运行结果。

如果程序运行出错，就在窗口的代码区进行修改，修改后再继续运行，当运行正确后，将所做的结果再次进行保存。

4. 思考问题

如何将本题改写成计算长方形的面积和周长？

7.5.2 判断某个年份是否为闰年

1. 实验要求

从键盘输入一个年份，然后判断该年是否为闰年，并输出判断的结果。

2. 实验分析

闰年的判断标准为满足以下两个条件之一：

● 年份值能被 4 整除并且不能被 100 整除的为闰年；

● 年份能被 400 整除的是闰年。

这两个条件可以由关系表达式和逻辑表达式来完成。

3. 操作过程

程序如下：

```
Sub Main()
    Dim Year As Integer
    Dim leapYear As Boolean
    Console.WriteLine("请输入一个年份： ")
```

```
    Year = Convert.ToInt32(Console.ReadLine)
    leapYear = ((Year Mod 4 = 0) And (Year Mod 100 <> 0)) Or (Year Mod 400 = 0)
    If leapYear = True Then
        Console.WriteLine("{0}年是闰年", Year)
    Else
        Console.WriteLine("{0}年是不闰年", Year)
    End If
End Sub
```

4. 思考问题

将程序修改为输出 1980～2040 年之间的所有闰年年份？

7.5.3 将百分数转换为等级分

1. 实验要求

输入学生的百分数成绩，根据分数所在的不同范围，输出相应的等级分。

2. 实验分析

等级划分规则是：90 分以上等级为优秀，80～89 分为良好，70～79 分为中等，60～69 分为及格，60 分以下为不及格，当输入的分数不在 0～100 分之间时，则显示"分数不对"的信息。

本题是多个分支结构，可以用 If 语句的嵌套形式实现。

3. 操作过程

程序如下：

```
Sub Main()
    Dim score As Integer
    Dim rank As String
    Console.WriteLine("请输入一个百分数：")
    score = Convert.ToInt32(Console.ReadLine)
    If score > 100 Or score < 0 Then
        Console.WriteLine("输入的分数不对")
    Else
        If score >= 90 Then
            rank = "优秀"
        Else
            If score >= 80 Then
                rank = "良好"
            Else
                If score >= 70 Then
                    rank = "中等"
                Else
                    If score >= 60 Then
                        rank = "及格"
                    Else
                        rank = "不及格"
                    End If
                End If
            End If
        End If
    End If
```

```
            End If
            Console.WriteLine("你的等级分数是：{0}", rank)
        End If
End Sub
```

4. 思考问题

（1）请将程序中各个分支按其他的顺序进行编写，例如按分数段由低到高。

（2）参照此题编程，输入一元二次方程的三个系数，求解该方程的根，要考虑到判别式的三种情况。

7.5.4 计算连续若干个整数之和

1. 实验要求

从键盘上输入两个整数 m 和 n，计算 m 到 n 之间（包括这两个数）的连续整数之和并且输出。

2. 实验分析

如果 m 的值大于 n，则先将这两个数进行交换，这样，在循环中可以写成从 m 到 n。

3. 操作过程

程序如下：

```
Sub Main()
    Dim m, n, temp, i, sum As Integer
    Console.WriteLine("请输入第一个整数")
    m = Convert.ToInt32(Console.ReadLine())
    Console.WriteLine("请输入第二个整数")
    n = Convert.ToInt32(Console.ReadLine())
    If m > n Then
        temp = m
        m = n
        n = temp
    End If
    sum = 0
    For i = m To n
        sum = sum + i
    Next
    Console.WriteLine("{0}到{1}之间连续整数之和为{2}", m, n, sum)
End Sub
```

4. 思考问题

将程序修改为使用 While 语句实现。

7.5.5 求出某个正整数的所有因子

1. 实验要求

键盘上输入一个整数 m，如果是正整数，则显示出该整数的所有因子。

2. 实验分析

判断方法是用 1～m 之间的每个整数和 m 进行相除，可以整除的就是因子，1～m 之间的每个整数用循环变量产生。

3．操作过程

程序如下：

```
Sub Main()
    Dim m, i As Integer
    Console.WriteLine("请输入一个正整数")
    m = Convert.ToInt32(Console.ReadLine())
    If m <= 0 Then
        Console.WriteLine("输入的不是正整数")
    Else
        Console.Write("该正整数的因子有：")
        For i = 1 To m
            If m Mod i = 0 Then
                Console.Write("{0},", i)
            End If
        Next
    End If
End Sub
```

4．思考问题

（1）将程序改写为找出 2～200 之间每个整数的各个因子。

（2）修改本程序，增加统计整数的因子个数和计算因子之和。

7.5.6　100～200 之间的素数

1．实验要求

找出 100～200 之间的所有素数，要求每行输出 5 个。

2．实验分析

素数是指因子只有 1 和其本身的整数，本题通过双重循环嵌套实现，外层循环的循环变量 i 从 100 到 200，对于外层的每一个数，在内层循环中使用循环变量 j 从 2 变到当前数 i-1，用每个 j 的值去除外层的当前值 i。如果所有的 j 都不能整除 i，则表示外层变量对应的当前值 i 是一个素数；否则，如果存在一个内层变量 j 的值能整除外层变量 i，则该外层变量 i 不是素数，这时使用 exit for 语句结束内层循环，进行下一次外层循环，继续检验下一个数。

另外再设置一个用于计数的变量 count 统计素数的个数，当其值为 5 的倍数时使用 console.writeline() 换行。

3．操作过程

程序如下：

```
Dim i, j, count As Integer
 Dim flag As Boolean
 count = 0
 Console.WriteLine("100~200 之间的所有素数如下：")
 For i = 100 To 200
     flag = True
     For j = 2 To i - 1
         If i Mod j = 0 Then
             flag = False
             Exit For
```

```
            End If
        Next
        If flag = True Then
            Console.Write("{0},", i)
            count = count + 1
            If count Mod 5 = 0 Then Console.WriteLine()
        End If
    Next
```

4. 思考问题

如何修改本程序来提高程序的运行效率？

小　结

程序设计过程包含 5 个步骤：问题定义、算法设计、程序编写、调试运行、整理文档。算法设计是对问题求解方法的抽象，可以采用包括流程图、自然语言在内的多种方法描述。算法有 5 个特性：有穷性、确定性、可行性、零个以上输入、一个以上输出。三种基本程序结构为：顺序结构、选择结构、循环结构，在不同的程序设计语言中使用不同的语句来实现。

习题7

一、选择题

1. 算法一般有（　　）个特性。

    A. 3　　　　　　　B. 4　　　　　　　C. 5　　　　　　　D. 6

2. 现代程序设计目标主要是（　　）。

    A. 追求程序运行速度快

    B. 追求程序行数少

    C. 既追求运行速度，又追求节省存储空间

    D. 追求结构清晰、可读性强、易于分工合作编写和调试

3. 算法流程图的菱形符号代表（　　）。

    A. 一个加工　　　B. 一个判断　　　C. 程序开始　　　D. 连接点

4. 下面（　　）不是高级语言。

    A. 汇编语言　　　　　　　　　　B. JAVA

    C. ARGOL　　　　　　　　　　　D. PROLOG

5. 程序设计一般分为（　　）个步骤。

    A. 4　　　　　　　B. 5　　　　　　　C. 6　　　　　　　D. 7

6. 关于解释程序和编译程序的叙述中，正确的一条是（　　）。

    A. 解释程序产生目标程序

    B. 编译程序产生目标程序

    C. 解释程序和编译程序都产生目标程序

    D. 解释程序和编译程序都不产生目标程序

二、填空题

1．高级语言可分为_____型语言和_____型语言。

2．程序的基本控制结构有_____、_____和_____。

3．算法的特性有：_____、_____、_____、_____和_____。

4．评价算法的两个指标是：_____、_____。

5．将用高级语言编制的源程序转换成等价的目标程序的过程称为_____。

6．微型计算机能直接识别并执行的程序设计语言是_____语言。

三、简答题

1．程序设计语言的主要用途是什么？

2．简述程序设计的基本过程。

3．算法和程序有什么相同之处，有什么不同之处？

4．文档可以被计算机直接执行吗？它的主要用途是什么？

5．低级语言与高级语言各有何特点？

6．编译方式与解释方式的区别是什么？

7．简述程序的一般执行过程。

8．什么叫时间复杂度？什么叫空间复杂度？

四、应用题

1．输入三个数，比较并输出最小值。要求：
- 用自然语言描述算法；
- 用流程图描述算法。

2．用流程图描述 5+10+15+20+…+10000。

3．用流程图描述 10-20+30-40+…10000。

4．用流程图描述输入 20 个整数，分别统计正整数的个数、负整数的个数、0 的个数，并输出。

5．用自然语言描述求解一元二次方程根的算法。

第 8 章　数据库应用基础

- 理解数据库和数据库管理系统的概念
- 了解数据库系统的体系结构
- 掌握关系模型的概念和特点
- 掌握关系数据库中的键和完整性约束规则
- 掌握创建数据库和表的方法
- 掌握建立表间关系和设置参照完整性
- 掌握各种不同条件查询的创建方法

　　数据库技术是计算机应用的一个重要方法，本章介绍数据库技术中最基本的概念，以及常用的数据库管理软件之一 Access 的使用方法，目的是通过该软件的使用，掌握用数据库处理数据的基本方法，为使用 Access 开发应用程序打下基础。

8.1　数据管理技术的发展

　　数据是指存储在某种存储介质上的能够识别的物理符号，例如，某个学生的年龄、姓名等数据，数据不仅仅是指数字或文字的形式，也包括图形、图像、声音等多媒体数据。

　　数据处理是对不同类型的数据进行收集、整理、组织、存储、加工、传输、检索的各个过程，其中数据管理和组织是其他处理过程的基础。

　　随着计算机硬件和软件的发展，数据管理技术经历了以下几个基本的发展阶段。

8.1.1　手工管理阶段

　　这一阶段主要指 20 世纪 50 年代中期以前。这一时期，计算机内存容量小，外存主要是磁鼓、磁带、卡片等，而软件则只有汇编语言，没有专门管理数据的软件，计算机主要用于科学计算，如图 8-1 所示，其数据管理的主要特点是：

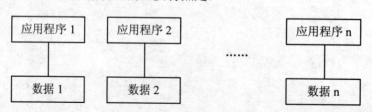

图 8-1　手工管理阶段

（1）数据不保存，应用程序在执行时输入数据，程序结束时输出结果，随着计算过程的完成，数据与程序所占空间也被释放，这样，一个应用程序的数据无法被其他程序重复使用，不能实现数据共享。

（2）数据与程序不可分割，没有专门的软件进行数据管理，数据的存储结构、存取方法和输入输出方式完全由程序员自行完成。

（3）各程序所用的数据彼此独立，数据之间没有联系，程序和程序之间存在大量的数据冗余。

8.1.2 文件系统阶段

这一阶段是指 20 世纪 50 年代后期到 60 年代中期，在此期间，计算机的运算速度、内存容量得到了提高，软件技术也得到较大的发展，出现了操作系统和各种高级程序设计语言，操作系统中的文件管理系统负责数据和文件的管理，而常见的高级语言也有了 FORTRAN、ALGOL、COBOL 等，计算机的应用领域也扩大到了数据处理，如图 8-2 所示，其主要优点是：

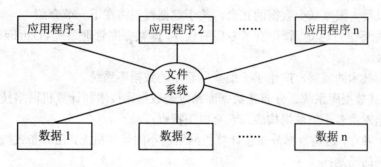

图 8-2 文件管理阶段

（1）程序和数据分开存储，数据以文件的形式长期独立的保存在外存储器上，程序和数据有了一定的独立性。

（2）数据文件的存取由操作系统通过文件名来实现，程序员不必关心数据在存储器上的地址以及在内外存之间交换数据的具体过程。

（3）一个应用程序可使用多个数据文件，而一个数据文件也可以被多个应用程序所使用，实现了数据的共享。

当数据管理规模的扩大后，要处理的数据量增大，这时，文件系统的管理方法就暴露出如下缺陷：

（1）数据冗余性，这是由于文件之间缺乏联系，造成每个应用程序都有对应数据文件，从而有可能造成同样的数据在多个文件中重复存储。

（2）数据不一致性，由于数据的冗余，在对数据进行更新时极有可能造成同样的数据在不同的文件中不一样。

因此，文件处理方式适合处理数据量较小的情况，对于大规模数据的处理，就要使用数据库的方法。

8.1.3 数据库阶段

20 世纪 60 年代后期开始，计算机硬件、软件的快速发展，促进了数据管理技术的发展，出现了对数据进行统一管理和控制的数据库管理系统，如图 8-3 所示，这一时期的主要特点是：

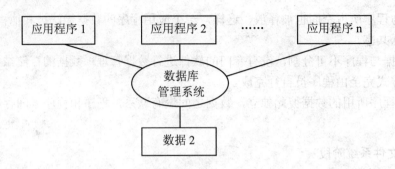

图 8-3 数据库阶段

（1）数据和程序之间彼此独立，数据不再面向几个特定的应用程序，而是面向整个系统，从而实现了数据的共享，并且避免了数据的不一致性。

（2）数据以数据库（Database，DB）的形式保存，在数据库文件中，数据按一定的模型进行组织，可以最大限度减少数据的冗余，关于数据模型将在下一节介绍。

（3）对数据库进行建立、管理有了专门的软件，即数据库管理系统（Database Management System，DBMS）。

随着数据库技术的发展，产生了下面一些新型的数据库系统。

（1）分布式数据库系统。分布式数据库系统是数据库技术和计算机网络技术相结合产生的，分布式数据库由若干组数据构成，它有以下特点：

● 物理上独立，这些数据分布在计算机网络的不同计算机上，在分布式数据库系统中称为不同的场地；

● 尽管数据分布在不同的场地，但在逻辑上，它们属于一个完整的整体。

分布式数据库既能完成本地计算机的局部应用，也能实现网络上的全局应用。

（2）面向对象的数据库。面向对象的数据库是将程序设计语言中对象的概念引用到数据库中产生的，它有以下特点：

● 数据和数据操作方法由面向对象的数据库管理系统统一管理；

● 可以处理更为复杂的对象，如声音、图像等，在面向对象的技术中被定义为抽象数据类型；

● 面向对象方法中的继承性可以使数据和操作方法在相关的对象中共享。

使用面向对象的数据库技术可以处理更为复杂的事务对象。

8.2 数据库系统的组成结构

数据库系统是指使用了数据库后的计算机系统，用来实现数据的组织、存储、处理和数据共享。一个完整的数据库系统由硬件、数据库、数据库管理系统、操作系统、应用程序、数据库管理员等部分组成，它们之间的关系见图 8-4。

8.2.1 数据库中常用的概念

下面介绍数据库系统中很重要的几个关系密切而又有区别的基本概念。

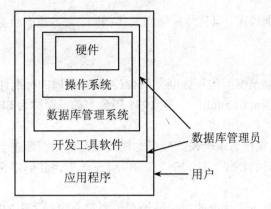

图 8-4　数据库系统的组成

1. 数据库

数据库是指以文件的形式按特定的组织方式将数据保存在存储介质上，因此，在数据库中，不仅包含数据本身，也包含数据之间的联系，它有如下特点：

（1）数据通过一定的数据模型进行组织，从而保证有最小的冗余度，常见的数据模型有层次模型、网状模型和关系模型；

（2）数据被各个应用程序共享；

（3）对数据的各种操作（如定义、操纵等）都由数据库管理系统统一进行。

2. 数据库管理系统

数据库管理系统是实现对数据库进行管理的软件，它以统一的方式管理和维护数据库，并提供数据库接口软件供用户访问数据库。DBMS 一般都具有如下功能：

（1）定义功能，可以定义数据库的结构、数据完整性和其他的约束条件；

（2）操纵功能，实现对数据库中数据的插入、修改、删除和查询；

（3）控制功能，实现数据的安全控制、完整性控制以及多用户环境下的并发控制；

（4）维护功能，提供对数据的装载、转储和恢复，数据库的性能分析和监测；

（5）数据字典，用来存放数据库各级模式结构的描述；

（6）开发功能，使用某个具体的 DBMS 可以开发数据库应用软件，也就是说，通过数据库管理系统可以开发满足用户需要的应用系统。例如，学生成绩管理系统、图书借阅管理系统、工资管理系统等，它是管理信息系统开发的重要工具。

数据库管理系统是数据库系统中最重要的软件系统，是用户和数据库的接口，应用程序通过数据库管理系统和数据库打交道，在这一系统中，用户不必关心数据的结构。

例如 SQL Server、Oracle、Access、VFP、MySQL 等都是常用的数据库管理系统软件。

3. 应用程序

应用程序是系统开发人员利用数据库系统资源开发的、应用于某一个实际问题的应用软件。

4. 数据库管理员 DBA

数据库管理员的主要任务是负责维护和管理数据库资源、确定用户需求，设计、实现数据库。

8.2.2　数据库系统的体系结构

数据库系统的体系结构是数据库系统的总框架，在实际使用的众多数据库软件产品中，它们的类型和规模差别较大，但其体系结构大体相同，大多数产品都具有三级模式和二级映射的结构特征。

1. 三级模式

三级模式结构标准是美国国家标准委员会（ANSI）所属的标准计划和要求委员会（Standard Planning And Requirement Committee）在 1975 年公布的，简称为 SPARC 分级结构，这三级模式分别是模式、外模式和内模式。

（1）模式。模式也称为逻辑模式或概念模式，是对数据库中全部数据的逻辑结构和特征的描述，并不涉及数据的物理存储，例如，在 Access 中，我们定义学生成绩表数据就是描述数据的逻辑结构。

模式的定义不仅要包含数据的逻辑结构，也要定义数据之间的联系以及完整性约束等。

（2）外模式。外模式也称为用户模式或子模式，该模式面向用户，是数据库用户看到的局部数据结构和特征的描述，是数据的局部逻辑结构，外模式是模式的一部分，是从模式推导来的，一个概念模式可以有若干个外模式，每个用户只关心与他有关的模式。

例如，如果一个数据表中由学号、姓名、数学、物理和化学 5 列构成，可以将其中的学号、姓名和数学这 3 列抽取出来作为一个子模式供数学老师使用，也可以将其中的学号、姓名和物理这 3 列抽取出来作为一个子模式供物理老师使用。

（3）内模式。内模式又称为存储模式，该模式描述数据的物理结构、在存储介质上的存储方法和存取策略。

例如，在 Access 中，所有的数据表、查询、窗体等对象保存在一个文件中，这个文件称为数据库文件，而在 VFP 中，每个数据表以独立的文件形式保存在磁盘上，这都是物理结构上的不同。

模式的三个层次级别反映了模式的不同环境以及它们的不同要求，最底层的内模式反映了数据在计算机中的实际存储形式，中层的概念模式反映了设计者对数据的全局逻辑要求，而最高层的外模式则反映了用户对数据的要求。

2. 二级映射

在上面提到的三级模式中，只有内模式与数据的存储有关，而用户则往往是通过使用逻辑结构来使用数据，因此，并不需要考虑数据的存储结构，从外模式到内模式抽象层次的转换是由数据库管理系统所提供的两级映射功能实现的。

（1）外模式/模式映射。该映射用于定义外模式和概念模式之间的对应关系，这一映射使得对概念模式进行修改时，只要修改外模式/模式映象，而外模式则尽可能保持不变，即概念模式的改变不影响外模式和应用程序，从而达到了数据的逻辑独立性。

（2）模式/内模式映射。这一映射定义概念模式和内模式之间的对应性，即概念记录和内部记录间的对应性，当数据库的存储结构改变即修改内模式时，只要相应改变模式/内模式映象，而模式尽量保持不变，对外模式和应用程序的影响则更小，从而实现了数据的物理独立性。

由此可见，采用映射技术实现了数据的两级独立性，保证了数据的共享。

通过两级映射，简化了用户对数据库的操作，使得用户只需对数据库进行逻辑操作即可实现对数据库的物理操作，同时也有利于实现数据的安全性和保密性。

数据库系统中的三级模式与两级映射关系示意图见图 8-5。

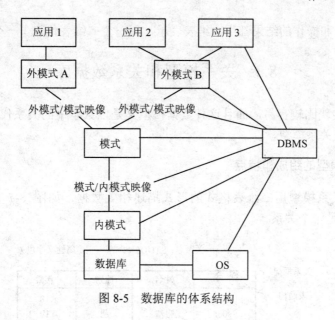

图 8-5　数据库的体系结构

8.2.3　数据模型

数据模型是指在数据库系统中用来表示数据之间逻辑关系的模型，该模型着重于在数据库系统中的实现。目前，数据库管理系统所支持的数据模型有三种，即层次模型、网状模型和关系模型。

1. 层次模型

层次模型是指用树型结构组织数据，可以表示数据之间的多级层次结构。

在树型结构中，各个实体被表示为结点，其中整个树型结构中只有一个为最高结点，其余结点有而且仅有一个父结点，上级结点和下级结点之间表示了一对多的联系。

在现实世界中存在着大量的可以用层次结构表示的实体，例如单位的行政组织机构、家族的辈份关系等，如图 8-6 所示的校、院、系之间就是典型的层次结构。

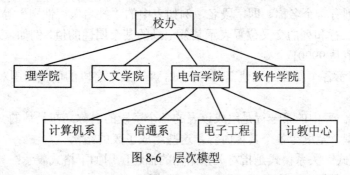

图 8-6　层次模型

2. 网状模型

网状模型中用图的方式表示数据之间的关系，它突破了层次模型的两个限制，一是允许结点有多于一个的父结点，另一个是可以有一个以上的结点没有父结点。

网状模型可以表示多对多的联系，但数据结构的实现比较复杂。

3. 关系模型

关系模型可以用二维表格的形式来形象地表示实体及实体之间的联系，在实际的关系模型中，操作的对象和操作的结果都用二维表表示，每一个二维表代表了一个关系。

8.3 关系模型和关系数据库

关系模型的实现比较容易，而且这种数据模型又是以数学中的关系代数理论为基础，因此，使用最多的是关系模型。

8.3.1 关系模型的组成和特点

前面讲过，关系模型用二维表格式的形式描述相关数据，如图 8-7 所示的学生情况表（STUDENT）就是一个关系。

关系名：STUDENT　　属性（字段）

关系框架或表结构；元组或记录

学号	姓名	性别	年龄
99001	张平	男	18
99002	张清	男	19
99003	刘丽	女	18
99004	王平	女	19
99005	刘清	男	20
99006	陈力	女	18

属性值

图 8-7　关系模型的组成

1. 关系模型中常用的术语

在使用关系模型时，经常用到下面的一些术语。

（1）元组。在二维表中，从第二行起的每一行称为一个元组，对应文件中的一条具体记录。

（2）属性。在一个二维表中，垂直方向的每一列称为一个属性，在数据库文件中则称为一个字段。每一列有一个名称，即字段名，例如表中的“姓名”、“性别”等字段名。

（3）属性值。行和列的交叉位置表示某条记录的某个属性的值，例如，第一条记录的“学号”字段的属性值是 99001。

（4）域。表示各个属性的取值范围，例如，“年龄”字段的取值范围对于学生表可以是 18～22。

（5）表结构。表中的第一行是组成该表的各个字段的名称，在具体的文件中，还应包括各字段的取值类型、宽度等各个具体内容，这些组成了表的结构。

（6）关系模式。关系模式是指对关系结构的描述，用如下格式表示：

　　关系名（属性 1，属性 2，属性 3，…，属性 n）

例如，图 8-7 的关系模式可以表示为：

　　student（学号，姓名，性别，年龄）

显然，一个完整的关系就是关系模式和元组的集合。

（7）候选键。在一个关系中可以用来唯一地标识或区分一个元组的属性或属性的组合，称为候选键，在 Access 中，候选键可以通过设置表中字段的无重复索引实现。

例如，在关系 student 中，属性"学号"可以作为候选键，因为可以通过"学号"区分每一个记录。

一个关系中可以有多个候选键，例如，如果关系中还有一个"身份证号"属性，也可以作为候选键，这时关系 student 中就有了两个候选键，这两个候选键都是单一的属性，候选键也可以是属性的组合。

【例 8.1】确定关系 score（学号，课程号，成绩）中的候选键，具体数据如下，其中成绩为选修课成绩。

学号	课程号	成绩
99001	C01	90
99001	C02	89
99002	C02	70

因为一个学生可以选修多门课程，所以关系中的学号有重复，同样，由于一门课程可以被多个学生选修，关系中的课程号也有重复，显然，在这个关系中，任何一个属性都不能唯一地标识每个元组，只有学号和课号组合起来才能区分每个元组，因此，该关系中的候选键不是单一的属性，而是学号和课程号两个属性的组合。

（8）主键。主键是指从若干个候选键中指定一个用来标识元组。

（9）外部关键字。如果表中的一个字段不是本表的主关键字或候选关键字，而是另外一个表的主关键字或候选关键字，该字段（属性）称为外部关键字，简称外键。

例如，在关系 score 中，候选键是属性组合（学号，课程号），"学号"不是 score 的主键，而是关系 student 的主键，因此，在关系 score 中的"学号"称为外键。

（10）主表和从表。主表和从表是指通过外键相联系的两个表，其中以外键作为主键的表称为主表，外键所在的表称为从表。

例如，两个关系 student 和 score 通过外键"学号"相关联，以"学号"作为主键的关系 student 称为主表，而以"学号"作为外键的关系 score 则是从表。

这里的术语和前面介绍的其他概念之间的对应关系见表 8-1。

表 8-1　不同领域中术语的对应关系

逻辑关系	计算机世界
元组	记录
关系	库文件或数据表文件
属性	字段

2. 关系模型的特点

关系模型的结构简单，通常具有以下特点：

（1）关系中的每一列不可再分；

（2）同一个关系中不能出现相同的属性名，即不允许有相同的字段名；

（3）关系中不允许有完全相同的元组（记录），所谓完全相同，是指两个元组对应的所有属性的值都相同；

（4）关系中任意交换两行位置不影响数据的实际含义；

（5）关系中任意交换两列位置也不影响数据的实际含义。

8.3.2　关系数据库的基本运算

关系数据库的基本运算有选择、投影和联接。

1. 选择

选择是从指定的关系中选择满足给定条件的元组组成新的关系的操作。

【例 8.2】从关系 student1 中选择年龄大于 20 的元组组成新的关系 S1。

关系 student1

学号	姓名	性别	年龄
8612162	陆华	男	21
8612104	王华	女	22
8612105	郭勇	女	19

关系 S1

学号	姓名	性别	年龄
8612162	陆华	男	21
8612104	王华	女	22

2. 投影

投影是从指定关系的属性集合中选取若干个属性组成新的关系的操作。

【例 8.3】从关系 student1 中选择"学号"、"姓名"、"年龄"组成新的关系 S2。

关系 S2

学号	姓名	年龄
8612162	陆华	21
8612104	王华	22
8612105	郭勇	19

3. 联接

联接是将两个关系中的元组按指定条件进行组合，形成一个新的关系。

【例 8.4】将关系 student1 和 student2 按相同学号的元组合并组成新的关系 S3。

关系 student2

学号	姓名	爱好
8612162	陆华	游泳
8612104	王华	体操
8612107	刘平	越野

关系 S3

学号	姓名	性别	年龄	爱好
8612162	陆华	男	21	游泳
8612104	王华	女	22	体操

8.3.3　关系的完整性约束规则

在数据库理论中，对于关系数据库有 3 类完整性约束规则，它们分别是实体完整性规则、参照完整性规则和用户定义的完整性规则，以下分别通过实例说明它们的含义。

1. 实体完整性

由于主键的一个重要作用就是标识每条记录，这样，关系的实体完整性要求关系（表）中的记录在组成的主键上不允许出现两条记录的主键值相同，也就是说，既不能有空值，也不能有重复值。

例如，在例 8.2 中的关系 student1 中，字段"学号"作为主键，其值不能为空，也不能有两条记录的学号值相同。

而在例 8.1 中的关系 score 中，其主键是学号和课程号的组合，因此，在这个关系中，这两个字段的值不能为空，两个字段的值也不能同时相同。

2．用户定义的完整性

用户定义的完整性是针对某一具体字段的数据设置的约束条件，Access 也提供了定义和检验该类完整性的方法。

例如，可以将学生的年龄值定义为 18～22 之间，将性别的值定义为分别取两个值"男"或"女"。

3．参照完整性

参照完整性是对相关联的两个表之间的约束，具体的说，就是从表中每条记录外键的值必须是主表中存在的，因此，如果在两个表之间建立了关联关系，则对一个关系进行的操作要影响到另一个表中的记录。

例如，如果在学生表和选修课之间用学号建立关联，学生表是主表，选修课是从表，那么，在向从表中输入一条新记录时，系统要检查新记录的学号是否在主表中已存在，如果存在，则允许执行输入操作，否则拒绝输入，这就是参照完整性。

参照完整性还体现在对主表中的删除和修改操作，例如，如果删除主表中的一条记录，则从表中凡是外键的值与主表的主键值相同的记录也会被同时删除，将此称为级联删除；如果修改主表中主关键字的值，则从表中相应记录的外键值也随之被修改，将此称为级联更新。

8.3.4　结构化查询语言 SQL 简介

结构化查询语言 SQL（Structured Query Language）是关系数据库的标准语言。该语言语法结构简单、使用方便，很多的关系数据库产品都支持 SQL 语言，但使用方法不完全一样，例如 VFP 中，可以在程序中混合使用 VFP 的语句和 SQL 命令，而在 Access 中，则在交互式查询窗口 RQBE 中使用 SQL。

1．SQL 的特点

（1）SQL 是一种一体化的语言，包括了数据定义、数据查询、数据操纵和数据控制等方面的功能，其核心是查询功能，它可以完成数据库活动中的全部工作。

（2）SQL 语言是高度非过程化的语言，它不必一步一步告诉计算机"如何去做"，只需告诉计算机"做什么"。

（3）SQL 非常简洁，用为数不多的几条命令可以实现强大的功能，此外，SQL 非常接近英文自然语言，容易学习和使用。

（4）SQL 既可以直接以命令方法交互使用，也可以嵌入程序设计语言中以程序方式使用，这两种方式的语法基本是一致的。

2．SQL 的命令分类

SQL 中有许多条命令，按命令的功能可以分为以下 4 类，其中使用最多的是查询命令。

（1）用于数据定义：CREATE、DROP、ALTER；

（2）用于数据修改：INSERT、UPDATE、DELETE；

（3）用于数据查询：SELECT；

（4）用于数据控制：GRANT、REVOKE。

3. SQL 的查询命令 SELECT

SQL 的核心是查询，SQL 的所有查询都是利用 SELECT 命令实现的，它的不同功能体现在不同的子句中，完整的 SQL 命令格式非常复杂，其主要的组成部分通常是 3 块，构成的常用的格式如下：

```
SELECT……
    FROM ……
        WHERE ……
```

其中 SELECT 用来指出查询的输出字段，FROM 指出查询的数据来源，WHERE 则用来指出查询的条件。

以下通过简单查询的实例，说明 SQL 命令的使用，所有这些命令均可以在 Access 建立查询的 SQL 视图窗口中使用。

【例 8.5】用 SELECT 命令完成以下不同的查询，其中数据来源是"学生"表，包含学号、姓名、性别和年龄 4 个字段。

（1）显示"学生"表中的所有记录。

SELECT 学号, 姓名, 性别, 年龄 FROM 学生

或 SELECT * FROM 学生

（2）显示"学生"表中年龄为 20 的女生的记录。

SELECT * FROM 学生 WHERE 年龄=20 AND 性别="女"

（3）显示"学生"表中所有男生的姓名、年龄。

SELECT 姓名, 年龄 FROM 学生 WHERE 性别="男"

（4）按年龄降序显示"学生"表中的所有记录。

SELECT * FROM 学生 ORDER BY 年龄 DESC

（5）显示"学生"表中年龄在 19～20 之间的所有记录。

SELECT * FROM 学生 WHERE 年龄>=19 AND 年龄<=20

或 SELECT * FROM 学生 WHERE 年龄 BETWEEN 19 AND 20

8.4 Access 2003 简介

目前，数据库管理系统软件有很多，例如 Oracle、Sybase、DB2、SQL Server、Access、VFP（Visual FoxPro）等，虽然这些产品的功能不完全相同，操作上差别也较大，但是，这些软件都是以关系模型为基础的，因此都属于关系型数据库管理系统。

下面要介绍的 Access 中文版是 Microsoft 公司的 Office 办公套装软件的组件之一，是现在最为流行的桌面型数据库管理系统。本节通过 Access 2003 介绍关系数据库的基本功能及一般使用方法，这些方法同样适合在其他版本中的使用。

8.4.1 Access 的特点

和其他关系数据库管理系统相比，Access 具有以下特点：

（1）Access 本身具有 Office 系列的共同功能，如友好的用户界面、方便的操作向导、提供帮助和有提示作用的 Office 助手等。

（2）Access 是一个小型的数据库管理系统，对数据库的管理，它提供了许多功能强大的

工具，例如设计使用查询方法、设计制作不同风格的报表、设计使用窗体等。

（3）Access 提供了与其他数据库系统的接口，它可直接识别由 FoxBase、FoxPro 等数据库管理系统所建立的数据库文件，也可以和电子表格 Excel 交换数据。

（4）Access 还提供了程序设计开发语言 VBA，即 Visual Basic for Application，使用它可以开发用户的应用程序。

（5）Access 的一个数据库文件中既包含了该数据库中的所有数据表，也包含了由数据表所产生和建立的查询、窗体和报表等。

8.4.2　Access 数据库文件的组成

执行"开始" | "程序" | "Microsoft Office Access 2003"命令，可以启动 Access 2003，启动后的窗口如图 8-8 所示。

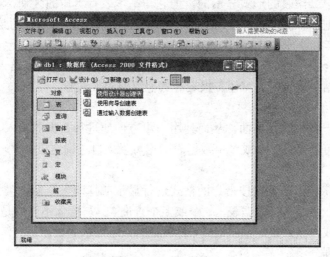

图 8-8　Access 的窗口

从 Access 的窗口中可以看出，一个 Access 数据库文件中由 7 类对象组成，分别是表、查询、窗体、报表、页、宏以及模块，所有这些对象都保存在扩展名为 MDB 的同一个数据库文件中。

因此，Access 的一个数据库文件中既包含了该数据库中的所有数据表，也包含了由数据表所产生和建立的查询、窗体和报表等。

1. 表

在数据库中各个对象中，表是数据库的核心，它保存数据库的基本信息，并为其他对象提供数据实现用户的需要。

图 8-9 所示的 Access 表是典型的二维表格，表中每条记录对应一个实体，而每个字段保存着对应实体的属性值。

Access 中的表用来保存数据库的基本信息，并为其他对象提供数据以实现用户的需要。在 Access 数据库的各个对象中，表是这些对象中的核心。

2. 查询

查询是在一个或多个表中查找满足某些条件的记录，查找时可从行向的记录进行，例如，在成绩表中查询成绩大于 80 分的记录，也可以从列向的字段进行，例如，从成绩表中显示其中的某些字段，还可以从两个或多个表中选择数据形成新的数据表等，图 8-10 显示的是从图 8-9 所示的学生情况表中查询年龄小于 20 的男生的结果。

图 8-9   表   图 8-10   查询

查询结果也是以二维表的形式显示的，但它与基本表有本质的区别，在数据库中只记录了查询的方式即规则，每执行一次查询操作时，都是从基本表中将现有的数据按规则进行的。

例如，在进行年龄小于 20 的男生的查询中，原来查询结果为 2 条记录，当修改基本表中的数据后，如果符合条件的记录变为 4 条，再次执行查询操作时，查询结果显示为 4 条记录。

此外，查询的结果还可作为窗体、报表等其他组件的数据源。

3. 窗体

窗体用来向用户提供交互界面，从而使用户更方便地进行数据的输入、输出显示，窗体中所显示的内容，可以来自一个或多个数据表，也可以来自查询结果。

4. 报表

报表的作用是将选定的数据按指定的格式进行显示或打印。与窗体类似的是，报表的数据来源同样可以是一张或多张数据表、一个或多个查询表，与窗体不同的是，报表可以对数据表中数据进行打印或显示时设定输出格式，除此之外，还可以对数据进行汇总、小计、生成丰富格式的清单和数据分组。

5. 页

页就是 Web 页，通过 Web 页可以将文件作为 Web 发布程序存储到指定的文件夹，或将其复制到 Web 服务器上，以便在网上发布信息。

6. 宏

宏是由一系列命令组成，每个宏都有宏名，使用它可以简化一些需要重复的操作，宏的基本操作有编辑宏和运行宏。

建立和编辑宏的操作在宏编辑窗口中进行，建立好的宏，可以单独使用，也可以与窗体配合使用。

7. 模块

模块是用 Access 提供的 VBA 语言编写的程序，模块通常与窗体、报表结合起来完成完整的应用功能。

综上所述，在一个数据库文件中，"表"用来保存原始数据，"查询"用来查询数据，"窗体"和"报表"用不同的方式获取数据，而"宏"和"模块"则用来实现数据的自动操作。这些对象在 Access 中相互配合构成了完整的数据库。

【例 8.6】创建名为"学生成绩管理.mdb"的数据库。

操作过程如下：

（1）启动 Access，单击窗口中的"新建文件"按钮，打开"新建文件"任务窗格。

（2）任务窗格中列出了多种创建数据库文件的方法，这里单击第一个即创建"空数据库"，这时，打开"文件新建数据库"对话框。

（3）在对话框中选择新建数据库所在的位置，向文件名框中输入数据库名"学生成绩管理"，然后单击"创建"按钮，该数据库创建完毕。

8.5　数据表的建立和使用

数据表由表结构和记录两部分组成，因此，建立表的过程就是分别设计表结构和输入记录的过程。

8.5.1　数据表结构

Access 中的表结构由若干个字段及其属性构成，在设计表结构时，要分别输入各字段的名称、类型、属性等信息。

1. 字段名

为字段命名时可以使用字母、数字或汉字等，但字段名最长不超过 64 个字符。

2. 数据类型

Access 2003 中提供的数据类型有以下 10 种：

（1）文本型：这是数据表中的默认类型，最长为 255 字符；

（2）备注型：也称为长文本型，存放说明性文字，最长 65536 字符；

（3）数字型：用于进行数值计算，如工资、学生成绩、年龄等；

（4）日期/时间型：可以参与日期计算；

（5）是/否型：用来记录逻辑型数据，如 Yes/No、True/False、On/Off 等值；

（6）OLE 对象：用来链接或嵌入 OLE 对象，如图像、声音等；

（7）自动编号型：在增加记录时，其值依次自动加 1；

（8）货币型：用于货币值的计算；

（9）超级链接：用来保存超级链接的字段；

（10）查阅向导：这是与使用向导有关的字段。

3. 字段属性

字段的属性用来指定字段在表中的存储方式，不同类型的字段具有不同的属性，常用属性如下：

（1）字段大小。对文本型数据，指定文字的长度，大小范围在 0~255 之间，默认值为 50。

对数字型字段，指定数据的类型，不同类型数据所在的范围不同，例如：

● 字节：0~255 之间的整数，占 1 个字节；

● 整数：-32768~32767 之间的整数，占 2 个字节。

（2）格式。格式属性用来指定数据输入或显示的格式，这种格式并不影响数据的实际存储格式。

（3）小数位数。对数字型或货币型数据指定小数位数。

（4）标题。用来指定字段在窗体或报表中所显示的名称。

（5）有效性规则。用来限定字段的值，例如，对表示百分成绩的"数学"字段，可用有效性规则将其值限定在 0 到 100 之间。

4. 设定主关键字

主关键字简称主键，对每一个数据表都可以指定某个或某些字段的组合作为主关键字，主关键字的作用是：

（1）保证数据表中的每条记录唯一可识别，如学生表中的"学号"字段；

（2）加快对记录进行查询、检索的速度；

（3）用来在表间建立关系。

8.5.2　建立数据表

建立数据表之前，要先进行规划，规划的基本原则是将数据分类设计成不同的表，各表之间通过共同字段建立联系。

规划后，就可以在 Access 的数据库中建立各个表，然后在这些表之间建立关系。

在数据库窗口中选择"表"对象，然后单击"新建"命令按钮，这时，打开如图 8-11 所示的"新建表"对话框。

对话框中列出了建立数据表的 5 种方法：

（1）数据表视图。在这种方式下是通过直接输入记录来建立表，适合于表中只有文本型和数字型字段的情况，实际使用中，这种视图主要用来输入记录、编辑记录。

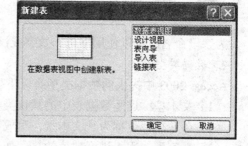

图 8-11　"新建表"对话框

（2）设计视图。这种视图主要用来建立、编辑表结构，表结构建立后，再切换到数据表视图下输入具体的记录。

以上两种方法也是 Access 表操作中的两种视图方式，可以通过"视图"菜单或工具栏上的按钮在这两种视图之间进行切换。

（3）表向导。使用表向导方式创建表时，先从系统已建立好的表中选择与要创建的表相近的样式表，然后从样式表中选择所需的字段形成自己的表，所有这些操作在向导的引导下按屏幕上的提示进行。

（4）导入表。这种方法是指利用其他软件中已经输入并保存的数据直接建立表格，例如从 Excel 的工作表或从文本文件中导入数据。

（5）链接表。这种方法是在建立的表与其他的数据源之间建立链接，将其他数据源中的数据作为表。

这里介绍最常用的前两种方法，即设计视图和数据表视图方法。

1. 在数据表视图下建立数据表

【例 8.7】在数据表视图下，在"学生成绩管理.mdb"数据库中建立数据表"选修成绩"，操作过程如下：

（1）打开"学生成绩管理.mdb"数据库。

（2）数据库窗口中选择"表"对象，然后单击"新建"命令按钮，打开"新建表"对话框。

（3）在对话框中单击"数据表视图"，然后单击"确定"按钮，这时打开名为"表 1"的数据表视图窗口（图 8-12）。

图 8-12　数据表视图窗口

（4）输入字段名。在此视图中，各字段使用默认的名称，即字段 1、字段 2 等，双击某个名称时，该字段反相显示，这时可输入用户命名的字段名，如"学号"、"课程名称"、"成绩"等。

（5）输入记录。在字段名下面的记录区内分别输入表中的记录数据。

学号	课程名称	成绩
20110001	C#程序设计	95
20110001	影视鉴赏	87
20110002	JAVA 技术	76
20110003	JAVA 技术	80
20110004	C#程序设计	91
20110004	影视鉴赏	65
20110006	JAVA 技术	77
20110007	C#程序设计	96

（6）数据输入完毕，执行"文件"｜"保存"命令，打开"另存为"对话框。

（7）在此对话框中输入数据表名称"选修成绩"后，单击"确定"按钮，结束数据表的建立，屏幕出现 Microsoft Office Access 对话框（图 8-13），提示目前没有对此数据表定义主关键字。

（8）本表中不需要定义主键，所以，单击"否"按钮。

至此，数据表"选修成绩"建立完毕，见图 8-14。

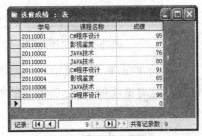

图 8-13　提示"定义主关键字"对话框　　　　图 8-14　选修成绩表

以上建立的数据表中，没有对表结构中各字段的类型、宽度等属性以及主关键字作详细的定义，这些可在设计视图中进行修改。

2. 用设计视图建立数据表

【例8.8】用设计视图，在"学生成绩管理.mdb"数据库中建立数据表"学生情况"，操作过程如下：

（1）在"新建表"对话框中单击"设计视图"，单击"确定"按钮，这时打开设计视图窗口。

（2）设计表结构。在"设计视图"窗口中，字段区用来输入各字段的名称、指定字段的类型，属性区用来设定各字段的属性，这里输入4个字段分别是"学号"、"姓名"、"性别"和"年龄"。

（3）定义主关键字段。本题中将"学号"作主关键字段，单击"学号"字段名称左边的方框选择此字段，此方框内出现"▶"。

单击工具栏上的"主关键字" 🔑 ，将此字段定义为主关键字段。

（4）命名表及保存。执行"文件"｜"保存"命令，打开"另存为"对话框，在框中输入数据表名称"学生情况"，然后单击"确定"按钮。这时，表结构建立完毕，如图8-15所示。

（5）切换到"数据表视图"继续输入各条记录，最终建立的数据表如图8-9所示。

【例8.9】通过主键验证实体完整性。

在数据表"学生情况"中，已定义了主键为"学号"，对该表进行下面的操作：

（1）在数据表视图中打开"学生情况"表。

（2）在数据表视图中，输入一条新记录，输入时不输入学号，只输入其他字段的值。

（3）单击新记录之后的下一条记录位置，这时出现如图8-16所示的对话框，可见，设置主键后，该表中无法输入学号为空的记录。

图 8-15　设计视图窗口

图 8-16　学号为空值时的对话框

（4）向该条新记录输入与前面记录相同的学号20110006，单击新记录之后的下一条记录位置，这时出现如图8-17所示的对话框，可见，设置主键后，表中不允许出现学号相同的两条记录。

图 8-17　学号相同时的对话框

8.5.3　编辑数据表

编辑表同样包括对结构和记录的操作。

1.　修改表结构

修改表结构包括更改字段的名称、类型、属性、增加字段、删除字段等，其中修改类型和属性只能在设计视图中进行，其他的操作可在设计视图或数据表视图下进行，修改后单击"保存"按钮即可。

（1）改字段名。在设计视图中单击字段名或在数据表视图中双击字段名，被选中的字段反相显示，就可以输入新的名称。

（2）插入字段。在数据表视图中执行"插入列"命令或在设计视图中执行"插入行"命令可插入新的字段。

（3）删除字段。在数据表视图中执行"删除列"命令或在设计视图执行"删除行"命令可以删除字段。

【例 8.10】修改"学生情况"表的结构并验证自定义完整性。

修改结构的要求如下：

- 将"年龄"字段的值设置在 17～23 之间；
- 将"性别"字段的有效性规则设置为"'男' or '女'"，即取值只能是'男' 或'女'之一。

操作如下：

（1）在设计视图窗口中打开"学生情况"表。

（2）在字段区选中"年龄"字段。

（3）在属性区的"有效性规则"框内输入">=17 and <=23"。

（4）在属性区的"有效性文本"框内输入"年龄字段取值范围为 17～23 之间"。

（5）在字段区选中"性别"字段。

（6）在属性区的"有效性规则"框内输入"'男' or '女'"，然后单击"保存"按钮。

（7）切换到数据表视图，输入一条新的记录，其中年龄字段输入 25，单击新记录之后的下一条记录位置，这时出现如图 8-18 所示的对话框，表明该记录无法输入。可见，关于年龄字段的有效性设置后，年龄的值只能在 17 至 23 之间。

图 8-18　年龄不在设定范围时的对话框

【例 8.11】修改"选修成绩"表的结构，将学号字段的类型改为"文本"，大小为 8。

操作过程与上例相同。

2.　编辑记录

编辑记录的操作只能在数据表视图下进行，包括添加记录、删除记录、修改数据和复制数据等，在编辑之前，应先定位记录或选择记录。

（1）定位记录。在数据表视图窗口中打开一个表后，窗口下方会显示一个记录定位器，该定位器由若干个按钮构成，如图 8-19 所示，使用定位器定位记录的方法如下：

- 使用"第一条记录"、"上一条记录"、"下一条记录"和"最后一条记录"这些按钮定位记录。
- 在记录编号框中直接输入记录号，然后按回车键，也可以将光标定位在指定的记录上。

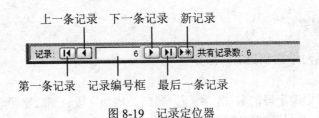

图 8-19　记录定位器

（2）选择记录。
- 选择某条记录：在数据表视图窗口第一个字段左侧是记录选定区，直接在选定区单击可选择该条记录。
- 选择连续若干条记录：在记录选定区拖动鼠标，鼠标所经过的行被选中，也可以先单击连续区域的第一条记录，然后按住 Shift 键后单击最后一条记录。
- 选择所有记录：单击工作表第一个字段名左边的全选按钮，可以选择所有记录，也可以执行"编辑" | "选择所有记录"命令。

（3）选择字段。
- 选择某个字段的所有数据：直接单击要选字段的字段名即可。
- 选择相邻连续字段的所有数据：在表的第一行字段名处用鼠标拖动字段名。

（4）添加记录。Access 中只能在表的末尾添加记录，首先，在数据表视图中打开表，然后单击记录选定器上的"新记录"按钮▶*，光标将停在新记录上，这时就可以输入新记录各字段的数据。

（5）删除记录。删除记录时，先在数据表视图窗口中打开表，选择要删除的记录，然后执行"编辑" | "删除记录"命令，这时，屏幕上出现确认删除记录的对话框，单击"是"按钮，则选定的记录被删除。

（6）修改数据。修改数据是指修改某条记录的某个字段的值，先将鼠标定位到要修改的记录上，然后再定位到要修改的字段，即记录和字段的交叉单元格，直接进行修改。

（7）复制数据。复制数据是指将选定的数据复制到指定的某个位置，方法是先选择要复制的数据，然后单击工具栏上的"复制"按钮，接下来单击要复制的位置，最后单击工具栏上的"粘贴"按钮即可，也可以将选定的内容复制到其他的文档中，例如 Word 文档。

8.5.4　建立表间关系

数据库中的各个表之间通过共同字段建立联系，当两个表之间建立联系后，用户不能再随意地更改建立关联的字段，也不能随意向从表中添加记录，从而保证数据的完整性，即数据库的参照完整性。

Access 中的关联可以建立在表和表之间，也可以建立在查询和查询之间，还可以是在表和查询之间。

在 Access 中，用于联系两个表的字段如果在两个表中都是主键，则两个表间建立的是一对一关系；如果这个字段在一个表中是主键，在另一个表中不是主键，则两个表间建立的是一对多的关系，其中主键所在的表是主表，另一个表是从表（关联表）。

在参照完整性中，"级联更新相关字段"使得主关键字段和关联表中的相关字段保持同步的更变，而"级联删除相关记录"使得主关键字段中相应的记录被删除时，会自动删除相关表中对应的记录。

建立关联操作不能在已打开的表之间进行，因此，在建立关联时，必须首先关闭所有的数据表。

【例8.12】在"学生情况"表和"选修成绩"表间通过"学号"字段建立关系，"学生情况"表为主表，"选修成绩"表为从表。

由于在"学生情况"表中"学号"是主键，而在"选修成绩"表中没有设置主键，所以两个表之间建立的关系是一对多的类型，建立过程如下：

（1）执行"工具"｜"关系"命令，打开"显示表"对话框（图8-20）。

（2）选择"表"或"查询"。

在此对话框中选择欲建立关联的表或查询，每选择一个后，单击"添加"按钮，选择完毕后单击"关闭"按钮，关闭此对话框，显示"关系"窗口（图8-21），刚选择的数据表或查询名称出现在"关系"窗口中。

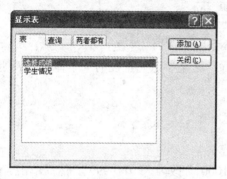

图8-20 "显示表"对话框

图8-21 "关系"窗口

（3）设置完整性。在图8-21中，将"学生情况"表中的"学号"字段拖到"选修成绩"表的"学号"字段，松开鼠标后，显示"编辑关系"对话框（图8-22）。

（4）在对话框中：选中三个复选框，这是为实现参照完整性进行的设置。

（5）单击"创建"按钮，返回到"关系"窗口，关闭该窗口，至此，两个表之间的关系建立完毕。

在这两个表之间建立联系后，再打开数据表"学生情况"时，会显示出如图8-23所示的结果。在显示主表时，主键前面多了一个"+"，单击这个"+"号，可以同时显示出从表中与该记录相关的记录。

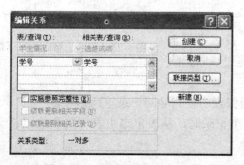

图8-22 "编辑关系"对话框

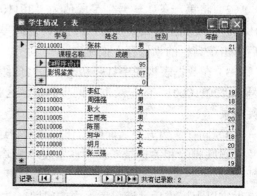

图8-23 建立表间关系后的主表

　　建立了表间关系后，除了在显示主表记录时显示形式上会发生变化，在对表进行记录操作时，相互间也要受到约束，这主要体现在 3 个方面，分别是向从表中输入新的记录、删除主表中的记录和修改主表中主键的值，下面通过几个例题验证参照完整性。

　　【例 8.13】 向从表中输入新的记录。

　　（1）在数据表视图中打开"选修成绩"表。

　　（2）在数据表视图中输入一条新的记录，该记录各字段的值分别是"20119999"，"C#程序设计"，"80"，注意，学号"20119999"在"学生情况"表中是不存在的，单击新记录之后的下一条记录位置，这时出现如图 8-24 所示的对话框。

图 8-24　输入的学号值在主表中不存在时的对话框

　　这个对话框表示输入新记录的操作没有被执行，这是参照完整性的一个体现，表明在从表中不能引用主表中不存在的实体。

　　【例 8.14】 修改主表中主键的值。

　　验证操作过程如下：

　　（1）在数据表视图中打开主表"学生情况"表。

　　（2）将第一条记录的"学号"字段值由"20110001"改为"20119999"，然后单击"保存"按钮。

　　（3）在数据表视图中打开从表"选修成绩"表，这时此表中原来学号为"20110001"的记录，其学号的值已自动被改为"20119999"，这就是"级联更新相关字段"。

　　（4）为方便后面的操作，将两张表中的"学号"字段值"20119999"恢复为原来的"20110001"。

　　"级联更新相关字段"使得主关键字段和关联表中的相关字段的值保持同步改变。

　　【例 8.15】 删除主表中的记录。

　　验证操作过程如下：

　　（1）在数据表视图中打开主表"学生情况"表。

　　（2）将第一条"学号"字段值为"20110001"的记录删除，这时出现如图 8-25 所示的对话框，这时单击"是"按钮，然后单击工具栏的"保存"按钮。

图 8-25　删除记录时的对话框

　　（3）在数据表视图中打开从表"选修成绩"，此表中原来学号为"20110001"的记录也被同步删除，这就是"级联删除相关记录"。

　　（4）同样，为方便后面的操作，分别将这两张表中被删除的记录重新输入。

　　"级联删除相关记录"表明在主表中删除某个记录时，从表中与主表相关联的记录会自动地删除。

　　做完以上操作后，请思考下面的问题：

　　（1）若将从表"选修成绩"中最后一条记录的学号改为"20119999"，该操作是否允许，若改为"20110010"是否允许？

（2）若将从表"选修成绩"中的第一条记录，即学号为"20110001"的记录删除，则主表"学生情况"中学号为"20110001"的记录是否被同步删除？

8.5.5　数据表的使用

数据表的使用包括对数据的排序、记录的筛选、数据的查找等，所有这些操作都在数据表视图下进行。

1.　记录排序

排序是指按某个字段值的升序或降序重新排列记录的顺序，操作步骤如下：

（1）在数据表视图下显示数据表。

（2）选择排序关键字。

（3）单击工具栏上的"升序"按钮或"降序"按钮，进行排序。这时可以观察窗口中显示的记录顺序。

执行"记录"菜单的"取消筛选/排序"命令，可以恢复排序前的记录顺序。

2.　筛选记录

筛选记录是指在屏幕上仅显示满足条件的记录，而暂时不显示不满足条件的记录，常用的有按选定内容筛选或内容排除筛选。

8.6　创建查询

Access 的查询可以从已有的数据表或查询中选择满足条件的数据，也可以对已有的数据进行统计计算，还可以对表中的记录进行诸如修改、删除等操作。

8.6.1　创建查询的方法

Access 中提供了多种创建查询的方法，在数据库窗口中选择"查询"对象后，单击"新建"，打开"新建查询"对话框（图 8-26），对话框中显示了不同的创建方法。

1.　设计视图查询

这是常用的查询方式，可在一个或多个基本表中，按照指定的条件进行查找，并指定显示的字段。

2.　简单查询向导

可按系统提供的提示过程设计查询的结果。

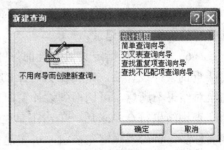

图 8-26　"新建查询"对话框

3.　交叉表查询

指用两个或多个分组字段对数据进行分类汇总的方式。

4.　重复项查询

在数据表中查找具有相同字段值的重复记录。

5.　不匹配查询

在数据表中查找与指定条件不匹配的记录。

建立查询时可以在"设计视图"窗口或"SQL 视图"窗口下进行设计，而查询结果可以在"数据表视图"窗口中显示。

8.6.2 "设计视图"窗口的组成

在"新建查询"对话框中选择"设计视图"后，单击"确定"按钮，屏幕显示 "显示表"对话框。

在对话框中选择查询所用的表或查询，选择后单击"关闭"按钮，关闭此对话框，打开查询的设计视图窗口（图 8-27）。

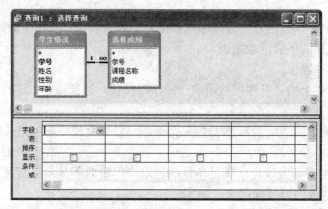

图 8-27　查询的设计视图窗口

在设计视图窗口中，每列对应着查询结果中的一个字段，而每一行的标题则指出了该字段的各个属性。

（1）字段。查询结果中所使用的字段，在设计时通常是用鼠标将字段从名称列表中拖动到此区。

（2）表。该字段所在的数据表或查询。

（3）排序。指定是否按此字段排序以及排序的升降顺序。

（4）显示。确定该字段是否在查询结果集中显示。

（5）条件。指定对该字段的查询条件，例如对成绩字段，如果该处输入"＞60"，表示选择成绩大于 60 的记录。

（6）或。可以指定其他的查询条件。

查询条件设计后，单击工具栏上的"执行"按钮"！"，可以在屏幕上显示查询的结果，如果对结果不满意，可切换到设计窗口重新进行设计。

查询结果符合要求后，单击工具栏上的"保存"按钮，打开"另存为"对话框，输入查询名称后，单击"确定"按钮，可将建立的查询保存到数据库中。

8.6.3 创建不同条件的查询

【例 8.16】在设计视图窗口创建单表的条件查询，要求如下：

- 数据来源："学生情况"表
- 结果显示：表中所有字段
- 查询条件：年龄小于 20 的男生
- 查询名称：年龄小于 20 的男生

具体操作如下：

（1）在数据库窗口中选择"查询"对象后，单击"新建"，打开"新建查询"对话框。

（2）在对话框中选择"设计视图"后，单击"确定"按钮，出现"显示表"对话框。

（3）在对话框中选择查询所用的"学生情况"表，选择后单击"关闭"按钮，关闭此对话框，打开设计视图窗口。

（4）在设计视图窗口中，将四个字段分别从表中拖动到字段区。

（5）在"性别"字段和条件交叉处输入条件"男"。

（6）在"年龄"字段和条件交叉处输入条件"<20"。

（7）单击工具栏上的"执行"按钮可显示查询的结果。

（8）单击保存按钮，在打开的对话框中输入查询名称"年龄小于 20 的男生"，然后单击"确定"按钮。

【例 8.17】在设计视图窗口创建双表的条件查询，要求如下：

● 数据来源："学生情况"表、"选修成绩"表

● 结果显示："学号"，"姓名"，"课程名称"和"成绩"

● 查询条件：成绩>=90

● 查询名称：90 分以上的成绩

具体操作如下：

（1）在数据库窗口中选择"查询"对象后，单击"新建"，打开"新建查询"对话框。

（2）在对话框中选择"设计视图"后，单击"确定"按钮，出现"显示表"对话框。

（3）在对话框中选择查询所用的两个表，选择后单击"关闭"按钮，关闭此对话框，打开设计视图窗口。

（4）在设计视图窗口中，将四个字段分别从两个表中拖动到字段区，然后在"成绩"字段和条件交叉处输入条件">=90"。

（5）单击工具栏上的"执行"按钮可显示查询的结果。

（6）单击保存按钮，在打开的对话框中输入查询名称"90 分以上的成绩"，然后单击"确定"按钮。

【例 8.18】在设计视图窗口创建分类汇总查询，要求如下：

● 数据来源："学生情况"表、"选修成绩"表

● 结果显示："学号"、"姓名"、"选修门数"

● 查询条件：统计每位同学选修的课程门数

● 查询名称：每个同学选修门数统计

注意到上面的"选修门数"是数据源中不存在的字段，这是在查询时产生的新的字段，操作过程如下：

（1）在数据库窗口中，单击"查询"对象。

（2）双击"在设计视图中创建查询"选项，屏幕显示"显示表"对话框。

（3）在对话框中选择查询所用的两个表，然后单击"关闭"按钮，关闭此对话框，打开设计视图窗口。

（4）在设计视图窗口中：

● 将"学生情况"表中学号、姓名字段分别拖动到字段区；

● 将"选修成绩"表中学号拖动到字段区。

（5）单击工具栏上的"汇总"按钮 Σ，这时，设计视图窗口的字段区多了一个"总计"行。

（6）在"学生情况"表的"学号"字段对应的总计行中，单击右侧的向下箭头，在打开的列表框中单击"分组"，表示按"学号"分组。

（7）在"选修成绩"表的"学号"字段对应的"总计"行中，单击右侧的向下箭头，在打开的列表框中单击"计数"，表示要统计个数。

（8）在"选修成绩"表的"学号"字段对应的"字段"行中，在"学号"名称之前加上"选修门数:"，注意后面的冒号要在英文方式下输入。查询规则如图 8-28 所示。

（9）命名并保存查询。单击工具栏上的"保存"按钮，打开"另存为"对话框，在此对话框中输入查询名称"每个同学选修门数统计"，然后单击"确定"按钮。

（10）单击工具栏上的"执行"按钮"！"，可以显示查询的结果（图 8-29）。

图 8-28　查询规则

图 8-29　查询结果

前面建立的各个查询中，查询的条件值是在建立查询时就已确定的，如果希望得到这样的结果，即每次运行时都要查询不同学号的记录，也就是说，具体的学号是在查询运行之后才在对话框中输入的。实现这样功能的查询称为参数查询，在查询运行之后需要输入的数据称为参数。根据查询中参数的数目不同，参数查询可以分为单参数查询和多参数查询两类。

【例 8.19】在设计视图窗口创建单参数查询，按输入的不同学号进行查询，要求如下：

● 数据来源："学生情况"表

● 结果显示：表中所有字段

● 查询条件：学号在运行查询时输入

● 查询名称：按学号查询

建立过程如下：

（1）在数据库窗口中，单击"查询"对象。

（2）双击"在设计视图中创建查询"选项，屏幕显示"显示表"对话框。

（3）在"显示表"对话框中单击"表"选项卡，在该选项卡中将"学生情况"表添加到查询的"设计窗口"中，最后单击"关闭"按钮，将此对话框关闭。

（4）在查询"设计视图"窗口的上半部分，分别双击"学号"、"姓名"、"性别"和"年龄"这 4 个字段，将这些字段添加到下半部分的字段区。

（5）设置条件，在"学号"对应的条件行中输入下面的条件：

　　　[请输入要查询的学生的学号：]

输入条件时连同方括号一起输入。

（6）单击工具栏上的"保存"按钮，打开"另存为"对话框，在此对话框中输入查询名称"按学号查询"，然后单击"确定"按钮，查询建立完毕。

（7）预览查询结果。单击工具栏上的运行按钮"！"，这时屏幕显示"输入参数值"对话框，如图 8-30 所示。

向对话框中输入学号"20110001"之后，单击"确定"按钮，这时，屏幕上显示查询的结果是学号为"20110001"的记录，如图 8-31 所示。

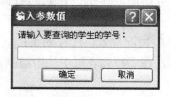

图 8-30　"输入参数值"对话框

图 8-31　参数查询的结果

如果再次执行该查询，在"输入参数值"对话框中输入"20110002"时，则查询结果是学号为"20110002"的记录，也就是实现了在查询运行之后输入参数的值。

8.6.4　在 SQL 窗口中建立 SQL 查询

用设计视图建立一个查询以后，当切换到 SQL 视图时，会发现在 SQL 窗口中也有了对应的 SQL 语句，如图 8-32 所示，这显然是 Access 自动生成的语句。因此，可以这样说，Access 执行查询时，是先生成 SQL 语句，运行查询时再用这些语句对数据库进行操作。

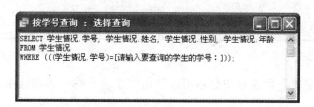

图 8-32　SQL 视图窗口

事实上，Access 中所有对数据库的查询操作都是由 SQL 语言完成的，而设计窗口只是在此基础上增加了方便用户操作的可视化环境。

因此，在 SQL 视图中直接输入 SQL 命令，也可以建立查询，结果和用设计视图时是一样的。

8.7　创建窗体

作为数据库和用户之间的接口，窗体提供了对数据表中的数据输入输出和维护的一种更方便的方式，因此，窗体是 Access 数据库文件的一个重要组成部分。

在数据库窗口中选择"窗体"对象，单击"新建"按钮，可以打开"新建窗体"对话框（图 8-33）。

在此对话框中，列出了 7 种创建窗体的方法：

（1）设计视图。由用户自行设计窗体的布局和控件。

（2）窗体向导。按向导提示逐步建立窗体。

（3）自动窗体：纵栏表。在向导方式下创建纵栏式窗体。

（4）自动窗体：表格。在向导方式下创建表格式窗体。

（5）自动窗体：数据表。在向导方式下创建数据表窗体。

（6）图表向导。在向导方式下创建带有 Excel 图表的窗体。

（7）数据透视表向导。在向导方式下创建带有 Excel 数据透视表的窗体。

对话框右下方的下拉列表框中列出了用于创建窗体的数据源，包括已建立的数据表和查询。

【例 8.20】 利用"窗体向导"创建窗体，数据源是"学生情况"表，过程如下：

（1）在"新建窗体"对话框中，单击选择"窗体向导"，在下拉列表框中选中数据源后，单击"确定"按钮，打开"窗体向导"对话框（图 8-34）。

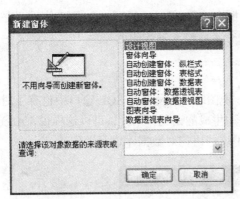
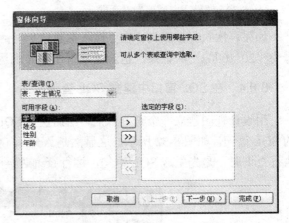

图 8-33　"新建窗体"对话框　　　　图 8-34　"窗体向导"对话框

（2）在"可用字段"列表框中显示可以使用的字段名称，可将其添加到"选定的字段"列表框中，方法是：

- 如果将"可用字段"列表框中所有字段添加到"选定的字段"列表框中，单击">>"按钮；
- 若将某个字段添加到"选定的字段"框中，选中字段后，单击">"按钮。

"选定的字段"中的字段还可通过单击"<"和"<<"按钮放回到"可用字段"列表框中。

这里选择所有字段，然后单击"下一步"按钮，出现下一步的对话框。

（3）选择窗体布局。该对话框中提供了有关窗体布局的选择，共有 6 种布局，即纵栏表、表格、数据表、两端对齐、数据透视表和数据透视图。

这里选择纵栏表，然后，单击"下一步"按钮，打开样式对话框。

（4）选择窗体样式。样式对话框中列出了不同的窗体样式，例如国际、宣纸、工业、标准等，单击某个样式时，可在对话框的左侧预览样式。

这里选择混合样式，然后单击"下一步"按钮，打开输入窗体标题的对话框。

（5）输入窗体标题。在对话框中输入窗体的标题，单击"学生情况"。

这样，窗体建立完毕，屏幕上显示出窗体的执行结果，如图 8-35 所示，这时可分别单击记录指示器的"►"、"◄"等按钮，逐条显示或修改记录，也可以输入新的记录。

图 8-35 创建好的窗体

报表是 Access 的另一个对象，它的创建方法与创建窗体类似。

与窗体不同，报表可以对数据表中数据进行打印或显示时设定输出格式，除此之外，还可以对数据进行汇总、小计、生成丰富格式的清单和数据分组。

8.8 实验

本章所有实验都在 Microsoft Access 2003 下进行。

8.8.1 建立数据表

1. 实验要求

（1）在本章创建的"学生成绩管理.mdb"数据库中再创建一个"必修成绩"表。

（2）以"基本情况"为主表，"必修成绩"为从表，通过"学号"字段在两个表之间建立一对一关系。

（3）对主表记录进行更新和删除，在从表中实现级联更新和删除。

2. 操作过程

（1）在设计视图中创建"必修成绩"表。

①选择"表"对象，单击"新建"命令按钮，打开"新建表"对话框。

②单击列表框中的"设计视图"。

③单击"确定"按钮，打开"设计视图"窗口。

④在设计视图中，按下表的要求建立表结构：

字段名称	数据类型	字段属性
学号	文本	长度 8，主键
大学英语	数字	大小为字节
高等数学	数字	大小为字节
计算机应用	数字	大小为字节

⑤切换到数据表视图，向表中输入记录。

⑥执行"文件"｜"保存"命令，打开"另存为"对话框。

⑦在"表名称"文本框中输入数据表名称"必修成绩"。

⑧这时，数据表"必修成绩"建立完毕，"表"中出现该表的名称。

⑨打开该表的显示内容如图 8-36 所示，这时，数据库中已经有了三张表。

（2）建立表间关系。

①执行“工具”|“关系”命令，打开“显示表”对话框。

②在对话框中单击“表”对象，将“必修成绩”表添加到“关系”窗口中。

③在“关系”窗口中，将“基本情况”表中的“学号”字段拖到“必修成绩”表的“学号”字段，打开新的“编辑关系”对话框。

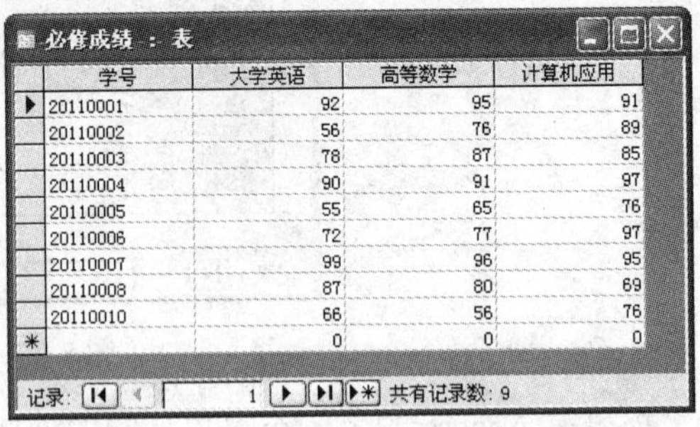

必修成绩 ：表

学号	大学英语	高等数学	计算机应用
20110001	92	95	91
20110002	56	76	89
20110003	78	87	85
20110004	90	91	97
20110005	55	65	76
20110006	72	77	97
20110007	99	96	95
20110008	87	80	69
20110010	66	56	76
*	0	0	0

记录：1 共有记录数：9

图 8-36 “必修成绩”表

④在此对话框中：

- 选中“实施参照完整性”复选框。
- 选中“级联更新相关字段”复选框。
- 选中“级联删除相关记录”复选框。

单击“创建”按钮，建立关系，返回到“关系”窗口。

⑤单击“关系”窗口的“关闭”按钮，关闭此窗口，出现是否保存关系布局的对话框。

⑥单击“是”按钮，至此，两个数据表之间的关系建立完毕。

（3）级联更新相关字段。

①在数据视图中打开“基本情况”表。

②将此数据表中的第 5 条记录的学号由“20110005”改为“20119999”。

③单击工具栏上的“保存”按钮，保存所做的修改。

④单击数据表视图窗口右上角的“关闭”按钮，将此数据表关闭。

⑤在数据表视图下打开“必修成绩”表。

⑥观察该数据表中的第 5 条记录的学号，可以看到，该学号也被自动修改为“20119999”，这就是“实施参照完整性”中的“级联更新相关字段”。

⑦此时“选修成绩”表中的相关记录的学号也被修改，将这三张表中的学号恢复原来的值。

（4）级联删除相关记录。

用上面类似的方法进行验证，验证后在表中将删除的记录重新输入。

3. 思考问题

（1）简要说明用设计视图和数据表视图建立数据表方法的区别。

（2）写出在建立表间关系时所做的设置，并举例说明在建立表间关系后对相关表的操作所产生的影响。

8.8.2 数据表的基本操作

1. 实验内容

（1）对“必修成绩”表按指定的字段排序记录。

（2）在“必修成绩”表中查找特定值的记录。

（3）对“必修成绩”表在数据表视图下按指定的条件进行记录的筛选。

2. 操作过程

（1）在数据表视图下对指定的字段按顺序显示。

①在数据表视图下打开"必修成绩"表。

②单击"高等数学"字段，将此字段作为排序关键字。

③单击工具栏上的"升序"按钮，观察窗口中显示的记录顺序。

④单击工具栏上的"降序"按钮，观察窗口中显示的记录顺序。

⑤执行"记录"｜"取消筛选/排序"命令，将记录恢复原来的顺序。

（2）在"必修成绩"表中查找特定值的记录。

①单击字段名"高等数学"选择按此字段查找。

②执行"编辑"｜"查找"命令，打开"查找"对话框。

③在对话框中：

● 在"查找内容"框内输入"8"。

● 在匹配下拉列表框中选择"字段开头"。

④单击"查找第一个"按钮，观察屏幕上查找到的第一个记录是哪个。

⑤单击"查找下一个"按钮，观察所查找到的记录。

⑥在匹配下拉列表框中选择"整个字段"。

⑦单击"查找第一个"按钮，出现未找到的提示对话框。

⑧单击"确定"按钮，关闭对话框。

⑨单击"关闭"按钮，关闭"查找"对话框。

（3）按选定的内容筛选记录。

①在数据表视图中单击"计算机应用"成绩为 97 的第一条记录。

②执行"记录"｜"筛选"｜"按选定内容筛选"命令，这时屏幕上所显示的记录，都是计算机应用成绩为 97 的记录。

③执行"记录"｜"取消筛选/排序"命令，恢复显示所有的记录。

④关闭该数据表。

3．思考问题

（1）写出排序前后数据表的具体内容，并总结排序的方法和应注意的问题。

（2）写出在数据表中查找数据的操作过程。

（3）说明筛选记录的方法和过程。

8.8.3　建立各种查询

1．实验内容

（1）使用向导创建查询，数据源是已建立的两个数据表"基本情况"和"必修成绩"，要求将两个表的字段合并产生查询，结果中包括"基本情况"表的学号、姓名和"必修成绩"表的三门课成绩，查询名称为"基本情况查询"。

（2）使用设计视图建立查询，数据源是"基本情况"和"必修成绩"表，查询结果中包含"基本情况"表中的学号、姓名和"必修成绩"表中的三门课成绩以及一个新产生的字段"总分"，用来计算每条记录的三门课的总和，并按"总分"降序输出，查询名称为"总分降序"。

（3）使用设计视图建立查询，数据源是前面建立的"总分降序"查询，要求查询结果包含总分小于 230 的记录，并按"学号"升序排列，查询名称为"总分＜230"。

2．操作过程

（1）利用向导创建查询，名称为"基本情况查询"。

①选择"查询"对象，然后单击"新建"按钮，打开"新建查询"对话框。

②在列表框中单击选择"简单查询向导"。

③单击"确定"按钮，打开"简单查询向导"对话框（图 8-37）。

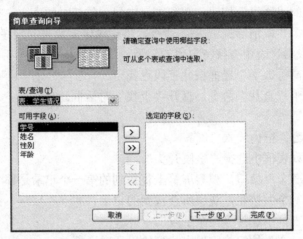

图 8-37 "简单查询向导"对话框

④打开"表/查询"下拉列表框，选择数据表"基本情况"，此时"可用字段"列表框中显示出该数据表的各个字段名称。

⑤将"学号"和"姓名"字段选择到"选定的字段"列表框中。

⑥重复⑤～⑥，依次选择"必修成绩"表中的三门课，这时，"选定的字段"列表框中总共包含了两个表中的 5 个字段。

⑦单击"下一步"按钮，打开下一步的对话框，选中对话框中的"明细"单选按钮。

⑧单击"下一步"按钮，打开下一步的对话框，在"您希望给您的查询加什么标题"文本框中输入"基本情况查询"。

⑨单击"完成"按钮，观察屏幕上显示的查询结果。

⑩单击"关闭"按钮将此查询关闭。

（2）利用设计视图建立"总分降序"查询。

①选择"查询"对象，单击"新建"按钮，打开"新建查询"对话框。

②在列表框中单击选择"设计视图"，单击"确定"按钮，打开"显示表"对话框。

③在"表"选项卡中选择"基本情况"表和"必修成绩"表，然后单击"关闭"按钮，关闭此对话框，出现建立查询的设计网格窗口。

④在查询设计窗口中：

● 将"基本情况"表中的学号、姓名两字段添加到设计网格中。

● 将"必修成绩"表中的三门课程字段都添加到设计网格中。

● 在设计网格的最后一个字段名框中，输入如下内容：

    总分:(大学英语+高等数学+计算机应用)

应注意所有符号均是在英文状态下输入。

● 单击该字段的排序框，选择"降序"。

⑤单击"执行"按钮"!"，观察屏幕上显示的查询结果。

⑥单击"保存"按钮，打开"另存为"对话框。

⑦在"查询名称"框中输入"总分降序"，单击"确定"按钮，至此，建立查询完毕。

（3）使用设计视图建立查询，名称为"总分<230"。

①选择"查询"对象，单击"新建"按钮，打开"新建查询"对话框。

②在列表框中单击选择"设计视图"，单击"确定"按钮，打开"显示表"对话框。

③选择"查询"选项卡中的"总分降序"，用此查询作为数据源。

④单击"添加"按钮，然后单击"关闭"按钮，关闭此对话框，出现建立查询的设计网格窗口。

⑤将所有字段都添加到设计网格中。

⑥单击"学号"字段的排序框，选择"升序"。

⑦在"总分"字段的条件框内输入"<230"。

⑧单击"运行"按钮"!"，观察屏幕上显示的查询结果。

⑨单击"保存"按钮，打开"另存为"对话框。

⑩在"查询名称"框中输入"总分<230"，单击"确定"按钮，查询建立完毕。

3. 思考问题

（1）对本次实验所建立的三个查询，将运行后的结果截屏粘贴到实验报告中，并结合原来的表中记录说明查询的结果。

（2）结合建立查询所用的设计视图窗口，总结不同查询条件的设置方法。

（3）写出在建立查询时产生新字段的方法和过程。

小 结

本章较为详细地介绍了 Access 中的基本操作，全章的例题和实验均使用的是同一个数据库中的各张数据表，在学习过程中，可以通过这些例子逐个练习，掌握了这些操作后，可以将同样的操作用在自己感兴趣的其他数据上，例如图书数据的管理、库房商品的管理、学校教室的管理等。

虽然不同用户涉及的数据来自不同的领域，查询或处理的要求也不尽相同，但在 Access 下的操作过程却是相同或相近的，因此，只要能按部就班地学完例题中的各种操作，就可以方便地完成其他领域数据的管理和查询，因为这些数据都基于一个相同的数据模型，这就是关系模型。

习题8

一、选择题

1. DB、DBMS 和 DBS 三者之间的关系是（　　）。

  A．DB 包括 DBMS 和 DBS   B．DBS 包括 DB 和 DBMS

  C．DBMS 包括 DBS 和 DB   D．DBS 与 DB 和 DBMS 无关

2. 在关系理论中称为"关系"的概念，在关系数据库中称为（　　）。

  A．文件   B．实体集

  C．表   D．记录

3. 关系模型的任何属性（　　）。

    A. 可再分　　　　　　　　　　　B. 不可再分

    C. 命名在该关系模式中可以不唯一　D. 以上都不是

4. 在关系理论中，二维表的表头中各个栏目的名称称为（　　）。

    A. 元组　　　　　　　　　　　　B. 属性名

    C. 数据项　　　　　　　　　　　D. 结构名

5. 下面关于关系的描述中，错误的是（　　）。

    A. 关系必须规范化　　　　　　　B. 在同一个关系中不能出现相同的属性名

    C. 关系中允许有完全相同的元组　D. 在一个关系中列的次序无关紧要

6. 下列关于 Access 数据库对象的描述中，说法不正确的是（　　）。

    A. 表是用户定义的用来存储数据的对象

    B. 报表是用来在网上发布数据库中的信息

    C. 表为数据库中其他的对象提供数据源

    D. 窗体主要用于数据的输出或显示，也可以用于控制应用程序的运行

7. Access 中，建立数据表的结构是在（　　）视图下进行。

    A. 文件夹　　　　B. 设计　　　　C. 数据表　　　　D. 网页

8. Access 中，对数据表进行修改，以下各操作在数据表视图和设计视图下都可以进行的是（　　）。

    A. 修改字段类型　　　　　　　　B. 重命名字段

    C. 修改记录　　　　　　　　　　D. 删除记录

9. 以下关于查询的叙述正确的是（　　）。

    A. 只能根据数据表创建查询

    B. 只能根据已建查询创建查询

    C. 可以根据数据表和已建查询创建查询

    D. 不能根据已建查询创建查询

10. 已知 3 个关系及其包含的属性如下：

    学生（学号，姓名，性别，年龄）

    课程（课程代码，课程名称，任课教师）

    选修（学号，课程代码，成绩）

要查找选修了"计算机"课程的学生的"姓名"，将涉及到（　　）关系的操作。

    A. 学生和课程　　　　　　　　　B. 学生和选修

    C. 课程和选修　　　　　　　　　D. 学生、课程和选修

11. 如果要在一对多关系中，修改一方的原始记录后，多方立即更改，应设置（　　）。

    A. 实施参照完整性　　　　　　　B. 级联更新相关字段

    C. 级联删除相关记录　　　　　　D. 以上都不是

12. 下列各项中，属于编辑表结构中的内容的操作是（　　）。

    A. 定位记录　　　　　　　　　　B. 选择记录

    C. 复制字段中的数据　　　　　　D. 添加字段

13. 以下各项中，不是 Access 字段类型的是（　　）。

    A. 文本型　　　　　　　　　　　B. 数字型

C．货币型　　　　　　　　　D．窗口型

二、填空题

1．常用的数据模型有层次、_____和_____。

2．关系数据库中的三种数据完整性约束是_____、_____和_____。

3．Access 中，可以作为窗体和报表数据源的有_____和_____。

4．Access 的数据表由_____和_____构成。

5．有两张表都和第三张表建立了一对多的联系，并且第三个表的主关键字中包含这两张表的主键，则这两张表通过第三张表实现的是_____的关系。

6．参数查询可以分为_____和_____。

7．查询的视图有设计视图、_____和_____。

8．如果某个字段在本表中不是关键字，而在另外一个表中是主键，则这个字段称为_____。

9．Access 2003 数据库的文件扩展名是_____。

三、判断题

1．Access 的查询就是根据基本表得到的新的基本表。　　　　　　　　（　　）

2．在关系模型中，交换任意两行的位置不影响数据的实际含义。　　　（　　）

3．数据库管理系统就是指 Access 软件。　　　　　　　　　　　　　（　　）

4．关系模型中，一个关键字最多由一个属性组成。　　　　　　　　　（　　）

5．使用数据库系统可以避免数据的冗余。　　　　　　　　　　　　　（　　）

四、操作题

1．请在 Access 中完成以下操作：

（1）建立数据库 book.mdb；

（2）在此库中建立数据表，表的名称为"库存图书"，内容如下：

书号	书名	单价	数量
000001	C 程序设计	31.5	92
000002	数据库原理	29.7	69
000003	数据库应用	28	96
000004	操作系统	31	96
000005	编译原理	47	56

（3）将表中的书号设为主键；

（4）按以下要求建立查询，查询名为"90 册以上"，查询条件是从"库存图书"表中查询数量超过 90 册的记录。

2．请在 Access 中完成以下操作：

（1）建立数据库 student.mdb；

（2）在此库中分别建立两个数据表，名称分别为"成绩单 1"和"成绩单 2"，内容如下：

成绩单 1

学号	姓名	数学	英语
20118612162	陆华	96	92
20118612104	王华	91	92
20118612105	郭勇	89	96

成绩单 2

学号	姓名	体育
20118612162	陆华	良
20118612104	王华	良

（3）在这两个数据表之间建立关系，关系类型为一对一，成绩单 1 为主表，并设置实施参照完整性；

（4）利用这两个数据表建立查询，查询名为"合并成绩单"，内容如下：

合并成绩单

学号	姓名	数学	英语	体育
20118612162	陆华	96	92	良
20118612104	王华	91	92	良

3．请在 Access 中完成以下操作：

（1）建立数据库 library.mdb；

（2）在此库中建立两个数据表，名称分别为"学生情况"和"借阅登记"，其中"学生情况"表中包含字段是"学号"、"姓名"、"性别"和"年龄"，"借阅登记"表中包括三个字段，"学号"、"书号"和"书名"；

（3）分别向两个表中输入若干条记录，数据自拟，要求每个表不少于 6 条记录；

（4）以"学生情况"为主表，"借阅登记"为从表，在两个表之间建立一对多的关系，并设置实施参照完整性。

4．使用上面创建的数据库 library.mdb，建立查询：

（1）查找某个学生（按姓名）所借的图书，结果中包含字段学号、姓名、书号、书名；

（2）在"借阅登记"表中统计每个学生所借书的数量；

（3）在"借阅登记"表中统计每本书被借阅的次数。

第9章 信息安全

- 了解信息安全的概念
- 理解信息安全涉及的问题
- 掌握主要的信息安全技术
- 理解计算机病毒及防治方法

随着计算机技术的发展，尤其是互联网技术的飞速发展，计算机和计算机网络成为重要的工具和手段，计算机信息系统被广泛应用于政治、军事、经济、科研、教育、文化等各行各业。

正是由于信息及信息系统的重要性，才使它成为被攻击的目标。因此，信息安全已成为信息系统生存和成败的关键，也构成了信息技术中的一个重要的应用领域。

本章介绍信息安全的概念、信息安全涉及的问题、实现信息安全的技术、计算机病毒及其防治方法。

9.1 信息安全概述

在讨论信息安全问题之前，我们首先介绍信息安全、计算机安全和网络安全的概念以及它们之间的内在联系，然后讨论网络信息系统中的不安全因素，最后介绍实现网络安全的技术问题。

9.1.1 信息安全、计算机安全和网络安全

1. 信息安全

信息安全包含两方面的内容：信息本身即数据的安全和信息系统的安全。

（1）数据安全。数据安全是指对所处理数据的机密性、完整性和可用性的保证。

机密性是指保证信息不被非授权访问，即使非授权用户得到信息也无法知道信息的内容，因而不能使用；完整性是指信息在生成、传输、存储和利用过程中不应发生人为或非人为的篡改；可用性是指保障信息资源随时随地可以被利用的特性。

（2）信息系统安全。信息系统的安全是指构成信息系统的三大要素的安全，即信息基础设施安全、信息资源安全和信息管理安全。

信息基础设施由各种通信设备、信道、计算机系统和软件系统等构成，它是信息空间存在、运作的物理基础；信息资源指各种类型、各种媒体的信息数据；信息管理指有效地生成、处理、存储、传输和使用信息资源的一系列管理，有效地管理信息，可以增强信息的安全程度。

由于信息具有抽象性、可塑性、可变性以及多效性等特征，使得它在处理、存储、传输

和使用中存在严重的脆弱性，很容易被干扰、滥用、遗漏和丢失，甚至被泄露、窃取、篡改、冒充和破坏。

2. 计算机安全

国际标准化组织（ISO）对计算机安全的定义为：所谓计算机安全，是指为数据处理系统建立和采取的技术和管理的安全保护，保护计算机硬件、软件和数据不因偶然和恶意的原因而遭到破坏、更改和泄密。

这个定义中包含两方面内容：物理安全和逻辑安全。物理安全指计算机系统设备及相关设备受到保护，免于被自然灾害或有意地破坏，防止信息设备的丢失等；逻辑安全指保障计算机信息系统的安全，即保障计算机中处理信息的完整性、保密性和可用性。

3. 网络安全

计算机网络系统是由网络硬件、网络软件以及网络系统中的共享数据组成的。因此，网络安全是指网络系统的硬件、软件以及数据的安全。具体地说，就是保护网络系统中的硬件、软件和数据不因偶然和恶意的原因而遭到破坏、更改和泄密，网络安全的关键是网络中信息的安全。

网络安全具有 4 个特征：一是保密性，指信息不泄露给非授权用户、实体或过程，或供其利用的特征；二是完整性，指数据未经授权不能进行改变的特征；三是可用性，指可被授权用户、实体或过程访问并按需求使用的特征；四是可控性，指对信息的传播及内容具有控制能力的特征。

在网络化、数字化的信息时代，信息、计算机和网络已经融合为不可分割的整体。信息的采集、加工、存储是以计算机为载体的，而信息的共享、传输、发布则依赖于网络系统。如果能够保障并实现网络信息的安全，就可以保障和实现计算机系统的安全和信息安全。因此，网络信息安全的内容也就包含计算机安全和信息安全的内容。

9.1.2　网络信息系统中的不安全因素

分析网络信息系统不安全因素必须从网络信息系统构成的基本元素入手。网络信息系统是由硬件设备、系统软件、信息资源、信息服务程序和用户等基本元素组成。

- 网络硬件设备指各种不同类型服务器、客户机、网络连接设备（例如路由器、HUB、网线等）；
- 系统软件指网络操作系统、信息系统开发平台（DBMS、Java 等）；
- 信息资源指各种不同类型的数据库；
- 信息服务程序指完成各种信息处理功能的应用程序；
- 用户是指所有使用网络信息系统的人。

从近 20 年网络信息系统所受到的各种危害可以归纳出：网络信息系统的安全威胁来自 4 个方面，即自然灾害威胁、系统故障、操作失误和人为蓄意破坏。对于前 3 种安全威胁的防范可以通过加强管理、采用切实可行的应急措施和技术手段来解决。而对于人为的蓄意破坏，问题则复杂得多，必须通过制定综合防范和治理的安全机制以及研制相关技术加以解决。

网络信息系统不安全因素主要来自以下几个方面：

1. 网络信息系统的脆弱性

信息不安全因素是由网络信息系统的脆弱性决定的，主要有以下三个方面的原因。

（1）网络系统的开放性。由于网络的开放性，网络系统的协议和实现技术等是公开的，其中的设计缺陷很可能被别有用心的人所利用；在网络环境中，可以不到现场就实施对网络的攻击；网络各成员之间的信任关系可能被假冒等。这些因素决定了网络信息系统的脆弱性是先天的。

（2）软件系统的自身缺陷。由于软件系统本身的复杂性以及系统设计人员的认知能力和实践能力的局限性，在系统的设计、开发过程中会产生许多缺陷、错误，形成安全隐患，而且系统越大、越复杂，这种安全隐患就越多。

1999 年安全应急响应小组论坛 FIRST 的专家指出，每千行程序中至少有一个缺陷，随着系统功能、复杂性的增加，错误也会增加。

（3）黑客攻击。早期人们对黑客的看法是褒义的，他们是一些独立思考、充满自信和展现创意欲望的计算机迷，例如，Microsoft 公司的比尔·盖茨，Apple 公司的伍兹和乔布斯，他们对信息技术和信息革命做出了重大贡献。而当今的黑客是指专门从事网络信息系统破坏活动的攻击者。由于网络技术的发展，在网上存在大量公开的黑客站点，使得获得黑客工具、掌握黑客技术越来越容易，从而导致网络信息系统所面临的威胁也越来越大。

2. 对安全的攻击

对网络信息系统的攻击有许多种类。美国国家安全局在 2000 年公布的《信息保障技术框架 IATF》3.0 版本中把攻击划分为以下 5 种类型。

（1）被动攻击。被动攻击是指在未经用户同意和认可的情况下将信息泄露给系统攻击者，但不对数据信息做任何修改。这种攻击方式一般不会干扰信息在网络中的正常传输，因而也不容易被检测出来。被动攻击通常包括监听未受保护的通信、流量分析、获得认证信息等，如图 9-1 所示。

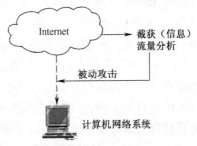

图 9-1　被动攻击

被动攻击常用的手段包括搭线监听、无线截获、其他截获。

搭线监听是最常用的一种手段。只需将一根导线搭在无人值守的网络传输线路上就可以实现监听。只要所搭载的监听设备不影响网络负载平衡，就很难被觉察出来。

无线截获是通过高灵敏度的接收装置接收网络站点辐射的电磁波，再通过对电磁信号的分析，恢复原数据信号，从而获得信息数据。

其他截获是通过在通信设备或主机中预留程序或释放病毒程序后，这些程序会将有用的信息通过某种方式发送出来。

其他截获手段包括以下方式：

- 发送含恶意代码的电子邮件，当用户使用具有执行脚本能力的电子邮件客户端软件时，计算机就会受到攻击，例如使用 Outlook 打开包含恶意代码的电子邮件；
- 发送带有迷惑性描述并以可执行文件作为附件的电子邮件，当用户执行附件中的可执行文件时，计算机遭到破坏或攻击；
- 发布带欺骗性的后门程序或病毒软件，当用户不小心下载了这些后门程序或病毒软件时，计算机就会遭到破坏或攻击。

被动攻击由于没有对被攻击的信息做任何修改，很少或根本就不留痕迹，非常难检测，因而不易被发现。抗击被动攻击的重点在于预防。

（2）主动攻击。主动攻击是指攻击者不仅要截获系统中的数据，还要对系统中的数据进行修改，或者制造虚假数据，因此，主动攻击通常具有更大的破坏性。

主动攻击方式主要以下这些：

- 中断：指通过破坏系统资源或使其变得不能再利用，造成系统因资源短缺而中断；
- 假冒：是以虚假的身份获取合法用户的权限，进行非法的未授权操作；
- 重放：指攻击者对截获的合法数据进行复制，并以非法目的重新发送；
- 篡改消息：指将一个合法消息进行篡改、部分删除，或使消息延迟或改变顺序；
- 拒绝服务：指拒绝系统的合法用户、信息或功能对资源的访问和使用；
- 对静态数据的攻击：包括三种方式。
  - 口令猜测，通过穷举方式扫描口令空间，实施非法入侵；
  - IP 地址欺骗，通过伪装、盗用 IP 地址方式，冒名他人，窃取信息；
  - 指定非法路由，通过选择不设防路由逃避安全检测，将信息发送到指定目的站点。

主动攻击一般采用的实施步骤：一是漏洞扫描，针对特定目标的主机，搜索其基本信息，包括操作系统的类型、开放服务、防火墙路由器信息等，寻找薄弱点或突破口；二是利用漏洞实施攻击，黑客会根据不同目的对系统采取不同的攻击行动，一般而言，是以窃取重要资料或者植入木马程序的为多，也有涂改网页、破坏重要数据库的。

（3）物理临近攻击。指非授权个人物理接近网络、系统或设备实施攻击活动。物理攻击的手段非常多，例如切断网络连线，破坏计算机单机系统、服务器或网络设备使之瘫痪。

（4）内部人员攻击。这种攻击包括恶意攻击和非恶意攻击。恶意攻击是指内部人员有计划地窃听、偷窃或损坏信息，或拒绝其他授权用户的正常访问。有统计数据表明，80%的攻击和入侵来自组织内部。由于内部人员更了解系统的内部情况，所以这种攻击更难于检测和防范。非恶意攻击通常是由于粗心、工作失职或无意间的误操作而造成对系统的破坏行为。

（5）软、硬件装配攻击。指采用非法手段在软、硬件的生产过程中将一些"病毒"植入到系统中，以便日后待机攻击，进行破坏。

3. 有害程序的威胁

常见的有害程序有以下这些。

（1）程序后门。后门是指信息系统中未公开的通道。系统设计者或其他用户可以通过这些通道在出入系统时不被用户发觉。

后门的形成可能有几种途径：黑客设置，黑客通过非法入侵一个系统而在其中设置后门，伺机进行破坏活动；非法预留，一些设备生产厂家或程序员在生产时留下后门。这两种后门的设置有些是为了测试、维护信息系统而设置的，有些是恶意设置的。

（2）特洛伊木马程序。这种称谓是借用于古希腊传说中的著名计策木马计。它是冒充正常程序的有害程序，它将自身程序代码隐藏在正常程序中，在预定时间或特定事件中被激活从而起破坏作用。

（3）"细菌"程序。"细菌"程序是指不明显危害系统或数据的程序，其唯一目的就是复制自己。它本身没有破坏性，但通过不停地自我复制，能耗尽系统资源，造成系统死机或拒绝服务。

（4）蠕虫程序。也称超载式病毒，它不需要载体，不修改其他程序，而是利用系统中的漏洞直接发起攻击，通过大量繁殖和传播造成网络数据过载，最终使整个网络瘫痪。

蠕虫病毒最典型的案例是莫里斯蠕虫病毒。由于美国于 1986 年制定了计算机安全法，所以莫里斯成为美国当局起诉的第一个计算机犯罪者,他制造的这一蠕虫程序从此被称为莫里斯病毒。

（5）逻辑炸弹程序。这类程序与特洛伊木马程序有相同之处,它将一段程序（炸弹）蓄意置入系统内部,在一定条件下发作（爆炸）,并大量吞噬数据,造成整个网络爆炸性混乱,乃至瘫痪。

9.1.3 网络安全的技术问题

从技术角度考虑,网络安全包括以下几个方面:

（1）网络运行系统安全。包括系统处理安全和传输系统安全。前者指避免因系统崩溃或损坏对系统存储、处理和传输的信息造成破坏和损失。后者是指避免由于电磁泄露,产生信息泄露所造成的损失和危害。

（2）网络系统信息安全。包括用户身份鉴别、用户存取权限控制、数据访问权限和方式控制、安全审计、安全问题跟踪、计算机病毒防治和数据加密等。

（3）网络信息传播安全。指网络上信息传播后果的安全,包括信息过滤、防止大量自由传输的信息失控、非法窃听等。

（4）网络信息内容安全。主要是保证信息的保密性、真实性和完整性。本质上是保护用户的利益和隐私。

任何网络信息系统必须解决这四个方面的技术实现问题,其安全解决方案才是可行的。

9.2 网络安全的常用技术

由于网络上信息系统的脆弱性和黑客的攻击,使得信息系统安全受到极大的威胁。随着信息科学和信息技术的发展和进步,人们对信息安全理论和信息安全技术的研究也不断取得进展,包括确立学科体系、制定相关法律、规范和标准、建立评估认证准则、安全管理机制以及使用信息安全技术等。

常用的网络安全技术有:防火墙技术、数据加密技术、身份认证技术、访问控制技术、数字签名技术、入侵检测技术、信息审计技术、安全评估技术、网络反病毒技术、安全监控技术、网络隔离技术,以及备份与恢复技术等。

本节讨论网络安全的常用技术,主要是访问控制技术、数据加密技术和防火墙技术。

9.2.1 访问控制技术

访问控制技术主要有以下几方面的内容。

1. 制定安全管理制度和措施

这是从管理角度来加强安全防范。通过建立、健全安全管理制度和防范措施,约束对网络信息系统的访问者。例如,规定重要网络设备使用的审批、登记制度,网上言论的道德、行为规范,违规、违法的处罚条例等。

2. 设置用户标识和口令

从通信的基本原理和技术上来讲,每个连接在计算机网络上的用户都可以对网络上的任何站点进行访问。但是针对具体的信息内容,又不应该对所有的人都允许无限制地访问,例如并非所有人都有权访问银行或商业公司网站上的信息数据。因此，应针对某些人对某种信息的访问进行限制，或者说某些人可以访问哪些信息，一个常用的方法就是设置合法访问信息的用户。

通常，限制用户对网络系统访问的方法是设置合法的用户，主要包括使用用户名和口令。通过对用户标识和口令的认证进行信息数据的安全保护，其安全性取决于口令的秘密性和破译口令的难度。

3．设置用户权限

用户权限是指限制用户具有对文件和目录的操作权力，例如对某个文件的只读、可读写等。通过在系统中设置用户权限可以减小非法进入对系统造成的破坏。当用户申请一个计算机系统的账号时，系统管理员会根据该用户的实际需要和身份分配给一定的权限，允许其访问指定的目录及文件。用户权限是设置在网络信息系统中信息安全的第二道防线。

通过配置用户权限，黑客即使得到了某个用户的口令，也只能行使该用户被系统授权的操作，不会对系统造成太大的损害。

9.2.2　数据加密技术

数据加密是将原文信息进行变换处理，这样，即使这些数据被偷窃，非法用户得到的只是一堆杂乱无章的垃圾数据，无法直接读懂这些垃圾数据，而合法用户通过解密处理，可以将这些数据还原为有用信息。因此，数据加密是防止非法使用数据的最后一道防线。

数据加密技术涉及到下列一些常用的术语。

- 明文：要传输的原始数据；
- 密文：经过变换后的数据；
- 加密：把明文转换为密文的过程；
- 加密算法：加密所采用的变换方法；
- 解密：对密文实施与加密相逆的变换，从而获得明文的过程；
- 解密算法：解密所采用的变换方法；
- 密钥：用来控制数据加密、解密的过程，有加密密钥和解密密钥，是由数字、字母或特殊符号组成的字符串。

加密技术是目前防止信息泄露的有效技术之一。它的核心技术是密码学，密码学是研究密码系统或通信安全的一门学科，它又分为密码编码学（加密）和密码分析学（解密，或密码破译）。

任何一个加密系统都是由明文、密文、算法和密钥组成。发送方通过加密设备或加密算法，用加密密钥将数据加密后发送出去。接收方在收到密文后，用解密密钥将密文解密，恢复为明文。在传输过程中，即使密文被非法分子偷窃获取，得到的只是无法识别的密文，从而起到数据保密的作用。加密和解密的过程如图9-2所示。

图9-2　加密和解密示意图

在网络中加密技术通常可以采用两种类型，分别是"对称式"加密法和"非对称式"加密法。

（1）对称式加密法。

对称式加密法的加密和解密使用同一个密钥，例如替代加密算法就是典型的对称式加密法。

在替代加密算法中，用一组密文字母代替一组明文字母，凯撒（Kaesar）密码就是其中的一种。

凯撒密码又称移位代换密码，其加密方法是：将英文 26 个字母 a、b、c、d、e、……、w、x、y、z 分别用 D、E、F、G、H、……、Z、A、B、C 代换，换句话说，将英文 26 个字母中的每个字母用其后第 3 个字母进行循环替换，这个加密方法中的密钥为 3。

例如，对于明文"hello"，使用密钥 3 进行凯撒加密，则对应的密文为"KHOOR"。

在解密时，将每个字母用其前面的第 3 个字母进行循环替换即可。

凯撒密码仅有 25 个可能的密钥，显然，这种密码很容易破解，因为最多只要尝试 25 次就可以将其破解。

可以在此基础上增加密钥的复杂度，方法是让明文字母和密文字母之间的对应关系没有规律可循，例如将表中的字母用任意字母进行替换，也就是说密文能够用 26 个字母的任意排列去替换，这样就有 26！种可能的密钥，从而加大了破译的难度。

目前最有影响的对称密钥密码体制是 1977 年美国国家标准局颁布的 DES（Data Encryption Standard，数据加密标准）。它采用了著名的 DES 分组密码算法，其密钥长度为 64 位比特。

对称式加密法加密技术方法很简单，目前被广泛采用。它的优点是：安全性高，加密速度快。缺点是：密钥的管理是一大难题；在网络上传输加密文件时，很难做到在绝对保密的安全通道上传输密钥。

（2）非对称式加密法。

非对称式加密法也称为公钥密码加密法。这里的非对称指它的加密密钥和解密密钥是两个不同的密钥，其中一个称为"公开密钥"，另一个称为"私有密钥"。公开密钥是公开的、向外界公布。私有密钥是保密的、只属于合法持有者本人所有。两个密钥必须配对使用才有效，否则不能打开加密的文件。

公钥密码加密有两种基本的使用模型，分别是加密模型和认证模型，如图 9-3 所示。

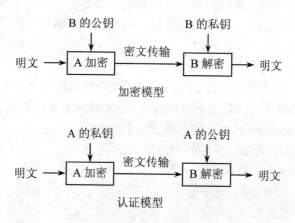

图 9-3　公钥加密的使用模型

图中的 A 是发送方，B 是接收方，从图中可以看出，在加密模型中，加密和解密使用的是接收方的公钥和私钥，而在认证模型中，加密和解密使用的是发送方的公钥和私钥。

使用加密模型在网络上传输数据之前，发送者先用接收方的公钥将数据加密，接收者则使用自己的私钥进行解密，因为解密用的私钥只有接收方自己拥有，用这种方式来保证信息秘密不外泄，很好地解决了密钥传输的安全性问题。

认证的主要目的有两个，一是信源识别，即验证信息的发送者是真实的而不是冒充的，二是完整性验证，即保证信息在传送过程中没有被篡改过。

目前最有影响的非对称密钥密码体制是 RSA 算法，广泛应用在计算机平台、金融和工业部门中。

非对称式加密法的主要缺点是加密、解密时速度太慢，因此，非对称式加密法主要用于数字签名、密钥管理和认证。

在实际应用中，网络信息传输的加密通常采用对称密钥和公钥密钥密码相结合的混合加密体制，具体地说，就是加密、解密采用对称密钥密码，公钥密钥则用于传递对称的加密密钥，这样既解决了密钥管理的困难，又解决了加密和解密速度慢的问题。

9.2.3 防火墙技术

防火墙的本义是防止火灾蔓延而设置的防火障碍。网络系统中的防火墙其功能与此类似，它是用于防止网络外部的恶意攻击对网络内部造成不良影响而设置的安全防护设施。这是在网络安全中使用的最广泛的技术。

1. 防火墙的基本概念

防火墙是一种专门用于保护网络内部安全的系统。它的作用是在局域网内部和网络外部之间构建网络通信的监控系统，用于监控所有进、出网络的数据流和来访者。根据预设的安全策略，防火墙对所有流通的数据流和来访者进行检查，符合安全标准的予以放行，不符合安全标准的一律拒之门外。

利用防火墙技术来保障网络安全的基本思想是：无须对网络中的每台设备进行保护，而是只为所需要的重点保护对象设置保护"围墙"，并且只开一道"门"，在该门前设置门卫。所有要进入 Intranet 的来访者或"信息流"都必须通过这道门，并接受检查。由于这道门是进入网络内部的唯一通道，只要防护检查严格，拒绝任何不合法的来访者或信息流，就能保证网络安全。防火墙的示意图如图 9-4 所示。

图 9-4　防火墙示意图

2. 防火墙的功能

对于防火墙有两个基本要求：保证内部网络的安全性和保证内部网和外部网间的连通性。这两者缺一不可，既不能因安全性而牺牲连通性，也不能因连通性而失去安全性。基于这两个基本要求，一个性能良好的防火墙系统应具有以下功能：

（1）实现网间的安全控制，保障网间通信安全。

（2）能有效记录网络活动情况。

（3）隔离网段，限制安全问题扩散。

（4）自身具有一定的抗攻击能力。

（5）综合运用各种安全措施，使用先进的信息安全技术。

但是，防火墙技术自身也有其局限性，主要表现在：

（1）它能保障系统的安全，但不能保障数据安全，因为它无法理解数据内容。

（2）由于执行安全检查，会带来一定的系统开销，导致传输延迟、对用户不透明等问题。

（3）无法阻止绕过防火墙的攻击。

（4）防火墙无法阻止来自内部的威胁。

3. 防火墙技术分类

防火墙技术从原理上可以分为包过滤技术和代理服务器技术两种。

（1）包过滤技术。包过滤技术是指对于所有进入网络内部的数据包按指定的过滤规则进行检查，凡是符合指定规则的数据包才允许通行，否则将被丢弃。包过滤检查是针对数据包头部进行的。基于包过滤技术的防火墙优点是简单、灵活。通过修改过滤规则表中的 IP 地址，从而可以阻止来自或去往指定地址的链接。例如，为便于收费管理，在校园网内阻塞去往国外站点的链接。

包过滤防火墙的缺点：一是不能防止假冒。对熟悉包过滤技术的黑客来说，他可以先窃取真正的源 IP 地址，并将该地址加入到他恶意构成的 IP 数据包的包头中，由于防火墙不具有识别真假 IP 源地址的能力，使得该数据包可以骗过防火墙而非法入侵；二是由于只在网络层和传输层实现包过滤，对于通过高层进行非法入侵的行为无防范能力；三是包过滤技术只是丢弃非法数据包，并不作任何记录，也不向系统汇报，从而不具有安全保障系统所要求的可审核性；四是不能防止来自内部人员造成的威胁。例如，不能阻止内部人员拷贝保密的数据。

包过滤技术有一个重要的特点是防火墙内、外的计算机系统之间的连接是直接连通。但由此产生的副作用是外部用户能够获得内部网络的结构和运行情况，为网络安全留下隐患。而代理服务器技术就是针对包过滤技术的这一缺陷而设计和改进防护策略的。

（2）代理服务器。为了防止网络外部的用户直接获得网络内部的信息，在网络内部设置一个代理服务器，将内部网络和外部网络分隔开，使得内、外部网之间没有直接连接，而是通过具有详细注册和安全审计功能的代理服务器进行连接，也就是通过"代理"实现内、外部网之间的数据交流，如图 9-5 所示。

图 9-5　代理服务器示意图

当外部主机请求访问 Intranet 内部的某一台应用服务器时，请求被送到代理服务器上，并在此接受安全检查后，再由代理服务器与内部网中的应用服务器建立连接，从而实现外部主机对 Intranet 内部的应用服务器的访问。

4. Windows XP 中使用的防火墙技术

防火墙技术可以由专门的服务器实现，也可以由一些软件实现，例如一些杀毒套装软件中就包含实现防火墙的模块。

Windows XP 中也包含了防火墙技术，启用该防火墙有助于提高计算机的安全性。

防火墙将限制从其他计算机发送到你的计算机上的信息，这使你可以更好地控制自己计算机上的数据，并且针对那些未经邀请而尝试连接到你的计算机上的用户或程序提供了一条防御线，这些程序包括病毒和蠕虫。

可以将防火墙看作是一道屏障，它首先检查来自 Internet 或网络的信息，然后根据防火墙设置，决定拒绝信息或允许信息到达你的计算机。

Windows 的防火墙在默认情况下处于打开状态。如果选择安装了另一个防火墙软件，这时要关闭 Windows 防火墙。

Windows 防火墙的工作原理是这样的：当 Internet 或网络上的某人尝试连接到你的计算机时，将这种尝试称为"未经请求的请求"。计算机收到未经请求的请求时，如果 Windows 防火墙已经启用，该防火墙会阻止该连接。如果正在运行的程序需要从 Internet 或网络接收信息，那么防火墙会发出询问，询问是阻止连接还是取消阻止连接，也就是允许连接。如果选择了取消阻止连接，Windows 防火墙将为这个程序创建一个"例外"，这样当该程序以后再次需要接收信息时，防火墙就不会进行阻止。也就是为了这个"例外"程序关闭了 Windows 防火墙，这样做会增加计算机安全性受到威胁的风险。

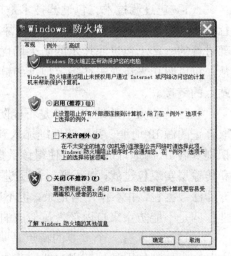

图 9-6 "Windows 防火墙"对话框

在 Windows XP 中设置防火墙的操作过程如下：

（1）打开"控制面板"。

（2）在"控制面板"中双击"Windows 防火墙"，打开"Windows 防火墙"对话框，如图 9-6 所示。

（3）对话框中有三个选项卡。

- "常规"选项卡中，可以设置"启用"或"关闭"Windows 防火墙，在不太安全的场合连接到网络时，启用 Windows 防火墙后，还可以进一步设置"不允许例外"；

- "例外"选项卡中，可以选择"添加程序"按钮，出现"添加程序"对话框，可以选择一个应用程序，以允许该程序访问 Internet，再单击"确定"按钮即可；

- "高级"选项卡中，可以选择启用日志记录，可查看网络连接记录，以监控网络是否受到侵害。

使用 Windows 防火墙时要注意以下问题：

（1）Windows 防火墙能阻止计算机病毒和蠕虫到达计算机，但是，这个防火墙并不能检测或禁止计算机病毒和蠕虫，所以，还应该安装防病毒软件并及时进行更新。

（2）Windows 防火墙能阻止或取消阻止某些连接请求，但不能阻止用户打开带有危险附件的电子邮件。所以不要打开自己不认识的发件人发送的电子邮件的附件，就算是自己知道并信任电子邮件的来源，也要十分小心。

9.2.4 Windows 操作系统中的安全机制

Windows XP 中为了实现系统的安全，建立了一套相对完备的安全机制，它包括系统安全、账户和组安全、文件系统安全、IP 安全等。

1. 系统安全

系统安全主要体现在以下几个方面：

（1）安全区域。为保证网络操作系统的安全，将网络划分为四大区域。

- 本地 Intranet：该区域包括本单位内部的全部站点，其默认安全级为中级。

- 可信站点区域：该区域包含可信任的站点，从这些站点下载或运行文件不用担心安全问题。默认的安全级为低级。

- 受限站点区域：该区域包含有可能损害计算机系统或数据安全的网站，因此，其默认的安全级为高级。
- Internet：该区域包含不属于上述 3 个区域中的所有网站，默认的安全级为中级。

安全级别越高，防范措施也越严，反过来对用户的限制就越多，使用起来就不方便。各区域的安全性可以在 IE 浏览器中进行设置，用户可以根据实际情况，设置本地计算机系统的安全区域和安全级别。

（2）安全模型。安全模型的主要特征是用户验证和访问控制。

- 用户验证是检查登录系统、访问网络资源的所有用户合法身份的措施。
- 访问控制是控制对网络资源访问、操作的权限。对不同的对象，分别设置不同的权限，以此达到受控对象安全的目的。

（3）公用密钥。这是采用加密技术来保证信息资源安全的技术措施，Windows 的公用密钥体系由数字证书、智能卡和公用密钥策略组成。

（4）数据保护。通过用户验证、访问控制和数据加密技术等手段相结合而实现的。

2. 账户和组安全

为了验证用户的合法身份，系统管理员为所有要进入系统的用户建立账户和设置使用权限。在 Windows 中为了统一管理某一类用户，定义了组的机构，组可以包含用户、计算机和组账户。对组设置的安全策略适用于组中所有成员。

3. 文件系统安全

为实现文件系统安全，Windows 推荐使用 NTFS 文件系统。NTFS 支持对关键数据完整性的访问控制，通过设置访问权限可以实现对指定文件和目录的安全保护。

4. IP 安全

在 Windows 中使用了 Internet 安全协议，它能够定义与网络通信的安全策略。IP 安全性是通过自动对进出该系统的 IP 数据包进行加密或解密来实现的。

9.3　计算机病毒及其防治

本节介绍计算机病毒的常识，目的是使用户对计算机病毒有所认识，了解病毒的危害，增强防范意识，从而保证计算机系统能够正常地工作。

9.3.1　计算机病毒常识

1. 计算机病毒的定义

在我国颁布的《中华人民共和国计算机信息系统安全保护条例》中指出："计算机病毒，是指编制或者在计算机程序中插入的破坏计算机功能或者毁坏数据，影响计算机使用，并能自我复制的程序代码"，也就是说，计算机病毒是一种人为编写的、能够自我复制、传染和专门威胁计算机系统安全的程序。

计算机病毒可以非法入侵而隐藏在存储介质的引导部分、可执行程序和数据文件中，当病毒被激活时，源病毒可以将自身复制到其他程序体内，影响和破坏程序的正常执行和数据的正确性，有些恶性病毒对计算机系统具有更大的破坏性。

某台计算机感染病毒后，就可能迅速扩散，就像生物病毒侵入生物体并在生物体内传染一样，病毒一词就是由此而得名。

2. 计算机病毒的特性

计算机病毒一般具有以下特征。

（1）感染性。感染性是计算机病毒的重要特性，病毒为了要继续生存，唯一的方法就是要不断地感染其他文件，而且病毒传播的速度极快，范围很广，特别是在互联网环境下，病毒可以在极短的时间内传遍世界。

（2）破坏性。无论何种病毒程序一旦侵入计算机都会对系统造成不同程度的影响，有的病毒破坏系统运行，有的病毒掠夺系统资源（如争夺 CPU、大量占用存储空间），还有的病毒删除文件、破坏数据、格式化磁盘甚至破坏主板等。

（3）隐蔽性。隐蔽是病毒的本能特性，为了逃避被察觉，病毒制造者总是想方设法地使用各种隐藏术。病毒一般都是些短小精悍的程序，通常依附在其他可执行程序体或磁盘中较隐蔽的地方，因此用户很难发现它们。而往往发现它们都是在病毒发作的时候。

（4）潜伏性。为了达到更大破坏作用的目的，病毒在未发作之前往往是潜伏起来。有的病毒可以几周或者几个月内在系统中进行复制而不被人们发现。病毒的潜伏性越好，其在系统内存中的时间就越长，传染范围也就越广，因而危害就越大。

（5）发作性。病毒在潜伏期内一般是隐蔽地复制，当病毒的触发机制或条件满足时，就会以各自不同的方式对系统发起攻击。病毒触发机制和条件可以是五花八门，如指定日期或时间、文件类型或文件名、一个文件的使用次数等。例如，"黑色星期五"病毒就是每逢 13 日又是星期五时就发作，CIH 病毒 V1.2 发作日期为每年的 4 月 26 日。

3. 计算机病毒的分类

目前针对计算机病毒的分类方法很多，以下是基于技术的几个基本类型。

（1）引导型病毒。引导型病毒是利用系统启动的引导原理而设计的。正常系统启动时，是将系统程序引导装入内存。而病毒程序则修改引导程序，先将病毒程序装入内存，再去引导系统。这样就使病毒驻留在内存中，然后进行感染和破坏活动。引导型病毒在 MS-DOS 时代特别猖獗，典型的有大麻病毒、小球病毒等。

（2）文件型病毒。文件型病毒主要感染可执行文件（例如.com、.exe 等）。这种病毒把可执行文件作为病毒传播的载体，它通常寄生在文件的首部或尾部，并修改文件的第一条指令，当用户执行带病毒的可执行文件时，病毒就获得了控制权，开始其破坏活动。

曾喧嚣一时的 CIH 病毒就是一种文件型病毒。在 MS-DOS 时代，文件型病毒一度非常猖獗，例如 1575/1591 病毒等。

文件型病毒还有很多的变体，这些变体病毒的特点是每次进行传染时都会改变程序代码的特征，以防止杀毒软件的追杀。此类病毒的算法比一般病毒复杂，甚至用到数学算法为病毒程序加密，使病毒程序每次都呈现不同的形态，让杀毒软件无法检测到。

（3）混合型病毒。混合型病毒是指兼有两种以上病毒类型特征的病毒，例如有些病毒可以传染磁盘的引导区，也可以传染可执行文件。

（4）宏病毒。宏病毒是一种寄存于文档或模板的宏中的计算机病毒。它主要利用软件（如 Word、Excel 等）本身所提供的宏功能而设计的。一旦打开这样的文档，宏病毒就会被激活，转移到计算机上，并驻留在 Normal 模板中。以后，所有自动保存的文档都会"感染"上这种宏病毒，而且如果其他用户打开了感染病毒的文档，宏病毒又会转移到其他的计算机上。例如，Macro/Concept、Macro/Atoms 等宏病毒感染.doc 文件。

宏病毒的数量已占目前全部病毒数量的 80%以上，此外，宏病毒还可衍生出各种变形变种病毒。

（5）网络病毒。网络病毒是在网络上运行并传播、破坏网络系统的病毒。该病毒利用网络不断寻找有安全漏洞的计算机，一旦发现这样的计算机，就趁机侵入并寄生于其中，这种病毒的传播媒介是网络通道，所以网络病毒的传染能力更强，破坏力更大。网络病毒中大多数是通过电子邮件进行传播的。

（6）邮件病毒。邮件病毒主要是利用电子邮件软件（如 Outlook Express）的漏洞进行传播的计算机病毒。常见的传播方式是将病毒依附于电子邮件的附件中。当接收者收到电子邮件打开附件时，即激活病毒。

例如，SirCam 病毒会让用户收到无数封陌生人的邮件（垃圾邮件），在这些邮件中附带有病毒文件，可以进一步感染别的计算机。它寻找被感染的计算机通讯录中的邮件地址，还可以在系统中搜寻 HTML 文件中的邮件地址，从而去感染这些邮件地址的计算机。

典型的邮件病毒有 Melissa（梅丽莎）和 Nimda（妮姆达）等。

9.3.2　计算机病毒的危害及防治

1. 计算机病毒主要危害

随着计算机在各行各业的应用越来越广，计算机病毒的危害程度也越来越大。从早期对单台计算机系统资源的破坏，发展到如今对全球计算机网络安全都构成了极大的危害。主要表现为：

（1）对磁盘上数据的直接破坏。大部分病毒在发作时直接破坏计算机系统的重要数据，如格式化磁盘、改写文件分配表和目录区、删除重要文件。

例如，磁盘杀手病毒（Disk Killer）内含计数器，在硬盘染毒后累计开机时间达 48 小时发作，它的破坏作用主要是改写硬盘数据。

（2）非法侵占磁盘空间破坏信息数据。病毒体总是要占用一部分磁盘空间，不同类型的病毒，其破坏作用和方式不同。

引导型病毒驻留在磁盘引导区，为此它要把原来的引导区转移到其他扇区。被覆盖扇区中的数据永久性丢失，无法恢复。

文件型病毒把病毒体写到其他可执行文件中或磁盘的某个位置。文件型病毒传染速度很快，被感染文件因为附带了病毒体，其长度都会不同程度地增大，因此造成非法占据大量的磁盘空间。

（3）抢占系统资源、影响计算机运行速度。除 Vienna、Casper 等少数病毒外，大多数病毒在发作时都是常驻内存，这就必然抢占一部分内存，导致内存减少，使其他合法软件无法正常的运行。

此外，病毒进驻内存后，还要与其他程序争夺 CPU，从而影响计算机速度。

因为上述这些现象，计算机病毒给用户心理上造成了严重的恐惧和压力，大多数普通用户在计算机工作异常的时候往往认为是病毒所为。他们对病毒采取的是宁可信其有、不可信其无的态度，这对于保护计算机安全是十分必要的，然而往往要付出时间、金钱等方面的代价。例如，仅仅怀疑病毒而贸然格式化磁盘，为避免病毒发作而停机等。

总之，计算机病毒像"幽灵"一样笼罩在广大计算机用户心头，它所造成的有形损失和无形损失都是难以估量的。

2. 计算机病毒的预防

计算机病毒防治的关键是做好预防工作，制定切实可行的预防病毒的管理措施，并严格地贯彻执行，这些预防管理措施包括：

（1）尊重知识产权，使用正版软件，不随意拷贝、使用来历不明及未经安全检测的软件。

（2）建立、健全各种切实可行的预防管理规章、制度及紧急情况处理的预案措施。

（3）对服务器及重要的网络设备做到专机、专人、专用，严格管理和使用系统管理员的账号，限定其使用范围。

（4）对于系统中的重要数据要定期与不定期地进行备份。

（5）严格管理和限制用户的访问权限，特别加强对远程访问、特殊用户的权限管理。

（6）随时观察计算机系统及网络系统的各种异常现象，并经常用杀毒软件进行检测。

3. 计算机病毒的检测

检测一台计算机是否感染病毒并不容易，但通常还是会具有一些异常现象的，下面是一些常见的症状：

（1）屏幕显示异常或出现异常提示。

（2）计算机执行速度越来越慢，这是病毒在不断传播、复制，占用、消耗系统资源所致。

（3）原来可以执行的一些程序无故不能执行了，这是病毒的破坏导致这些程序无法正常运行。

（4）计算机系统出现异常死机，这是病毒感染系统的一些重要文件，导致死机的情况。

（5）文件夹中无故多了一些重复或奇怪的文件。例如 Nimda 病毒，它通过网络传播，在感染的计算机中会出现大量扩展名为“.eml”的文件。

（6）硬盘指示灯无故闪亮，或突然出现坏块和坏道，或不能开机。

（7）存储空间异常减少导致空间不足，病毒在自我繁殖过程中，产生出大量垃圾文件占据磁盘空间。

（8）网络速度变慢或者出现一些莫名其妙的网络连接，这说明系统已经感染了病毒或特洛伊木马程序，它们正通过网络向外传播。

（9）电子邮箱中有不明来路的信件，这是电子邮件病毒的症状。

以上列举的只是较常见的症状，实际上，计算机感染病毒后的症状远远不止这些，而且病毒制造者制造病毒的技术越来越高，病毒具有更高的欺骗性、隐蔽性，需要进行细心的观察。

4. 计算机病毒的清除

在检测出系统感染了病毒或确定了病毒种类之后，就要设法消除病毒。消除病毒可采用人工消除和自动消除两种方法。

（1）人工消除病毒法。人工消毒方法是借助工具软件对病毒进行手工清除。操作时使用工具软件打开被感染的文件，从中找到并消除病毒代码，使之复原。

手工消毒操作复杂，要求操作者具有熟练的操作技能和丰富的病毒知识。这种方法是专业防病毒研究人员用于消除新病毒时采用的。

（2）自动消除病毒法。自动消除病毒方法是使用杀毒软件来清除病毒。用杀毒软件进行消毒，操作简单，用户只要按照菜单提示和联机帮助去操作即可。自动消除病毒法具有效率高、风险小的特点，是一般用户都可以使用的杀毒方法。

目前，国内常用的杀毒软件较多，例如瑞星杀毒软件、金山毒霸、360 软件等。

9.4　实验

9.4.1　Windows 的安全设置

1. 实验要求

（1）使用 Windows 的"管理工具"设置账户策略。

（2）使用 Windows 的"管理工具"设置本地策略。

2. 实验分析

Windows XP 中的安全设置有 5 项，分别是账户策略、本地策略、公钥策略、软件限制策略和 IP 安全策略。

账户策略包括密码策略和账户锁定策略，前者用于规定密码必须符合的复杂性要求、长度最小值、密码最长停留期等内容，后者用于限定账户锁定时间、账户锁定阈值等项目。

在本地策略中，有 3 个子项，分别是审核策略、用户权利指派和安全选项。为安全起见，在"用户权利指派"中设置只有 administrator 可以"从远端系统强制关机"，在"安全选项"中设置远程用户不能访问 CD-ROM、对备份和还原权限的使用进行安全审计。

3. 操作过程

（1）设置账户策略过程如下：

①在 Windows 中，打开"控制面板"。

②双击其中的"管理工具"。

③在新的窗口中双击"本地安全策略"，打开"本地安全设置"窗口，如图 9-7 所示。

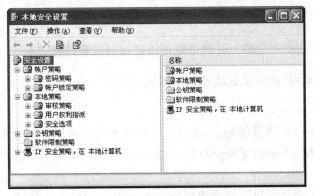

图 9-7　"本地安全设置"窗口

在窗口的列表中显示了 5 个有关安全设置的选项，分别用于设置 5 个方面的安全策略。

④双击"账户策略"名，展开"密码策略"和"账户锁定策略"两个项目。

⑤双击"密码策略"名，弹出"密码策略选项"列表框，如图 9-8 所示。

⑥为安全起见，设置密码长度最少为 8 个字符。

● 启用"密码必须符合复杂性要求"选项；

● 双击"密码长度最小值"指定选项，在对话框中设置 8 个字符。

⑦双击"本地安全设置"窗口中的"账户锁定策略"，弹出"账户锁定策略"列表框。

● 选择其中的"账户锁定阈值"将其设置为 3 次；

策略	安全设置
密码必须符合复杂性要求	已停用
密码长度最小值	0 个字符
密码最长存留期	0
密码最短存留期	0 天
强制密码历史	0 个记住的密码
为域中所有用户使用可还原的...	已停用

图 9-8 “密码策略选项”列表框

- 选择其中的“账户锁定时间”，设置为 10 分钟。

含义是如果 3 次登录无效，就锁定该账户 10 分钟。

（2）设置本地策略的过程如下：

①在 Windows 中，打开“控制面板”。

②双击其中的“管理工具”。

③在新的窗口中双击“本地安全策略”，打开“本地安全设置”窗口。

④双击“本地策略”名，弹出“本地策略”对话框。

⑤双击“用户权利指派”，打开“用户权利指派”列表。从列表中双击选择“从远端系统强制关机”项目名，弹出设置操作对话框。

⑥单击对话框中的“添加用户和组”命令按钮，将用户 administrator 添加进来，表示只有 administrator 才有该项权利。

⑦双击“安全选项”，打开“安全选项”列表，双击列表框中的“设备：只有本地登录的用户才能访问 CD-ROM”，弹出设置操作对话框，在对话框中选择“已启用”单选按钮。

⑧同样，双击“审计：对备份和还原权限的使用进行审计”，进行相应的操作，完成指定的安全设置。

4. 思考问题

除了实验中设置的两个策略，其他策略可以进行的设置有哪些？

9.4.2 Windows XP 的安全区域和安全措施

1. 实验要求

（1）在 Windows XP 中设置 Internet 区域，并观察每个不同级别中的安全选项。

（2）在 Windows XP 中设置安全措施：禁止 guest 用户从网络登录。

2. 实验分析

在 Windows 中，将计算机网络系统划分为 4 个区域：Internet 区域、本地 Intranet 区域、受信站点区域和受限站点区域，每个区域有不同的安全级别，级别是可以调整的。

用户名为 guest 的账号是 Windows 系统设置的来客账号，任何人使用该账号都可以从网络登录本地的计算机。为了防止黑客利用 guest 账号对本地计算机进行攻击，可以使用控制面板来设置禁止该账号从网络进行登录。

3. 操作过程

（1）设置不同的安全级别。下面首先将 Internet 区域设置为“中级”安全级别，设置后观察安全选项，然后再设置其他的安全区域，操作过程如下：

①执行“开始”|“控制面板”命令，打开“控制面板”窗口。

②双击"控制面板"窗口中 Internet 图标，打开"Internet 选项"对话框，选择对话框中的"安全"选项卡，如图 9-9 所示。

"Internet 选项"对话框中有两个命令按钮："自定义级别"和"默认级别"，其中默认级别是系统推荐的安全级别。

③设置 Internet 区域的安全级别。在"该区域的安全级别"中选择"默认级别"，对话框显示如图 9-10 所示的内容。

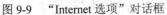

图 9-9　"Internet 选项"对话框　　　　图 9-10　"Internet 选项"对话框

● 拖动安全级别的设置滑块至"中"级位置，这时，可以看出，在"中级"安全级别中，具有的安全选项有"安全浏览"、"下载潜在不安全内容之前给予提示"、"不下载未签名的 ActiveX 控件"、"适用于大多数 Internet 站点"。

● 分别拖动安全级别设置滑块至"高"、"中低"和"低"的位置，观察在这些不同级别时的安全选项。

④设置"本地 Intranet"的安全级别。在"Internet 选项"对话框中选择"本地 Intranet"选项，然后分别拖动安全级别设置滑块到不同的级别，观察在这些不同级别时的安全选项。

⑤设置"受信任的站点"的安全级别。在"Internet 选项"对话框中选择"受信任的站点"选项，然后分别拖动安全级别设置滑块到不同的级别，观察在这些不同级别时的安全选项。

⑥设置"受限制的站点"的安全级别。在"Internet 选项"对话框中选择"受限制的站点"选项，然后分别拖动安全级别设置滑块到不同的级别，观察在这些不同级别时的安全选项。

⑦设置"自定义级别"。单击图 9-9 中的"自定义级别"，显示"安全设置"对话框。

对话框中的"设置"列表框中，列出了可以对各种具体的操作分别做出的不同设置，例如，对于"运行未用 Authenticode 签名的组件"这个操作，可以设置"禁用"、"启用"或"提示"。

（2）设置安全措施，禁止 guest 用户从网络登录。

①执行"开始"｜"控制面板"命令，打开控制面板。

②在控制面板中双击"管理工具"，然后在打开的窗口中双击"本地安全策略"，打开"本地安全设置"窗口。

③双击"本地策略"图标，在展开的项目列表中选择"用户权利指派"项目名，在窗口

的右边显示出策略项目列表。

④在策略选项列表框中查找"拒绝从网络访问这台计算机"项目名，找到后右击该项目名，在弹出的快捷菜单中，单击选择"属性"。弹出"属性"对话框，对话框中表明"拒绝从网络访问这台计算机"。

⑤单击对话框中"添加用户或组"按钮，弹出"选择用户或组"对话框。

⑥在对话框"输入对象名称来选择"的文本框中输入用户账号 guest，对于不准确的用户名，可以单击"高级"按钮，在新打开的对话框中进行查找，单击"确定"按钮，返回"本地安全设置"窗口。

⑦单击"确定"按钮，确认拒绝访问设置的操作。

4. 思考问题

（1）对比每个区域中有哪些不同的安全级别？

（2）简述用 guest 账号登录本地计算机系统的操作步骤和操作结果。

9.4.3　Outlook Express 的安全设置

1. 实验要求

设置 Outlook Express 的邮件规则，阻止来自某个发件人 E-mail 地址的邮件。

2. 实验分析

可以在 Outlook Express 中设置邮件规则，用来阻止来自某个发件人地址的 E-mail 邮件，被阻止的邮件保存在指定的文件夹中。

为了验证阻止来自某个地址的邮件，将自己的邮件地址作为阻止的对象，实验完成后，再将该地址复原，假设自己的邮箱为 yzjia2006@126.com。

3. 操作过程

（1）启动 Outlook Express。

（2）执行"工具" | "邮件规则" | "阻止发件人名单"命令，弹出"邮件规则"对话框，选择"阻止发件人"选项卡。

（3）在"邮件规则"对话框中，单击"添加"按钮，弹出"添加发件人"对话框。

（4）在对话框中：

- 向"地址"栏中，输入要阻止的邮件地址yzjia2006@126.com；
- 在"阻止下列内容："选项中选择"电子邮件"。

单击"确定"按钮，返回"邮件规则"对话框。这时，"邮件规则"对话框的阻止发件人地址栏中添加了要阻止的发件人地址。

（5）选择"邮件规则"对话框中的"邮件规则"选项卡。

（6）单击对话框中的"新建"按钮，弹出"新建邮件规则"对话框。

- 在"选择规则条件"列表框中选择"若邮件来自指定的账户"复选框；
- 在"选择规则操作"列表框中选择"将它复制到指定的文件夹"复选框。

（7）在新建邮件规则的"规则描述"文本框中选择带下划线的字符串"指定的"账户，弹出"选择账户"对话框，因为已在"阻止发件人"中设置了要阻止的邮件地址，这里只需单击"确定"按钮，进行确认。

（8）在新建邮件规则的"规则描述"文本框中选择带下划线的字符串"指定的"文件夹，弹出"复制"被阻止邮件的对话框。

（9）单击"新建文件夹"按钮，弹出"新建文件夹"对话框，输入存放被阻止邮件的文件夹名称，例如，"不安全邮件"，单击"确定"按钮。

这时在复制对话框的本地文件夹列表中增加了一个新文件夹——"不安全邮件"，该文件夹用来存放被阻止的邮件。再单击"复制"对话框中的"确定"按钮，完成建立文件夹的操作。返回"新建邮件规则"对话框。单击"新建邮件规则"对话框中的"确定"按钮，返回到"邮件规则"对话框。这时，在对话框中显示了"新建邮件规则 #1"。

（10）单击"确定"按钮，弹出"邮件规则"对话框。

（11）单击"邮件规则"对话框中的"立即应用"按钮，这时，Outlook Express 开始创建该规则，完成创建工作后在屏幕上显示"已将您的规则应用于文件夹收件箱"对话框。

（12）单击该对话框中"确定"按钮，返回"邮件规则"对话框。单击"确定"按钮，完成创建规则的操作。

（13）在 OE 下发送电子邮件，邮件的地址就是自己的邮件，会发现该邮件被存放到"不安全邮件"文件夹下。

（14）重新设置邮件规则，删除刚才设置的规则，恢复自己账户的合法性。

4．思考问题

在邮件设置的规则中，除了将来自指定账户的邮件转移到某个文件夹下，还可以进行哪些处理？

 小　结

随着 Internet 的迅速发展，信息资料得到更大限度的共享，随之而来的信息安全问题也日趋明显。

本章先介绍了信息安全的概念，分析了网络信息中不安全的因素，接下来有针对性地介绍了网络安全中最为常用的技术，例如访问控制技术、数据加密技术和防火墙技术，最后介绍计算机病毒的常识。

在实际操作中，要熟练掌握 Windows 防火墙的设置、常用的杀毒软件的使用和升级，经常定期的对计算机进行查毒和杀毒，确保计算机处于正常的运行环境。

 习题9

一、选择题

1．计算机病毒活动时，经常有（　　）现象出现。
    A．速度变快　　　　B．速度变慢　　　　C．数据完好　　　　D．没有影响
2．计算机信息系统的安全是指保证对所处理数据的机密性、（　　）和可用性。
    A．可理解性　　　　B．完整性　　　　　C．可关联性　　　　D．安全性
3．寄存于文档或模板的宏中的计算机病毒一般是（　　）。
    A．引导型病毒　　　B．文件型病毒　　　C．宏病毒　　　　　D．变体病毒
4．计算机病毒是一种（　　）。
    A．特殊的计算机部件　　　　　　　　B．特殊的生物病毒

C. 游戏软件 D. 人为编制的特殊的计算机程序

5. 下列攻击中，（   ）属于主动攻击。

A. 无线截获   B. 搭线监听   C. 拒绝服务   D. 流量分析

6. 网络信息系统不安全因素不包括（   ）。

A. 自然灾害威胁   B. 操作失误

C. 蓄意破坏   D. 散布谣言

7. 使计算机病毒传播范围最广的媒介是（   ）。

A. 硬磁盘   B. 软磁盘   C. 内部存储器   D. 互联网

二、填空题

1. 防火墙技术从原理上可以分为_____技术和代理服务器技术。

2. _____是指在未经用户同意和认可的情况下将信息泄露给系统攻击者，但不对数据信息做任何修改。

3. 计算机病毒主要是通过磁盘和_____传播的。

4. 加密技术分为两种类型：对称式加密和_____。

三、简答题

1. 目前计算机网络系统不安全的原因是什么？

2. 什么是包过滤技术？什么是代理服务器技术？它们的优缺点是什么？

3. 什么是数据加密？数据加密和解密的工作原理是什么？

4. 什么是计算机病毒？

5. 简述计算机系统安全、信息安全和网络安全之间的关联和区别。

6. 了解其他防火墙，例如瑞星的防火墙与 Windows 防火墙的主要区别。

7. 常用的防火墙有哪些种类？

8. 防火墙有哪些优缺点？

附录 习题答案

习题 1

一、选择题
1. C   2. B   3. B   4. D   5. A   6. D   7. A

二、填空题
1. 微型化、巨型化、智能化、网络化   2. 汉语拼音、偏旁部首
3. 输入码、输出码   4. 1024 或 2^{10}、2^{20}
5. 1   6. 输入

习题 2

一、选择题
1. B   2. B   3. C   4. B   5. C   6. C   7. D   8. B
9. C   10. D   11. B   12. C   13. C   14. C

二、填空题
1. 裸机   2. 两百万
3. 中央处理单元、运算器、控制器   4. 硬件、软件
5. RAM   6. 内存单元、存储块（扇区）
7. 1

三、判断正误题
1. 对   2. 错   3. 对   4. 错   5. 错

习题 3

一、选择题
1. A   2. A   3. B   4. D   5. D   6. B   7. A   8. A
9. D   10. B   11. C   12. D   13. A   14. D   15. B

二、填空题
1. 硬盘   2. Alt+PrintScreen
3. 打开   4. 复制
5. 右   6. 弹出对话框
7. Ctrl+Alt+Del   8. A*.jpg
9. Ctrl   10. 计算机资源、用户界面

习题 4

一、选择题

1．C 　2．D 　3．C 　4．A 　5．C 　6．C 　7．B 　8．C

9．C 　10．C 　11．C 　12．C 　13．B 　14．C 　15．C

二、填空题

1．ISP

2．远程登录

3．URL

4．TCP/IP

5．误码率

6．浏览器

7．邮件体部

8．IP 地址、域名

9．128

10．LAN、WAN

习题 5

一、选择题

1．B 　2．B 　3．C 　4．B 　5．B 　6．B 　7．C 　8．D

9．B 　10．B 　11．D 　12．D 　13．D 　14．C 　15．D 　16．A

17．B 　18．B 　19．D 　20．B

二、填空题

1．插入

2．文件

3．转换｜表格转换成文本

4．水平标尺、垂直标尺、页面

5．段落标记

6．页面设置

7．=D3*F3

8．FALSE

9．排序

10．.pot

11．日期区、页脚区

习题 6

一、选择题

1．A 　2．A 　3．C 　4．D 　5．D 　6．D 　7．D 　8．A

9．A 　10．B

二、填空题

1．交互性、多样性、集成性、实时性

2．采样、量化、编码

3．静态、动态

4．采样频率

5．冗余

6．1280

7．64

8．1875

三、判断题

1．错 　2．对 　3．错 　4．对

习题 7

一、选择题

1. C 2. D 3. B 4. A 5. B 6. B

二、填空题

1. 编译、解释 2. 顺序结构、分支结构、循环结构

3. 有穷性、确定性、可行性、零个以上输入、一个以上输出

4. 时间复杂度、空间复杂度 5. 编译

6. 机器

习题 8

一、选择题

1. B 2. C 3. B 4. B 5. C 6. B 7. B 8. B

9. C 10. D 11. B 12. D 13. D

二、填空题

1. 关系、网状 2. 实体完整性、自定义完整性、参照完整性

3. 表、查询 4. 结构、记录

5. 多对多 6. 单参数查询、多参数查询

7. 数据表视图、SQL 视图 8. 外键

9. .mdb

三、判断题

1. 错 2. 对 3. 错 4. 错 5. 错

习题 9

一、选择题

1. B 2. B 3. C 4. D 5. C 6. D 7. D

二、填空题

1. 包过滤 2. 被动攻击

3. 网络 4. 非对称式加密

参考文献

[1] 高等学校计算机基础教学发展战略研究报告暨计算机基础课程教学基本要求. 北京：高等教育出版社，2009.

[2] 冯博琴，贾应智. 大学计算机基础. 第 3 版. 北京：中国铁道出版社，2010.

[3] 冯博琴，贾应智. 大学计算机基础实验指导. 第 3 版. 北京：中国铁道出版社，2010.

[4] 冯博琴，贾应智，张伟. 大学计算机基础. 第 3 版. 北京：清华大学出版社，2009.

[5] 冯博琴，贾应智，张伟. 大学计算机基础实验指导书. 第 3 版. 北京：清华大学出版社，2009.

[6] 冯博琴. 大学计算机. 北京：中国水利水电出版社，2005.

[7] 龙晓东. 大学计算机应用基础. 北京：中国人民大学出版社，2009.

[8] 刘志强. 计算机应用基础教程. 北京：机械工业出版社，2009.

[9] 冯博琴，贾应智. 全国计算机等级考试一级教程 MS Office. 第 2 版. 北京：中国铁道出版社，2011.

[10] 龚沛曾，杨志强. 大学计算机基础. 第 5 版. 北京：高等教育出版社，2009.

[11] 战德臣，孙大烈等. 大学计算机. 北京：高等教育出版社，2009.

[12] 王珊，陈红. 数据库系统原理教程. 北京：清华大学出版社，2003.

[13] 谢希仁. 计算机网络教程. 北京：人民邮电出版社，2003.

[14] 赵子江. 多媒体技术应用教程. 第 3 版. 北京：机械工业出版社，2003.

高等院校计算机科学规划教材

本套教材特色：

(1) 充分体现了计算机教育教学第一线的需要。

(2) 充分展现了各个高校在计算机教育教学改革中取得的最新教研成果。

(3) 内容安排上既注重内容的全面性，也充分考虑了不同学科、不同专业对计算机知识的不同需求的特殊性。

(4) 充分调动学生分析问题、解决问题的积极性，锻炼学生的实际动手能力。

(5) 案例教学，实践性强，传授最急需、最实用的计算机知识。

21世纪智能化网络化电工电子实验系列教材

21世纪高等院校计算机科学与技术规划教材

21世纪高等院校课程设计丛书

21世纪电子商务与现代物流管理系列教材

本套教材是为了配合电子商务、现代物流行业人才的需要而组织编写的，共24本。

- 经验丰富的作者队伍
- 知识点突出，练习题丰富
- 案例式教学激发学生兴趣
- 配有免费的电子教案

高等院校规划教材

适应高等教育的跨越式发展　符合应用型人才的培养要求

　　本套丛书是由一批具备较高的学术水平、丰富的教学经验、较强的工程实践能力的学术带头人和主要从事该课程教学的骨干教师在分析研究了应用型人才与研究人才在培养目标、课程体系和内容编排上的区别，精心策划出来的。丛书共分3个层面，百余种。

程序设计类课程层面

强调程序设计方法和思路，引入典型程序设计案例；注重程序设计实践环节，培养程序设计项目开发技能

专业基础类课程层面

注重学科体系的完整性，兼顾考研学生需要；强调理论与实践相结合，注重培养专业技能

专业技术类应用层面

强调理论与实践相结合，注重专业技术技能的培养；引入典型工程案例，提高工程实用技术的能力

高等学校精品规划教材

本套教材特色：

（1）遴选作者为长期从事一线教学且有多年项目开发经验的骨干教师

（2）紧跟教学改革新要求，采用"任务引入，案例驱动"的编写方式

（3）精选典型工程实践案例，并将知识点融入案例中，教材实用性强

（4）注重理论与实践相结合，配套实验与实训辅导，提供丰富测试题

新世纪电子信息与自动化系列课程改革教材

名师策划　　名师主理　　教改结晶　　教材精品

教材定位：各类高等院校本科教学，重点是一般本科院校的教学

作者队伍：高等学校长期从事相关课程教学的教授、副教授，学科学术带头人或学术骨干，不少还是全国知名专家教授、国家级教学名师和教育部有关"教指委"专家、国家级精品课程负责人等

教材特色：

（1）先进性和基础性统一

（2）理论与实践紧密结合

（3）遵循"宽716窄用"内容选取原则和模块化内容组织原则

（4）贯彻素质教育与创新教育的思想，采用"问题牵引"、"任务驱动"的编写方式，融入启发式教学方法

（5）注重内容编排的科学严谨性和文字叙述的准确生动性，务求好教好学